"十二五"普通高等教育本科国家级规划教材
科学出版社"十四五"普通高等教育本科规划教材

农 学 概 论

（第二版）

李存东　主编

科学出版社

北　京

内 容 简 介

本书结合近10年来农业科技的发展情况对第一版的一些数据和内容进行了修订和补充。保留了第一版章节如绪论，作物的起源、分类和分布，作物生长发育与产量和品质形成，作物与环境，作物的遗传改良，作物生产技术，作物病、虫、草害与防治，种植制度，农产品贮藏与加工等内容，并增加了生态农业、农业信息技术与精准管理等方面的内容。为了更好地了解和掌握本书的知识与理论，要求读者具备基本的植物学、土壤学、植物生理学、生物化学等理论知识。同时，本书所涉及的作物生产实践性很强，建议读者或学生注重理论联系实际，灵活学习和运用本书所包含的理论知识与技能。

本书涉及的领域较广，与作物生产结合紧密，适合农业院校非农学专业学生选用，同时也可供农业工作者和大专院校教师与研究生参考。

图书在版编目（CIP）数据

农学概论/李存东主编. —2版. —北京：科学出版社，2018.2
"十二五"普通高等教育本科国家级规划教材
科学出版社"十四五"普通高等教育本科规划教材
ISBN 978-7-03-053702-7

Ⅰ. ①农… Ⅱ. ①李… Ⅲ. ①农学-高等学校-教材 Ⅳ. ①S3
中国版本图书馆CIP数据核字（2017）第137605号

责任编辑：丛　楠 / 责任校对：杜子昂
责任印制：赵　博 / 封面设计：铭轩堂

科学出版社 出版
北京东黄城根北街16号
邮政编码：100717
http://www.sciencep.com

天津市新科印刷有限公司印刷
科学出版社发行　各地新华书店经销

*

2007年8月第　一　版　开本：787×1092　1/16
2018年2月第　二　版　印张：18
2024年10月第八次印刷　字数：433 000

定价：69.80元
（如有印装质量问题，我社负责调换）

编委会名单

主　　编　李存东（河北农业大学）

副 主 编　戴廷波（南京农业大学）　　赵全志（河南农业大学）
　　　　　　杨武德（山西农业大学）　　孙红春（河北农业大学）

编写人员　（按姓氏拼音排序）

　　　　　　陈国兴（华中农业大学）　　王睿辉（河北农业大学）
　　　　　　戴廷波（南京农业大学）　　谢国生（华中农业大学）
　　　　　　杜金哲（青岛农业大学）　　严定春（中国农业科学院）
　　　　　　杜明伟（中国农业大学）　　杨武德（山西农业大学）
　　　　　　黄元财（沈阳农业大学）　　张　静（河南农业大学）
　　　　　　李存东（河北农业大学）　　张凤路（河北农业大学）
　　　　　　李绍长（石河子大学）　　　张　贺（东北农业大学）
　　　　　　李亚兵（中国农业科学院）　张丽娟（青岛农业大学）
　　　　　　刘连涛（河北农业大学）　　张美俊（山西农业大学）
　　　　　　马富裕（石河子大学）　　　张永江（河北农业大学）
　　　　　　孙红春（河北农业大学）　　张永丽（山东农业大学）
　　　　　　王宏民（山西农业大学）　　赵全志（河南农业大学）

主　　审　李雁鸣（河北农业大学）　　冯光明（河北农业大学）

前　言

农学是一门服务于种植业的综合性很强、涵盖范围很广的应用学科。本书依据编者多年的教学实践经验和授课对象的特点，主要述及与大田作物生长发育密切相关的作物遗传规律、生育规律、环境效应、栽培技术、种植制度、病虫草害等方面的内容，旨在使读者从总体概貌对农学有一个较全面系统的认识和了解。与以往同类型的教材相比，本书增加了"生态农业""农业信息技术与精准管理"和"农产品贮藏与加工"相关内容，以突出农作物与环境之间的互作关系和作物生产的生态效应，加强农学与其他学科的衔接和交叉，拓展农业科技工作者的视野。

农学的研究对象是大田作物，具有生物特性特点。影响作物生长发育的因素很多，且关系复杂。我国幅员辽阔，作物类型丰富，生态气候多样，决定了本书内容广泛，其编写和学习有较大的难度和灵活性。学习本书要求读者具备基本的植物学、土壤学、植物生理学、生物化学等学科的理论知识，以利于读者对本书所涉及内容的理解和掌握。

"农学概论"可作为农业院校非农学专业学生的主要选修课程之一。在学习过程中，可根据学生的具体情况对授课内容进行精心选择，重点介绍基本概念、共性理论和关键技术原理，注意提高学生对主要作物生物学规律的理性认识，增强学生举一反三的能力。同时，应结合各地大田作物生产实践，在教学过程中及时补充鲜活的案例，增强农学课程的生动性和实用性。

本书共 11 章，第 1 章由李存东编写，第 2 章由杨武德编写，第 3 章由孙红春、黄元财、张永丽、张贺编写，第 4 章由杜金哲、张丽娟编写，第 5 章由王睿辉、谢国生编写，第 6 章由张凤路、陈国兴、黄元财、杜明伟编写，第 7 章由王宏民编写，第 8 章由戴廷波、刘连涛编写，第 9 章由张美俊、李绍长编写，第 10 章由马富裕、张永江、严定春、李亚兵编写，第 11 章由赵全志、张静编写。

河北农业大学李雁鸣教授、冯光明教授对全部书稿进行了认真审阅，并提出了许多宝贵意见；在本书的编写和出版发行过程中，科学出版社给予了大力协助与支持，在此谨表衷心感谢。

本书由多年主讲"农学概论"课程的教师通力合作编写而成。因编者水平所限，不足之处在所难免，敬请专家、读者批评指正。

编　者

2017 年 3 月

目 录

第1章 绪论 ………………………………… 1
 1.1 农业的基本概念 ……………………… 1
  1.1.1 农业的含义 ………………………… 1
  1.1.2 农业的组成 ………………………… 1
  1.1.3 农业的地位和作用 ………………… 2
  1.1.4 农业系统观 ………………………… 3
  1.1.5 我国农业发展历程 ………………… 3
  1.1.6 我国传统农学思想 ………………… 4
  1.1.7 现代农业的含义与特征 …………… 4
  1.1.8 西方现代农业的优点和问题 ……… 6
  1.1.9 我国发展现代农业的基本战略 …… 6
 1.2 农学概述 ……………………………… 7
  1.2.1 农学的概念与范畴 ………………… 7
  1.2.2 农学的地位与作用 ………………… 7
  1.2.3 农学的性质 ………………………… 8
  1.2.4 农学的特点 ………………………… 9
  1.2.5 作物学与农学的关系 ……………… 10
  1.2.6 作物生产特点 ……………………… 10
  1.2.7 作物生产与粮食安全 ……………… 11
  1.2.8 我国作物生产发展战略 …………… 15
 1.3 农学发展前景展望 …………………… 16
  1.3.1 农学与农业信息技术 ……………… 16
  1.3.2 农学与生态农业 …………………… 16
  1.3.3 农学与都市农业 …………………… 17
  1.3.4 农学与可持续农业 ………………… 17
  1.3.5 农学与生物技术 …………………… 18
  1.3.6 农学与农业机械化 ………………… 18
  1.3.7 农学与农业产业化 ………………… 18
  1.3.8 农学与智慧农业 …………………… 19
 1.4 "农学概论"的教学特点 ……………… 19
  1.4.1 "农学概论"的课程性质 …………… 19
  1.4.2 "农学概论"的教学方法 …………… 19

第2章 作物的起源、分类和分布 ………… 20
 2.1 作物的起源和传播 …………………… 20
  2.1.1 作物的概念 ………………………… 20
  2.1.2 作物的起源 ………………………… 20
  2.1.3 作物的起源中心 …………………… 20
  2.1.4 作物的传播 ………………………… 22
 2.2 作物的分类 …………………………… 23
  2.2.1 根据作物用途和植物学系统相结合分类 …………………………… 23
  2.2.2 根据作物的生物学特性分类 ……… 24
  2.2.3 按植物科、属、种分类 …………… 24
 2.3 作物的分布与生产 …………………… 27
  2.3.1 作物分布与环境条件 ……………… 27
  2.3.2 世界作物分布与生产及粮食贸易 ………………………………… 28
  2.3.3 中国作物分布与生产和生产发展概况及面临的问题 ……………… 33

第3章 作物生长发育与产量和品质形成 ………………………………… 40
 3.1 作物的生长发育特性 ………………… 40
  3.1.1 作物的生长与发育概念及进程 …… 40
  3.1.2 作物的温光反应特性及阶段发育 …………………………………… 41
  3.1.3 作物的生育期 ……………………… 42
  3.1.4 作物的生育时期 …………………… 43
  3.1.5 作物的物候期 ……………………… 43
 3.2 作物的器官建成 ……………………… 44
  3.2.1 种子形态和萌发 …………………… 44
  3.2.2 营养器官的建成 …………………… 46
  3.2.3 生殖器官的建成 …………………… 48
  3.2.4 器官生长的相关性 ………………… 49
 3.3 作物产量形成 ………………………… 50
  3.3.1 生物产量、经济产量与经济系数 …………………………………… 50
  3.3.2 作物产量构成因素及其相互关系 …………………………………… 51
  3.3.3 作物产量形成过程及影响条件 …… 52
  3.3.4 作物产量潜力及增产途径 ………… 53

3.4 作物品质形成 …………………… 55
　　3.4.1 作物产品品质及其评价指标……… 55
　　3.4.2 作物品质的影响因素……………… 56
　　3.4.3 提高作物产品品质的途径………… 58
3.5 作物的群体特征 ………………… 60
　　3.5.1 作物群体的基本概念……………… 60
　　3.5.2 作物群体结构与指标体系………… 61
　　3.5.3 作物群体的源、库、流概念及其
　　　　　关系 ………………………………… 61

第4章 作物与环境 …………………… 63

4.1 作物的环境 ……………………… 63
　　4.1.1 作物的生态因子…………………… 63
　　4.1.2 作物的生态适应性………………… 65
　　4.1.3 作物生长的环境调节……………… 67
4.2 作物与光照 ……………………… 68
　　4.2.1 光照强度对作物的影响…………… 68
　　4.2.2 光照时间对作物的影响…………… 72
　　4.2.3 光谱成分对作物的影响…………… 74
4.3 作物与温度 ……………………… 75
　　4.3.1 温度变化的规律…………………… 76
　　4.3.2 作物生长发育的温度要求………… 78
　　4.3.3 积温及无霜期……………………… 80
　　4.3.4 温度对作物的影响………………… 81
　　4.3.5 温度逆境对作物的危害及防御
　　　　　措施 ………………………………… 83
4.4 作物与水分 ……………………… 86
　　4.4.1 水分对作物生产的重要性………… 87
　　4.4.2 作物对水分的需求特点…………… 87
　　4.4.3 水分逆境对作物的影响…………… 89
　　4.4.4 提高作物水分利用效率…………… 92
4.5 作物与空气 ……………………… 93
　　4.5.1 作物与氧气的关系………………… 93
　　4.5.2 作物与二氧化碳的关系…………… 93
　　4.5.3 作物与氮气的关系………………… 96
　　4.5.4 大气环境与作物的关系…………… 96
　　4.5.5 风速对作物的影响………………… 97
4.6 作物与营养 ……………………… 97
　　4.6.1 作物必需的营养元素……………… 98
　　4.6.2 必需矿质营养元素的生理作用
　　　　　及缺素症状 ………………………… 98
　　4.6.3 作物的需肥规律…………………… 101

　　4.6.4 作物的有机养分…………………… 102
4.7 作物与土壤 ……………………… 103
　　4.7.1 土壤和土壤肥力…………………… 103
　　4.7.2 土壤的形成与中国土壤的
　　　　　分布 ………………………………… 104
　　4.7.3 土壤的主要性质及其对作物的
　　　　　影响 ………………………………… 105
　　4.7.4 土壤的改良………………………… 110

第5章 作物的遗传改良 ……………… 112

5.1 作物性状改良的遗传学基础 …… 112
　　5.1.1 遗传学基本概念…………………… 112
　　5.1.2 遗传学基本定律…………………… 113
　　5.1.3 数量性状及其遗传………………… 116
5.2 作物的繁殖方式及其育种
　　 特点 ……………………………… 117
　　5.2.1 作物的繁殖方式…………………… 117
　　5.2.2 不同繁殖方式作物的育种
　　　　　特点 ………………………………… 118
5.3 作物改良的材料基础——种质
　　 资源 ……………………………… 119
　　5.3.1 种质资源的概念…………………… 119
　　5.3.2 种质资源工作……………………… 120
5.4 作物的遗传改良 ………………… 121
　　5.4.1 作物品种的概念与类型…………… 121
　　5.4.2 作物遗传改良的任务……………… 123
　　5.4.3 作物育种目标的内容及制订
　　　　　原则 ………………………………… 123
5.5 传统作物育种方法 ……………… 124
　　5.5.1 作物育种的有关方法……………… 124
　　5.5.2 引种…………………………………… 125
　　5.5.3 选择育种…………………………… 127
　　5.5.4 杂交育种…………………………… 128
　　5.5.5 杂种优势利用……………………… 132
　　5.5.6 远缘杂交育种与染色体工程……… 136
5.6 现代育种技术 …………………… 137
　　5.6.1 作物生物技术的概念及范畴……… 137
　　5.6.2 植物组织培养技术与细胞工程
　　　　　育种 ………………………………… 137
　　5.6.3 植物转基因育种…………………… 138
　　5.6.4 分子设计、标记辅助选择与聚
　　　　　合育种 ……………………………… 139

5.6.5　传统育种与现代育种的关系……141
5.7　作物种子生产管理与现代种子
　　　产业……………………………………141
　　5.7.1　作物品种审定制度与组织
　　　　　体系…………………………………141
　　5.7.2　作物种子检验与现代种子
　　　　　产业…………………………………143
　　5.7.3　作物品种退出机制………………145
第6章　作物生产技术………………………147
6.1　土壤耕作技术………………………147
6.2　播种技术……………………………150
　　6.2.1　播前技术…………………………150
　　6.2.2　田间播种技术……………………151
　　6.2.3　播后技术…………………………154
6.3　育苗移栽技术………………………154
　　6.3.1　育苗移栽的意义…………………154
　　6.3.2　育苗方式…………………………155
　　6.3.3　苗床管理…………………………156
　　6.3.4　移栽技术…………………………157
6.4　科学施肥技术………………………157
　　6.4.1　肥效的影响因素及提高途径……158
　　6.4.2　养分作用规律……………………159
　　6.4.3　作物需肥特性……………………160
　　6.4.4　合理施肥原则……………………161
　　6.4.5　肥料种类和施肥技术……………161
　　6.4.6　测土配方施肥推荐施肥技术……163
6.5　合理灌溉技术………………………164
　　6.5.1　作物的需水规律…………………165
　　6.5.2　合理灌溉指标……………………165
　　6.5.3　节水灌溉方法……………………166
　　6.5.4　排水技术…………………………168
6.6　生长发育调控技术…………………168
　　6.6.1　人工调控技术……………………168
　　6.6.2　化学调控技术……………………169
　　6.6.3　地膜覆盖技术……………………172
6.7　收获、处理和贮藏…………………176
　　6.7.1　收获技术…………………………176
　　6.7.2　收后处理…………………………177
　　6.7.3　贮藏技术…………………………178
第7章　作物病、虫、草害与防治…………181
7.1　有害生物及其防治策略……………181

　　7.1.1　有害生物及生物灾害……………181
　　7.1.2　有害生物及生物灾害对农业生产
　　　　　的威胁………………………………181
　　7.1.3　有害生物防治策略………………182
7.2　植物病害与防治……………………182
　　7.2.1　植物病害的概念…………………182
　　7.2.2　植物病害的种类及症状…………182
　　7.2.3　病原物……………………………184
　　7.2.4　病原物的侵染过程和病害的
　　　　　流行…………………………………186
　　7.2.5　植物病害的防治方法……………187
7.3　作物虫害与防治……………………189
　　7.3.1　昆虫的特征及为害………………189
　　7.3.2　昆虫的生物学特性………………190
　　7.3.3　昆虫的主要习性…………………192
　　7.3.4　昆虫与环境条件…………………193
　　7.3.5　作物虫害的防治…………………194
7.4　作物草害与防治……………………196
　　7.4.1　农田杂草的危害…………………196
　　7.4.2　农田杂草的种类…………………196
　　7.4.3　农田杂草的主要特性……………197
　　7.4.4　农田草害的综合防除……………197
7.5　专家系统在作物病、虫、草害
　　　防治中的应用………………………198
第8章　种植制度……………………………200
8.1　种植制度与作物布局………………200
　　8.1.1　种植制度的概念和特点…………200
　　8.1.2　资源与种植制度…………………200
　　8.1.3　作物布局的含义与生产意义……202
　　8.1.4　作物布局的影响因素……………203
　　8.1.5　作物布局的原则…………………209
　　8.1.6　我国的作物布局…………………210
8.2　复种……………………………………212
　　8.2.1　复种的概念与意义………………212
　　8.2.2　复种的条件………………………214
　　8.2.3　我国主要复种方式………………215
8.3　间、套作……………………………216
　　8.3.1　间、套作的概念与意义…………216
　　8.3.2　间、套作效益原理………………218
　　8.3.3　间、套作技术特点………………219
8.4　轮作与连作…………………………222

8.4.1　轮作 ·· 222
　　8.4.2　连作 ·· 224

第9章　生态农业 ································ 227
9.1　生态农业的产生与发展 ············· 227
　　9.1.1　国外生态农业的产生与发展 ····· 227
　　9.1.2　中国生态农业的产生与发展 ····· 228
9.2　生态农业原理 ···························· 229
9.3　生态农业技术及模式 ················· 231
　　9.3.1　生态农业技术 ························· 231
　　9.3.2　生态农业的几种典型模式 ········ 235
9.4　生态农业设计与评价 ················· 239
　　9.4.1　生态农业设计 ························· 239
　　9.4.2　生态农业评价 ························· 241

第10章　农业信息技术与精准管理 ········ 243
10.1　农业信息技术和农业信息化 ····· 243
10.2　农业信息技术的支撑技术 ········ 243
　　10.2.1　全球定位系统 ······················· 244
　　10.2.2　遥感技术 ······························· 244
　　10.2.3　地理信息系统 ······················· 246
　　10.2.4　无线传感器网络技术 ············ 246
　　10.2.5　多媒体技术 ··························· 247
　　10.2.6　网络技术 ······························· 247
　　10.2.7　专家系统技术 ······················· 248
　　10.2.8　自动控制技术 ······················· 249
　　10.2.9　模拟模型技术 ······················· 249
10.3　农业信息技术的应用 ··············· 250
　　10.3.1　农业信息资源的发布 ············ 250
　　10.3.2　农业生产管理的信息化应用 ····· 254
　　10.3.3　农业信息的获取与处理技术应用 ··· 259

第11章　农产品贮藏与加工 ··················· 263
11.1　概述 ······································· 263
　　11.1.1　农产品及农副产品贮藏与加工 ··· 263
　　11.1.2　农产品贮藏与加工在国民经济中的地位 ······························· 264
　　11.1.3　发展农产品贮藏加工的意义 ····· 264
　　11.1.4　我国农产品贮藏加工存在的问题 ··· 265
11.2　粮食产品的贮藏加工 ··············· 265
11.3　油料纤维产品的贮藏加工 ······· 271
　　11.3.1　油料产品的贮藏加工 ············ 271
　　11.3.2　纤维产品的贮藏加工 ············ 273

主要参考文献 ·· 275

第 1 章 绪 论

"农学概论"是一门涵盖种植业基本知识、基本理论与基本技能,且综合性与概括性很强的课程,兼具基础性与应用性双重属性,通常为农业院校非农学专业学生所开设。本章包含农业的基本概念、农学概况和农学发展前景展望等内容,在章末简述了本课程的教学特点。

1.1 农业的基本概念

1.1.1 农业的含义

农业是人类社会最古老,也是最基本的物质生产部门。农业发展的历史,也是人类利用、改造自然的历史,没有农业的发展就没有人类社会的发展。农业是指人类通过农业技术措施,充分利用自然和经济条件,调控农业生物的生命活动过程,以取得人类生活需要的产品的生产活动,以及附属于这种生产的各个部门的总称。概括地讲,农业就是人类利用生物生长发育过程来取得动植物、微生物产品的社会生产部门。

由于农业生产的对象是农业生物,包括动植物和微生物,因此实践中就形成了包括种植业、林业、畜牧业和渔业在内的广义的农业概念。又由于农业劳动者通常附带从事一些简单的农副产品加工,以往中国的统计口径中将这些活动与采集、狩猎一道作为副业,并将其视为农业的一个组成部分,即人们通常所说的广义农业,包括"农(种植)、林、牧、副、渔"五业。然而,我国自改革开放以来,随着乡村工业和其他非农产业的迅速发展,农副产品加工已远远超出副业(即附带生产活动)的范围,成为某些地方的主导产业,于是,我国农业的统计分类自 1993 年起不再包括副业。由此可见,农业的范围和所包含的部门,在不同的时代,甚至不同的国家是不同的,在一定程度上反映着社会发展的进程和时代特征。

1.1.2 农业的组成

农业是由农业生物和农业生物赖以生长发育、繁殖及发生遗传变异的自然环境及人类的生产劳动三部分组成。其中,农业生物是经过自然选择、人工驯化和培育的动植物和微生物有机体,是农业三个组成部分的主体。农业生物既是人类认识的对象,也是人类利用和改造的对象,是人类长期劳动的结晶。农业生物所生存的环境,既是农业的生产环境,又是制造农产品的场所。人类的劳动则是通过培育、选择农业生物和调控农业生产环境,促进农业生物与环境之间的物质循环和能量转化,力求实现农业高产、优质、高效、生态安全的生产活动。理想的农业生产是高效的农产品生产与和谐、平衡的生态环境的有机结合，两者缺一不可。理想的农业生产就是要通过农业生物、外界环境和人类生产劳动的相互协调和综合作用，以合理的物质和能量投入，在不破坏生态环境的前提下最大限度地获取人们所需要的产品，从而获得理想的物质和经济效益。任何以破坏环境为代价来谋取短期经济效益的生产活动都是不可取的，是不可持续的。

1.1.3 农业的地位和作用

国民经济是由多部门构成的庞大、复杂的系统，农业则是整个国民经济的基础。农业具有基础地位的根本原因，在于它是提供人类基本生存物质的一个特殊生产部门，具有不可替代性。此外，农业既为国民经济的其他部门提供原料，又从其他部门获得生产资料和农村人口消费的非农生产物资。农业的地位和作用具体体现在如下几个方面。

1. **农业是人类赖以生存的基础性行业**　衣、食、住、行是人类生存和生活的基本要素，而农业是满足人类衣、食需求的主要部门。人类历史发展至今，维持人体机能所必需的生活物资，如粮、油、糖、肉、蛋、奶、果、药、茶等主要来源于农业。此外，虽然目前化纤工业已高度发达，但是世界上还没有任何一个国家完全用化纤取代农业所生产的棉、麻和毛等天然纤维。并且，随着世界能源日趋短缺，化纤工业的原料——石油供不应求将成为这一产业的限制因素，以天然纤维为原料的纺织业，因其产品兼具绿色、保健、舒适等特点，将具有广阔的发展前景。总之，没有农业提供食物和衣物原料这些基本生活物资，人类就难以生存，社会再生产也不可能进行。

2. **农业是国民经济各部门独立与发展的基础**　农业曾经是人类社会的唯一生产部门，国民经济其他部门的产生都是以农业生产的发展、劳动生产率的提高和剩余产品的增加为前提的。只有当农业生产率提高，剩余农产品大大超过农业劳动者个人需要的时候，其他部门才能够从农业中独立出来。农业劳动生产率越高，为社会创造的剩余产品及剩余价值越多，才越有利于其他部门或产业的发展。就世界范围而言，农业的发展水平、速度和规模，在一定程度上决定着其他产业的发展速度和规模。随着农业的发展，农业生产以外的经济、文化活动不断加强，科学技术不断进步，生产工具日益改良，从而进一步增加了农业剩余产品的数量和种类，解放了更多的农业劳动力，为其他部门的发展提供了必要条件。正是由于农业和其他部门的相互合作与促进，才形成了当今丰富多彩的世界。

农业在国民经济发展过程中的主要作用归纳为：① 提供了人类生存必不可少的生活资料；② 提供了其他部门发展所需要的部分原料；③ 提供了其他部门发展必不可少的劳动力；④ 农业、农村的市场需求成为其他部门发展的强大动力；⑤ 农业资金、土地等向非农部门的转移成为这些部门发展的重要因素。对于许多发展中国家而言，出口农产品是获取外汇以进口本国工业化所必需的机械设备和技术的主要途径。

3. **农业在改善人们生活环境中具有重要作用**　随着经济的发展和人们生活水平的不断提高，生活质量的改善越来越受到人们的重视，优美的生活环境是反映人们生活质量的重要方面。植树造林、建立自然保护区、城市绿化等农业活动在创造优美生活环境中具有重要作用。中国农村近年来兴起的休闲农业、旅游农业、生态农业及山水林田湖草沙综合治理，就是通过保护或创造优美的环境给人们提供身心享受，成为农业生产部门的重要组成部分，其在国民经济发展中的作用已被当今世界的成功案例所证实。

1.1.4 农业系统观

由于农业是经济再生产过程和自然再生产过程的统一体，因此，农业既是国民经济系统的一个组成部分，也是自然生态系统的一个组成部分。农业的发展与科技进步密切相关，因而农业还是科学技术系统中的组成部分。与此同时，农业自身分为种植业、林业、畜牧业和渔业等部门，并且各部门均包含着社会、政治和文化等方面的内容，说明农业本身也是一个结构、功能复杂的大系统。同时，不仅农业大系统内部各产业、各部门之间互相联系，各产业、各部门也分别与外部系统相联系，而且都具有复杂的结构，并可进一步细分为更小的子系统。

1.1.5 我国农业发展历程

1. **农业技术的萌芽时期** 在新石器时代农业开始出现，农业技术开始萌芽，使用的是木、石、骨等材料制成的工具，采用的是刀耕火种技术和撂荒耕作，生产上只重视种和收两个环节，农业技术处在原始粗放阶段。我国北方栽培的主要农作物是耐旱的黍和粟（谷子），南方是耐涝的水稻。

2. **农业技术的初步发展时期** 公元前21世纪至公元前771年的夏商西周时期，奴隶社会已开始，农具材料已由木、石、骨发展到青铜，开创了使用金属农具的新纪元。在农业技术上，出现了除草、除虫、灌溉等措施，形成了作物类型和良种概念，以及作为农业技术基本内容的耕作、栽培、育种措施。土地使用已由撂荒耕作制发展为休闲耕作制，蔬菜、果树和经济林已开始人工栽培种植，我国的农业技术已开始脱离原始状态，进入一个新的发展时期。

3. **精耕细作技术的发生时期** 公元前771～前221年的春秋战国时期，奴隶制开始没落，地主经济有了很大发展。表现为，土地所有权日趋集中，经营单位不断分散，形成了小农经济。由于经营范围非常狭小，我国的农业生产走上了以提高单位面积产量为主的道路，从而形成了以精耕细作为特点的农业技术。这一时期，铁农具和畜力在农业中的应用为提高耕作效率和耕作质量创造了条件，使精耕细作技术的形成成为可能，其特点为深耕熟耰、多粪肥田、不违农时、连年种植等，在保持和提高地力的基础上使土地得到更好的利用。

4. **北方旱地精耕细作技术的形成时期** 公元前221年至公元589年的秦汉至南北朝时期，我国的政治、经济、文化中心主要在地势平坦、土壤疏松、适宜开垦经营农业的黄河中下游，所以，黄河中下游成为我国最早进行农业开发的地区。这一地区比较干旱，降雨少且主要集中在夏秋季，春季因干旱多风，难以正常播种。尽管这时期进行了大规模农田水利建设，但不能从根本上缓解整个北方农田的干旱问题，由此逐步发展了耕作保墒技术，形成了以耕、耙、耱、锄为中心的抗旱耕作法和区田、带田等抗旱栽培技术。

5. 南方水田精耕细作技术的形成时期　589～1368 年的隋唐宋元时期，由于北方战乱，人口大量南移，加速了南方的开发，江南逐渐成为了全国的经济中心。我国南方高温多雨，灌溉方便，适宜种植水稻，水田耕作栽培技术相应发展起来，包括以耕、耙、耖为中心的耕作技术，以培育壮秧为中心的栽培技术和以耘、耥为中心的田间管理技术，形成了以水田精耕细作为特色的历史时期。同时，由于人口的增加，出现了耕地不足的矛盾，促进了梯田和一年二熟制的形成。

6. 精耕细作技术的深入发展时期　1368～1840 年的明清时期，我国人口急剧增加，人多地少成了全国性矛盾。为此，人们开始大力推广多熟种植，发展间作、混作、套作和轮作，提高复种指数；为了提高单位面积产量，一些精细化程度较高的技术，如套犁深耕、看苗施肥、小麦移栽、砂田栽培等都先后在这一时期形成；采用多种经营的办法缓解耕地不足，从而形成了我国最早的人工生态农业；这时期还大力从国外引进一些高产作物，如玉米、甘薯、马铃薯等，来缓解粮食不足。至此，我国精耕细作的农业技术已基本定型。

1.1.6　我国传统农学思想

我国传统的农学思想以"天时、地利、人和"的统一为核心，这在许多著名的古代著作中都有精辟论述。例如，《吕氏春秋·审时篇》指出："夫稼，为之者人也，生之者地也，养之者天也。"《淮南子》强调："上因天时，下尽地财，中用人力，是以群生遂长，五谷蕃殖。"《氾胜之书》总结为："凡耕之者本，在于趋时、和土、务粪泽，早锄、早获。"《齐民要术》则有"顺天时，量地利，则用力少而成功多。任情返道，劳而无获"的著名论述。这些论述和观念将农学理论和辩证唯物主义的哲学思想有机结合，反映了作物生产的客观规律，具有永恒的指导意义。

在上述农学思想指导下，形成了我国的传统农艺技术，其核心内容为：① 精耕细锄，粪多力勤，少种多收；② 因地制宜，轮作、复种和间、混、套作相结合，以盗天地之时利，提高光热水土资源的利用率；③ 辨土施肥，用养结合，地力常新壮；④ 以粮为纲，多种经营，农牧结合。这是基于我国人多地少、农业资源相对缺乏、自然灾害频繁的国情，通过精耕细作，提高复种指数，进而提高单位面积土地的生产力，以满足人们日常生活对农产品的基本需求，从而维护社会稳定。同时，我国传统农业注重对农业资源的有效利用和合理保护，利于实现农业的可持续发展和生态环境的平衡。

1.1.7　现代农业的含义与特征

现代农业是指应用现代科学技术、现代生产资料和科学管理方法的社会化农业，在农业发展史上是指最新发展阶段的农业，主要指目前经济发达国家和地区的农业。

我国现代农业可概括为：以保障农产品供给、增加农民收入、促进可持续发展为目标，以提高劳动生产率、资源产出率和商品率为途径，以现代科技和装备为支撑，在适度规模经营基础上，在市场机制与政府调控的综合作用下，农工贸紧密衔接，产加销融为一体，形成多元化的产业形态和多功能的产业体系。

1. 现代农业的优点　　与传统农业相比，现代农业具有较大的竞争优势和良好的发展前景，这是由于现代农业具有传统农业不可比拟的优点。

1）建立在现代自然科学基础上的农业科学技术的形成和推广，使农业生产技术由经验转向科学，这反映在育种、栽培、畜牧、土壤改良、植保畜保等主要农业科学技术迅速提高和广泛应用上。

2）农业机器的研发及广泛应用，使农业由手工畜力农具生产转变为机器生产，投入农业的能源显著增加，电子、原子能、激光、遥感技术及人造卫星等也开始运用于农业。

3）高效能的农业生态系统逐步形成。

4）农业生产的社会化程度有很大提高，农业生产过程同加工、销售及生产资料的制造和供应紧密结合；农业企业规模扩大，管理方法显著改进。

5）大幅度地提高了农业劳动生产率、土地生产率和农产品商品率，使农业生产、农村面貌和农户行为发生了重大变化。

2. 现代农业的主要特征　　衡量一个特定区域内农业所处的发展阶段和发展水平，需要从多个角度入手，包括农业生产率、生态效应、商业化水平、生产条件、劳动者素质、组织管理水平、配套政策等。据此分析，现代农业应具备如下典型特征。

1）具备较高的综合生产率，包括较高的土地产出率和劳动生产率。农业成为一个有较高经济效益和市场竞争力的产业，这是衡量现代农业发展水平的最重要标志。

2）农业成为可持续发展产业。广泛采用生态农业、有机农业、绿色农业等生产技术和生产模式，实现淡水、土地等农业资源的可持续利用，使农业本身成为一个良好的可循环的生态系统。

3）农业成为高度商业化的产业。农业主要为市场而生产，具有很高的商品率，通过市场机制来配置资源。农业现代化水平较高的国家，农产品商品率一般都在90%以上，有的产业商品率可达100%。

4）实现农业生产物质条件的现代化。以比较完善的生产条件、基础设施和现代化的物质装备为基础，集约化、高效率地使用各种现代生产投入要素，从而达到提高农业生产率的目的。

5）实现农业科学技术的现代化。广泛采用先进适用的农业科学技术、生物技术和生产模式，改善农产品的品质，降低生产成本，以适应市场对农产品需求优质化、多样化、标准化的发展趋势。

6）实现管理方式的现代化。广泛采用先进的经营方式、管理技术和管理手段，使农业生产的产前、产中、产后形成比较完整的、紧密联系的、有机衔接的产业链条，且具有很高的组织化程度。

7）实现农民素质的现代化。具有较高素质的农业经营管理人才和劳动力，是建设现代农业的前提条件。

8）实现生产的规模化、专业化、区域化。以此降低公共成本和外部成本，提高农业的效益和竞争力。

9）建立与现代农业相适应的政府宏观调控机制。建立完善的农业支持保护体系，包括法律体系和政策体系等。

1.1.8 西方现代农业的优点和问题

当今世界，西方发达国家农业的现代化程度已很高，主要表现在土地产出率、资源利用率和劳动生产率均达到了相当高的水平。特别是由于遗传育种、矿物质营养和动力机械三大农业技术的推动，大大加快了由传统农业向现代农业的转变。然而，这种现代农业是以大量消耗石油资源为前提的，又被称为"石油农业"，其结果是对石油这种不可再生资源的大量消耗及对生态平衡的严重影响，因此是和可持续农业发展道路相悖的。目前，西方发达国家也在反思和矫正这种现代农业模式的缺陷。

1.1.9 我国发展现代农业的基本战略

我国早在20世纪60年代就提出农业现代化包括良种化、水利化、机械化和化学化4个目标。农业"四化"目标的提出与实施，在我国由传统农业向现代化农业转变的过程中发挥了积极作用，为提高农业科技水平，促进生产发展做出了重要贡献。在我国人口压力巨大、人均资源严重短缺、农业生态环境复杂多变、急需改善的情况下，早日实现可持续发展的现代农业尤为重要。为此目标的实现，应达成如下战略性共识。

1. **增加农业投入是发展现代农业的关键**　加大对"三农"（农村、农业、农民）的投入力度，建立促进现代农业的投入保障机制具有重要的战略意义。增加对农业的投入，体现工业反哺农业、城市支持农村的方针，既要看投入的增量与总量，更要看在财政收入大幅度增加的情况下，用于农业的支出占财政总支出的比例是否增加。此外，为增加对发展现代农业的投入，应努力实现投资主体多元化。

2. **发展现代农业的根本出路在于扩大经营规模**　提高土地产出率、资源利用率、农业劳动生产率是现代农业的基本特征，其根本出路在于扩大经营规模，快速提高机械化管理水平。在目前我国仍然以规模较小的小农经济为主体的情况下，一方面通过建立健全农业合作组织、政府及民间的服务组织，为农民提供全方位的社会化服务，增加规模效益；另一方面则需要转移农业多余劳动力到非农产业，为扩大经营规模创造条件。逐步扩大农村社会保障覆盖面，是依法有序地促进农村土地使用权流转、形成适度经营规模的重要条件。

3. **用现代技术改造农业是发展现代农业的重要环节**　在由传统农业向现代化农业转变的过程中，工程技术、化学技术、信息技术和智能化机械等现代技术与装备发挥了巨大作用。然而，实现可持续发展的现代农业，应突出生物技术的研究与应用。因为农业本身就是生物性产业，大力开发、使用生物技术利于为人们提供充足、优质、安全的农产品，利于充分利用农业的副产品或废弃物，发展可再生的生物质能源，改造中低产田以及沙荒地、盐碱地，改善农村生态与生活环境，促进农业功能的多元化，包括经济功能、生态功能、能源功能、保健功能、文化功能等，促进我国悠久的传统农业文化与现代农业文化相融合，进而创造出新的农业文明。

1.2 农学概述

1.2.1 农学的概念与范畴

农学是农业科学中的一个重要分支，其萌芽于农业起源之初，伴随着人类对农业技术的探索和生产经验的积累过程而成长，因而可以说农学是一门最古老的学科。在我国出土的新石器时代文物中，已有石制和骨制的斧、铲、刀、镰等生产工具和石碾盘等加工工具，并发现了炭化的黍、稷、粟、稻等农作物，标志着当时已有农耕文化的存在。西汉时期的《淮南子》一书中就有二十四节气的描述，而用农历的节气指示农时，以适时耕种是我国的首创，在生产中发挥了重要的作用，至今已有 2000 余年的沿用历史。我国和世界现存最完整的古农书《齐民要术》，系统总结了西汉末年至北魏时期 500 余年黄河流域的农业生产经验，其中提出了一条农业生产中必须遵循的基本原则："顺天时，量地利，则用力少而成功多。任情返道，劳而无获。"可见，我国古代劳动人民从生产实践中总结、积累了科学而丰富的农学理论和知识，不仅在指导后人农业生产中发挥了巨大作用，也成为全人类的宝贵文化遗产。

尽管农学知识积累几乎和农业起源同步，但农学作为一门学科的诞生至今尚不足 200 年。通常认为，英国的泰尔（A.B.Thaer，1752～1828）是倡导将农学作为一门以农业为研究对象的学科的始祖。他在《合理农业的原理》（1815）一书中，提倡把传统的冬粮—夏粮—休闲的一年一熟轮作休闲制，改为冬粮—芜菁—夏粮—苜蓿的复种轮作制度，以发展饲料生产和畜牧业，为农田提供厩肥，保证作物养分的供给，其中包含着重要的耕作学原理。

以细胞学说（T. Schwann，1839）、矿质营养学说（von Liebig，1840）、进化论（C. R. Darwin，1859）、孟德尔遗传规律（G.J.Mendel，1865）为代表的近代生物科学的快速发展，使得传统的农业科学也在 20 世纪初逐步分化、发展成为一个门类齐全的科学技术体系。随着该体系中各分支学科的独立与完善，农学的范畴也由原来代表农业科学的整体演变为农业科学的一个分支。目前而言，农学（agronomy）通常是指农作物生产理论与技术，其核心学科是作物栽培学与耕作学。但是作物生产是一个复杂的系统工程，涉及多学科领域，还应涵盖有关作物品种改良、植物营养、农田生态和植物保护等学科的基础知识。概括地讲，农学是在分析作物与环境关系并综合相关学科基础理论知识前提下，研究作物生产理论，提高作物生产技术的一门综合性学科。

1.2.2 农学的地位与作用

农业是国民经济的基础部门，种植业是农业中直接把光能转化为化学能并贮存到作物产品的初级产业，也是畜牧业和渔业的原料生产部门，在一定程度上决定着农业的整体发展水平。因此，种植业是农业的核心，一般在各国农业中占的比例较大，在我国人多耕地少的国情下更是如此。农学的研究对象即种植业的对象——作物，研究的成果能够直接用来指导作物生产,以促进作物生产的高产、优质、高效,以及作物生产与生态环境的和谐统一,因此,农业在国民经济和人们生活中的重要地位和作用在一定程度上反映了农学的重要性。

1.2.3 农学的性质

从宏观角度讲,农学的研究对象是整个种植业,因此农学的学科性质由种植业的性质所决定,主要体现在下列几方面。

1. **农学是以自然科学为主,并与社会科学密切联系的一门应用学科** 农学是研究、指导农业生产的核心学科之一。农业生产是人类利用作物有机体的生命活动来取得产品的生产部门的总称,其生产水平不仅取决于生产的自然条件,如土壤、温、光、水、肥等因素,还取决于生产的社会条件,如生产规模、工具、方法和劳动质量等。因此,农业生产是自然再生产和经济再生产相结合的过程。这就决定了农学应借助于化学、数学、物理学、生物学、遗传学、生态学等自然科学的基本原理和方法,研究作物如何通过利用太阳能,把无机物转化为有机物,把太阳能转化为化学能并贮存在作物产品中的生物学规律。同时,农学中用来改变作物生长发育环境的技术措施的确定,还受劳动者的素质、生产规模、经济水平、劳动工具等社会、经济因素的影响。农业生产的这种性质,决定了农学研究必然受自然科学和社会科学的双重影响。

2. **农学是服务于种植业的一门综合性学科** 鉴于我国人多耕地少的国情,如何在有限的耕地上不断提高作物产量、品质和效益是种植业面临的首要任务,而种植业的效益则是决定能否实现农业可持续发展的首要因素。因此,高产(high yield)、优质(superior quality)和高效(high efficiency)是我国种植业的必然选择,也是农学研究的主要目标。种植业是一个由环境—作物—社会相互交织的复杂系统,涉及多学科的原理与知识。而作物高产、优质、高效三方面的关系往往难以统一,并且其主次关系也会随社会经济的发展水平而发生变化。因此,只有从系统科学的观点来分析作物生产及农学学科,综合运用和集成各个相关学科的研究成果,才能使农学的研究与发展符合种植业的发展方向,发挥促进国民经济的作用。

3. **农学也是以可持续农业发展为目标的一门生态学科** 粮食不足、能源短缺、环境污染与气候异常是我国乃至世界面临的严峻挑战,成为目前及今后长时期内经济发展和人们生活水平提高的制约因素。从农业尤其是种植业和环境的关系来看,一方面,种植业在环境保护及生态平衡方面发挥着重大和不可代替的作用。因为植物在光合作用过程中吸收了大气中的二氧化碳,放出了氧气,使大气成分得以更新、净化,还能防风固沙、涵养水源、调节气候,从而既改善了人们的生活环境,又保护了农业资源。另一方面,在农业的发展和农业现代化进程中会引起生态失衡、环境污染等问题,其中农药、除草剂和化肥的过量投入是主要诱因。另外,虽然农业所需的自然资源大部分都是可再生的,但由于我国北方半干旱地区过于依赖灌溉而导致地下水资源超量开采,生态平衡受到威胁,加之全球气候变暖引起的极端气候频发,均对我国农业形成了十分不利的影响。因此,在农业生产和农学研究中要牢固树立生态保护意识,力争在维持生态系统平衡和环境安全的前提下发展作物生产,确保实现农业的可持续发展。

1.2.4 农学的特点

农学是农业科学的分支学科,其学科特点与所研究的对象和农业生产的环境条件特征以及学科性质具有密切联系,体现在如下方面。

1. 生物性　由于农学的研究对象是农作物,而农作物是生物有机体,具有复杂的器官、组织结构和各种各样的生物习性,因此农学应作为一个开放的系统进行研究、分析。

农作物生产是大田条件下的群体生产,作物群体的特征、结构、生态及生理状况等是反映群体质量的重要方面,在较大程度上决定着作物生产的产量、品质和效益,从而成为农学研究的重要内容,并且随着作物生产集约化程度的提高,作物群落生态生理与栽培技术也将成为农学的热点研究领域。

作物群体由个体组成,个体的器官分化与建成规律、营养生长与生殖生长的关系、地上器官与地下器官的关系等既反映了个体的生长发育状况,也直接影响着群体质量的优劣。另外,不同作物种类具有不同的个体生命周期,如水稻、春小麦、玉米、棉花、大豆、花生等为一年生(annual),冬小麦、油菜等为二年生(biennial)。而作物的生命周期又有一定的阶段性变化(phasic change),如冬小麦的春化作用(vernalization)和光周期现象(photoperiod),不同发育阶段有不同的主导性影响因子和相应的分化器官。

作物的生长发育过程是在特定的生态条件下完成的,因此作物与环境的关系也是农学研究的主要内容。在与周围环境组成的生态系统中,农作物利用环境中的无机物和太阳能,通过光合作用和各种生理生化代谢活动,把太阳能转变为化学能贮存在作物产品中,这一过程除了受光照因子影响之外,也受温度、水分、土壤、空气等因素的影响,并在一系列生理生化过程中完成其生命活动。因此,作物群、个体在环境作用下的生命活动遵循着多样化的生物学规律,也决定了生物性是农学的本质属性。

2. 复杂性　由于作物是一个功能和结构复杂的系统,受多种因子的影响和制约,这就决定了以其作为研究对象的农学学科的复杂性。因此,要用整体的观念和系统方法进行农学研究;在研究得出作物生产的限制因子的同时,要注重协调处理各种因子的相互关系,充分发挥作物生产的总体效益。

总结以往农学研究成果和生产经验得出,在处理作物生产诸因素相互关系时应重点遵循两条基本规律,即"多因子共同作用律"和"限制因子律"。"多因子共同作用律"是指作物生产是多因素共同作用的结果,涉及气候、土壤、生物、耕作方式、栽培技术、社会需求和经济条件等,应在统筹考虑上述因素的基础上安排作物生产,使各因素之间关系协调,同步改善。"限制因子律"是指在作物生产系统中整体效果是受其中最差的因子决定的。因此,生产上应在抓主要矛盾,着重改善限制因子的基础上,综合考虑多因子效应,使作物的产量、品质和生产效益在不断识别并克服限制因子的实践中得到提高。作物生产的复杂性决定了农学研究的复杂性、综合性及其多学科交叉的特点。

3. 应用性　农学的研究与服务对象决定了其属于应用技术学科,也就是在农业领域的基础理论和应用基础理论指导下，研究得出作物生产的先进实用技术，直接服务于作物生产。农学中的应用基础研究，如作物生长发育规律、产量与品质形成规律、作物与环境条件的关系等，可为制订栽培技术提供理论依据，或可阐明有关技术原理，以增强生产中运用技术的灵活性和针对性。

农学的应用性还体现在，生产技术的制订应考虑到不同的国情、不同的农民素质和不同的生产发展阶段，力争做到简便易行、高产高效、环境安全，这是决定农业技术能否大面积推广，能否转化为真正生产力的关键。农业生产全程机械化将是我国农业发展的方向，因此，新的农业技术能否适合机械操作，也将是体现其应用性和推广前景的重要方面。

1.2.5 作物学与农学的关系

广义的农学涵盖了作物学（crop science）、园艺学（horticulture）和植物保护学（plant protection），研究对象包括粮食作物、经济作物、饲料绿肥作物、药用作物，以及蔬菜、果树、花卉等园艺作物；研究内容侧重于作物生长发育的基本规律，作物与土壤、气候、生物等环境因子的共性关系，栽培技术与种植制度原理等。由于大田作物（指农田大面积栽培的农作物，即通常所说的"庄稼"）是种植业的主体，在国民经济中意义重大，因而农学一般以大田作物（field crop）为研究对象，然而研究结果通常可以为园艺作物所借鉴，从这个意义上讲，农学（agronomy）和作物学的概念和内涵是一致的，即两者都是研究大田作物生产与品种改良的科学理论与技术的学科。

现代作物学是和园艺学、植物保护学及农业资源与环境科学（agricultural resource and environmental science）等并列的一级学科，同属植物生产类学科群。作物学又分为作物栽培学与耕作学（crop cultivation and farming system）和作物遗传育种学（crop genetic and breeding）两个二级学科。其中作物栽培学与耕作学主要研究作物生长发育和产量、品质形成规律及其与环境条件的关系、种植制度与作物区划等，探索得出实现作物高产、优质、高效及其可持续发展的理论、方法与技术。作物遗传育种学主要研究作物品种选育和遗传改良及种子生产的理论、方法与技术。从服务农业产业角度出发，农学应涉及植物保护，以及农产品收获与贮藏的基础知识与基本技术，因此就狭义的农学而言，其实际范畴也要宽于作物学，但作物学无论是在何时、何地都是农学的核心学科，决定着农学的发展水平和方向。

1.2.6 作物生产特点

作物生产是农学或作物学的研究与服务对象，因此农学的生物性和复杂性特点也符合作物生产实践，并由此衍生出了以下几个鲜明的特点，成为制定作物生产发展策略、途径与措施的重要依据。

1. **地域性** 地域性是作物生产的首要特点。各种农业生态类型区的纬度、地形、地貌、气候、土壤、水资源等自然条件不同，以及在社会经济、生产条件、作物种类和技术水平方面的差异，使得作物生产具有较强的地域特点，各地都有各自适宜种植的作物类型、品种、种植制度及相应的栽培措施。如果忽视作物生产的地域性特点，采取"一刀切"的方法规划作物生产或推广农业技术，往往会导致失败。例如，若把我国北方高产、优质的冬小麦品种引到南方地区种植，则表现为成熟延迟、赤霉病重、产量低、品质差，有的甚至不能正常抽穗结实。

2. 季节性　　大田作物生产在露天条件下进行，时刻受气候、土壤、生物等环境条件的影响。一年中春、夏、秋、冬四季交替，而我国大部分地区受太平洋暖湿气流和西伯利亚寒流的交互影响，光、热、降水等气候条件在四季分布差别较大，并由此造成了土壤环境和生物环境的季节差异，使得作物生产不可避免地受季节的强烈影响。同一地区的不同季节，分别有不同的适宜生长的作物；同一作物在不同的生长季有不同的生育习性和生长中心，因此各季节都有内容不同的农事活动、管理措施。由此决定了作物生产中要坚持不违农时的原则，及时根据农时季节进行适宜的生产管理，使作物的高效生长期与最佳环境条件同步。尤其是我国南方施行多熟制，各种作物生长发育的季节性很强，若贻误农时，轻则减产，重则颗粒无收。

3. 连续性　　作物产品不仅是人类的食物，也是其他生物的食物。由于人类社会对作物产品的持续需求，加之当年或当季作物产品的产量有限，且难以长久保存，因此作物生产不可能一劳永逸，需要连年进行。

充分重视作物生产连续性（或称为永久性）的特点并采取相应措施，是实现农业可持续发展的根本保证。据此，在生产中应处理好两种关系：一是生长季或生长周期之间的关系。作物生产的上一个生长周期和下一个生长周期之间存在着互相联系、互相制约的关系。二是农业生产资源的利用与保护的关系。由于人类社会对于作物产品的需求是永恒的，而作物生产是在可更新和不可更新两类资源的支撑下进行的。为了保证作物生产的持续、高效进行，应树立长远发展观念，在生产过程中对土地要用养结合，通过增施有机肥和平衡施肥使地力常新不衰；对于其他农业生产资源也要利用与保护相结合。

1.2.7　作物生产与粮食安全

1. 作物产品的营养贡献　　人类的食物来源可分为植物性食物和动物性食物两大类，前者包括粮食、植物油、蔬菜、瓜果和酒类等，后者包括肉类、蛋类、奶类、水产品和动物脂肪等。概括而言，这些动植物产品包含了人类所必需的几类营养成分，包括糖类（carbohydrate）、脂类（lipid）、蛋白质（protein）、维生素（vitamin）、无机盐或矿物质（mineral）、纤维素（cellulose）和水。由于动物性食物是由植物性食物转化而来的，因此人类的营养都是直接或间接来自于植物生产，其中以大田作物生产为主体。

在上述七大类人体营养成分中，以糖类、脂类和蛋白质消耗量最大，是提供人体热量和生命活动需求的基本物质，维生素和矿物质由于需求量较少，在食物提供充足热量和蛋白质的同时即已同时被人体充分摄入。因此，作为食物供应的营养指标主要以糖类、脂类和蛋白质来衡量。目前从世界范围来看，人类消耗热量（包括糖类和脂类）的84%、蛋白质的65%由植物直接提供，说明植物是人类食物营养的主要来源，种植业的发展状况直接关系到全人类的营养保障。食物营养来源在世界各地差异较大，主要由饮食习惯和经济发展水平所决定。

受农业资源和人们的饮食习惯所影响，目前世界上种植面积最大的作物是小麦和水稻。全球 1/3 以上的耕地用来种植这两种作物，每年总产量在 3.5×10^8t 左右。小麦是北美、欧洲、北非的主要食粮，水稻是占世界人口一半以上的亚洲的主要食粮。小麦、水稻直接提供所需热量的 50%左右，根茎类作物（马铃薯、甘薯和木薯）提供人类所需的热量接近 10%，糖类作物提供 8%左右。玉米虽然作为直接食用的食物只提供人类所需热量的 5%左右，但是其主要用途是为养殖业提供原料而间接为人类提供营养，并且玉米作为能源植物的发展前景也非常广阔。

食物中的糖类与蛋白质的比例通常以每 420kJ 热量产物中所含蛋白质的克数来表示，其中花生约为 6，小麦为 3.5，水稻和玉米约为 3，马铃薯约为 1.5。由于一般成年人每天需要 60～80g 蛋白质和 10 500～12 000kJ 热量，相当于每 420kJ 热量消耗只需 2.8g 蛋白质相匹配，因此小麦、水稻和玉米中的蛋白质相对含量足以维持人体健康需要。

目前我国居民食物营养来自于动物性产品的比例还远低于西方发达国家，但略高于亚洲和发展中国家的平均水平。就全国平均水平来看，我国居民的热量来源，粮食作物占 70%以上，其他植物性食物和动物性食物分别占 16%和 13%左右；在蛋白质的来源中，植物性食物（主要是粮食）占 80%左右，动物性食物占 20%左右；在脂类消费中，植物性食物所占比例维持在 50%～58%。随着我国经济的发展，植物性热量和蛋白质在人们食物消费中所占比例逐渐降低，动物性食品比例逐渐增加。由于动物产品是由植物产品转化而来的，并且由于我国草场面积不足，载畜量有限，玉米和其他粮食作物秸秆和籽粒仍然是动物饲料的主要来源，因此，以粮食作物为主的种植业无论是现在还是将来都是我国居民食物营养的主要来源，在整个农业产业中占有举足轻重的地位。

2. 粮食需求与粮食危机　　世界粮食需求现状与预测研究表明，人体每 1kg 体重每天要消耗 167kJ 热量，一个成年人平均体重按 60kg 计，每天需消耗约 10 000kJ 热量。按 1g 固体食物（包括糖类、脂类和蛋白质）平均产生 17kJ 热量计算，一个成年人每天需要约 600g，每年需要约 219kg 固体食物，折合粮食（原粮，含 10%～13%水分及平均 20%的糠、麸、谷壳等）300kg 左右。虽然有 25%～30%的人口是婴幼儿、儿童和老年人，其粮食消耗量远低于成年人水平，但粮食消耗除食用外还需包括种子、役畜饲料、工业原料（制药、酿酒、浆纱等）乃至宠物食物等，因此人均占有粮食 300kg 并不算充足。尤其是随着经济发展，人们生活水平不断改善，动物食品消耗量不断增加，反而给粮食需求造成了更大压力，因为多数动物食品是以粮食为原料转化而来的，由于这种转化的能量效率较低，1t 动物食品需消耗数倍于动物食品能量的饲料。据此推断，人均粮食 300kg 为温饱的低限水平，400kg 为温饱有余水平，只有达到 500kg 以上才能称为富裕水平，才有足够粮食用于畜牧业和相关工业的发展，也才能显著改善人们的膳食结构。

3. 我国粮食安全的技术途径　　避免世界性或地区性粮食危机，是联合国和各国政府都非常重视的问题，直接关系到政权的稳定和社会的安宁。由于不同国家在自然资源和社会、政治、经济等方面存在较大差异，因此解决粮食危机的途径应因地制宜，不能强求一致。2013 年我国人均占有粮食 443.46kg，该年度我国粮食缺口达 2000 余万吨；

2021年我国粮食产量创历史新高，达到6829亿kg，人均粮食占有量达到483kg，高于国际公认的400kg粮食安全线，做到了谷物基本自给、口粮绝对安全。但是，无论我国还是世界范围内，粮食供求状况长期以来始终是人们高度关注的问题，关系到社会的稳定和发展。针对我国人口众多、农业自然资源相对缺乏等国情，应重点围绕完善农业政策、加大农业投入、发展农业科技来避免粮食危机，确保粮食安全。

(1) 保护和合理利用农业资源

1) 耕地资源：我国自新中国成立初期至2021年人均耕地由$1800m^2$下降到$815.5m^2$，并且1/3以上省份人均耕地不足$667m^2$，人均占有耕地的面积只有世界人均耕地面积的40%左右，接近联合国规定的$530m^2$的危险点。预计今后随着经济的持续发展，因工业化、城市化和交通网络的建设而占用大量耕地仍将不可避免，土地资源短缺将是我国粮食生产长期面临的现实问题。因此，在完善耕地保护立法、加强耕地保护措施、减少现有耕地资源损失的同时，应重视开发利用宜农荒地资源，以保证具有足够的可耕地规模。

除了耕地数量不足外，我国的耕地质量也不良，优高等地仅占29.4%，中低等地比例高达70.6%。据对全国1403个县(市)土壤普查结果，有机质含量低于0.67%的占11%，约有50%的耕地缺磷，23%的耕地缺钾，土壤肥力状况不容乐观。另外，全国已有20个省份出现酸雨；水土流失和受工业"三废"危害耕地面积逐年增加；西北、东北和华北地区有大量耕地已沙漠化或处于沙漠化边缘，说明农业生态环境在逐步恶化。因此，合理利用和保护现有耕地资源、开垦宜农荒地和滩地、改造中低产田以及大力保护生态环境，是改善耕地数量不足、质量不佳的状况，保证粮食作物的面积和产量，实现农业可持续发展的必由之路。

2) 水资源：我国水资源短缺且分布不均，人均水资源和单位土地水资源分别为世界的1/5和1/3，干旱是限制我国作物生产的主要因素之一。据统计，我国华北、东北和西北地区的旱区面积均在各区土地面积的80%以上，其中华北地区高达94%。另外，由于受季风气候的影响，我国北方的降水主要集中于夏季，其中6~8月降雨占年降水量的70%以上，从而进一步加剧了春、秋季水资源不足的状况，发展灌溉农业成为以往旱区解决作物水分供需矛盾的主要手段。然而，由于多年来对地下水资源的超量开采，导致地下水位逐年下降，华北地区地下"漏斗"现象严重，地下水资源日趋枯竭，而地表水资源受工业"三废"污染严重，今后灌溉农业的发展将会因可利用的水资源短缺而受到制约。因此，对于水资源应保护、利用相结合，其中包括：通过培育耐旱品种、改进农艺措施、完善农田水利工程等提高水分利用效率，节约灌溉用水；通过法律法规治理工业污染，保护水资源；通过大型水利工程，统筹利用地区间水利资源；加强人工降雨的研究和应用等，力求实现良性的土壤—作物—大气水分循环。

(2) 提高单位面积产量　提高单位土地面积的产量可以从提高作物复种指数和提高作物单产两方面着手。据有关资料，目前我国的平均复种指数为134%左右，而从理论上推算可达198%，因此尚有64%的潜力可挖。就我国耕地规模而言，每增加复种指数1%，可增加作物播种面积$1.22×10^7hm^2$，表明增加复种指数对于增加单位土地面积的产量，保证粮食安全具有重要作用。

提高每季作物的单产应从改造中低产田、提高水分利用率、培育高产或超高产品种、加快种子工程建设、优化施肥技术、改善栽培管理技术，以及加强已有技术成果的转化、推广等多方面入手。目前，我国粮食作物单产虽然高于世界平均水平，但是就全国平均水平而言与先进国家相比还有较大差距。从光能利用角度来看，理论上作物对太阳总辐射的最大利用率在5%左右。然而，作物的实际太阳利用率还很低。目前全球的植物（包括水生植物、陆生植物）光能利用率平均仅为0.1%，农田为0.2%；我国农田全年平均光能利用率为0.4%左右，并且世界上尚没有一个国家的平均值在1%以上。即便在最优的栽培管理条件下，一年生作物全生育期的光能利用率最高为2%左右。可见，作物单产还存在很大的增产潜力。

（3）改善作物产品品质　粮食作物的营养效能是其产量和品质的综合表现。我国是粮食生产大国，然而由于以往忽视粮食品质的改善，其综合利用价值未能充分发挥。目前，我国粮食无论在数量还是质量上都尚未很好适应人们生活水平提高、食品加工业发展和外贸出口的要求，每年都需要从国外大量进口优质专用粮食产品，而我国自己生产的某些品质不良的粮食产品却大量积压。

优质、高产、高效是我国乃至世界农业发展的必然方向。尤其是我国加入世界贸易组织（WTO）后，粮食市场竞争日趋激烈，国内粮食生产受到冲击，优质高效生产的必要性进一步增强。通过改良粮食作物品种以及研究其品质形成规律和调控技术，提高粮食产品品质，从而提高国内粮食的竞争力和种植业的经济效益，是促进我国粮食作物生产，保障粮食安全的重要措施。

（4）加强产后加工与利用环节　实施粮食安全战略要从开源节流两方面入手，减少产后贮运损失、改革粮食产品加工工艺、提高粮食利用效率，是"节流"的重要环节。据估算，目前粮食产后损失在20%左右或更多。以水稻为例，收获损失1%~3%，搬运损失2%~7%，脱粒损失2%~5%，晒干损失1%~5%，贮藏损失2%~5%，碾米损失2%~10%。据我国粮食部门估算，如果将收获至消费过程中的损失降至最低点，每年可节约粮食 $2×10^7$ t，相当于增加年单产水平 15t/hm² 的高产田 133 万 hm²。

（5）调整种植业结构　随着我国经济的快速发展，人们生活水平不断提高，膳食结构相应改变，表现为动物性食品、蔬菜、瓜果的需求量快速增加。适应这种消费结构的变化，也应对种植业结构进行必要的调整，即改以往"粮食-经济作物"二元结构为主的种植业模式为"粮食-经济作物-饲料作物"三元结构为主，发展高产、优质、高效的饲料作物，变"人畜共粮"为"人畜分粮"，提高单位土地面积作物产品的综合营养效率。

（6）开发新的食物源　开发人类或动物新的食物源以替代粮食消费是实现粮食（食物）安全的又一战略措施。海洋是巨大的生物宝库，在防止海洋污染、保护海洋生物的前提下开发利用海洋食物资源潜力巨大。例如，可加工成人类食物的近海领域自然生长的藻类植物，年产量相当于目前小麦年总产量的15倍以上。海洋食物产品不仅营养丰富，通常还味道鲜美，并具有保健或医用价值，是提高人类生活质量的重要食物源。我国是一个海洋大国，有约 18 000km 的大陆海岸线，近海资源丰富，因此在利用保护并重的原则下，发展海水养殖业，增加、丰富人们食物来源的潜力巨大。

另外，微生物发酵工业在生产单细胞蛋白（SCP）饲料方面具有广阔前景，被认为是解决蛋白质资源匮乏的重要途径。据测算，如果利用世界石油年产量的 2%生产单细胞蛋白，可满足 20 亿人 1 年的蛋白质消费。若把我国生产的农作物秸秆的 20%通过微生物发酵变为饲料，可获得 4.0×10^5 t 单细胞蛋白，相当于 $1.47 \times 10^8 hm^2$ 耕地生产的大豆蛋白。因此，科学技术为开发新的食物源开辟了广阔前景。

（7）坚持以国内生产为主，适当进口为辅　2016 年我国大陆总人口已达 14 亿，如此巨大的消费群体，其粮食供应必须主要依靠于自给。在此前提下，适度进口一定数量的粮食，也不失为缓和我国粮食紧缺的一条途径。据专家研究，只要我国的常年粮食进口量维持在国内粮食总产量的 5%左右（最多不超过 10%），即年进口量不超过 5.0×10^7 t，国际粮食市场的波动和政治因素的变化就不会对我国的粮食安全及社会稳定构成威胁，也不会引起国际市场粮食价格的上涨。因此，"立足自给，适当进口"将是我国长期坚持的粮食安全战略措施之一。

1.2.8　我国作物生产发展战略

我国在围绕建设现代农业，加快转变农业发展方式的总体战略下，作物生产须从主要追求产量和依赖资源消耗的经营管理方式，转到数量质量效益并重，注重作物科技创新与作物生产可持续发展，实现产出高效、产品安全、资源节约、环境友好的现代作物生产发展目标。

1）不断增强粮食作物生产能力。基于我国 14 亿多人口的国情，确保粮食安全将是国家的长期国策和发展战略，因此不断增强粮食作物生产能力将是我国农业领域面临的长期而艰巨的任务。

2）大力开展种植业结构调整，如实施油料、糖料、天然橡胶作物生产能力建设工程，加快发展草牧业、青贮玉米和苜蓿等饲草料作物种植，促进粮食、经济作物、饲草料三元种植结构协调发展。

3）提升作物产品质量安全水平。加强作物产品质量安全监管，大力推进农业标准化生产。建立全程可追溯、互联共享的作物产品质量安全信息平台。加大防范外来有害生物力度，保护作物生产安全。

4）强化作物科技创新驱动作用。健全作物科技创新激励机制，推进科研成果使用、处置、收益管理和科技人员股权激励改革，激发科技人员创新创业的积极性。加快农业科技创新，争取在作物育种、智能农业、农机装备、生态环保等领域取得重大突破。加强农业转基因生物技术研究、安全管理、科学普及等。

5）推动实现作物生产全程机械化。作物生产机械化是指运用先进适用的机械装备农业，改善农业生产经营条件，不断提高农业生产技术水平和经济效益、生态效益的过程。作物生产全程机械化是指从播前土壤耕作、播种技术、田间管理，到成熟收获及秸秆还田等整个作物生产过程全部施行机械管理，从而大大提高劳动生产率，减少田间用工，降低生产成本，这在目前农村劳动力紧缺、劳动力价格不断上涨的形势下尤为必要。

6）加快作物生产规模化、轻简化发展步伐。作物生产的竞争力取决于作物生产的效益，而未来作物生产的效益在一定程度上取决于生产过程中劳动力的投入数量和机械化水平高低。作物规模化生产是实现机械化管理的前提条件，轻简化栽培则是通过提高机械化管理水平和减少管理环节，大大减少劳动力的投入，使农民摆脱传统的繁重、繁琐的农业生产方式，实现农业生产的舒适性与高效益的统一。

7）提高作物生产专业化、区域化水平。作物生产具有产前规划与准备环节、产中管理环节，以及产后的产品贮藏、加工和流通等环节，形成了一个完整的产业链条，而产业链的各环节都具有特定的技术、设备和环境要求，因此需要相应的专业化组织。同时，由于作物生产的地域性、季节性特征及其与工业生产和人们生活传统的密切联系，要求作物生产具备较高的区域化水平。

8）加强作物生产环境治理，实现作物生产可持续发展。加强作物生产面源污染治理，深入开展测土配方施肥、水肥一体化管理，推广生物有机肥、低毒低残留农药，开展秸秆、畜禽粪便资源化利用和农田残膜回收区域性示范。推广节水技术，促进工程节水与农艺节水有机结合，全面实施区域规模化高效节水灌溉行动。加强水污染、耕地污染的预防和治理，保障农业生态系统安全。

1.3　农学发展前景展望

进入 21 世纪以来，科学技术发展日益迅速，信息技术、计算机技术、人工智能快速渗入到各个学科领域，并且农业生产中的环境保护意识、可持续发展意识、优质高效意识、规模经营意识等越来越强，这就决定了农学学科与农业信息技术、生物技术、生态农业、可持续农业及机械化、智慧化农业的结合日益紧密。农学未来的发展将以上述学科领域的快速发展为动力，同时，作为农学为服务对象的农业生产中存在的问题也为各有关学科提供新的研究方向和课题，加快学科之间的渗透和融合。

1.3.1　农学与农业信息技术

信息技术是研究信息的产生、采集、存储、交换、传递、处理及利用的高新技术，已渗入到国民经济各个领域和与之相关的各个学科，农学类学科也不例外。当今世界，农业信息技术的研究与应用主要集中在 6 个方面，即农业数据处理、农业系统模拟、农业专家系统、农业计算机网络、农业决策支持和农业信息实时处理。随着今后计算机网络技术的普及，其在农业上的应用将沿着全方位、综合性、智能化的方向发展，对于农业科学技术的开发、推广与升级将发挥重要的推动作用。

1.3.2　农学与生态农业

运用生态学原理，遵循生态经济规律，用系统工程方法组织管理的新型农业称为生态农业（ecological agriculture）。生态农业是农业生产水平与经济发展水平达到一定程度的产物，是现代农学的组成部分。生态农业的发展应立足于各国的国情，我国生态农业具有如下特点。

1. 以生态效益、经济效益和社会效益统一为目标　我国在相当长时间内仍然是一个发展中国家，农民在得到温饱之后迫切渴望致富，这种迫切心情容易导致生产上的短期行为，即为了取得近期经济效益而浪费或破坏资源与环境，导致不易挽回的恶果。因此，我国未来农业一定要把上述三大效益有机结合，把生态效益看作获取长久经济效益的保证，寓生态效益于经济效益和社会效益之中。

2. 把现代农业科技成果与传统农业精华相结合　中国传统农业有精耕细作、培肥地力、因地制宜、集约生产、结构多样、农林牧渔良性循环等丰富经验和习惯，应将其与当今信息技术、生物技术、机械化水平等的农业科技成果相结合，在各地形成丰富多彩、经济高效的生态农业结构模式和技术体系。

3. 较强的地域性和多样性特征　我国幅员辽阔，地区间自然条件和社会经济条件差异巨大，决定了我国的生态农业不可能具有统一模式。应在因地制宜的原则下，建立与当地生态环境、资源条件和经济发展水平相适应的，且具有地域特点的多类型生态农业模式，以充分发挥当地的社会、经济与资源优势，实现社会、经济与生态环境的协调统一。

1.3.3　农学与都市农业

都市农业（urban agriculture）是指地处都市及其延伸地带，紧密依托并服务于都市的农业。都市农业是以生态绿色农业、观光休闲农业、市场创汇农业、高科技现代农业为标志，以农业高科技武装的园艺化、设施化、工厂化生产为主要手段，以大都市市场需求为导向，融生产性、生活性和生态性于一体，高质、高效和可持续发展相结合的现代农业。

与常规农业相比，都市农业具有如下特点：能够充分利用大都市完善的城市基础设施与资金条件来发展现代农业；可以直接利用大都市的市场、信息优势，占领、开拓国内外市场，提高农业的专业化和商品化水平；便于采取与大都市相适应的农业产业结构，采用现代经营管理方式发展农村第二、第三产业；建立与大都市市场相适应的现代化、集约化、设施化的农业生产体系，机械化、自动化程度高，土地产出率、资源利用率和劳动生产率高；直接利用大都市的先进科技手段和科技人员的指导，有利于发展高科技农业和生态高效农业。

1.3.4　农学与可持续农业

可持续农业（sustainable agriculture）又称持久农业，人们将其定义为"是一种满足社会需要，不断发展而又不破坏环境的农业"。联合国粮食及农业组织（FAO）确定可持续农业的三个战略目标为：一是要积极增加农业生产；二是要促进农村综合发展，增加农民收入，消除农村贫困状况；三是要合理利用、保护与改善自然资源，保护生态环境。

我国科学家提出了在中国实行"集约持续农业"（intensive-sustainable agriculture）的设想。其特点有以下几点。

1）集约农作：把土地利用率放在首位，努力提高周年单产；力争有田皆绿，高度集约地多维（平面、空间、时间）利用每一块土地。

2）高效增收：要将提高经济效益，增加农民收入放在重要位置。力争高产高效，努力提高劳动生产效率；因地制宜地调整农业产业结构，适当增加园艺作物与养殖业比例；积极发展农村的农产品加工业与其他第二、第三产业；实行劳动力密集、科技密集与适当增加投入的有机结合。

3）持久发展：强调自然生态与人工生态相结合，保护资源，改善生态环境，改善生产条件，提高农业综合持续生产能力；搞好水利与农田基本建设，提高抗御旱涝病虫害的能力；保护、改善农业资源，避免或减轻环境污染。

可见，集约持续农业兼顾了我国人口众多、资源相对贫乏、农民迫切需要增收以及环境质量有待改善等国情，将农业眼前利益与长远利益紧密结合，代表了我国农业的发展方向，是农学的重要研究内容和重点发展领域。

1.3.5　农学与生物技术

生物技术（bio-technology）是以重组 DNA、细胞固定化、细胞和组织培养技术为核心，对生物有机体进行遗传操作的技术，包括基因工程、细胞工程、酶工程和发酵工程 4 个方面。植物生物技术主要包括细胞组织培养和基因工程两大类，它使人们能够在植物体外操作基因，并将外源基因导入植物细胞，再生出转基因植株，从而开创了用基因工程进行作物改良的新时代。

作物遗传育种与良种繁育是农学的重要组成部分，因此农业生物技术拓展了农学的研究内容和范围，是农学和高新技术领域相结合的范例。目前，该领域取得的成果已在科学研究和农业生产中广泛应用，包括基因编辑、植物快速繁殖和无病毒种苗的生产、花药培养与单倍体育种、原生质体培养与细胞融合、雄性不育以及多种类型转基因抗性品种的培育等。

1.3.6　农学与农业机械化

只有劳动生产率的提高才能从根本上提高劳动者的收入，而农业机械化的根本作用在于提高农业的劳动生产率，在当今我国农产品已逐步进入国际市场的形势下，实现农业机械化更为迫切。农业机械化为农业科学技术的应用创造了条件，同时也提出了在规模化、机械化生产条件下，调整、改进农艺技术的新课题，从而促进了农学学科的不断进步。今后农业机械化的发展趋势表现在：① 农业机械向大功率、高速、宽幅、联合作业方向发展，自动化程度不断提高。② 农业工程学家对于农业环境保护和降低污染技术日益关注，农业生产条件与环境调控技术研究不断深入。③ 遥感、计算机自动控制在农业机械化中的应用日益广泛。

1.3.7　农学与农业产业化

农业产业化是以市场为导向，以经济效益为中心，以主导产业、产品为重点，优化组合各种生产要素，实行区域化布局、专业化生产、规模化建设、系列化加工、社会化服务、企业化管理，实现产加销一条龙、贸工农一体化经营，使农业走上自我发展、自我积累、自我约束、自我调节的良性发展轨道的现代化经营方式和产业组织形式。农业产业化经营模式是加速农业现代化的有效途径。

1.3.8 农学与智慧农业

智慧农业的核心理念是将先进的科学技术应用于农业领域，提高农业生产的智能化和自动化水平，从而提高农产品的产量和质量，促进农业的可持续发展。在智慧农业中，科学家通过研究和改良作物基因，培育出高产、抗病虫害的优质农作物品种。同时，利用生物技术手段，提高农作物对气候、土壤和水分等环境条件的适应能力，从而增加农作物的产量和抗性。农业科学家还利用现代化的科技手段，如无人机、卫星遥感技术和传感器技术，对土壤质量、植物生长情况和气候变化等进行实时监测和数据分析，实现精确农业管理。

我国是世界上最大的农作物起源中心之一，是历史悠久的农耕文明国家，对世界农业发展做出了突出贡献。我国农业的成就离不开历代农学先贤们的聪明才智、开拓创新与不懈努力，更需要一代代农业科技人员守正创新、接续奋斗，推动我国农业现代化早日实现。

著名农学家

1.4 "农学概论"的教学特点

1.4.1 "农学概论"的课程性质

农学是一门服务于种植业的综合性很强、涵盖范围很广的应用学科，要求在学生具备基本的植物学、植物生理学、生物化学等理论知识基础上开设此课程；同时，"农学概论"课程本身除了涵盖作物学的核心内容之外，还涉及土壤学、植物营养学、植物保护学、作物生态学等学科的核心内容，因此综合性、概括性很强，基础性、应用性兼备。

1.4.2 "农学概论"的教学方法

"农学概论"的教学特点应与农学学科的性质、特点和授课对象相联系。教学过程中重视理论与实践相结合，适当安排一些实验、实习或生产考察内容；教学方法上重视多媒体、虚拟仿真等现代化教学手段以及翻转课堂、案例教学等方法的运用，使学生对作物的遗传规律、生育规律、环境效应、栽培技术、种植制度、病虫草害等获得深刻的感性和理性的双重认知。另外，农学是直接服务于"三农"的学科，在教授农学自然科学知识的同时，结合各章节教学内容穿插介绍我国有关"三农"的社会知识，加深学生对农学与农业、农业与粮食安全及社会发展关系的深刻认识，增强其社会责任感和使命感。

农学的研究对象是大田作物，具有生物性和复杂性特点，而我国幅员辽阔、作物类型丰富、生态气候多样，决定了本课程教学具有较大的难度和灵活性。教学过程中，既要注重作物共性生物学规律的介绍，又应兼顾不同类型作物的特点以及不同生态类型区的生产特点；既要借助于植物学、植物生理学等的基础知识，又要防止内容重复，或缺乏本课程自身的系统完整性；既要讲清楚已经定论的理论知识，又要充分客观地正视研究对象的复杂性，指出未知领域和发展方向，培养学生探索作物科学的浓厚兴趣。

作物的起源、分类和分布

作物是农业生产系统的核心及作物学的主要研究对象,与人类食品的数量和质量密切相关。了解农作物的起源、传播、分类、分布和生产状况,有助于认识和把握作物进化特点、生态适应性及其在农业经济发展中的重要作用。

2.1 作物的起源和传播

2.1.1 作物的概念

作物(crop)是指人类从野生植物中经过长期选择和培育而来的栽培植物。广义的作物概念是指栽培植物。目前世界栽培种植的植物约 1500 种,包括粮、棉、油、糖、麻、烟、茶、桑、果、菜、药等。狭义的作物概念主要是指农田大面积栽培的植物,即农作物,又称大田作物。世界各地栽培的大田作物约 90 种,我国常见的大田作物有 60 余种。

2.1.2 作物的起源

栽培植物是以人类定居为前提的。在远古时代,原始人类依靠渔猎和采集天然动植物而生存。大约在 1 万年前,在亚洲、中东和欧洲的部分地区,随着后期冰河的急剧融化,湖泊和鱼类增多了。于是,靠狩猎和采集野果为生、过着游猎生活的人类,开始围湖聚居,转向以捕鱼为生。这便是人类早期的定居生活方式。定居生活的结果,使居住地及其周围产生了粪便、垃圾和食物残渣的积累。在这些富含营养的土壤上,人类目睹了"吃掉的植物"再生出"可食用的植物"的过程。这种现象无数次地重复出现,久而久之,在原始人类头脑中渐渐地萌生出种植植物的意识。

人类在种植野生植物的过程中,不断积累栽培经验,改善栽培技术。在此基础上通过长期的有意或无意的人工选择,适合于人类需要的那些变异类型被保留下来,使野生植物逐步驯化成为栽培作物。

人类从采集野生植物转变为自己动手种植植物,是人类发展史上最伟大的变革,它标志着原始农业的诞生。原始农业为人类提供了较多的食物和其他用品,使原始人类得以更加稳定地定居下来,进行社会分工,促进了社会生产和文化的发展。人类文化的基础始于农业,这已为人类社会发展史和考古学等方面所证实。

2.1.3 作物的起源中心

法国拉马克(J. Lamarck,1744~1829)最先提出生物进化学说,提出用进废退获得性遗传。英国科学家达尔文（C. R. Darwin，1809~1882）1859年出版的《物种起源》提出以自然选择为基础的进化学说。最早研究作物起源问题的是瑞士植物学家、植物地理学家德·康多尔（de Candolle），他首先提出人类栽培作物均来源于野生植物的观点。康多尔在1855年出版的《植物地理学》一书中，列出了157种栽培作物，其中的125种均找到相应的野生种。在1883年出版的《农业植物起源》一书中，康多尔介绍了对247种作物与野生植物的亲缘关系的考察结果，认为其中199种起源于旧大陆，45种起源于新大陆。20世纪20~30年代，苏联植物学家瓦维洛夫（Н. И. Вавилов）组织植物远征采集队，收集到各大洲60多个国家的30多万份野生植物和栽培作物材料，并进行了详细的比较研究，于1926年出版《栽培植物的起源中心》一书，提出作物起源中心（又称基因中心）学说，认为地球上绝大多数作物的起源地集中在北纬20°~40°，各起源中心被高山、沙漠和大河等天然屏障分隔，形成了植物区系独立演化的不同区域。其后为了更准确地确定作物起源和最初形态建成中心，他还补充查明遗传上相近的野生和栽培种的多样性地理分布中心，把遗传变异最丰富的地方确定为该物种的起源中心。最后以考古学、历史和语言学的资料，对植物地理的划分加以修正，于1935年出版了《育种的植物地理基础》一书，认为全世界栽培植物的起源有八大中心，即中国—东部亚洲；印度—热带亚洲，包括马来西亚补充区；中亚西亚；西部亚洲；地中海沿岸及邻近区域；埃塞俄比亚；墨西哥南部和中美洲；南美洲，包括秘鲁、玻利维亚和智利契洛埃岛补充区。

1968年，茹可夫斯基（П. М. Жуковский）指出，有许多作物起源于瓦维洛夫的八大中心之外，因此有必要加大中心地理范围，在此基础上提出大基因中心观念，将瓦维洛夫确立的8个起源中心扩大到12个，即中国；印度支那—印度尼西亚；澳大利亚—新西兰；印度次大陆；中亚；西亚；地中海沿岸及邻近地区；非洲；欧洲—西伯利亚；中美洲；玻利维亚—秘鲁—智利；北美洲。

1971年，美国学者哈兰（J. R. Harlan）出版《农业的起源，中心与非中心》一书，认为世界农业起源于三个独立的地区，每个地区均有一个起源中心区和一个非起源中心区。中心的地域范围较小，非中心的范围较大；作物起源于中心区，驯化、发展于非中心区。因此，农业发祥地并不一定是作物起源中心，某一作物的广泛分布区也不一定是其起源地。其分类如下：

     中心   非中心
     A1 近东   A2 非洲
     B1 中国北部   B2 东南亚和南太平洋
     C1 中美洲   C2 南美洲

在《农业的起源，中心与非中心》中，总共分为419种作物，其中中国64种，只包括起源于华北的作物，中国南部划入东南亚非中心。1975年，美国农学家J. R. Harlan在《作物与人类》一书中把水稻列为中国中心。

1975年，瑞典的泽文（A. C. Zeven）和茹可夫斯基共同编写了《栽培植物及其变异中心检索》，重新修订了茹可夫斯基提出的12个基因中心，扩大了地理基因中心概念，现简介如下。

1）中国—日本中心：中国基因中心是主要的，初生的，由它发展了次生的日本基因中心。中国的中部和西部山区及其毗邻低地是世界上最早和最大的栽培植物起源中心。中国起源地的特点是栽培植物的数量极大，包括了热带、亚热带和温带作物的代表，共281种。主要农作物有黍、稷、粟、稗、高粱、大麦、荞麦、大豆、赤豆、裸燕麦、山药、苎麻、大麻、苘麻、紫云英等。该学说确认中国是栽培稻（*Oryza sativa* L.）的起源中心之一，纠正了瓦维洛夫认为水稻仅仅起源于印度的观点。

2）印度支那—印度尼西亚中心：是爪哇稻（*Oryza sativa* L. ssp. *javanica*）和芋（*Colocasia esculenta* L. Schott）的初生基因中心。这里还具有丰富的热带野生植物区系。

3）澳大利亚中心：除美洲外，这里是烟草的初生基因中心之一，并有稻属（*Oryza*）的野生种。

4）印度次大陆中心：农作物有稻、甘蔗、绿豆、豇豆等，还有许多热带果树。

5）中亚中心：农作物有小麦、豌豆、山黧豆等。

6）近东中心：农作物有栽培小麦、黑麦等。

7）地中海中心：从许多作物品种和种组成来看，这里是次生起源地，很多作物在此区被驯化，如燕麦、甜菜、亚麻、三叶草、羽扁豆等属的种。

8）非洲中心：农作物有高粱、棉、稻等属的种。此中心对世界作物影响很大，许多作物起源于非洲。

9）欧洲—西伯利亚中心：农作物有二年生块根糖用和饲用甜菜、苜蓿、三叶草等。

10）南美洲中心：农作物有马铃薯、花生、木薯、烟草、棉、苋菜等。

11）中美洲—墨西哥中心：农作物有甘薯、玉米、陆地棉等。

12）北美洲中心：主要作物有向日葵、羽扁豆等。

2.1.4 作物的传播

一种作物在其起源地经人工栽培和驯化后，其种子和植株会随风力、水流、动物的活动及地壳的变动等自然因素传播到其他区域，但远距离的传播主要与人类的活动相关，包括民族迁徙、贸易、战争、传教、探险、外交活动等，人类的这些活动使作物迅速传播。远古时代，作物的传播大多数是随着民族的迁徙而进行的，如起源于近东的普通小麦，新石器时代由于民族大迁徙而向西传播到欧洲，后进一步远传到非洲北部。研究作物的传播，史前时期主要靠考古资料，有史以来主要靠文献记载。一般认为，栽培作物传播的途径有两条，一条是陆路，另一条是海路。

古代文明大多数兴起于作物的起源中心及其邻近地区，可以说丰富的作物资源是古代文明的源泉，而作物本身则随着古代文化的传播，得到了广泛的传播。例如，原产于亚细亚地区的作物传播到尼罗河三角洲肥沃的土壤后，便孕育了古埃及的灿烂文明。我国汉代张骞的两度出使西域，不但促进了东西方文化交流，而且促进了东西方作物的相互传播。

在古代，非洲的作物经海路传入印度，印度便成了向东南亚和远东地区传播作物的中转站。同时，印度还起到了把太平洋地区的水稻及根栽作物通过印度洋向非洲传播的桥梁作用。

1492年哥伦布发现新大陆，这在作物传播的历史长河中掀起了前所未有的轩然大波。哥伦布航海的目的是为了寻求胡椒，结果把更多的、比胡椒更重要的新大陆作物带回了欧洲。16世纪，西班牙入侵南美洲后，又把象征南美洲古代印第安人文明的玉米、甘薯、马铃薯、陆地棉、烟草、辣椒和菜豆等作物陆续传入了旧大陆。同时，旧大陆的作物也陆续传入了新大陆。到了17世纪，美洲移民把欧洲的绝大部分作物带到了美洲大陆。从这一时期开始，来往于新大陆与西非之间的贩卖奴隶的船只，也起到了交流两大陆作物的作用。

达·伽马对非洲好望角航线的开辟，使东西方作物得以大量而频繁的互相传播。同样，17世纪英国人开始遣送犯人进出澳大利亚，也把新旧两大陆的大多数作物传播到该地区。

栽培作物的传播和交流，极大地促进了作物生产的发展。有些作物在新的地区比原产地生长更好，发展更快。世界大面积种植的大豆原产于中国，但现在北美洲种植面积最大、单产最高；花生原产于南美洲，现在种植面积最大的是印度和中国；马铃薯原产南美洲，现在已成为东欧各国重要的粮食作物之一；小麦起源于西亚，而目前的生产中心在北美和东亚一带；陆地棉原产于中美洲，目前中国是最大的产棉国。

古代由于交通不便，农作物的传播需要几百甚至上千年。到中世纪，玉米、甘薯、棉等作物的传播只用了几十年。现代矮秆稻、麦等的传播仅用了几年至十几年。当今世界各国全球性的植物资源及种子征集活动的开展，将促进作物的广泛传播与交流，更加有利于世界作物生产的发展。

2.2 作物的分类

作物的种类很多，它们分属于植物学上不同的科、属、种。这里主要从生产的角度对大田作物进行分类。

2.2.1 根据作物用途和植物学系统相结合分类

这是通常采用的最主要的分类法，按照这一分类法可以将作物分为四大部分10个类别。

1. 粮食作物（food crop）（或称食用作物）

1）谷类作物（cereal crop）：其籽实可食用。绝大多数属禾本科，主要有小麦、大麦、燕麦、黑麦、稻、玉米、谷子、高粱、黍、稷、薏苡等，禾本科的谷类作物称为禾谷类作物。蓼科的荞麦、苋科的籽粒苋，因其籽实可供食用，习惯上也列入此类。

2）豆类作物（legume crop）：或称菽类作物，均属豆科，主要提供植物性蛋白质。常见的作物有大豆、绿豆、赤豆、蚕豆、豌豆、小扁豆、鹰嘴豆等。

3）薯类作物（tuberous crop）：或称根茎类作物，主要生产淀粉类食物。主要有甘薯、马铃薯、木薯、豆薯、薯蓣（山药）、菊芋、芋、蕉藕等。

2. 经济作物（economic crop）（或称工业原料作物）

1）纤维作物（fibre crop）：其中有种子纤维作物，如棉花；韧皮纤维作物，如大麻、亚麻、红麻、黄麻、苘麻、苎麻等；叶用纤维作物，如剑麻。

2）油料作物（oil crop）：主要作物有花生、油菜、芝麻、向日葵、胡麻、苏子、红花等食用油料作物和蓖麻、油桐等医药工业用油料作物。大豆也可列为油料作物。

3）糖料作物（sugar crop）：主要有甘蔗、甜菜，此外还有甜叶菊、芦粟（甜高粱）等。

4）嗜好类作物（stimulant crop）：主要有烟草、茶叶、咖啡、可可等。

5）其他作物：主要有桑、橡胶、香料作物（如薄荷、留兰香等）、编织原料作物（如席草、芦苇等）等。

3. 饲料及绿肥作物　饲料及绿肥作物（forage and green manure crop）主要有豆科的苜蓿、苕子、紫云英、草木樨、田菁、三叶草、沙打旺等；禾本科的苏丹草、黑麦草、雀麦草等。其他如水葫芦、水浮莲、红萍、绿萍等，这类作物既可作饲料，又可作绿肥。

4. 药用作物　药用作物（medicinal crop）主要有三七、天麻、人参、黄连、贝母、枸杞、白术、白芍、甘草、半夏、红花、百合、何首乌、五味子、茯苓、灵芝等。

上述有些作物可以有几种用途。例如，玉米既可食用，又是优质饲料；马铃薯既可做粮食，又可做蔬菜；大豆既可食用，又可榨油；亚麻既是纤维，种子又是油料；红花种子既是油料，其花又是药材。因此上述分类不是绝对的，同一作物，根据需要有时可以划分到这一类，有时又可把它划到另一类。

2.2.2　根据作物的生物学特性分类

1）按作物对温度条件的要求，可分为喜温作物和耐寒作物。喜温作物在全生育期中需要的积温都较高，生长发育的最低温度为10℃左右，如稻、玉米、高粱、谷子、棉花、烟草、甘蔗、花生等。耐寒作物全生育期需要的积温较低，生长发育的最低温度在1～3℃，如小麦、大麦、黑麦、燕麦、油菜、豌豆等。

2）按作物对光周期的反应，可分为长日作物、短日作物、中性作物和定日作物。凡在日长变长时开花的作物称长日作物，如麦类作物、油菜等。凡在日长变短时开花的作物称短日作物，如稻、玉米、大豆、棉花、烟草等。开花与日长没有关系的作物称中性作物，如荞麦、豌豆等。定日作物要求有一定时间的日长才能完成其生育周期，如甘蔗的某些品种，只有在12h 45min的日长条件下才能开花，长于或短于这个日长都不开花。

3）按作物对CO_2同化途径，可分为C_3作物和C_4作物。C_3作物光合作用最先形成的中间产物是带3个碳原子的磷酸甘油酸，其光合作用的CO_2补偿点高，有较强的光呼吸，如水稻、小麦、大豆、棉花等。C_4作物光合作用最先形成的中间产物是带4个碳原子的草酰乙酸等双羧酸，其光合作用的CO_2补偿点低，光呼吸作用也低，在强光高温下光合作用能力比C_3作物高，如玉米、高粱、甘蔗等。

2.2.3　按植物科、属、种分类

一般用双名法对植物进行命名，称为学名，为国际上所通用。例如，玉米属禾本科，其学名为 Zea mays L.，第一个字为属名，第二个字为种名，第三个字为命名者的姓氏缩写。常见作物的各种名称见表 2-1。

表 2-1 常见作物中文名、俗称、学名、英文名、俄文名、日文名及主要用途对照表

中文名	俗称	学名	英文名	俄文名	日文名	主要用途
禾本科 Gramineae						
稻		*Oryza sativa* L.	rice	рис	イネ	籽实食用
小麦		*Triticum aestivum* L.	wheat	пшеница	コムギ	籽实食用
大麦		*Hordeum sativum* Jess.	barley	ячмень	オオムギ	籽实食用、饲用
黑麦	蕾麦、粗麦	*Secale cereale* L.	rye	рожь	ライムギ	籽实食用
燕麦	皮燕麦 莜麦、玉麦	*Avena sativa* L. *Avena nuda* L.	oat oat	овёс	ハダカオート	籽实饲用 籽实食用
玉米	玉蜀黍、苞米、苞谷、玉茭、棒子、珍珠米	*Zea mays* L.	corn(maize)	кукуруза	トウモロコシ	籽实食用、饲用
高粱	蜀黍、芦粟、秫秫	*Sorghum bicolor*（L.）Moench	sorghum	сорго	モロコシ, タカキビ	籽实食用、饲用
黍稷	糯者称黍、黏黍、黄黍；粳者称稷、糜子	*Panicum miliaceum* L.	proso millet	просо	キビ	籽实食用
粟	谷子、粟谷	*Setaria italica*（L.）Beaur	foxtail millet	чумиза	アワ	籽实食用
薏苡	药玉米、薏珠子、回回米、解蠡	*Coix lacryma-jobi*（L.）var. *Frumentacea* Makino	job's tears		ほとぎ、ヨクワイ	籽实食用
甘蔗		*Saccharum officinarum* L.	sugar cane	сахарный тростник	サトウキビ	茎糖用
蓼科 Polygonaceae						
荞麦（属）	三角麦、花麦	*Fagopyrum* Mill	buckwheat	гречиха	ソバ	籽实食用
豆科 Leguminosae						
大豆		*Glycine max*（L.）Merrill.	soy bean	соя	ダイズ	种子油用、食用
花生	落花生、长生果、番豆、落生	*Arachis hypogaea* L.	peanut	арахис, орехземляной	テシカヤイ	种子油用、食用
蚕豆	佛豆、罗汉豆、胡豆	*Vicia faba* L.	broad bean	бабы конские	ソラマメ	种子食用
豌豆	毕豆、回鹘豆、麦豆	*Pisum sativum* L.	pea	горох	エンドウ	种子食用
绿豆	植豆、文豆、吉豆	*Vigna radiate*（L.）Wilczek	mung bean	маш	リョケトウ	种子食用
赤豆	小豆、红豆、赤小豆、红小豆	*Vigna angularis*（Willd）Ohwi & Ohashi	adzuki bean	Фасоль угловатая	アズキ	种子食用

续表

中文名	俗称	学名	英文名	俄文名	日文名	主要用途
豆科 Leguminosae						
紫云英	红花草、草子、翘摇	*Astragalus sinicus* L.	milk vetch	астрагал	レンゲソウ	全株绿肥、饲料
苜蓿	紫花苜蓿	*Medicago sativa* L.	alfalfa	люцерна обыкновенная	アルファルファ	全株绿肥、饲料
苕子	毛苕、长柔毛野豌豆、冬苕子	*Vicia villosa* Roth.	hairy vetch	вика мохнатая	コモンベッチ	全株绿肥、饲料
田菁	碱菁、涝豆	*Sesbania cannabina* Pers.	sesbania	сесбания	ツニカぞく	全株绿肥
草木樨（属）	马苜蓿	*Melilotus* L.	sweet clover	донник	メリロート	茎叶绿肥
旋花科 Convolvulaceae						
甘薯	红薯、地瓜、红苕、番薯、山芋、白薯	*Ipomoea batatas* Lam.	sweet potato	батат	サツマイモ	块根食用
薯蓣科 Dioscoreaceae						
薯蓣	山药	*Dioscorea opposite* Thunb.	common yam	ямс	ナガイモ、ヤマイモ	块根食用
茄科 Solanaceae						
马铃薯	土豆、山药蛋、地蛋、洋芋	*Solanum tuberosum* L.	potato	картофель	バレイショ	块茎食用
烟草		*Nicotiana tabacum* L.	tobacco	табак	タバコ	叶制烟
锦葵科 Malvaceae						
棉花		*Gossypium* spp.	cotton	хлопчатник	コットン	种子纤维、纺织用
红麻	洋麻、槿麻	*Hibiscus cannabinus* L.	kenaf	кенаф	ケナフ	韧皮纤维用
苘麻	青麻	*Abutilon avicennae* Gaertn.	abutilon	канатник	ボウマ	韧皮纤维用
椴树科 Tiliaceae						
黄麻	络麻	*Corchorus* spp.	jute	джут	ツナソ	韧皮纤维用
荨麻科 Urticaceae						
苎麻		*Boehmeria nivea*（L.）Gaud.	ramie	рами	カラムシ	韧皮纤维用
大麻科 Cannabinaceae						
大麻	线麻、白麻、火麻	*Cannabis sativa* L.	hemp	конопля	フサ	韧皮纤维用
亚麻科 Linaceae						
亚麻	纤维亚麻	*Linum usitatissimum* L.	flax	лён	アマ	韧皮纤维用
龙舌兰科 Agavaceae						
剑麻	西沙尔麻	*Agave sisalana* Perr.	sisal	сизаль	サイザル	叶纤维用

续表

中文名	俗称	学名	英文名	俄文名	日文名	主要用途
十字花科 Cruciferae						
油菜		*Brassica* spp.	rape	сурепича	ナタネ	种子油用
胡麻科 Pedaliaceae						
芝麻	脂麻	*Sesamum indicum* L.	sesame	кунжут	ゴマ	种子油用、食用
菊科 Compositae						
向日葵（属）	转日葵、葵花	*Helianthus* L.	sunflower	подсолнечник, подсолнух	ヒマワリ	种子油用
大戟科 Euphorbiaceae						
蓖麻		*Ricinus communis* L.	castor bean	клещевина	ヒマ	种子油用
木薯	树薯、木番薯	*Manihot esculenta* Crantz.	cassava	маниок	キャツサバ	块茎食用
藜科 Chenopodiaceae						
甜菜	糖甜菜	*Beta vulgaris* L. var. *saccharifera* Alef.	sugar beet	свёкла сахарная	テンサイ	块根糖用

此外，在生产上，按作物播种季节不同可分为春播作物、夏播作物、秋播作物和冬播作物。按播种密度和田间管理可分为密植作物和中耕作物等。

2.3 作物的分布与生产

2.3.1 作物分布与环境条件

作物的分布主要与温、光、水等环境条件密切相关。因为作物长期适应原产地的自然环境，在栽培过程中对温度、光照和水分等条件有一定的要求，由此而制约着作物在世界不同地区的分布。

从温度条件看，全世界 4 种不同的温度地带都各有与之相适应的作物种类。寒温带有春小麦、春大麦、春燕麦、黑麦、粟、黍稷、马铃薯、豌豆、蚕豆、亚麻和甜菜等；温带有冬小麦、冬大麦、粟、高粱、大豆、蚕豆、菜豆、油菜、向日葵和大麻等；亚热带有水稻、玉米、高粱、甘薯、大豆、菜豆、油菜、花生、芝麻、棉、黄麻、红麻和苎麻等；热带有水稻、甘薯、木薯、花生、海岛棉、咖啡和可可等。需要指出的是，这种适应性不是绝对的，有些作物由于遗传基础的变异，经过天然或人工选择，也能改变其本性。例如，水稻、玉米、高粱本是喜温作物，通过多年在高纬度地区生长和育种，进一步产生了生育期短、耐寒性强的品种，能在北纬 50°和南纬 40°处栽培。

从作物的光周期反应看，长日照作物麦类、甜菜、马铃薯、亚麻等主要适于北方生长，短日照作物水稻、玉米、高粱、大豆、大麻等适宜作为春播秋熟作物，中性作物荞麦、绿豆、菜豆等只要温度适宜，在任何地区都可以发育成熟。

不同作物的耐旱性不同。粟、黍稷、高粱等属耐旱作物，在我国多分布在北方干旱和半干旱地区。高粱抗旱且耐涝，多分布在北方低洼易涝地区。

种类繁多的作物起源地不同，其生长环境各异。一般作物只有在具备与起源地相类似环境条件的地区，才能生长良好。例如，野生稻生长在热带亚热带的沼泽地带，形成了水稻喜温好光、需水较多的特性，在我国南方种植较多，而在北方水源充足地区也有栽培。小麦喜冷凉，由于抗寒程度不同，可秋播，也可春播，并能利用晚秋、冬季或早春的光热资源，在我国主要分布于北方地区。

2.3.2 世界作物分布与生产及粮食贸易

1. 世界作物分布与生产　　作物种类繁多，分布遍及全球，但各地作物种类及栽培面积不同。据FAO统计，1500余种栽培作物中，谷物作为人类最主要的食物来源，在地球上分布最广、种植面积最大，2010年种植面积占世界粮食、经济作物种植总面积的59.5%。其次是油料作物，仅大豆、油菜和花生就占世界粮食、经济作物种植总面积的13.8%（表2-2）。

表2-2　主要作物在世界各大洲的分布（2010年）　（单位：$\times 10^3 \text{hm}^2$）

作物	世界总计	亚洲	非洲	北美洲	南美洲	欧洲	大洋洲
合计	1 165 919	536 730	192 463	127 241	127 014	155 446	25 140
谷物	693 701	336 550	107 269	70 599	49 717	109 982	19 582
小麦	217 312	101 520	9 529	27 540	8 819	56 343	13 562
稻谷	161 762	143 234	10 517	1 463	5 807	718	23
玉米	164 030	55 094	32 065	34 163	19 032	13 941	81
豆类	78 311	39 090	22 398	4 335	7 343	3 362	1 784
薯类	53 578	17 687	24 461	595	4 379	6 116	339
纤维类	35 124	23 956	4 045	4 354	2 035	521	213
油料	269 680	104 088	31 786	46 372	52 598	32 079	2 757
大豆	102 808	20 038	1 152	32 480	46 196	2 737	31
油菜	32 230	13 952	71	7 428	137	8 945	1 698
花生	25 478	12 415	12 023	508	382	11	18
甘蔗	23 732	9 336	1 425	355	10 329	—	459
甜菜	4 700	790	178	479	19	3 234	—
烟叶	3 963	2 454	599	152	551	150	2
茶叶	3 130	2 779	302	—	43	2	4

资料来源：*FAO Statistical Yearbook*（2013）

注："—"表示无统计数据

亚洲、美洲和非洲是世界作物的集中分布地区,种植面积占世界种植总面积的84.3%。亚洲的作物种植面积最大,2010年占世界作物种植总面积的46.0%;其次为美洲,占21.8%;再次为非洲,占16.5%;大洋洲最小,仅占2.2%。除少数如薯类、大豆和甜菜等几种作物外,其他作物的分布都以亚洲为最多。

(1) 谷类作物　　谷物生产主要集中在亚洲和欧洲。2010年亚洲谷物种植面积和总产量分别占世界谷物种植面积和产量的48.5%和49.6%,欧洲种植面积和产量分别占15.9%和16.4%(表2-3)。

表2-3　世界及主要国家谷物和稻谷生产情况(2010年)

地区	谷物			稻谷		
	种植面积/×10³hm²	单产/(kg/hm²)	总产量/×10³t	种植面积/×10³hm²	单产/(kg/hm²)	总产量/×10³t
世界总计	693 701	3 570	2 476 416	161 762	4 334	701 128
亚洲	336 550	3 651	1 228 819	143 234	4 425	633 746
中国	90 115	5 526	497 943	30 117	6 548	197 212
印度	100 076	2 676	267 838	42 862	3 359	143 963
印度尼西亚	17 385	4 876	84 797	13 254	5 015	66 469
孟加拉国	12 078	4 295	51 875	11 529	4 342	50 061
泰国	13 495	3 021	40 765	12 120	2 936	35 584
越南	8 617	5 177	44 614	7 489	5 342	40 006
日本	1 941	4 757	9 234	1 627	5 214	8 483
非洲	107 269	1 534	164 536	10 517	2 461	25 878
北美洲	70 599	6 336	447 321	1 463	7 537	11 027
加拿大	13 116	3 481	45 651	—	—	—
美国	57 483	6 988	401 670	1 463	7 537	11 027
南美洲	49 718	3 905	194 172	5 807	4 469	25 949
巴西	18 600	4 041	75 161	2 722	4 128	11 236
欧洲	109 982	3 701	407 032	718	6 015	4 319
法国	9 770	6 989	68 285	—	—	—
德国	6 596	6 718	44 314	—	—	—
俄罗斯	32 331	1 844	59 624	201	5 279	1 061
大洋洲	19 582	1 764	34 537	23	9 087	209
澳大利亚	19 437	1 724	33 506	—	—	—

资料来源:*FAO Statistical Yearbook*(2013)
注:"—"表示无统计数据

中国、美国、印度、印度尼西亚、巴西、法国、俄罗斯、孟加拉国和加拿大是世界主要谷物生产国。2010年中国谷物总产量占世界总产量的20.1%，居第一位；美国总产量占世界的16.2%，居第二位。印度的种植面积最大，占世界种植面积的14.4%，产量占世界第三位。

稻谷是人类最主要的粮食作物之一，全世界约有半数人口以稻米为主要粮食。全球产稻国家和地区共有112个，主要集中分布在温暖湿润的东南亚季风区域，种植面积占世界的88.5%，产量占世界总产量的90.4%。欧洲和大洋洲种植面积较小，仅占不到0.5%。中国、印度、印度尼西亚、孟加拉国、越南和泰国等国是世界稻谷主产国；美国、中国、越南、俄罗斯和日本是单产较高的前5名国家（表2-3）。

小麦也是人类最主要的粮食作物，适应性广，从南纬45°的阿根廷到北纬67°的挪威、芬兰等国都有小麦种植，但主要分布在北纬20°~60°和南纬20°~40°。北半球欧亚大陆和北美洲是小麦主要种植区，2010年种植面积占世界总种植面积的85.3%，产量占世界小麦总产量的88.5%。非洲和南美洲种植面积最小。印度、中国、俄罗斯、美国、澳大利亚、巴基斯坦和加拿大是小麦主产国；英国、德国、法国、墨西哥和中国是单产较高的前5名国家（表2-4）。

表2-4 世界及主要国家小麦、玉米分布生产情况（2010年）

地区	小麦			玉米		
	种植面积/×10³hm²	单产/(kg/hm²)	总产量/×10³t	种植面积/×10³hm²	单产/(kg/hm²)	总产量/×10³t
世界总计	217 312	3 007	653 355	164 030	5 190	851 271
亚洲	101 520	2 868	291 140	55 094	4 616	254 294
中国	24 256	4 749	115 181	32 500	5 459	177 425
印度	28 457	2 840	80 804	8 553	2 540	21 725
土耳其	8 103	2 428	19 674	593	7 261	4 310
巴基斯坦	9 132	2 553	23 311	974	3 805	3 706
伊朗	7 035	1 919	13 500	240	8 929	2 144
非洲	9 529	2 318	22 086	32 065	2 066	66 254
北美洲	27 540	3 022	83 229	34 163	9 597	327 879
美国	19 271	3 117	60 062	32 960	9 592	316 165
加拿大	8 269	2 802	23 167	1 202	9 738	11 714
墨西哥	679	5 415	3 677	7 148	3 259	23 301
南美洲	8 819	3 454	30 458	19 032	4 718	89 805
巴西	2 182	2 828	6 171	12 678	4 366	55 364
阿根廷	4 373	3 630	15 876	2 902	7 812	22 676
欧洲	56 343	3 618	203 859	13 941	6 091	84 921
法国	5 931	6 877	40 787	1 582	8 831	13 974

续表

地区	小麦			玉米		
	种植面积/×10³hm²	单产/(kg/hm²)	总产量/×10³t	种植面积/×10³hm²	单产/(kg/hm²)	总产量/×10³t
俄罗斯	21 640	1 918	41 508	1 025	3 008	3 084
德国	3 298	7 310	24 107	463	8 785	4 072
罗马尼亚	2 153	2 699	5 812	2 094	4 317	9 042
英国	1 939	7 673	14 878	—	—	—
大洋洲	13 562	1 665	22 583	81	6 542	533
澳大利亚	13 507	1 639	22 138	59	5 559	328

资料来源：FAO Statistical Yearbook（2013）

注："—"表示无统计数据

玉米是高产 C_4 作物，又是营养丰富的优质饲料作物，有"饲料之王"的美誉。随着畜牧业的发展和玉米综合利用新技术的运用，玉米已成为粮食、饲料、经济兼用的作物。自南纬 40°到北纬 60°地区，从海拔 20m 的洼地到 4000m 的高原，均有玉米种植。但主要分布在亚洲和北美洲，2010 年种植面积占世界总种植面积的 54.4%，产量占世界的 68.4%；其次是非洲，面积占 19.5%；大洋洲最少，仅占 0.05%。美国、中国、巴西、墨西哥、阿根廷、印度和法国等国是玉米主产国（表 2-4）。

（2）薯类作物　　薯类作物集中分布在亚洲和非洲，2010 年种植面积占世界总种植面积的 78.7%。

马铃薯喜冷凉湿润气候，是重要的高山特有作物，在海拔 2000～2500m 的冷凉地区分布较多。中国、印度、俄罗斯、乌克兰、美国和德国是马铃薯主产国。

甘薯喜温、喜光。主要集中在亚洲，种植面积占世界的 50.8%以上，其次是非洲，种植面积占世界的 43.5%。

（3）豆类作物　　豆类作物分布遍及世界各大洲，以亚洲和非洲种植最多，总种植面积 $6.15×10^7hm^2$，占世界种植面积的 78.5%。大洋洲分布最少，仅占世界种植面积的 2.8%。

（4）油料作物　　油料作物是目前仅次于粮食作物的第二大作物类型。世界六大洲均有油料作物种植，但主要分布在亚洲和美洲大陆。大豆、油菜、花生和向日葵是世界四大油料作物。

大豆喜温、短日照。大豆种子含蛋白质 40%左右、脂肪 18%左右，营养丰富，用途广泛。大豆油质量好，不饱和脂肪酸含量高，油酸占脂肪酸总量的 20.5%，亚油酸占 32.2%，亚麻酸占 10.6%。近年来，世界大豆生产发展持续稳定，如 2010 年世界大豆种植面积达 $1.02×10^8hm^2$，是 2001 年 $7.55×10^7hm^2$ 的 1.35 倍。美国、巴西、阿根廷、印度和中国是主要的大豆生产国。据 FAO 报告，2012 年美国大豆总产 $82\ 055×10^3t$，占世界大豆总产的 34.0%，居世界第一位；巴西总产占 27.3%，居第二位。其次是阿根廷、印度和中国，分别占 16.6%、6.1%和 5.4%。目前已有 52 个国家和地区种植大豆，但主要集中在美洲大陆和亚洲，占世界种植面积的 96.0%。

油菜主要分布在亚洲、北美洲和欧洲。2010 年亚洲种植面积占世界种植面积的 43.3%，欧洲占 27.8%，北美洲占 23.0%。中国、加拿大、印度、德国和法国是油菜主产国。2010 年中国油菜籽产量为 $1.3×10^7$t，占世界油菜籽产量 $6.0×10^7$t 的 21.7%，其次是加拿大、印度、德国和法国，分别占世界油菜籽产量的 21.3%、11.0%、9.5%和 8.0%。

花生集中分布在亚洲和非洲，2010 年两大洲种植面积占世界花生种植面积的 95.9%。花生产量以中国和印度最大，2010 年总产占世界花生产量的 56.0%，其次是尼日利亚、美国、印度尼西亚和缅甸等。

（5）纤维作物　　世界纤维生产主要来源于棉花、黄麻及其他麻类作物。

棉花是世界上分布最广的纤维作物，自南纬 32°至北纬 47°都有种植，但主要集中在亚洲。中国、印度、美国、巴基斯坦、巴西和乌兹别克斯坦是世界棉花主要生产国。据 FAO 报告，2012 年上述 6 个棉花主产国产量占世界总产量的 79.6%。其中，中国棉花总产占世界产量的 26.4%，居世界第一位；印度占世界产量的 20.5%，居第二位。

黄麻及其他麻类作物生产以亚洲为主体，常年种植面积占世界种植总面积的 80%以上，而总产占世界总产量的 95%以上。

（6）糖料作物　　世界糖料作物以甘蔗和甜菜为主，制糖原料有 2/3 来自甘蔗，1/3 来自甜菜。

甘蔗性喜温热，自南纬 10°到北纬 30°地区均有甘蔗分布，但以南纬 23.5°到北纬 23.5°栽培最多。南美洲和亚洲是世界甘蔗集中产区，2010 年两大洲种植面积占世界总种植面积的 82.9%。其次是非洲和大洋洲。巴西、印度、中国、泰国、墨西哥和巴基斯坦是世界甘蔗主要生产国，2010 年甘蔗产量都在 $4.9×10^7$t 以上。其中，巴西和印度年产甘蔗分别为 $7.17×10^8$t 和 $2.92×10^8$t，占世界产量的 42.2%和 17.2%，中国占 6.5%。

甜菜是欧洲的主要制糖原料。2010 年欧洲甜菜种植面积占世界种植面积的 68.8%。法国、美国、德国、俄罗斯、土耳其、乌克兰和波兰是世界甜菜主产国。其中，法国、美国和德国是生产大国，2010 年甜菜产量占世界总产量的 36.9%。

随着科技发展和生活需要，玉米糖浆因其甜度高，价格低，适应高血压、糖尿病、心血管疾病等人群需要，将备受青睐。

（7）嗜好作物　　烟草喜温、光和湿润气候，主要分布在南纬 30°到北纬 45°地区，以亚洲栽培面积最大，2010 年占世界烟草种植面积的 61.9%。其次是美洲大陆，占世界种植面积的 17.7%。大洋洲种植面积最小，只占 0.05%。中国是世界最大烟叶生产国，其次是巴西、印度和美国。

2. 世界粮食贸易　　随着粮食生产的增长，世界粮食贸易也迅速发展。1961～1981 年，世界粮食贸易量增长了 3 倍，年均增长 10%，高于粮食年均增长 4.3%的速度。20 世纪 80 年代世界粮食贸易增加速度明显减缓。1991 年世界粮食出口量为 $2.42×10^8$t，1996 年为 $2.45×10^8$t，1997 年为 $2.44×10^8$t，1998 年为 $2.46×10^8$t，出现了 90 年代粮食贸易的停滞增长现象。2000～2010 年基本趋于持续增长。

世界粮食贸易中以玉米贸易增长速度最快。1961～1993 年世界玉米出口量年均增长

4.7%。1994～2011 年世界玉米出口量年均增长 4.0%。美国、阿根廷、巴西和法国是玉米主要出口国，2011 年分别占世界玉米出口量的 41.9%、14.4%、8.7%和 5.7%。日本、墨西哥、韩国和埃及是玉米主要进口国，2011 年分别占世界玉米进口量的 14.1%、8.8%、7.2%和 6.5%。

世界大米贸易一直比较平稳，呈缓慢增长的趋势。1961～1993 年世界大米出口年均增长率为 2.8%。1994 年之后，世界大米贸易呈快速增长的趋势。1994～2011 年世界大米出口年均增长率为 6.1%。泰国是世界最大的大米出口国，2011 年大米出口量占全世界的 29.4%。其次是越南（19.6%），印度居第三位（13.8%），巴西居第四位（9.4%）。印度尼西亚是世界最大的大米进口国，其次是尼日利亚、孟加拉国、伊朗、沙特阿拉伯和马来西亚等国。

小麦贸易相对不稳定。1961 年小麦贸易出口量为 4.6×10^7t，占世界粮食贸易量的 60.5%。1992 年出口量上升到 1.22×10^8t，在此期间小麦出口量年均增长 2.8%。1993～2011 年，小麦出口量年均增长 2.2%。美国是小麦主要出口国，2011 年占世界小麦出口总量的 22.1%；法国、澳大利亚、加拿大、俄罗斯次之。埃及、阿尔及利亚、意大利、日本、巴西和印度尼西亚等国是主要小麦进口国。

从整体上看，世界各地粮食贸易都有很大发展，但是地区间发展极不平衡。北美洲和欧洲粮食出口量占世界总出口量的 60%左右，亚洲粮食进口量占世界进口量的 50%左右。世界粮食贸易中粮食出口集中在少数几个发达国家，而有 100 多个国家进口粮食。美国是世界上最大的粮食出口国，粮食贸易在其进出口贸易中占有十分重要的地位。

2.3.3 中国作物分布与生产和生产发展概况及面临的问题

1. 中国作物分布与生产　　中国是世界作物最早和最大的起源地。世界上栽培的主要作物在中国都有分布。

稻谷、小麦和玉米在中国栽培面积最大、分布最广。2012 年，这 3 种作物的种植面积为 0.89×10^8hm^2，占当年全国农作物总播种面积的 54.7%，占粮食作物播种面积的 80.4%（表 2-5）。

表 2-5　中国主要作物分布和生产情况（2012 年）

作物	播种面积/$\times10^3$hm^2	总产量粮食/$\times10^4$t；其他/t	每公顷产量/kg
粮食	111 204.6	58 958.0	5 302
稻谷	30 137.1	20 423.6	6 777
小麦	24 268.3	12 102.3	4 987
玉米	35 029.8	20 561.4	5 870
大豆	7 171.7	1 305.0	1 820
马铃薯	5 531.9	1 855.2	3 354

续表

作物	播种面积/×10³hm²	总产量粮食/×10⁴t；其他/t	每公顷产量/kg
油料	13 929.8	3 436.8	2 467
油菜	7 431.9	1 400.7	1 885
花生	4 638.5	1 669.2	3 598
向日葵	888.5	232.3	2 614
棉花	4 688.1	683.6	1 458
糖料	2 030.5	13 485.4	66 416
甘蔗	1 794.7	12 311.4	68 600
甜菜	235.8	1174.0	49 793
烟叶	1 596.5	340.7	2 134
麻类	101.2	26.1	2 581
黄红麻	17.6	6.8	3 899
苎麻	69.0	13.0	1 888
亚麻	6.9	3.8	5 524

资料来源：《中国农业年鉴》(2013)

（1）禾谷类作物　　中国是世界最大的稻谷生产国，除青海省外，其他各省（自治区、直辖市）都有稻谷种植，且90%以上的稻田集中分布在秦岭—淮河以南和青藏高原以东地区，形成了6个稻谷分布带，即华南湿热双季稻作区，华中湿润单、双季稻作区，华北半湿润单季稻作区，东北半湿润早熟单季稻作区，西北干燥单季稻作区和西南高原湿润单季稻作区。长江三角洲、珠江三角洲、皖中平原、鄱阳湖平原、洞庭湖平原、江汉平原和川西平原是我国著名产稻区，总产量占全国产量的90%以上。

湖南是中国最大的水稻生产省，2012年水稻播种面积占全国的13.6%，总产占全国的12.9%。湖南、江西、黑龙江、安徽、江苏、广西、湖北等省（自治区）栽培面积都在2.0×10⁶hm²以上，占全国总面积的53%以上，占全国总产量的50.6%。全国水稻平均单产以新疆最高，每公顷产量为8574kg，但种植面积较小，只有69.2×10³hm²。内蒙古、宁夏、江苏、上海和山东水稻平均单产都在8200kg/hm²以上（表2-6）。

表2-6　2012年全国稻谷、小麦和玉米分布及生产情况

地区	稻谷			小麦			玉米		
	面积/×10³hm²	总产量/×10³t	单产/(kg/hm²)	面积/×10³hm²	总产量/×10³t	单产/(kg/hm²)	面积/×10³hm²	总产量/×10³t	单产/(kg/hm²)
全国	30 137.1	20 423.6	6 777	24 268.3	12 102.3	4 987	35 029.8	20 561.4	5 870
北京	0.2	0.1	6 444	52.2	27.4	5 258	132.0	83.6	6 331
天津	14.6	11.2	7 658	113.1	55.8	4 929	179.3	92.5	5 155
河北	85.9	49.8	5 797	2 410.0	1 337.7	5 551	3 049.1	1 649.5	5 410
山西	1.0	0.6	5 941	689.0	259.2	3 762	1 669.0	903.9	5 416

续表

地区	稻谷			小麦			玉米		
	面积/×10³hm²	总产量/×10³t	单产/(kg/hm²)	面积/×10³hm²	总产量/×10³t	单产/(kg/hm²)	面积/×10³hm²	总产量/×10³t	单产/(kg/hm²)
内蒙古	89.3	73.3	8 201	609.6	188.4	3 091	2 833.7	1 784.4	6 297
辽宁	661.8	507.8	7 673	6.8	3.2	4 706	2 206.7	1 423.5	6 451
吉林	701.2	532.0	7 587	—	—	—	3 284.3	2 578.8	7 852
黑龙江	3 069.8	2 171.2	7 073	210.1	70.0	3 333	5 190.6	2 887.9	5 564
上海	105.1	89.1	8 481	56.6	22.6	3 984	3.8	2.5	6 597
江苏	2 254.2	1 900.1	8 429	2 132.6	1 048.8	4 918	418.9	230.2	5 495
浙江	832.6	608.3	7 306	74.5	27.1	3 638	62.0	29.1	4 701
安徽	2 215.1	1 393.5	6 291	2 415.5	1 294.0	5 357	822.5	427.5	5 197
福建	827.6	503.8	6 087	2.5	0.7	2 874	45.4	18.0	3 971
江西	3 328.3	1 976.0	5 937	11.9	2.3	1 924	28.1	12.6	4 485
山东	123.9	103.4	8 346	3 625.9	2 179.5	6 011	3 018.1	1 994.5	6 609
河南	648.2	492.6	7 599	5 340.0	3 177.4	5 950	3 100.0	1 747.8	5 638
湖北	2 017.9	1 651.4	8 184	1 065.5	370.8	3 480	593.3	282.6	4 762
湖南	4 095.1	2 631.6	6 426	35.3	8.6	2 428	342.0	197.3	5 638
广东	1 949.4	1 126.6	5 779	0.9	0.3	3 226	172.5	79.7	4 620
广西	2 057.6	1 142.0	5 550	1.5	0.2	1 333	580.5	250.6	4 317
海南	324.4	155.8	4 802	—	—	—	27.5	11.3	4 121
重庆	687.0	498.0	7 249	125.4	38.5	3 066	468.4	256.3	5 471
四川	1 997.8	1 536.1	7 689	1 234.1	437.0	3 541	1 371.1	701.3	5 115
贵州	683.0	402.4	5 893	259.8	52.4	2 017	775.2	342.3	4 415
云南	1 082.9	644.6	5 953	442.2	88.3	1 997	1 456.9	700.0	4 805
西藏	1.0	0.5	5 567	37.7	24.6	6 512	4.4	2.6	6 023
陕西	123.3	87.4	7 082	1 127.6	435.5	3 862	1 167.4	566.9	4 856
甘肃	5.6	3.9	7 020	833.9	278.5	3 340	902.7	504.1	5 585
青海	—	—	—	94.2	35.2	3 736	22.9	17.0	7 411
宁夏	84.3	71.3	8 458	179.0	62.0	3 464	245.9	191.2	7 776
新疆	69.2	59.4	8 574	1 081.0	576.5	5 333	855.7	592.1	6 919

资料来源:《中国农业年鉴》(2013)

注:此表数据不包含香港、澳门、台湾三地的数据,"—"表示无统计数据

中国小麦总产量居世界第一,种植面积为世界第二。北起黑龙江漠河县,南至海南岛,西起天山脚下,东抵沿海诸岛,广阔的平原及高山均有小麦种植。我国以冬小麦生产为主,约占83%,分布在长江以北的华北和青藏高原以东地区。山东、河南、江苏、安徽4省组成我国黄淮小麦主分布带,其次是北方冬麦带,四川、湖北冬麦带,北方春麦带和新疆冬春麦带。华北平原及苏北、皖北、关中平原是我国小麦主要集中生产区。

2012年,河南、山东、安徽、河北、江苏、四川、陕西、新疆和湖北9个省(自治区)小麦播种面积占全国总种植面积的84.2%,占全国总产量的89.7%。河南和山东是我国小麦生产大省,其播种面积和总产量分别占全国总播种面积和总产量的36.9%和44.3%。单产前8位的省(自治区、直辖市)是西藏、山东、河南、河北、安徽、新疆、北京和天津,每公顷产量达4900kg以上(表2-6)。

中国玉米总产量和种植面积在世界上仅次于美国。玉米在中国分布很广,从海拔3000m以上的西藏到东海之滨,南自北纬18°的海南三亚市,北到北纬53°的黑龙江漠河流域都有种植。但集中分布在黑龙江、吉林、辽宁、山东、河北、河南、内蒙古、四川、云南、陕西、贵州等省(自治区),形成了从东北经华北到西南区的斜长弧形玉米分布带。北方春玉米带和黄淮夏玉米带是我国玉米主要分布带,其次是黄淮海春玉米带和西南套种玉米带。

黑龙江、吉林、河南、河北和山东是我国玉米主产省,2012年播种面积和总产量分别占全国种植面积和产量的50.4%和52.8%。吉林玉米单产最高,为7852kg/hm²;其次为宁夏、青海、新疆、山东、上海、辽宁、北京和内蒙古等省(自治区、直辖市),每公顷产量都在6290kg以上(表2-6)。

(2)薯类作物 我国种植的薯类作物主要是马铃薯和甘薯。马铃薯分布遍及全国,但主要集中在四川、甘肃、内蒙古、贵州、云南、重庆、陕西、黑龙江、湖北和宁夏等省(自治区、直辖市),总播种面积和产量分别占全国马铃薯种植面积($5.53×10^6hm^2$)及产量($1.86×10^7t$)的83.2%和80.0%。甘薯以黄淮平原、长江流域及东南沿海各省栽培最多,主要分布在四川、山东、河南、安徽、广东等省。

(3)油料作物 我国油料作物主要是作为食用油原料的大豆、油菜、花生、胡麻、向日葵、芝麻等,而以大豆、油菜籽和花生的总产量和种植面积最大。2012年全国大豆种植面积为$7.17×10^6hm^2$,总产量为$12.80×10^6t$;油菜种植面积为$7.43×10^6hm^2$,总产量为$14.01×10^6t$;花生种植面积为$4.64×10^6hm^2$,总产量为$16.69×10^6t$。三者总种植面积和总产量占全国油料作物面积和产量的90%左右。

大豆在我国的分布极广,全国各地均有种植,主要分布于东北和黄淮海地区及南方一些省(自治区)。北方春大豆带和黄淮夏大豆带是我国大豆主要分布带,其次是黄淮春大豆带和南方多作大豆带。黑龙江、安徽、内蒙古、河南、吉林、四川、江苏和山西等省(自治区)是我国大豆主产省,2012年总播种面积和产量分别占全国大豆种植面积及产量的76.4%和72.2%。其中以黑龙江播种面积最大、总产量最高,2012年播种面积为$2.66×10^6hm^2$,占全国种植面积的37.1%,总产占全国产量的35.5%。单产较高的省(自治区、直辖市)有新疆、西藏、浙江、上海、辽宁、江苏、山东、福建、广东、湖南和四川等，每公顷产量在2300kg以上。

全国几乎都有油菜、花生种植，但油菜主要分布在长江流域和云贵高原。湖南、湖北、四川、安徽、江西、贵州、江苏等是我国主要的油菜籽生产省份，2012年总播种面积占全国面积的73.1%，总产占全国产量的72.9%。单产较高的省（自治区）有西藏、山东、江苏、宁夏、河南、四川和安徽等，每公顷产量在2200kg以上。花生主要分布在黄淮平原和华南沿海地区。河南、山东、河北、广东、四川、湖北、广西和安徽是我国花生主产地，2012年花生播种面积占全国面积的72.6%，总产占全国产量的78.0%。

（4）纤维作物　纤维作物主要有棉花、黄麻、红麻、大麻、亚麻等，而以棉花生产为主体。我国是世界第二大产棉国，南自海南岛，北至新疆玛纳斯县、乌苏市，西起新疆疏附县，东到台湾都有棉花种植。新疆、山东、河北、湖北、安徽、河南、湖南和江苏是我国棉花主产区。新疆播种面积最大，总产量最高，2012年播种面积为$1.72×10^6 hm^2$，总产量为$3.54×10^6 t$，分别占全国种植面积及产量的36.7%和51.8%。单产最高的是新疆，为$2057 kg/hm^2$，其次为上海（$1934 kg/hm^2$）、吉林（$1919 kg/hm^2$）、辽宁（$1842 kg/hm^2$）等省（直辖市）。

（5）糖料作物　糖料作物包括南方的甘蔗和北方的甜菜。我国甘蔗主要分布在长江以南的广西、云南、广东、海南、贵州、湖南、四川、浙江、江西和台湾等地。其中以广西、云南和广东面积最大，2012年总播种面积及总产分别占全国面积和总产的90.5%和92.1%。甜菜生产以新疆、黑龙江、内蒙古和河北为主，总播种面积占全国甜菜种植面积的90.5%，总产量占全国产量的91.8%。

（6）嗜好作物　烟草是嗜好作物中的高利润商品作物，是目前我国烟草主产区重要的经济支柱。

我国烟草资源丰富，分布遍及全国。目前在除北京、上海和西藏外都有烟叶生产，但主要分布于云南、贵州、河南、湖南、四川、福建和湖北等省，2012年总播种面积与产量分别占全国种植面积和产量的82.5%和80.0%。其中云南是全国最大的烟草生产省，2012年播种面积为$5.26×10^5 hm^2$，总产量为$1.11×10^6 t$，分别占全国烟叶种植面积和产量的35.5%和34.7%。

2. 中国作物生产发展概况　新中国成立以来，我国粮食总产量大幅度稳步增长，经济作物中棉花、油料、糖料和烟叶等迅速增加。尤其是1978年以后，经过一系列卓有成效的农村改革，农业和农村经济飞速发展，走上了稳定、持续、健康发展的道路。中国以占世界7%的耕地养活着占世界22%的人口，创造了人类历史上的奇迹。

30多年来，我国作物生产处于快速发展时期。1979~2002年，稻谷、小麦、玉米的总产量分别从$1.43×10^8 t$、$0.63×10^8 t$、$0.60×10^8 t$增加到$1.75×10^8 t$、$0.90×10^8 t$、$1.21×10^8 t$，分别增长22.4%、42.9%、101.7%。单产每公顷每年增加44kg、78kg和77kg。2002~2012年，稻谷、小麦、玉米的总产量分别从$1.75×10^8 t$、$0.90×10^8 t$、$1.21×10^8 t$增加到$2.04×10^8 t$、$1.21×10^8 t$、$2.06×10^8 t$，分别增长16.6%、34.4%、70.2%。单产每公顷每年增加58.8kg、121.1kg和94.5kg。

从新中国成立至20世纪60年代，中国是粮食净出口国。60年代以后，粮食有进有出，进大于出。70年代末实行改革开放以来，中国净进口粮食占国内粮食生产的比例呈减少趋势，1978~1984年为3.2%，1985~1990年为1.2%，1991~1995年为0.4%。因此，中国粮食基本自给。

20世纪90年代，我国作物种植结构发生较大变化。粮食作物种植面积逐年下降，由1978年的80.3%，下降到2003年的65.2%。而能够促进农民增收的高价值经济作物面积不断上升，由19.7%增加到34.8%。近年来，粮食作物种植面积小幅增长，如2012年粮食种植面积占农作物总种植面积的68.1%。粮食作物中，水稻、小麦种植面积逐步下降，而玉米种植面积随着畜牧业对饲料需求的增加而增加。

随着温饱问题的解决和生活水平的提高，我国作物生产已由片面追求高产向高产、优质、高效方向转变。因为没有产量，只有质量，难以形成规模效益；没有质量，只有产量，难以参与市场竞争；有了产量和质量，但成本高、效益低，不仅浪费资源，而且难以调动生产者和经营者的积极性。近年来，我国一些地区因地制宜，坚持走以市场为导向，围绕高效益生产优质农产品，在优质高效前提下夺取高产的作物生产发展道路，取得了明显的经济效益和社会效益。实践证明，从资源效益型、技术效益型向市场经济型和管理效益型发展，是我国农业发展的道路。

3. 中国作物生产面临的问题

（1）人口和食物消费需求增长的压力与日俱增　　2014年年底中国人口为13.68亿，预计到2020年将达到14.78亿。按照目前的粮食消费结构和需求总量测算，到2020年，粮食年需求量至少为6.47亿t。2014年中国的粮食生产总量为6.07亿t，要想达到粮食需求，在物质和技术条件上都存在较大的难度。如何保障14亿~15亿人口的粮食安全问题，是今后中国作物生产不能回避的战略问题。

（2）农业资源刚性约束矛盾日益突出　　人多地少是中国的基本国情。目前中国人均耕地面积不足$0.1hm^2$，仅为世界平均水平的43%。从长期看，人口增加、耕地减少，耕地资源紧张的矛盾将始终存在。人均水资源也仅为世界平均水平的1/4，干旱和严重缺水已经成为制约西北、华北和中部地区农业发展的瓶颈。今后农业资源紧张的矛盾对作物生产的约束将越来越突出，直接威胁中国的粮食安全和农产品供给。

我国中低产田面积大，占现有耕地的2/3，约$9.0\times10^7 hm^2$。有效灌溉面积约占全国耕地面积的50%，其粮食产量占全国的2/3。由于水资源不足或利用不合理，每年实际灌溉面积要比有效灌溉面积小15%左右，相应减少的灌溉面积近$6.67\times10^6 hm^2$，加上近60%的农田无水灌溉，很大程度上降低了我国作物生产抵抗自然灾害的能力。因此，工程节水、农艺节水和提高灌水效率将是今后长期的任务。

（3）粮食品种结构性短缺　　长期以来，我国优质专用小麦供求短缺，国家每年都要进口优质专用小麦$1.0\times10^7 t$左右，以平衡国内市场需求。稻谷供求呈现"丰时平，欠时紧"的格局，但近年来，随着人们生活水平的提高，北方居民对粳稻消费逐年增加，南方居民对籼稻需求下降及对优质大米需求增加，造成南方籼米过剩，并由此导致今后我国优质稻米供求缺口呈加大趋势。玉米生产增长较快，目前总量供求平衡并有结余，但随着畜牧业和水产养殖业的快速发展，将保持较大的需求势头。大豆生产受单位面积产量较低和价格等诸多因素影响，近年来种植面积下降，产量回落，市场供求严重短缺。

（4）作物生产科技贡献率低　　经过改革开放后30多年的发展，我国作物生产中科技进步的贡献率不断上升。我国选育了一大批高产优良作物品种，如高产籼型、粳型杂交稻和超级稻，玉米杂交种，转基因抗虫棉，低芥酸低硫苷双低油菜等。研究出作物大面积高产栽培技术体系，如玉米地膜覆盖高产栽培技术、水稻旱育稀植及抛秧技术、平衡施肥配套技术、作物重大病虫害综合防治技术等。研制了科技含量较高的化肥、农药等。但受自然条件、社会经济条件、作物生产经营方式、农业科技队伍状况和劳动力素质诸多因素的限制，许多农业科技成果没有充分发挥"第一生产力"的作用，作物生产的科技含量还处于较低水平，如发达国家科技在农业中的贡献率在80%以上，而我国只有55%。

第 3 章 作物生长发育与产量和品质形成

在作物生长发育过程中，作物各器官的形成、分化、发育与光合产物的分配和累积密切相关，作物各器官的生长发育直接影响作物产量和品质形成，了解不同器官生长发育的基本规律和发育特性，进行合理调控，可为作物的高产、优质打下良好基础。

3.1 作物的生长发育特性

3.1.1 作物的生长与发育概念及进程

1. **作物的生长、发育概念** 在作物的一生中，有两种基本生命现象，即生长和发育。生长是指作物个体、器官、组织和细胞在体积、重量和数量上的增加，是一个不可逆的量变过程，如营养器官根、茎、叶的生长等，通常可以用大小、重量和数量来度量。随着作物的生长，作物发生形态、结构和功能上质的变化，新的细胞、组织和器官进行分化形成的过程称为发育，如幼穗分化、花芽分化、分蘖芽产生等过程。有时这种过程是可逆的。

作物的生长与发育存在既矛盾又统一的关系，在作物一生中是交织进行的。生长包含营养体的生长和生殖体的生长，发育则包含新的营养体和生殖体的分化。但是没有营养体的生长，也就没有生殖体的发育，也就不会有进一步生殖体的生长。所以说生长和发育是交替推进的。

在作物栽培学中，通常视生长为营养器官的生长，视发育为生殖器官的发育。

2. **作物生长的一般进程** 作物器官、个体、群体的生长通常是以大小、数量、重量来度量的。这种随时间的延长而变化的生长关系，在坐标图上可用曲线表示。作物植株的个体或器官的生长过程、群体的建成及产量的形成过程均呈现前期较慢、中期加快、后期又慢以至停滞衰落的过程。这一过程可用"S"形曲线来描述。

在生长速度（相对生长率）不变，且空间和环境不受限制的条件下，作物的生长类似于资本以连续复利累积，称为指数增长，呈"J"形曲线。实际上，当作物器官、个体、群体以"J"形曲线生长到一定的阶段后，由于内部和外部环境（包括空间、水、肥、光、温等条件）的限制，相对生长率下降，曲线不再按指数增长方式继续上升，而开始偏缓。这样一来，便形成了"S"形曲线。

作物的群体、个体、器官、组织乃至细胞，它们的生长发育过程都是符合"S"形生长曲线的，这是客观规律。如果在某一阶段偏离了"S"形曲线的轨迹，都会影响作物的生育进程和速度，从而最终影响产量。因此，在作物生长发育过程中应密切注视苗情，使之达到该期应有的长势长相，向高产方向发展。同时，"S"形曲线也可作为检验作物生长发育进程是否正常的依据之一。

3.1.2 作物的温光反应特性及阶段发育

在作物学中，有时将发育视为生殖器官的形成过程。作物的茎分生组织，在达到由生长积温决定的特定发育年龄时，会从分化叶转变为分化花。而这种转变除了受植物的遗传因子影响外，诱导质变的主要环境因子是温度和日照长度。

1. 作物的温光类型 作物的花芽分化对温度和日照长度有一定的要求，即在花芽开始分化之前必须满足一定的温度和日照长度的环境条件来完成对花芽分化的诱导作用；在适宜的温度、日照长度条件下花芽可提早分化，反之则延迟甚至阻碍花芽的分化，这种反应称为作物的温光反应。

按作物类型、品种对温光反应的不同特性，可将作物大致分为以下两大类型。

（1）高温-短日照 这类作物包括水稻、玉米、高粱、粟、黍、大豆、棉花、麻、黄麻、红麻、花生、烟草等暖季作物。其发育特点：在适宜温度范围内，温度越高，发育越快；光照阶段开始早则开花早，在长于各自所要求的临界日照长度条件下不能分化花芽，而在临界日照长度以下，日照越短则花芽分化越早。

（2）低温-长日照 这类作物包括小麦、大麦、黑麦、燕麦、蚕豆、豌豆、油菜等冷季作物。其温光反应与高温-短日照相反，即花芽分化要求一定低温和长日照条件。在短于所要求的临界日照长度下不能分化花芽或虽分化但不能正常进行花器发育。种子和幼苗要求一定的低温条件，在高于临界温度的条件下不能开始光周期发育分化花芽。在一定日照长度范围内，日照越长则花芽分化越早、越快。

这是上述各种作物的基本发育特性，具有这些特性的作物品种称为基本型。然而，上述各种作物在长期的演变中，其发育特性发生了这样或那样的变化，产生了与基本型的发育特性略有差异的变异型。

例如，暖季作物玉米、大豆、花生的早熟品种对短日照的要求并不严格，即钝感甚至无感。而冷季作物小麦、大麦、油菜的春性品种需要较高的温度（以 8~15℃为最适）才能完成对花芽分化的诱导，在低于临界温度的条件下反而延缓分化花芽，而在一定范围内更高的温度（如 20~25℃）下仍能完成花芽分化的诱导。不仅感温性如此，这些品种对长日照的要求也不严格；小麦、大麦、油菜的冬性品种则是比较严格的低温-长日照基本型；半冬性品种对低温-长日照的要求介于两者之间。

高温-短日照基本型作物在高温下、低温-长日照基本型作物在低温下促进花器分化则是普遍现象，但促进率最大的温度指标因基因型不同而表现较大的差异。

2. 作物的发育阶段 作物发育对温度和日照长度反应具有明显的阶段性和顺序性，即先以一定的时间完成对花芽分化的温度诱导，称为感温阶段，再经一定时间完成对生长锥的光照诱导，才能正常进行花器发育，称为感光阶段。小麦、大麦均属此类作物，其感温阶段又称春化（vernalization）阶段。春化阶段可以在萌动的种胚中或苗期进行，而感光阶段则在生长锥伸长至雌雄蕊形成期内进行。

3. 作物的基本营养生长性　　另有一些作物的温光诱导可同时进行，并且二者间有相互作用，并不存在温度诱导和光照诱导中明显的阶段性和顺序性，前面所说的高温-短日照作物即是如此。

作物的生殖生长是在营养生长的基础上进行的，其发育转变必须有一定的营养生长作为物质基础。因此，即使作物处在适于发育的温度和光周期条件下，也必须有最低限度的营养生长，才能进行幼穗（花芽）分化。这种在作物进入生殖生长前，不受温度和光周期诱导影响而缩短的营养生长期，称为基本营养生长期。例如，不同水稻品种基本营养生长期的变化幅度为15~16天；不同春播甘蓝型油菜品种基本营养生长期的变化幅度为24~27天。不同作物品种的基本营养生长期的长短各异，这种基本营养生长期长短的差异性，称为作物品种的基本营养生长性。

3.1.3　作物的生育期

作物从出苗到成熟期间的总天数，称为作物的生育期。因为从播种到出苗、从成熟到收获的时间（天数）具有可变性，有时可能持续相当长的时间，受作物种类、外界因素（如天气变化、栽培技术、机械化程度等）影响较大，所以这段时间不能计算在作物的生育期之内。

1. 生育期的含义　　根据作物播种材料和收获对象，不同作物生育期的具体含义不一致。

一般以籽实为播种材料又以新的籽实为收获对象的作物，其全生育期是指籽实出苗到新籽实成熟所持续的总天数，如小麦、玉米、谷子、高粱等。

对于以营养体为收获对象的作物如麻类、薯类、甘蔗、甜菜等，则是指播种材料出苗到主产品收获适期的总天数。棉花具有无限生长习性，一般将出苗至开始吐絮的天数称为生育期。需育苗（秧）移栽的作物如水稻、甘薯、烟草等，通常还将生育期分为秧田（苗床）生育期和本田生育期。秧田（苗床）生育期是指从出苗到移栽的天数，本田生育期是指从移栽到成熟的天数。

另外，从出苗至生殖器官分化，称营养生长期或生长阶段，生殖器官分化至成熟称生殖生长阶段或生殖生长期。

2. 生育期的长短变化及影响条件　　作物生育期的长短，主要由作物的遗传性和所处的环境条件所决定。

同一作物的生育期长短因品种而异。例如，早熟品种生长发育快，主茎节数少，叶片少，成熟早，生育期较短；晚熟品种生长发育缓慢，主茎节数多，叶片多，成熟迟，生育期较长；中熟品种在各种性状上均介于二者之间。

此外，因条件差异分为全国性熟期和地方性熟期。例如，水稻以南京为准划分的早、中、晚稻，每季稻又分早、中、晚熟，是全国性熟期，各地方划分的标准为地方性熟期。

在相似的环境条件下，各个品种的生育期长短是相对稳定的。但在不同的环境条件下，作物生育期会有所变化。在气候条件中以光照、温度所起的作用最大。因此，同一作物品种在不同地区栽培，由于温度、光照的差异，生育期也发生变化。例如，水稻是喜温的短日照作物，对温度和日夜长短反应敏感，当从南方向北方引种时，由于纬度增高，生长季节日照时间变长，温度又较低，则生育期延长；反之从北向南引种，由于纬度较低，日照时间变短，温度升高，生育期缩短。相同的品种在不同的海拔种植，因温、光条件不同，生育期也会相应发生变化。

栽培措施对生育期也有很大的影响。作物生长在肥沃的土地上或施氮较多，由于土壤碳/氮（C/N）值低，水分适宜，茎叶常常生长过旺，成熟延迟，生育期延长。土壤若缺少氮素、水分，则生育期缩短。

环境对作物生育期长短的影响主要表现在营养生长期的变化，而对生殖生长期的长短影响较小。

3.1.4 作物的生育时期

作物的生育期和生育时期是两个不同的概念，不可混淆。

在作物的一生中，其外部形态特征总是呈现若干次显著的变化，根据这些变化，可以把全生育期分为若干个生育时期，或称若干个生育阶段。

表 3-1 是几种主要作物生育时期的划分。

表 3-1 不同作物的主要生育时期

作物种类	生育时期
禾谷类	出苗期、分蘖期、拔节期、孕穗期、抽穗期、开花期、成熟期
豆类	出苗期、分枝期、开花期、结荚期、成熟期
棉花	出苗期、现蕾期、开花结铃期、吐絮期
油菜	出苗期、现蕾期、抽薹期、开花期、成熟期
麻类	出苗期、现蕾期、开花期、结果期、工艺成熟期、种子成熟期
甘薯	出苗期、采苗期、栽插期、分枝期、封垄期、落黄期、收获期
马铃薯	出苗期、现蕾期、开花期、结薯期、薯块发育期、成熟期、收获期

作物的生育时期是指某一形态特征出现变化后持续的一段时间，并以该时期开始到下一生育时期开始的前一天为止之间的天数计算。例如，禾谷类作物的分蘖期，是指分蘖始期起至拔节始期止之间所经历的天数。

3.1.5 作物的物候期

作物生育时期是根据其起止的物候期确定的。物候期是作物全田出现形态变化的植株达到规定百分率的日期，用某月某日表示。例如，禾谷类作物的分蘖期是指全田 50%（即规定百分率）以上植株出现分蘖的那一天，某月某日。现以水稻、小麦、棉花、大豆的物候期为例加以说明。

1. 水稻

出苗：不完全叶突破芽鞘，叶色转绿。

分蘖：第一个分蘖露出叶鞘 1cm。

拔节：植株基部第一节间伸长，早稻达 1cm，晚稻达 2cm。

孕穗：剑叶叶枕全部露出下一叶叶枕。
抽穗：稻穗穗顶露出剑叶叶鞘 1cm。
乳熟：稻穗中部籽粒内容物充满颖壳，呈乳浆状，手压开始有硬物感。
蜡熟：稻穗中部籽粒内容物浓黏，手压有坚硬感，无乳状物出现。
成熟：谷粒变黄，米质变硬。

2. 小麦
出苗：第一片真叶出土 2cm。
分蘖：第一个分蘖露出叶鞘 1cm。
拔节：第一伸长节间露出地面约 2cm。
抽穗：麦穗顶部（不包括芒）露出叶鞘。
开花：雄蕊花药露出。
乳熟：胚乳内主要为乳白色液体。
蜡熟：胚乳内呈蜡状，粒重达到最大值。
完熟：籽粒失水变硬。

3. 棉花
出苗：子叶展开。
现蕾：第一个花蕾的苞叶宽度达 3cm。

棉花彩图

开花：第一果枝第一蕾开花。
吐絮：有一铃露絮。

4. 大豆
出苗：子叶出土。
分枝：第一个分枝出现。
开花：第一朵花开放。
结荚：幼荚长度 2cm 以上。
鼓粒：豆荚放扁，籽粒较明显凸起。
成熟：豆荚呈固有颜色，用手压有裂荚，或摇动植株有响声。

以上判断标准为观测单个植株时的标准。对于群体物候期的判断标准是：当 10% 左右的植株达到某一物候期的标准时称为这一物候期的始期，50% 以上植株达到标准时称为这一物候期的盛期。

3.2 作物的器官建成

3.2.1 种子形态和萌发

1. 种子的概念　　植物学上的种子是指由胚珠受精后发育而成的有性繁殖器官。而作物生产上所说的种子涵义广泛，凡可利用作为播种材料来繁殖后代的任何器官都统称为种子。根据其来源和特点，农业生产中的种子可分为三类。第一类：由胚珠发育而成的种子，即植物学中所指的种子，如豆类、麻类、棉花、油菜、花生等作物的种子。第二类：由子房发育而成的果实，如禾谷类作物的颖果、荞麦和向日葵的瘦果等。第三类：用作无性繁殖材料的根、茎等营养器官，如甘薯的块根、马铃薯的块茎和甘蔗的茎节等。

2. 种子的形态和构造　　除了以营养器官作为播种材料的种子外，作物的种子一般由种皮（有的还有果皮）、胚和胚乳（有时退化不明显）3部分组成。种皮是种子外面的保护组织，使胚和胚乳免遭伤害。胚是种子最重要的部位，是新一代作物个体的前身，由胚根、胚轴、胚芽和子叶4部分组成。胚乳位于种皮和胚之间，其贮藏的营养物质供种子萌发所用。按胚乳的有无，可将种子分为有胚乳种子和无胚乳种子。其中有胚乳种子的内胚乳比较发达，多数单子叶作物和部分双子叶作物都是有胚乳种子，如水稻、小麦、蓖麻、荞麦、黄麻、烟草等。而有些作物的种子在发育过程中，胚乳中的营养物质被转移到胚内，特别是子叶中，成为无胚乳种子，如棉花、油菜、芝麻、大豆、花生等。

3. 种子的萌发　　种子的萌发分为吸胀、萌动和发芽三个阶段。首先种子吸水后，贮藏物质如淀粉、蛋白质和纤维素等亲水物质通过与水分子结合，逐渐分解变成溶胶状态，种子慢慢膨胀，此为吸胀阶段。这些物质运送到胚的各个部分，经过转化合成胚的结构物质，促使胚生长。胚最早分化生长的器官是胚根，当胚根生长到一定程度时，突破种皮，露出白嫩的根尖，即完成萌动阶段。之后，胚继续生长，禾谷类作物胚根长到与种子等长，胚芽长到种子长度一半时，即达到发芽标准。发芽的种子继续生长，胚根生长成幼苗的种子根或主根，胚芽则生长发育成茎叶，这时已经由一粒种子转变成独立生活的幼苗，萌发过程结束。

种子的萌发受到许多外界环境条件的影响，其中水分、氧气、温度是影响发芽的主要因素。

（1）水分　　成熟的种子含水量较低，代谢活性受到抑制，所以水分是限制种子萌发的首要外界因素。种子必须在吸足水分后才能萌发。作物种子萌发时的吸水量，因种子组成的成分而异。一般蛋白质含量高的种子，吸水量多；含油分高的种子，吸水量少；含淀粉多的种子居中。如以种子干重计算其萌发所需吸水比率，则大豆为100%~120%、花生为55%~67%、小麦为45.6%~60%、玉米为37.3%~40%、水稻为22.6%。

（2）氧气　　种子萌发过程中，旺盛的物质代谢和物质运输等需要强烈的有氧呼吸作用来保证。缺氧时种子进行无氧呼吸，不但消耗有机质，同时还会积累过多的乙醇使种子中毒，导致种子不能正常萌发，严重时导致种子腐烂。一般作物种子，当空气中含氧量在11%以上时就可以正常萌发，而当空气中含氧量下降到5%以下时种子就不能萌发。

（3）温度　　种子萌发需适宜的温度。种子萌发是种子内胚的生长和一系列酶促反应的结果，如同一般的化学反应一样，种子萌发随温度上升而加速。但是，温度过高会引起胚生理物质的变性，反而影响种子萌发。因此，种子萌发有其最低温度、最适温度和最高温度。作物种子萌发时所需的温度因作物种类而异。

此外，有些作物种子需光照才能萌发或光照促进其萌发，如烟草种子在间歇照光时萌发率较高。也有一些作物种子的发芽会被光抑制，如番茄、茄子、瓜类、苋菜种子。

多数大田作物种子的萌发受光照的影响很小，在光照或黑暗条件下都能发芽。

4. 种子的休眠　　在适宜种子萌发的条件下，作物种子或营养繁殖器官仍不能萌发的现象称为种子的休眠。导致种子休眠的原因有很多，其中胚的后熟是较为主要的一个，即某些作物种子即使已经收获或脱落，但其胚在形态或生理上尚未完全成熟，因而不具备发芽能力。其次是种子为硬实，或种皮致密或具有蜡质而不易透水、透气，或产生机械约束作用，阻碍种胚突破种皮，从而导致种子不发芽。此外，某些抑制发芽物质的存在，如脱落酸、酚类化合物、有机酸等，也会抑制种子的萌发。

解除休眠的方法因其休眠的成因而异。因胚后熟引起休眠的种子，可采用层积法、变温处理和激素处理等方法促进胚的发育。层积法是将需处理的种子与湿沙分层堆积，适温多为 3～5℃。而激素处理较多使用赤霉素（GA_3）、细胞分裂素（CTK）、乙烯、萘乙酸和乙烯利等。而对于具有种皮障碍的种子，通常可采取机械摩擦、加温或强酸等处理方法增强种皮的透性。对于因抑制物质存在而引起休眠的种子，可采用水浸泡、冲洗、低温处理等方法解除其休眠。

3.2.2　营养器官的建成

一般植物由根、茎、叶、花、果实、种子六大器官组成，其中根、茎、叶与植物体生长过程中营养物质的吸收和有机物的制造有关，利于植株的生长，称作营养器官。

1. 根　　根系的功能主要是吸收、疏导、支持、合成和储藏等几个方面。根系吸收水分和养分输送给茎和叶，同时根系扎在土壤中，对植株起到固定和支持作用，根系还能合成植物激素等物质。有些作物的根如甘薯、木薯等有贮存大量养分的作用，并且可作为繁殖器官。此外残留土壤中的根茬可起到增加土壤有机质的作用。

（1）根系的类型　　作物的根系由初生根、次生根和不定根发育而成。一般可分为须根系和直根系两种类型。

1）须根系：单子叶作物如禾谷类作物的根系为须根系。它由初生根系和次生根系组成。当种子萌发时，从胚根发育出一条初生根，又称种子根（胚根），对于玉米、高粱、谷子、黍稷、水稻等作物，这是唯一的一条初生根。而小麦、大麦、燕麦、黑麦等麦类作物，之后还可以再长出 2～7 条初生根。随着幼苗生长，基部茎节上长出许多次生的不定根，因为所有根的粗细相近，没有明显的主、侧根之分，所以称为须根系。玉米、高粱等近地面的茎节上常发生一轮或数轮较粗的节根，也称支持根（气生根），它们也属于不定根。这种根入土以后，再产生许多支根和细根，对抗倒伏和吸收肥水都有一定的作用。

2）直根系：双子叶作物如豆类、麻类、棉花、花生、油菜的根系属于直根系。其初生根不断伸长加粗形成主根，随着主根的生长，又逐步分化出侧根，侧根还可以生出下一级侧根。主根较发达，而侧根逐级变细，主、侧根区分明显，形成直根系。

（2）根系在土壤中的分布　　根系在土壤中的分布状态，取决于作物本身根系发育特性，以及土壤环境条件如土壤质地、温度、湿度、通气性、紧实度等，大多数作物根系主要分布在 0～30cm 土层。一般直根系常分布在较深的土层，具有深根性；而须根系往往分布于较浅的土层，具有浅根性（表 3-2）。

表 3-2　主要作物的根系深度和侧向范围

作物名称	根系类型	根系深度/cm	侧向范围/cm
春小麦	须根系	120～150	15～22.5
冬小麦	须根系	150～210	15～22.5
大麦	须根系	135～195	15～30
玉米	须根系	150～180	105
高粱	须根系	135～180	90
苜蓿	直根系	450～600	60
向日葵	直根系	150～270	60～150

2. 茎　　茎的主要功能是支持和运输，其次也有储藏和繁殖的功能。作物的茎枝能够支持叶、穗或果实的着生与生长，同时作为运输通道起着传输水分、养分的作用。绿色的幼嫩茎、枝具有合成有机养分的作用，并且可以作为临时储藏养分的器官。某些作物的茎如甘蔗、马铃薯等可作为繁殖器官。

作物的茎、枝（蘖）生长可分为两大类，一类是单子叶作物，以禾谷类为代表，一类是双子叶作物。

（1）禾本科作物的茎、枝（蘖）　　禾本科单子叶作物的茎为圆形，大多中空，如稻、麦等。也有的作物茎秆为髓所充满，如玉米、高粱、甘蔗等。其茎、枝由许多节与节间组成，每段茎的节间基部有细胞分裂旺盛的居间分生组织，节间依靠居间分生组织的分化而伸长，使茎秆长高。在作物生产上，当基部第一节间伸长达 1～2cm 时称为拔节。

禾本科作物的茎节分为两种，一种是节间伸长不显著的基部茎节，密集于土内靠近地表处，称为分蘖节，其上着生的腋芽在适宜条件下能萌发为分蘖。另一种是节间显著伸长，拔节后伸出地面的上部茎节，称为伸长节，其上各节叶腋所着生的腋芽在一般情况下不萌发而处于休眠状态。

不同种类禾本科作物的分蘖特性不同。多蘖性禾本科作物如稻、麦类作物分蘖力强，而少蘖性作物如玉米、高粱、粟等分蘖力弱。同一种作物的不同类型和品种之间的分蘖力强弱也有很大差异，如冬小麦比春小麦分蘖力强，杂交水稻比常规水稻分蘖力强。分蘖力强的作物有较强的自我调节能力，有利于产量的稳定。

（2）双子叶作物的茎秆　　双子叶作物的茎秆多充实，它的节一般只是在叶柄着生处略为突起，表面没有特殊的结构。其茎枝属顶端生长，生长区域较长，可达 10cm 以上。主茎每一叶腋里也只有一个腋芽，如大豆、棉花、油菜、花生、大麻、红麻、黄麻等。一般双子叶作物，主茎基部数节叶腋的腋芽在条件不适宜时往往潜伏，下部腋芽发育为叶枝，中上部腋芽发育为果枝、花序或单花。

双子叶作物的茎可以分成地上茎和地下茎两大类。地上茎又可根据其生长习性和形态划分为直立茎、缠绕茎、攀缘茎和匍匐茎，地下茎又可以分为根茎、块茎、球茎、鳞茎。

3. 叶　　叶是进行光合作用和蒸腾作用的主要器官，同时叶还具有一定的吸收功能，可以直接吸收水分和无机盐溶液。

（1）叶的形态　　根据来源和着生部位的不同叶可分为子叶和真叶。子叶是胚的组成部分，着生于胚轴上。单子叶作物有一片子叶形成包被胚芽的胚芽鞘；另一片子叶形如盾状，称为盾片，在种子发芽和幼苗生长时，起消化、吸收和运输养分的作用。双子叶作物有两片子叶，内含丰富的营养物质，供种子发芽和幼苗生长。

真叶是指着生于主茎或分枝（蘖）各节上的完全叶。禾谷类作物的真叶一般包括叶片、叶鞘、叶舌和叶耳4部分。具叶片和叶鞘的为完全叶，缺少叶片的为不完全叶，如水稻、小麦的第一叶（鞘叶）。大多数双子叶作物的叶由叶片、叶柄和托叶三部分组成，具有这三部分的叶称为完全叶，如棉花、大豆、花生等的真叶。但有些双子叶作物的叶片组成不完整，如甘薯、油菜的叶缺少托叶，烟草的叶缺少叶柄，这种叶称为不完全叶。双子叶植物的叶可分为单叶和复叶两类，凡一个叶柄上只生一片叶，不论是完整的还是分裂的，都称单叶，如棉花、苎麻、向日葵、油菜、甘薯等。若在叶柄上着生两个以上完全独立的小叶片则称复叶，如花生、大豆、绿豆、茄子等。复叶又可分为羽状复叶和掌状复叶两类。羽状复叶有豌豆、花生、紫云英等。掌状复叶有大麻、木棉等。此外，有些作物的复叶由三片小叶组成，排成掌状（如苜蓿）或羽状（如大豆），统称三出叶。复叶在双子叶作物中相当普遍，而在单子叶作物中很少见。

（2）叶的生长　　叶发生于茎的顶端分生组织，其原基发生于茎尖的下部。叶原基经过顶端生长伸长，变为锥形的叶轴，分化出叶柄；经边缘生长形成叶的雏形，再从叶尖开始向叶基部居间生长后长成一定形态的叶。一片叶子的生长过程是最先形成叶尖，而后由上而下形成整个叶片，这种向基发育的次序在单子叶作物的条形叶中更为明显。

叶的一生经历分化期、伸长期、功能期、衰老期4个时期，其中能够制造和输出大量光合产物的时期称为功能期。栽培条件对叶片功能期的长短影响很大，适当的肥水管理、适宜的密度等栽培管理措施有利于延长叶片的功能期。

3.2.3　生殖器官的建成

植物器官组成中的花、果实和种子与植物的繁衍有关，称作生殖器官。根据生殖器官的生长发育特点，可大致分为花芽分化、开花传粉受精和种子果实发育三个过程。

1.花芽分化　　营养生长至一定阶段，茎的顶端分生组织不再分化叶原基和腋芽原基，而是分化花或花序原基，逐渐形成花或花序，这一过程称为花芽分化。

双子叶作物的花通常为典型花，由花托、花被（花萼和花冠）和花蕊（雄蕊和雌蕊）组成。单子叶禾谷类作物的花一般较小，称为小花，由外稃（也称外颖）、内稃、浆片和花蕊组成，再由一至几朵小花组成小穗。

多朵花在花柄上的排列方式称为花序。具有花序结构的作物，首先分化花序，然后才进行花的分化。双子叶作物的花芽分化过程分为花萼形成、花冠形成、雌雄蕊形成、生殖细胞形成几个阶段。

禾谷类作物的花序多呈不同类型的穗状，因此花芽分化称为幼穗分化。幼穗分化的过程通常可分为茎尖伸长、枝梗（或穗轴节片）分化、小穗分化、小花（在水稻中又称为颖花）分化、花器分化、生殖细胞形成等几个阶段。

花芽分化过程中的某些时期往往是作物田间管理的重要参考指标。

2. 开花、传粉、受精　　开花是指成熟的雄蕊和雌蕊（或两者之一）暴露出来的现象。成熟的花粉粒借助外力的作用从雄蕊花药传到雌蕊柱头上，完成传粉过程。然后花粉管萌发，花粉粒通过花柱进入子房（胚囊），发生双受精作用。花粉粒中一个精细胞与卵细胞结合形成胚，另一个精细胞与极核结合形成胚乳，从而完成有性繁殖过程。

3. 种子、果实发育　　受精作用完成后不久，种子和果实就开始发育。受精卵不断分裂，使胚不断长大，并依次分化出子叶、胚芽、胚根和胚轴，形成新的生命。在初生胚乳核发育成胚乳而积累养分的过程中，豆类、油菜等作物的胚乳会被发育中的胚所吸收，而把养分贮藏在子叶内，从而形成无胚乳种子；而水稻、小麦、玉米等作物则形成发达的胚乳组织，起贮藏养分的作用，从而形成有胚乳种子。在胚和胚乳发育的同时，珠被也发育成为种皮，包被在胚和胚乳的外面起保护作用。最后，胚珠发育成种子，子房发育成果实。

3.2.4 器官生长的相关性

作物每一器官的生长发育，在某种程度上都受到另一些器官生理过程的影响。作物器官、组织、细胞之间在生长发育上的相互影响，称为生长的相关性。

1. 地下部分和地上部分的关系　　作物的地下部分根系生长依靠地上部分茎、叶制造的光合产物，而茎叶生长又必须依靠根系所吸收的水分、矿质营养和其他合成物质。地下部（根部）和地上部（冠部）在各自的生长过程中，由于生理上的协调和竞争，以及对同化物的需求和积累，在干物重或长度上表现为一定的比例关系，称为根冠比。

根冠比在作物生产上可作为控制和协调根部与冠部生长的一个参数，对于块根、块茎作物来说，意义更为重要。栽培中可以采取某些技术措施调节地下部和地上部的生长，使根冠比趋向合理。俗话说"干长根，水长苗"。土壤水分过多，则土壤中空气少，根系呼吸作用受抑制，影响根系的正常生长，会降低根冠比；相反，土壤水分偏少，通气性好，则根系生长良好，对茎叶的生长不利，从而提高根冠比。大田作物生产中，为了培育壮苗，前期土壤水分不宜过多。氮素充足时，茎叶生长旺盛，根系分配到的光合产物相对较少，根冠比小；氮素缺乏时，茎叶生长受到抑制，根冠比增大。磷素有利于根系生长，供应充分可加大根冠比。钾素对块根、块茎作物的地下器官生长起促进作用。另外，土壤质地和耕层深浅都对根系分布有作用。

2. 顶芽和侧芽的关系　　植物在生长发育过程中，顶芽和侧芽之间有着密切的关系。顶芽旺盛生长时，会抑制侧芽生长。如果由于某种原因顶芽停止生长，一些侧芽就会迅速生长。这种顶芽优先生长，抑制侧芽发育的现象称作顶端优势。不同作物的顶端优势有差异。向日葵的顶端优势明显，几乎不产生分枝；玉米、高粱的顶端优势较强，很少产生分枝；而稻、麦等的顶端优势较弱，能产生大量的分蘖。

农业生产上，常用消除或维持顶端优势的方法控制作物的生长，以达到增产和控制株型的目的。例如，棉花的打顶和去群尖，就是解除顶端优势、抑制营养生长、促进生殖生长并能减少蕾铃脱落的措施。

3. 营养器官和生殖器官的关系　　通常作物生殖器官分化以前为单纯的营养生长，生殖器官开始分化以后则进入营养生长和生殖生长并进期，进而进入单纯生殖生长期。

营养生长是生殖生长的基础，作物必须通过一定的营养生长才能进行生殖生长。例如，小麦发育最快的春性品种需长到5～6片叶后开始幼穗分化，玉米的早熟品种要到6片叶时开始雄穗分化，棉花需要长出2～3叶时才能进行花芽分化，水稻的早熟品种一般也要生长到3叶期以后才开始幼穗分化。另外，营养生长的优劣，直接影响到生殖生长的优劣，最后影响产量的高低。

营养器官与生殖器官之间也存在着矛盾，主要是彼此间养分的竞争。营养生长过旺，消耗较多的养分，便会影响生殖生长。例如，禾谷类作物前期如肥水过多，则茎叶徒长，致使花芽分化缓慢，并且小穗和小花容易退化。棉花等多次结实作物，营养生长和生殖生长并进期长，极易发生营养生长和生殖生长失调，造成棉株的徒长或早衰。徒长棉花蕾铃脱落率高，往往会形成"高、大、空"棉株。生殖器官生长同样也会对营养器官生长产生影响，当生殖器官出现过早、过多时，养分会大量分配到生殖器官，容易引起植株早衰。

4. 作物器官的同伸关系　　作物各个器官的分化和形成是有一定程序的，各个器官的建成呈一定的对应关系。在同一时间内某些器官呈有规律地生长或伸长，称作作物器官同伸关系，这些同时生长或伸长的器官就是同伸器官。例如，水稻的主茎第N叶伸出时，其分蘖芽即开始分化，第$(N-1)$叶的分蘖芽已分化完成，第$(N-2)$叶的分蘖芽正在叶鞘内生长，第$(N-3)$叶的分蘖芽已伸出叶鞘，即水稻主茎叶与分蘖芽呈$N-3$的同伸关系。同伸关系既表现在同名器官之间，如不同叶位叶的伸长，也表现在异名器官之间，如叶与茎或根，乃至叶与生殖器官之间。一般来说，环境条件和栽培措施对同伸器官有同时促进或抑制作用。因此，掌握作物器官的同伸关系，可为调控作物器官的生长发育提供依据。

3.3　作物产量形成

3.3.1　生物产量、经济产量与经济系数

作物栽培的目的是获得较多有经济价值的农产品。通常把作物产量分为生物产量和经济产量两种概念。

1. 生物产量与经济产量　　生物产量也称生物学产量，是作物一生中生产和积累的全部干物重，包括地下部的根系，地上部的茎、叶、穗等。由于地下部的真实重量很难测定，因此一般情况下生物产量指的是地上部整个植株的总干物重。对于一些以地下部器官为产量的作物，如花生、甘薯、马铃薯等，生物产量为地下部和地上部干物重之和。

经济产量是指栽培目的产品（主产品）收获量，也就是生产中所说的产量。由于人们栽培作物的目的产品不同，不同作物所提供的主产品器官也各不相同。例如，禾谷类、豆类和油料作物的主产品是籽粒，薯类作物的主产品是块根或块茎，棉花是种子上的纤维，黄麻、红麻为茎秆的韧皮纤维，甘蔗为蔗茎，甜菜为肉质根，烟草和茶叶为它们的叶片，绿肥饲料作物为全部茎叶。同一作物因利用目的不同，产量的概念也随之变化。例如，纤维用亚麻，产量是指麻皮，而油用亚麻，产量是指种子；玉米作为粮食作物时，其产量是指籽粒，作为饲料作物时，其产量包括叶、茎、果穗等全部地上有机物质，此时，玉米的经济产量就等于生物产量。

2. **经济系数**　　一般情况下，作物的经济产量仅是生物产量的一部分。经济产量是以生物产量作为物质基础的，但高的生物产量不等于高的经济产量，这要看生物产量转化为经济产量的效率，这种转化效率称为经济系数（或收获指数），即

$$经济系数=经济产量/生物产量$$

经济系数是综合反映作物品种特性和栽培技术水平的一个通用指标。经济系数越高，说明植株对有机物的利用越经济。但经济系数是一个相对值，单纯经济系数高的，经济产量不一定高，只有在生物产量和经济系数两者都高时，经济产量才能高。

经济系数的高低，首先与作物种类密切相关。一般来说，以营养器官为产量器官的作物，产量的形成过程较简单，经济系数较高；以生殖器官为产量器官的作物，产量的形成要经过生殖器官分化发育到成熟的过程，同化物要经过复杂的转化过程，因而经济系数较低。同样，产量器官中含淀粉较多的作物，形成过程中耗能较少，因而经济系数较高；而含蛋白质和脂肪较多的作物，形成过程需要由糖类转化而来，耗能增多，因而经济系数较低。就品种而言，一般矮秆品种的经济系数大于高秆品种，新品种大于旧品种，早熟品种大于晚熟品种，高产品种大于低产品种。实际生产中，即使是同一品种，也会因栽培技术、环境条件而有所变化，不当的栽培技术和不利的气候条件都会明显降低经济系数。

经过人类几千年的选择和培育，作物的经济系数已达到相当高的水平。例如，禾谷类作物的经济系数一般为0.3~0.45，高者可达0.55；豆类作物一般为0.2~0.3，高者可达0.4；薯芋类作物一般为0.6~0.75，高者可达0.8；棉花（籽棉）为0.35~0.4；烟草约为0.6；饲料和绿肥作物可达1.0。

3.3.2　作物产量构成因素及其相互关系

1. **作物产量构成因素**　　决定作物产量高低的直接参数，称为产量构成因素。

由于作物产量是以土地面积为单位的产品数量，因此可以由单位土地面积上各产量构成因素的乘积计算。例如，禾谷类作物产量的高低主要取决于单位面积上的平均有效穗数、每穗平均结实粒数和平均粒重的乘积。当然，也可以根据具体作物的特点补充某些相应的细目，如水稻可以用"每穗平均颖花数×结实率"来表示每穗结实粒数。但禾谷类作物都离不开穗数、穗粒数和粒重三者，因此它们是最基本的产量构成因素。表3-3表明，作物不同，产量构成因素也就不同。

表 3-3 不同作物的产量构成因素

作物种类	产量构成因素
禾谷类	穗数、每穗结实粒数、粒重
豆类	株数、每株有效分枝数、每分枝荚数、每荚结实粒数、粒重
薯类	株数、每株薯块数、单薯重
棉花	株数、每株有效棉铃数、每铃籽棉重、衣分
麻类	株数、单株纤维重
油菜	株数、每株有效分枝数、每分枝角果数、每果粒数、粒重
甘蔗	有效茎数、单茎重
烟草	株数、每株叶片数、单叶重
绿肥作物	株数、单株重

2. 产量构成因素间的相互关系　　由于产量是各个产量构成因素的乘积，因此理论上任何一个因素的增大，都能增加产量。但实际上，各个产量构成因素是很难同步增长的，它们之间有一定的制约和补偿关系（表 3-3）。例如，增加禾谷类作物单位面积上的穗数时，穗粒数和粒重就会受到制约，表现出相应下降的趋势。相反，若单位面积的穗数较少时，穗粒数和粒重就会做出补偿性反应，表现出相应增加的趋势。又如，大豆、油菜等分枝型作物，单位面积上的株数增至一定程度后，每株荚数（每株有效分枝数×每分枝荚数）和每荚粒数都会有不同程度的减少，其他作物也都有这样的规律。这是因为作物的群体由个体构成，当单位面积上植株密度增加时，各个体所占营养数量和空间面积就相应减少，个体的生物产量就有所削弱，故而表现为每穗粒数或荚数等构成因素的一些器官发育更差。

密度增高，个体发育变小是普遍现象，但个体变小，不等于最后产量就低。因为作物生产的最终目的是单位面积上的产量，即要求单位面积上的穗数、粒数、粒重三者的乘积达到最大值。当单位面积上的穗数或株数的增加能抵补甚至超过每穗粒数（每株荚数）减少的损失时，仍表现高产。只有当三因素中某一因素的增加不能弥补另外两个因素减少的损失时才表现减产（表 3-4）。

表 3-4 小麦产量构成因素间的制约与补偿

基本苗/ （株/m²）	穗数/ （×10⁴/hm²）	穗粒数/ （粒/穗）	千粒重/ g	产量/ （kg/hm²）
150	451.6	36.6	49.84	8239.5
300	562.5	32.3	46.02	8374.9
450	631.3	27.8	42.60	7480.2

资料来源：张永丽，2005

3.3.3　作物产量形成过程及影响条件

1. 作物产量形成过程　　作物产量形成过程是指作物产量的构成因素形成和物质

积累的过程，也就是作物各器官的建成过程及群体的物质生产和分配过程。

作物产量构成因素的形成是在整个生育过程中依序而重叠地进行的。一般来说，生育前期是营养器官的生长时期，如禾谷类作物在幼穗分化前，棉花、大豆、油菜等作物在现蕾前，这一阶段的生长主要决定单位面积穗数、分枝数等产量构成因素。生育中期是生殖器官的分化、形成和营养器官旺盛生长的重叠时期，如禾谷类作物从幼穗分化到抽穗，棉花、大豆和油菜从现蕾到盛花，这一阶段的生长主要决定穗粒数、荚数等产量构成因素。生育后期主要是生殖器官的建成时期，如禾谷类作物从抽穗到成熟，棉花、大豆和油菜从盛花到收获，这一阶段的生长主要决定结实粒数、粒重等产量构成因素。由于产量构成因素因作物而有不同，因此其形成过程也有显著不同。例如，以营养器官和整个植株体为产量器官的甘蔗、饲料作物等，其整个产量形成过程往往均处于营养生长阶段。

一般来说，前一个时期的生长过程有决定后一个时期生长程度的作用，营养器官的生长和生殖器官的生长相互影响、相互联系。生殖器官生长所需的养分大部分由营养器官供应，因此，只有营养器官生长良好，才能保证生殖器官的形成和发育。据报道（赵波，2006），赤豆生育前期生长量不足，物质积累量过低，会影响到后期灌浆物质的来源；生育前期生长量过大，群体干物质积累超过适宜范围，植株之间相互郁蔽，将使开花后群体结构变劣，严重影响后期干物质向籽粒转移，对产量的形成不利。只有干物质积累量适宜的群体才有可能获得高产。

因而，在高产栽培中，应通过合理密植、施肥、灌溉等措施，建成适度的营养体，为形成较多的结实器官提供物质基础。

2. 影响产量形成的因素

（1）内在因素　品种特性如产量性状，耐肥、抗逆性等生长发育特性，以及幼苗素质、受精结实率等均影响产量形成。

（2）环境因素　土壤、温度、光照、肥料、水分、空气、病虫草害等对产量影响较大。王柳等（2014）分析了1981～2006年温度、降水、辐射等气象因子变化对中国玉米产量的影响，结果表明，中国玉米平均产量变化与生育期内平均温度、最高温度和最低温度具有显著线性相关关系。部分地区的玉米产量变化还与日较差、辐射、降水变化存在显著线性相关关系。

（3）栽培措施　种植密度、群体结构、种植制度、田间管理措施，在某种程度上是取得群体高产优质的主要调控手段。

3.3.4　作物产量潜力及增产途径

1. 作物的产量潜力　作物产量的形成主要是通过绿色器官的光合作用。农作物全部干物质约有95%来自光合作用，只有大约5%来自根系吸收的矿物质，所以提高作物对光能的利用率是增加产量的最主要手段。但是，目前作物对太阳光能的利用率还很低，一般只有1%～2%。光能的损失包括土地空闲无作物生长或作物很小，大量光能通过叶片间隙透射到地面损失，或作物叶片老熟、黄枯，光能利用率极低，或被叶片表面反射损失,或在叶面转变为热能散失等。目前我国耕地全年太阳光能的平均利用率仅为 0.4%。据在自然条件下估算作物最高可能利用太阳能 1/6 的话,扣除阴雨寒冷季节而减少利用的百分数,每年每亩土地上能生产有机物质的总量为 3.9×10^4 kg 碳水化合物。而日光并不是作物生产有机物的唯一能源,目前很多设施栽培可以采用人造光源作为作物生长的能源,也就是说,每年每亩土地上生产 3.9×10^4 kg 碳水化合物还不是最高极限。但目前,即使产量已达 7500kg/hm^2 的地区,其太阳光能的利用率,也只不过为 2%。长江流域每亩年总产为 1500kg 以上的试验田,光能利用率为 5%;北京郊区年总产为 1000kg 的田块,光能利用率为 4%。因此,现有农田提高单产的潜力十分巨大。事实上,光能利用率不仅可能而且可以大幅度提高,这一论点已被我国和世界各地在作物高产试验中所证实。例如,我国青藏和云南等地,一季小麦的单产都已突破 900~1000kg,云南宾川、永胜地区的水稻亩产量也已突破 1000kg。计算两者的光能利用率已接近甚至超过国内外有些学者估算的理论最高经济产量。

我国地处温带、亚热带和热带,太阳能资源极为丰富,充分利用这一宝贵资源可为作物高产提供良好的物质基础。据估算,若气温≥5℃的时期内,全国太阳能利用率都达到 2%水平,则全国每亩平均产量将达 500kg 以上。其中东北、西南地区为 400~500kg,华北、西北、华中和柴达木盆地为 500~600kg,华南和藏南各地为 600~700kg。若能把气温≥5℃时期内的太阳能利用率提高到 5.1%,则全国粮食每亩平均产量将达到 1250kg 以上。其中东北、西南为 900~1250kg,华北、西北、华中和柴达木盆地为 1250~1500kg,华南、南疆和藏南各地可达 150~1750kg,而昆明附近、海南岛沿海和台湾沿海地区可达 2250kg 左右。事实上,长江流域一年三熟粮食超 1500kg/亩,青藏高原等地一季小麦接近 1000kg/亩的事例已有不少。

由于全年各月太阳辐射量的分布因地区而有很大差别,太阳辐射能较强的几个月,也是光合作用潜力月值最大时机,这个时机出现在什么时候,对作物生产有重要影响。例如,我国南方诸省大多数地区光合作用潜力月值较高的时期在 6~8 月,最高月值在 7 月;台湾高雄,较高月值在 4~6 月,以 6 月最高;云南昆明和四川西昌等地,3~5 月较高,以 4 月为最高月值。因此,力争在阳光最盛的几个月内,使作物具备足够的光合器官,对作物的高产栽培极为有利。间套复种等安排,也应力争在此时已具有较大的作物群体,以充分利用这一阶段有利的自然资源,提高作物产量。

2. 作物的增产途径　　作物生长发育与两种环境有关:一种是自然环境,包括气候、地形、土壤、生物、水文等因子,难以在大规模范围内加以控制;另一种是栽培环境,指不同程度人工控制和调节而发生改变的环境,即作物生长的小环境。作物产量潜力是由自身的遗传特性、生物学特性、生理生化过程等内在因素决定的,产量的表现受外部环境物质、能量输入和作用效率所制约。作物产量潜力的实现在于环境因子与作物的协调统一。

在作物生产中,要实现上述光合潜力的理论值,必须同时具备以下条件:具有充分利用光能的高光效作物品种;空气中 CO_2 浓度正常;其他环境因素都处于最适状态;具备最适于接受和分配阳光的群体结构。由此可知,要通过提高光能利用率来提高单产,特别需要从改进作物和环境因素两个方面着手。

（1）选育高光效的品种　　选育株型紧凑、抗倒、叶片配置合理、叶片光合效率高、光合机能保持时间长、呼吸消耗少的高光效品种是提高作物光能利用率的一条重要途径。近30年来，紧凑型玉米品种的选育推广，使玉米的光能利用率提高，增产效果显著。

（2）改革耕作制度，合理安排茬口　　充分利用生长季节，采用间作、套种等措施，增加复种指数，在温度许可的范围内，尽可能保持在耕地上有作物生长，特别是在阳光充足的时期，使单位面积上有较高的绿色面积，以提高作物群体的光能利用率。

（3）采用合理的栽培技术措施　　合理密植，保证田间有最适宜的作物群体，最大限度地利用光能。正确运用肥、水技术，充分满足作物各生育阶段对外界环境的要求，使光合作用效能最强的叶片较长时间地维持最适的叶面积指数状态，促进光合产物的生产、积累和转运。通过先进的栽培技术，合理调控作物的生长发育进程或产量形成过程，促进光合产物的生产及向产品器官的转运、积累，提高作物的产量。

（4）提高光合效率，减少呼吸消耗　　通过提高叶绿体内的光合速率，控制光呼吸，减少光合产物的消耗，如建立合理的群体结构、增加CO_2浓度、培育低光呼吸品种等。

3.4　作物品质形成

3.4.1　作物产品品质及其评价指标

作物的品质是指收获目标产品达到某种用途要求的适合度。作物品质的优劣直接关系到产品对某种特定最终用途的适合性及其经济价值。

作物产品品质的评价标准，即所要求的品质内容因产品用途而异。对提供食物的作物，其品质主要包括食用品质和营养品质等方面；对经济作物而言，其品质主要包括工艺品质和加工品质等。高品质原料可以加工成高品质的商品。

（1）食用品质　　作物的食用品质是指蒸煮、口感和食味等特性。例如，稻谷加工后的精米，其内含物的90%左右均是淀粉，因此大米的食用品质在很大程度上取决于淀粉的理化性状，如直链淀粉含量、糊化温度、胶稠度、胀性和香味等。又如，小麦籽粒中含有多量的面筋，面筋是麦谷蛋白和醇溶蛋白吸水膨胀形成的凝胶体。面团因有面筋而能拉长延伸，发酵后加热又变得多孔柔软。因此小麦的食用品质在很大程度上取决于面筋的特性，如麦谷蛋白和醇溶蛋白的含量及其比例等。

（2）营养品质　　作物的营养品质是指蛋白质含量、氨基酸组成、维生素含量和微量元素含量等。营养品质也可归属于食用品质的范畴。一般来说，有益于人类健康的成分，如蛋白质、必需氨基酸、维生素和矿物质等的含量越高，则产品的营养品质就越好。例如，高赖氨酸玉米植株外观上与普通玉米没有什么不同，其主要特点是营养价值高，胚乳赖氨酸含量一般在0.4%以上，是普通玉米的2倍多。又如，小麦籽粒的蛋白质含量是小麦营养品质中最重要的指标，一等优质强筋小麦籽粒的蛋白质含量必须高于15%(干基)。

（3）工艺品质　　作物的工艺品质是指影响产品质量的原材料特性，如棉纤维的长度、细度、整齐度、成熟度、转曲、强度等；烟叶的色泽、成熟度等外观品质也属于工艺品质。工艺品质不同可以加工成不同质量的产品，为了保证产品质量的稳定性，必须根据工艺品质对原材料进行分组。例如，棉花纤维长度与成纱指标有密切的关系；在其他品质指标相同时，纤维越长，其纺纱支数越高，强度越大。优质棉要求纤维长度在29～31mm。棉花纤维成熟度差时，纱布棉结多，染色性能较差，纺织价值较小。

（4）加工品质　　作物的加工品质是指不明显影响加工产品质量，但对加工过程有影响的原材料特性。例如，糖料作物的含糖率、油料作物的含油率、棉花的衣分、向日葵和花生的出仁率，以及稻谷的出糙率和小麦的出粉率等，均属于与加工品质有关的性状。作物的加工品质会直接影响企业的效益。例如，大豆籽粒的脂肪含量不同，加工后单位重量的产油量也不同，尽管产出的油质量没有大的差异，但生产同样量的产品，加工费用会明显增加，使效益降低。又如，甜菜的含糖量低于规定要求，生产成本会大幅上升，甚至企业会因无利可图而拒绝收购。

3.4.2　作物品质的影响因素

作物产品品质形成的影响因素包括自身遗传特性、自然环境因素及栽培措施。由于遗传因素对品质性状的影响大多是多基因控制的和累加性的，因此很多品质性状都受环境条件的左右。就环境条件而言，大致可分为作物的自然生态环境和由栽培技术引起的环境变化两个方面。

1. 遗传因素　　已经证明，作物品质的诸多性状，如籽粒形状、大小、色泽、种皮厚薄等形态品质，蛋白质、糖分、维生素、矿物质含量及氨基酸组成等理化品质，都受遗传因素的控制。近年来不少学者研究了稻米香味的遗传，一般都认为香味受一个隐性基因控制。作物品质性状受基因控制，这使作物保持了其经济性状和产品质量的相对稳定性。正因为如此，作物之间才存在产品品质的差异。

2. 生态环境因素　　作物的生态环境包括温度、光照、水分、土壤等因素。它们可以单一地或复合地通过影响作物的生长发育和物质积累、转运及分配来影响作物的品质。

（1）温度　　如棉纤维的发育需要较高的温度。日平均温度低于15℃，纤维就不能伸长；低于21℃，还原糖不能转化为纤维素。棉花的"秋桃"一般品质较差，主要与温度下降有关。

（2）光照　　由于光合作用是形成产量和品质的基础，因此光照不足，特别是品质形成期的光照不足会严重影响作物的品质。例如，南方麦区的小麦品质较差，其原因之一就是春季多阴雨，光照不足引起籽粒不饱满。

（3）水分　　作物品质的形成期大多处于作物生长发育旺盛期，因此需水量大、耗水量多。如果此时遭遇水分胁迫，一般都会明显降低品质。干旱对大豆籽粒品质的影响包括对外观品质和内在品质的影响，大豆鼓粒期受旱，籽粒重量降低、体积缩小、种皮增厚，同时会使籽粒蛋白质含量增加，油分含量下降。

（4）土壤　　土壤包括土壤肥力和土壤质地等多种因素。一般来说，肥力高的土壤和有利于作物吸收矿质营养的土壤，常能使作物形成优良的品质。例如，酸性土壤施用石灰改土，可明显提高作物蛋白质含量。土壤的含盐量也会影响作物的品质。乔海龙等（2014）对盐胁迫下 16 个大麦品种的品质比较发现，盐土下不同大麦品种的籽粒蛋白质含量均低于脱盐土，在盐土下的平均籽粒蛋白质含量较脱盐土降低了 0.15 个百分点。

（5）地理因素　同一作物产品品质的优劣，因种植的地理环境条件不同有很大的差异，如小麦籽粒的蛋白质含量随地理位置的南移而逐渐降低。

（6）季节因素　由于种植与成熟的季节不同，产品品质差异很大，如南京的早稻与晚稻相比，一般早稻往往因成熟期的高温迫熟米质较差。

（7）大气污染　随着工业的发展，大气污染问题日益严重。高浓度臭氧使稻米香气、光泽、味道、口感和综合值分别下降 0.8%、6.2%、2.6%、5.1%、4.3%。同时，高浓度臭氧环境下生长的稻米蒸煮后将呈变硬趋势，食味品质总体变劣（宋琪玲，2013）。

3. 栽培措施　同一作物品种的品质表现因栽培环境条件而异，合理的栽培技术通常能起到改善品质的作用。

（1）种植密度　对于大多数作物而言，适当稀植可以改善个体营养，从而在一定程度上提高作物品质。在禾谷类作物制种时，种植密度稀一些，以提高粒重、改善外观品质。但是，对于收获韧皮部纤维的麻类作物而言，在不造成倒伏的前提下，适当密植可以抑制分枝生长、促进主茎伸长，从而起到改善品质的效果。在种植密度为 2.4 万～3.6 万株/hm² 时，随着密度增加，'奥玉 3101' 和 '强盛 49 号' 两个玉米品种的籽粒蛋白质和赖氨酸含量均呈上升趋势，在 3.6 万株/hm² 时达最大值（苏东涛，2014）。

（2）播种期　播种期不同，植株生育和物质形成所遇到的温度、光照、水分等条件也不同，这些条件的变化会对作物的品质产生很大的影响。播期与黄籽油菜粒色变化关系密切，随着播期的推迟，甘蓝型黄籽油菜黄籽度先升高后降低，正常播期范围内，早播有利于提高种子含油量，随播期的推迟，甘蓝型黄籽油菜的胚蛋白质含量呈上升趋势（张子龙，2005）。

（3）施肥　从肥料种类来看，适量施用有机肥或化肥都能在不同程度上影响作物品质。有机肥与化肥配合施用有利于作物高产优质。实践证明，大豆单施有机肥可使籽粒的含油量下降，而在施有机肥基础上再施磷肥、磷氮肥、磷钾肥，均可提高大豆籽粒的含油量。在所有的肥料中，氮肥对改善品质的作用最大。特别是在地力较差的中低产田，适当增施氮肥和增加追肥比例通常能提高禾谷类作物籽粒的蛋白质含量，起到改善品质的作用。但是施用氮肥过多，容易引起物质转运不畅和倒伏等问题，反而导致品质下降。甘薯增施钾肥能减少块根纤维，增加糖分和淀粉含量，改善甘薯的品质。

（4）微量元素　作物对微量元素的反应取决于土壤中微量元素的丰缺程度、各种元素的互作和氮、磷、钾大量元素的供应状况。试验表明，在稻田中施锌、硼、钼、锰和铜，对稻谷产量和稻米品质有明显效果。大豆增施硫肥有助于蛋白质、胱氨酸、半胱氨酸的形成和积累，而增施钼肥会使胱氨酸和半胱氨酸的含量降低，氮、锌配合施用可提高大豆籽粒的含油量。在增施氮肥的同时，适当配合施用磷钾肥和其他微量元素，也是进一步提高棉花产量和改善纤维品质的关键措施之一。

（5）灌溉　根据作物需水规律和土壤水分状况，适当地进行补充性灌溉，通常能改善植株代谢,促进光合产物的增加,因而能改善作物的品质。对于大多数旱地作物来说,追肥后进行灌溉,能起到促进肥料吸收、增加蛋白质含量的作用。特别是当干旱已经影响到作物正常的生长发育时,进行灌溉补水不仅有利于高产,也是保证品质的必需条件。据报道,灌水对品质的影响与降雨量有很大关系,歉水年灌水可提高品质,丰水年灌水过多则对品质不利。

(6) 适时收获　　是获得高产优质的重要保证。例如,禾谷类作物大多数都在蜡熟末期或黄熟期收获,产量最高,品质最好。又如,棉花收花过早,棉纤维成熟度不够,捻曲减少;收花过晚,则由于光氧化作用,不仅会使捻曲减少,而且纤维强度降低,长度变短。

(7) 生长调节剂　　在作物的生育过程中,喷施生长调节剂一方面可以提高产量,另一方面可以改善品质。例如,利用乙烯利的催熟作用,对早熟棉花和一年两熟地区棉花采用40%的乙烯利1500~2250g/hm^2,加水600~750kg,于盛花后30~40天进行喷雾,可以加速棉铃早熟吐絮,减少烂铃和霜后花,提高部分棉铃的铃重和品质,增加霜前花的产量。烟草在接近采收叶片时,用乙烯利对烟叶进行喷洒,也可提早采收,并减少尼古丁含量。在甜菜上施用青鲜素可抑制甜菜抽薹,使块根增产,并提高产糖量。

(8) 病虫害　　在受到病害危害时,作物的品质会降低。例如,如果大豆灰斑病病斑率达50%,籽粒含油量则下降1.71%;感染褐斑病的籽粒含油量下降3.52%。在受到虫害危害时,作物的品质也会降低。例如,玉米螟危害会降低甜玉米果穗的可用性,严重时根本不能用于加工;爆裂玉米果穗受害会降低成品等级,甚至成为不合格产品。

3.4.3　提高作物产品品质的途径

1. 培育和选用优质作物品种　　提高作物产品品质最根本的办法是培育选用品质优良的品种。近年来,国内外育种工作者十分重视对粮棉油等主要作物的品质育种,并已取得很大的成效,有的成果已得到推广,在生产上发挥了良好的作用。

粮食作物品质育种方向主要是提高蛋白质含量及改善氨基酸组成,特别是增加赖氨酸、色氨酸、苏氨酸等必需氨基酸的含量。现在,优质水稻和小麦品种的种植面积正日益扩大。

棉花纤维作为纺织工业原料,人们对其纤维品质一向比较重视。1949年以来,在我国主要棉区进行了4次大规模的品种更换工作,使棉花产量和品质得到大幅度的提高,在生产上起到了很大的作用。另外,今后随着无腺体棉育种的成功,对棉籽蛋白的开发利用日益引人注目。

油菜籽的产品主要是油和饼粕。目前已育成低芥酸和低硫代葡萄糖苷的双低油菜新品种,提高了菜籽的含油量和营养价值,菜籽饼也由单纯作肥料而开发用作饲料,以促进畜牧业的发展。

培育优质作物品种主要有以下途径。

(1) 利用常规育种改良作物品质　　经过长期努力,品质育种的工作取得了长足的进步。例如,甜菜经过100多年的改良,含糖量已从6%提高到了24%。禾谷类作物中,不但蛋白质含量已经明显提高，而且已得到高赖氨酸的大麦、玉米和高粱品种，显著地提高了蛋白质的品质。

作物品质改良的主要障碍是品质与产量存在相互制约关系，如禾谷类作物的蛋白质含量与产量、油料作物的含油量与产量、棉花纤维强度与皮棉产量之间常呈负相关关系。虽然这种关系并不是绝对的，但无疑会加大品质改良的难度。既高产又优质的农作物新品种是当今作物品质改良的重点发展方向。

另外，作物品质内部成分间也会出现相互制约现象。例如，大豆的含油量与蛋白质含量之间呈负相关关系。由于油分含量和蛋白质含量均是大豆品质的重要指标，因此在确立大豆育种目标时必须根据实际需要协调二者关系，或者有所取舍，即培育专用的高油大豆或高蛋白大豆。又如，水稻籽粒的蛋白质含量与食用口感之间常呈负相关，蛋白质含量越高，往往口感越差，因此在品质改良时要协调大米营养与食用口感之间的矛盾。

（2）利用生物技术改良作物品质　　生物技术可将一些用传统育种方法无法培育出的性状通过基因工程的手段引入作物。例如，将单子叶作物中的性状导入双子叶作物中，或将双子叶作物中的性状导入单子叶作物中，以提高作物的营养价值，改进食用和非食用油料作物的脂肪酸成分等。

包括人在内的多数动物都不具有合成某些氨基酸的能力，因此必须从食物中获取这些必需氨基酸。谷物和豆类是人类必需氨基酸的主要来源，但种子所贮存的蛋白质中所含的氨基酸种类有限，特别是赖氨酸等必需氨基酸含量偏低，严重影响作物产品的品质。科学家正在如下方面开展品质改良工作：① 将某作物的特定基因转到另一作物中，以提高相应作物中特定物质的含量。例如，通过分析发现，玉米的β-菜豆蛋白富含蛋氨酸，将此蛋白基因转入豆科植物中，就可以大大提高豆科植物种子贮存蛋白的蛋氨酸含量，而蛋氨酸正是豆科植物种子贮存蛋白所缺少的成分。② 对种子贮存蛋白的编码基因进行改造，使其氨基酸组成发生改变。③ 用基因工程的方法提高种子中某种氨基酸的合成能力，从而提高相应的氨基酸在贮存蛋白中的含量。例如，可以对赖氨酸代谢途径中的各种酶进行修饰或加工，从而使细胞积累更大量的赖氨酸。

（3）品质优异的作物种质资源的利用　　随着市场经济的发展，人们越来越重视对品质优异的作物种质资源的利用。例如，高油玉米新品种选育的材料主要来源于普通玉米，除了含油量高以外，高油玉米的其他生物学特性与普通玉米差别很小。

籼稻的直链淀粉含量通常明显高于粳稻，但当高直链淀粉含量品种与低含量品种杂交时，F_1代的直链淀粉含量表现为中等含量，且不能固定地遗传下去，因此在水稻淀粉性质改良时需要一个直链淀粉含量中等的品种作亲本。大豆蛋白中的胰蛋白酶抑制剂会妨碍人体和动物对大豆蛋白的消化利用，甚至会引起胰脏肥大和含硫氨基酸短缺，在国外大豆资源中已发现了不含胰蛋白酶抑制剂的种质。在大豆成熟种子中，脂氧酶占蛋白质含量的 1%～2%，脂氧酶的存在会使大豆蛋白制品产生豆腥味，降低豆制品的可食性和营养价值，因此应尽可能地将其降低或除去。消除脂氧酶活性，去除豆腥味的主要手段是加热处理。培育无脂氧酶的大豆则是消除豆腥味的根本方法。美国和日本的大豆专家已从大豆资源中筛选鉴定出了脂氧酶缺失材料。我国也从 253 份大豆中筛选鉴定出 26

份表现为脂氧酶缺失的材料（丁安林，1995）。

2. 改善栽培技术措施　　许多研究和生产实践表明，作物在生长发育过程中采取的种种栽培措施，几乎都能影响产量和品质的形成，其中尤以轮作、施肥、灌溉排水、收获时期等影响较大。

作物通过合理轮作，可以消除和减轻土壤中有毒物质、病虫和杂草的危害，改善土壤结构，提高土壤肥力，有利于作物合理利用土壤养分，提高作物产量和品质。

在作物生育期中过量施用农药，作物中农药残留量过高，也会严重降低产品品质。

大量研究表明，植物生长调节剂是改善籽粒灌浆，促进产量与品质提高的重要因素。例如，小麦灌浆期喷洒乙烯利、赤霉素、细胞分裂素可以提高籽粒蛋白质含量及面筋含量。在薯类作物植株生长中后期，施用植物生长调节剂可改善叶片光合性能，控制地上部分的生长，促进光合产物向产品器官转运，增加大中薯的比例，提高产量及淀粉含量。试验表明，植物生长调节剂也可调节营养元素，如氮素在各器官中的分配，从而改善大豆籽粒的品质。

3.5　作物的群体特征

3.5.1　作物群体的基本概念

1. 作物群体的概念　　大田作物生产的基本形式是以群体为对象进行种植管理的。作物群体是指该种作物的许多个体的聚集体。虽然作物群体是由个体所组成的，但不是单纯个体的简单相加，而是每个个体被组合成为一个有机的整体。作物栽培的对象是作物群体，在作物生产上就必须根据作物群体与个体及群体中个体与个体之间的相互关系，采取有效的农业技术措施，调控群体发展过程，提高群体的光合作用与物质生产能力。

2. 作物群体的特点

（1）群体中个体间的关系　　作物群体中的个体与孤立生长的个体是截然不同的。当作物处于苗期的时候，每个个体有各自的地上和地下空间，彼此之间互不相干。随着个体长大，每个个体所拥有的空间相对拥挤，群体中个体与个体的相互影响逐渐增大。与单独生长的个体比较起来，在群体中的个体株型比较收敛，稻、麦等分蘖作物的分蘖减少，棉花、大豆等分枝作物的分枝减少且分枝部位升高。种植密度越大，群体越大，个体所受到的抑制也更大。

（2）群体与个体的关系　　作物群体是由个体组成的统一整体，群体的结构和特性是由个体数及个体生育状况决定的，而个体的生育状况又反映出群体的影响。这是因为，群体内部如温度、光照、CO_2、湿度、风速等环境因素，随着个体数目而变化，群体内部的环境因素又反过来影响个体数目和生长发育。

（3）群体的自动调节　　在作物群体中，由于个体的生长发育，引起群体内部环境改变，改变了的环境条件又影响个体生长发育的反复过程，称为"反馈"。作物的群体是一个自动调节系统，它的调节是通过"反馈"作用来实现的。群体的自动调节作用表现在生长发育过程中的许多方面,如稻、麦等作物群体中茎蘖数的消长、穗数和粒数的调节、叶面积和干物质的变化等。

作物群体的自动调节具有以下特点:① 自动调节的时序性。在群体建成中,出现得越早且持续时间越长的性状,自动调节的功能越明显;出现越晚的性状自动调节功能越小。例如,穗数＞每穗粒数＞粒重。② 群体的稳定性和个体的变异性。在不同密度下群体开始差异大,越往后越小;个体开始差异小,越往后越大。二者结合使群体最终稳定在一个较合理的范围内。③ 调节能力与个体生活力有关。作物的生活能力越强,自动调节的能力越大。④ 自动调整的有限性。群体自动调节能力是相对的、有一定范围的,因而需要通过合理的栽培技术建立合理的群体结构。

3.5.2 作物群体结构与指标体系

作物群体结构主要指群体的组成、大小、分布、长相及动态变化等,与产量和品质有密切关系,它既反映群体的特性,又影响个体的生长发育。

（1）作物群体组成　作物群体组成是指构成群体的作物种类,以及主茎与分枝(蘖)的比例和分布情况。同一作物组成的群体称单一群体,不同种或品种(尤指生育期不同的品种或株高差异大的品种)组成的群体,称复合群体,如间作、套作、混作的群体。

（2）群体大小　作物群体大小的衡量指标有密度、干物质积累量、茎蘖(枝)数、叶面积指数、穗(铃、角、荚)数、根系发达程度等。

（3）群体分布　群体分布是指群体内个体以及个体各个器官在群体中的分布和配置,主要包括时间分布、水平分布和垂直分布3个方面。时间分布是指随着群体生育进程的发展状况,实际上就是群体动态变化。例如,棉花的"四桃"即伏前桃、伏桃、早秋桃、晚秋桃就是按时间分布来划分的。水平分布主要指个体分布的均匀度、整齐度、株行距、套作的预留行宽度等。垂直分布可分为光合层(叶层)、支架层(茎层)和吸收层(根层)3个层次。

（4）群体长相　作物群体的长相主要指作物群体的叶片姿态、叶色、生长整齐度和封垄早晚等。

（5）群体动态　作物群体的动态变化主要指作物群体中的基本苗数、总茎数、总穗数、叶面积指数、群体高度和整齐度的动态变化和干物质积累的动态变化等。

3.5.3 作物群体的源、库、流概念及其关系

1. 源、库、流的基本概念　近代作物栽培生理研究中,常用源、库、流的理论来阐明作物产量形成规律。从产量形成的角度看,"源"就是指光合产物供给源或代谢源,是制造和提供养料的器官。就作物群体而言,主要是指群体的叶面积及其光合能力。"库"主要是指产品器官的容积和接纳营养物质的能力。"流"则是指作物植株体内疏导运输系统及其运转效率。作物的生产潜力来源于源、库、流三者在一定生态条件下的相互作用。源、库、流理论是作物生产力理论的重要基础,该理论从物质生产和分配的角度分析了产量的形成,弥补了光合性能理论的不足。因此,研究和了解源、库、流理论,对作物

育种和栽培学的发展都有重要的指导意义。

(1) 源与作物产量　　源是作物产量形成的物质基础,源的不足是限制产量的主要因子。对作物群体来说,群体源的供应能力可用光合面积、光合能力和光合时间的乘积来表示。在一般情况下,凡源大即光合作用面积大、光合能力强、光合时间长的作物群体,其产量潜力也高。提高作物群体生产力,首先应该从增强源的供给能力入手。

(2) 库与作物产量　　库的大小与作物的产量密切相关。作物光合器官制造的同化产物,必须有适当的库来接纳才能形成产量。由于不可能期望获得比作物库容更大的产量,作物最高产量只能限制在已形成的库容之内,因此必须创造作物尽可能大的库容。作物种类不同,其库容大小及其影响因素也不同。针对不同作物个体发育过程中储藏器官——库的分化形成和发育特点,采取相应的栽培技术措施,是充分挖掘库容潜力的一条重要途径。而通过育种手段,从遗传特性上扩大作物库容量(穗粒数、千粒重、单株薯块数、单薯重等)则是潜力似乎更大、更稳定的另一条途径。

(3) 流与作物产量　　作物叶片光合作用形成的产物,除了小部分供自身需要外,大部分运往植株的其他器官,供其生长发育或贮存。从叶片制造有机物到消耗或贮藏有机物之间,有一个有机物的运输和分配过程,这一过程依靠称为流的叶、鞘、茎器官中的维管系统来完成。因此,这些维管系统的结构影响着同化物的运输速度和质量,也影响着同化物向不同库的分配。如果在作物产量形成过程中,叶片光合作用形成了大量的有机物质,但养分的输送、分配即流不畅,将会阻碍产量的提高。

2. 源、库、流之间的关系　　源、库、流是决定作物产量的3个不可分割的重要因素。源、库、流的形成和功能的发挥不是孤立的,而是相互联系、相互促进的,有时可以相互替代。从源与库的关系看,源是产量库形成和充实的物质基础,而库对源的大小和活性有明显的反馈作用。要想实现高产,源的强度和库的大小必须是协调的。刘晓冰(1995)在改变小麦源库比的研究中指出,小麦去旗叶处理降低千粒重的幅度明显大于去小穗增加千粒重的作用,说明了源限制产量的作用。卢艳丽(2002)的研究指出,大豆去荚处理均使产量下降,并且下降幅度大于去叶处理,库为限制产量的因素。周志勇(2003)关于花生的研究表明,在中低产条件下,光合源不足是花生产量限制的主要因素。在其他研究中,王振林等(1995)认为,小麦一般穗花数较多、不结实小花数较多,表明库容活力较大,源物质供应不足是籽粒产量的制约因素;反之,则为库容所制约。就源、库、流的关系而言,许多研究表明,源、库的大小及其活性对流的方向、速率、数量都有明显的影响,起着"拉力"和"推力"的作用。剪叶处理下水稻的粒叶比越高,即相对于源的库容量越大,叶片光合产物向穗部输送的就越多,留在叶和茎中的就越少。

源、库、流在作物代谢活动和产量形成中是不可分割的统一整体,三者的发展水平及其平衡状况决定着作物产量的高低。实践证明,源小库大、源大库小或源、库皆小均难以获得高产。生产上应根据作物品种的特性及当地的具体条件,采取相应的促控措施,使源、库发展协调,在建立适宜源库比的基础上,促进光合产物向产品器官的运输,实现"源足、库大、流畅",从而能获得高产。

第 4 章 作物与环境

作物生产系统由作物、环境、技术和经济 4 个子系统组成。其中，作物是生产系统的主体。作物通过不断同化环境资源完成生长发育过程，最终形成产品。所以环境是作物生存的条件，为作物提供能量、物质和生存空间，直接影响作物的生长发育、产量的形成及产品品质的优劣。同时，作物的生长也对环境产生不同的影响。因此，解析作物与环境的关系，了解作物生长发育要求的环境条件，并采取相应的技术措施和手段以调控作物的生长发育及产量形成，是实现优质、高产、高效、生态、安全作物生产的基础。

4.1 作物的环境

作物的环境是指作物生活空间的外界条件的总和，包括对其有影响的生态环境条件和其他生物有机体。作物的环境分为自然环境和人工环境。自然环境是指作物生活空间的外界自然条件。人工环境是指为作物正常生长发育人为所创造的环境。在作物生产中，可通过施肥、灌溉、中耕除草、地膜覆盖等栽培措施，形成有利于作物生长，保护水土资源及提高水分、养分利用率的人工环境。但有时人工环境会有负面表现，如人为干扰和破坏植物资源、过度施肥和灌溉，产生环境污染和资源危机。

4.1.1 作物的生态因子

1. **生态因子的分类** 作物的生态因子（ecological factor）是指环境中对生物生命活动有影响的各种环境因子。由生物因子和非生物因子组成，可以分为 5 类。

（1）气候因子 气候因子包括光照强弱、日照长短、光谱成分、温度的高低与变化、降雨的多少与分布、蒸发量、空气、风速等。它们对作物的生长、发育、形态、结构、生理、生化及地理分布均有很大作用。气候因子随地理位置和海拔的变化而变化，又称为地理因子。

（2）土壤因子 土壤因子包括土壤的物理性质、化学性质、土壤生物、土壤微生物和酶等。土壤的物理性质因土壤质地、土壤结构、土壤水分、土壤空气和土壤温度而异。土壤的化学性质又可细分为土壤酸度、土壤盐碱性和土壤有机质等。土壤对生长在其上的作物产生作用，不同的土壤有其相应的植被类型。

（3）地形因子 地形因子包括地表的起伏、山地、高原、平原、低地，以及坡度的大小和坡向等。地形因子本身对于作物没有直接影响，而是通过地形的变化影响气候和土壤，从而影响作物的生长和分布。因此，地形因子对于作物只是间接的作用，是间接因子。

（4）生物因子　　生物因子包括动物、植物、微生物因子等，如农田中的哺乳动物、有益和有害昆虫等，其中，昆虫对作物影响较大。植物因子指除作物本身外的其他植物，如各种杂草，它们与作物存在着生存竞争的关系。微生物中包括对作物有益的微生物（如固氮菌）和有害的病原菌等。此外，作物向周围环境释放产生的一类分泌物质，即植物生化互作物质，也对作物生长发育有刺激或抑制作用。

（5）人为因子　　人为因子是一类特殊的因子，主要指人类栽培农作物所采取的各种农业栽培技术措施。其中，有直接作用于作物的，如整枝、打杈、喷洒生长调节剂等；更多的是间接地改善作物的环境条件，如耕作、灌水、施肥等。

上述5类生态因子中人为因子是有意识和有目的的，对作物的影响较大。它可以调控自然因子，促其有利于作物生长发育。

2. 生态因子的作用机制　　各个生态因子对作物产生直接或间接、主要或次要、有害或有利的生态作用。这些生态作用在时空上是可变的，不同情况下，产生的作用不相同。

（1）生态因子的综合作用　　农田环境中的许多生态因子彼此之间不是孤立的，而是互相联系、互相制约、不断变化和彼此相关联的，对作物起着综合的生态作用。环境中任何一个因子的变化，都将引起其他因子不同程度的变化。例如，土壤含水量的变化，同时引起土壤通气性和土壤温度的变化，还会影响土壤微生物的活动。因此，环境对作物的生态作用，通常是各生态因子共同组合在一起综合作用的结果。

（2）生态因子的主次效应　　在一定的环境条件下，组成环境的众多生态因子中必有一两个因子是起主导性的、决定性的作用，称为主导因子，对作物产生主要效应。这种主导因子的存在与否或数量的变化，会引起作物的生长发育情况发生明显的变化，而其他因子则处于比较次要的地位。例如，作物春化阶段的低温因素，光周期现象中的日照长度，南方早稻生产中由于早春低温阴雨导致的烂秧问题。

（3）不可代替性和交互作用效应　　生态因子对作物生长发育的作用程度并不是等同的。众多生态因子中，光、温度、水分、空气和养分是作物生命活动中不能相互代替的，是同等重要和不可缺少的。缺少任何一种，都能引起作物生长发育受阻，甚至死亡，而且这些因子中的任何一种都不能由其他因子来代替。这些因子称为作物的生活因子。另外，在一定情况下，当作物受到多个生态因子的作用时，各个因子对作物的效应会表现出某种交互作用，某因子量上的不足可以由其他因子调节而得到相似的生态效应。同时给旱地作物灌水和施肥，其效果通常要大于单独灌水和单独施肥两者累加的效应，即表现出水分与肥料的互作效应。增施有机肥，提高土壤肥力，可以提高土壤水分利用效率，补偿土壤水分不足对作物生长发育的影响。

（4）生态因子作用的阶段性　　生态因子或彼此有关联的若干因子的结合，会随着时间的推移而发生阶段性变化，对作物的不同生长发育阶段所起的生态作用不同。作物的一生中，不同生育阶段对生态因子的反应不同，所需的环境因子也会发生阶段性变化。例如，在小麦春化阶段中低温是必需的条件，但在小麦的小花分化时期低温则导致小花不孕。

（5）生态因子的直接作用和间接作用　　在对作物生长发育状况和作物分布进行分析时，应区别生态因子的直接作用和间接作用。有些生态因子，如光、温、水、气和土壤养分等，能直接影响或参与作物的新陈代谢。另一些生态因子，如纬度、海拔、地形等则是通过影响上述因子间接作用于作物。如前所述，人为因子中的栽培措施，有直接作用于作物的，但更多的是间接作用于作物。

3. 生态因子的限制方式

（1）最小因子定律　　1840年，德国化学家李比希（Liebig）提出"植物的生长取决于那些处于最少量状态的营养物质"的观点，即最小因子定律，也称李比希定律。该定律表明，每种植物需要一定种类和一定数量的营养物质，环境中某一数量最不足的因子，不但会限制作物的生长发育，而且会限制其他处于良好状态下的因子发挥效应，这一因子称为限制因子。

（2）耐受性定律　　在最小因子定律的基础上，人们发现某些因子的过量也会成为限制因子。美国生物学家Shelford 1913年把最大量和最小量限制作用的概念合并为耐受性定律，即一种生物的生存与繁殖，要依赖综合环境全部因子的存在，只要其中一种因子的量或质不足或过多，超过了该种生物的耐性限度，则会限制生长发育。每种生态因子的耐受性限度都有上限和下限，它们之间的范围称为生态幅。

（3）报酬递减律　　报酬递减律原是经济学的规律，在农业生产上可以描述为：从一定的土地上所得到的报酬，随着向该土地投入的劳动和资本量的增大而有所增加，但报酬增加的幅度却在逐渐减少。即最初的劳力和投资所得到的报酬最高，以后递增的单位投资和劳力所得到的报酬是渐次递减的。这一规律在生态因子与作物的关系上，尤其是在作物与营养元素的关系上普遍存在。在作物生产中，此规律在指导合理施肥，达到较高效益上有重要的理论和生产实践意义。

4.1.2　作物的生态适应性

作物的生态适应性（ecological adaptability）是指作物对环境的要求与实际环境的吻合程度，即作物生长发育和产量形成的节律与环境节律的吻合程度。吻合程度高即生态适应性强，作物生长发育就好，就越容易达到高产、优质、高效、稳产、低耗的目标。

作物的生态适应性具有地区性和季节性，季节性又是其核心。在正确掌握播种期的前提下，作物各个生育阶段对环境条件的要求，与季节环境变化节律基本一致，这种作物就适合在此地种植。作物在生殖生长阶段对外界环境条件最敏感，要求最严格，尤其是在性细胞形成阶段是关键时期，此时期作物的生态适应性至关重要。

作物的生态适应性表现为环境条件的综合作用。各环境因子之间的相互作用，可使作物生态适应性发生正或负的吻合度变化，表现在如下两个方面：第一，不利的环境因子降低了其他适宜因子的作用，如干旱限制了充足的矿质营养的增产作用；第二，适宜的环境因子能部分弥补不利因子的不良作用，表现出因子的补偿作用。

作物的生态适应性是每种作物具有的遗传、生理、生态等属性和环境相统一的特性。作物的生态适应性是作物在生存竞争中为适合环境而形成的特定性状的一种表现。作物在一定的气候-土壤等环境因子组合中,在其动态、综合影响下生存繁殖,并具有一定的生产力(包括产量和品质),通常会表现出趋同和趋异的生态适应。所谓趋同适应是指亲缘关系相当疏远的作物,由于长期生活在相同的环境之中,通过变异、选择和适应,在器官形态等方面出现很相似的现象。不同种的生物(作物)长期生活在相同的自然和人工培育环境条件下,会发生趋同适应,在自然和人工选择条件下,形成具有类似形态、生理和生态特性的生物(作物)类群,称为生活型(life form)。生活型分类着重从形态外貌进行划分,是在种以上的分类,亲缘关系相距很远的作物可能属于同一生活型,而亲缘关系相距很近的作物种可能属于不同的生活型。这种分类方法在作物学中经常使用。常说的喜温作物、耐寒作物、长日照作物、短日照作物等就是生活型分类。趋异适应性则指同种作物由于分布地区的差异,长期接受不同环境条件的综合影响,在形态、生理等方面产生的相应的生态变异。同一种生物(包括作物)的不同个体群,长期生活在不同的生态环境或人工培育条件下,发生趋异适应,经自然和人工选择分化形成了生态、形态和生理特性不同的基因型类群,称为生态型(ecotype)。生态型的划分是根据形成生态型的主导因子,作物的生态型包括:① 气候生态型是依据作物对光周期、气温和降雨等气候因子的不同适应而形成的。小麦一生要求有一定时间的低温,通过春化阶段后才能拔节抽穗,这是防止冬季或早春低温冻害的一种适应性。在不同生态条件下形成对春化阶段要求温度和时间不同的品种类型,可分为冬性、半冬性和春性等不同类型。华北的冬小麦,东北、西北的春小麦是同一种普通小麦在不同地理条件下和栽培条件下适应的结果。水稻中的早、中、晚稻是对日照长短反映不同的气候生态型。② 土壤生态型是在不同土壤水分、温度和肥力等土壤条件下形成的不同生态类型。陆稻是主要由于土壤水分条件不同而分化形成的生态型,稻原是沼泽植物,栽培到陆地后其根、茎、叶中仍残留通气组织,是适应旱地土壤分化形成的一种类型。③ 生物生态型是在不同生物条件下分化形成的不同生态类型,如作物对病、虫具有不同抗性的品种。

  作物的生态适应性有一定的限度和最适范围。适应性有宽窄之分,如苜蓿既耐寒,又耐热、耐旱,其分布范围从寒温带到热带。当然,有的作物分布十分广泛,但仍有适应程度的不同。一种作物有其最适宜的分布地区;某地区也总有最优或较优的作物或作物组合。

  作物的生态适应性通常可分为4级:① 最适宜。指作物对环境的要求与实际环境条件吻合度最好,最适于作物生长,生态适应性强。② 适宜。吻合度较好,比较适宜这种作物生长,生态适应性中等。③ 次适宜。吻合度一般,此地区也可以种植这种作物,但生态适应性弱。④ 不适宜。作物对环境的要求与实际环境不相吻合,此地区不适宜种植这种作物,生态不适应。作物或是不能表现出其遗传特性具有的生产力,或是被淘汰。

  作物的分布不只受其生态适应性支配,同时也受人类的需要和社会经济条件影响。作物的自然生态吻合度反映着作物与自然环境的基本关系,决定着作物生长发育和分布的基础。在自然条件下,作物的分布首先取决于气候条件的分布;其次取决于地学因素,如母质、地势、地形、土壤等。但自然生态适应性是相对的,作物的分布在一定程度上还要受人工环境的影响,最主要表现为人的需要和选择。改善生产条件,提高科技水平都可以使生态适应性发生变化,从而提高自然资源的利用率和生产力。

4.1.3 作物生长的环境调节

农业生产系统中作物是主体,但作物生长在环境之中,其产品形成受自身遗传潜力与所处的环境之间的相互作用所控制。对某一特定作物而言,遗传潜力是相对稳定的,环境影响着作物发育并和遗传成分发生相互作用。作物与环境的相互作用,通过作物生育过程中的生理生化反应,最终表现在作物产品的数量和质量上(图4-1)。

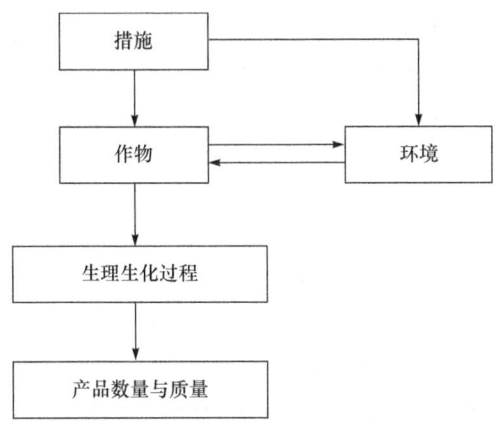

图 4-1 作物-环境-措施系统示意图

作物的遗传潜力是作物利用环境条件形成产品的潜在能力,环境条件则指围绕作物周围,与作物发生直接或间接关系的自然条件和栽培条件。农业生产就是人们不断认识、协调作物与环境的关系,协调作物生长发育的要求与环境限制因子之间矛盾的过程。

农业技术措施是调控和利用作物及其与环境关系的必要技术手段,也就是通过栽培耕作措施协调作物与环境的关系,优化作物进程,使作物向着人类需要的方向发展。根据作用对象,人类所采取的农业技术措施分为两类:一类是直接作用于作物,改变作物的形态、结构和生理生化过程,从而影响作物的生长发育和产量形成,如整枝、打叶、人工辅助授粉、化学调控等。另一类则是通过改变环境,间接地影响作物,如耕地、耙地、施肥、灌溉、除草、喷施农药进行病虫害防治等措施。目前生产中的栽培措施多属于第二类,即以改善作物生长发育的环境条件为主。同时,作物的生长发育对环境中的水分、土壤、空气状况也产生着影响,进而影响生态环境。合理的作物布局和适宜的农业技术措施,有利于农业生产的生态、安全和可持续发展。

作物生产面对的是千差万别的作物和品种,它们都有各自的环境要求和适应性。作物生长的环境条件又是千变万化、错综复杂的,各个环境因子都有其本身的变化规律。它们在自然界中并非孤立存在,而是互相影响、相互制约的。因此只有采取各种"应变"措施,处理好作物与环境的相互关系,既要让作物适应环境条件,又要使环境满足作物的要求,做到"天时、地利、人和",运筹帷幄,才有利于完成作物生产高产、优质、生态、安全和可持续发展的目标。

4.2 作物与光照

作物生产所需要的能量主要来自太阳光,光是作物生产的基本条件之一。作物利用光提供的能量进行光合作用,合成有机物质,把光能转变为化学能,为作物的生长发育提供物质基础。作物体中 90%~95%的干物质是光合作用的产物。光对作物的直接作用是对作物形态建成的影响,如光可以促进需光作物种子的萌发、幼叶的展开,影响叶芽和花芽的分化、作物的分枝和分蘖等。

光主要是在光照强度、光照时间(日照长度)和光谱成分(光质)等方面影响作物的形态结构、生长发育、生理生化和地理分布,并通过作物的某些生理代谢过程,对作物的产量和品质产生重要的影响。

4.2.1 光照强度对作物的影响

光照强度可通过影响作物器官的形成和发育以及光合作用的强度来影响作物的生长发育。

1. 光照强度变化及其在作物群体内的分布

(1)光照强度及其变化 太阳光照强度,用单位面积的太阳辐射量表示(W/m^2)。它在地球大气层上方基本上是恒定的,大约为 $1395.9W/m^2$,这一数值称为太阳常数(solar constant)。太阳光通过大气层时,由于散射、反射和被气体、水蒸气、空气中的尘埃微粒所吸收,强度大大减弱。

在自然界中,光照强度和光合有效辐射(photosynthetically active radiation,PAR)与天气、太阳高度角、纬度、海拔、坡向、季节等有密切关系。一般晴天光照强,阴雨、雾、云层厚等天气光照强度弱。太阳高度角越小,太阳距地平线越近,太阳光到达地面所通过的大气层厚度也就越大,光线被吸收、散射的也越多,光照强度也就越弱。一年之中以夏季光照强度最强,冬季最弱;一天之中,中午光照最强,早晚最弱。高纬度地带太阳高度角小,全年接受的太阳辐射总量也少;海拔越高,空气越稀薄,阳光在大气中的路程越短,光照越强烈。地面的坡度和坡向也会影响到所受的辐射量,向阳坡所接受的光照多,而背阴坡接受的光照少。

(2)光照强度在作物群体内的分布 太阳光在穿过作物冠层时,太阳辐射会大大减弱。1979 年,Vanderbilt 等用激光技术测算小麦群体中各层次,甚至各器官在一天的不同时间截获日射的情况(图 4-2),结果表明,作物群体内光的分布一般符合 Beer-Lambert 定律,即

$$I = I_0 e^{-KF}$$

式中,I 为 F 层叶子下的光强度;I_0 为作物顶层的光强度;F 为所测高度以上的叶子层数,即叶面积指数;K 为群体的消光系数,是群体特征,可以通过测定群体内不同层次光强计算得出。实际上,消光系数随叶片的角度、分布、厚薄、颜色,以及天气、时间、作物种类、品种、密度和种植方式等的不同而变化。

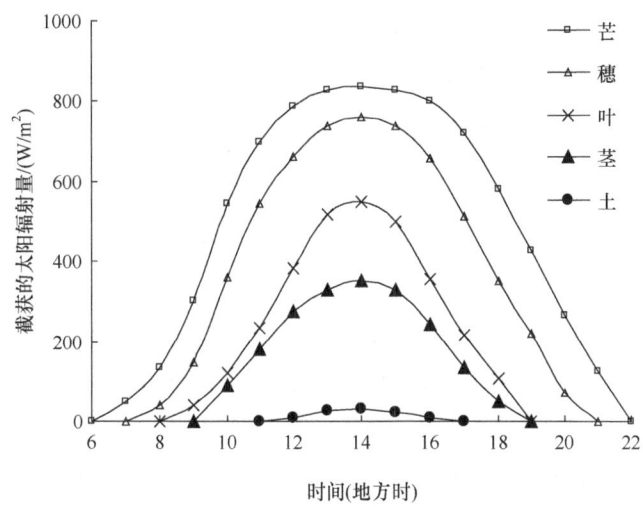

图 4-2 用激光技术测定小麦群体不同时间、不同器官截获太阳辐射量的情况

作物群体内部的光照，包括穿过上部叶片间隙的直射光和透过叶片的折射光及部分散射光，三部分光照的强度和光谱成分不同，对光合作用的效应也不同。太阳光到达叶片，除被吸收外，有 20%~30%被反射或透射，其数值随太阳光的入射角变动，入射角为 90°，即垂直照射时，反射率最小，透射率最大；入射角减小，相应的反射率增加，透射率减小。叶片的反射光可以为群体下部提供一定数量的短波辐射，改善群体下层的光谱成分。由于作物叶片形状、大小及群体密度不同，叶层的构成和分布不一致，导致群体内光分布不同。一般情况下，上层叶片的光强一般会超过光合作用的需求，但中下部叶片常处于光照不足的状态，影响光合作用强度和光合产物的积累，这时光成为限制光合作用的主要因子。

2. 光照强度与作物的光合作用

（1）光照强度对光合速率的影响　　光合作用强度一般可用光合速率 mg CO_2/($dm^2 \cdot h$) 或 $\mu mol\ CO_2$/($m^2 \cdot s$) 表示，即每小时每平方分米的叶片面积吸收 CO_2 的毫克数，或者每秒每平方米的叶片面积吸收 CO_2 的微摩尔数。一般情况下，光照强度与光合作用强度成正比关系。作物对光照强度的要求，可以用光补偿点和光饱和点两个指标来表示。夜晚，黑暗中作物没有光合作用，只有呼吸作用释放 CO_2，光合强度为负值。随着光照强度的增加，作物的光合速率逐渐增加，当达到某一光照强度时，光合速率等于呼吸速率，净光合速率等于零，此时的光照强度称为光补偿点（compensation point）。随着光照强度的进一步增强，光合速率也随之提高，当达到某一光照强度时，光合速率趋于稳定，此时的光照强度称为光饱和点（saturation point）（图 4-3）。不同作物的光合速率不同，光补偿点和光饱和点代表作物光合作用对光照强度要求的低限和高限，也代表作物光合作用对于弱光和强光的利用能力，是作物需光特性的两个重要指标。

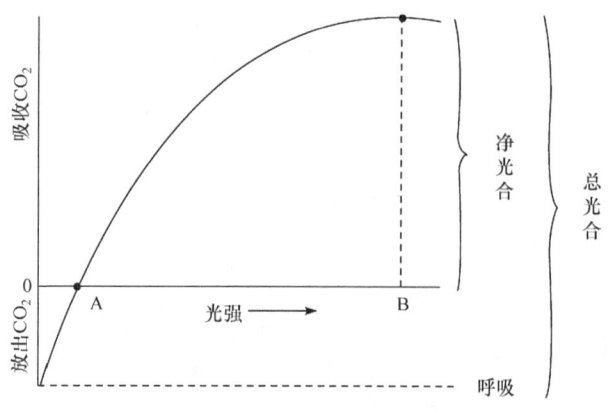

图 4-3 作物需光量曲线模式图

A. 光补偿点； B. 光饱和点

图 4-3 表示的是单个叶片的需光量曲线。对于一个作物群体来说，光强分布比较复杂，上层叶片接受到的光照强度往往会超过光饱和点，而中下层叶片特别是下层叶片，由于上层叶片的遮蔽，其接受的光照强度远远达不到光饱和点，密植群体下部叶片的光强往往在光补偿点以下。作物群体的光饱和点和补偿点不是一个常数，随叶面积指数、空气中的 CO_2 浓度、温度、水分等因素而变化。因此，通过各种措施改善作物群体叶层的受光态势，增加中下层叶片的受光量，是获取作物高产的重要途径。

（2）C_3 作物、C_4 作物和 CAM（景天科酸代谢）作物　根据植物光合作用中 CO_2 同化途径，植物分为 C_3 作物、C_4 作物和 CAM 作物。作物中的 C_4 植物大部分属禾本科，如玉米、甘蔗、高粱、黍、粟、稷等作物和苏丹草、紫狼尾草等生产率高的青饲料及一些牧草。双子叶植物中 C_4 作物很少，仅有硬粒苋、苋菜和栽培马齿苋。但是，与大田作物相伴生的世界十大杂草中有 8 种是 C_4 植物，它们在高温地区或高温季节，发挥其高光合效率，旺盛生长，成为作物生产的大敌。主要大田作物如小麦、水稻、棉花等和绝大部分蔬菜都是 C_3 植物。CAM 植物中作物很少，除凤梨科外，仅有龙舌兰、菠萝麻等少数纤维作物，但在花卉植物中却很多。

C_3 植物、C_4 植物和 CAM 植物在叶结构、叶绿体结构、叶绿素 a/b 值、CO_2 补偿点、CO_2 同化途径、光呼吸等方面均有很大不同（表 4-1）。

表 4-1　C_3 植物、C_4 植物和 CAM 植物的某些光合特征和生理特性

特征	C_3 植物	C_4 植物	CAM 植物
叶结构	维管束鞘不发达，周围叶肉细胞排列疏松	维管束鞘发达，周围叶肉细胞排列紧密	维管束鞘不发达，叶肉细胞液泡大
叶片中的叶绿体	只有叶肉细胞有正常叶绿体	维管束鞘细胞有叶绿体，但基粒无或不发达	只有叶肉细胞有正常叶绿体
叶绿素 a/b	约 3 : 1	约 4 : 1	≤3 : 1
CO_2 补偿点（10^{-6}）	30～70	<10	光照下 0～200；黑暗中 <5
光合固定 CO_2 的途径	只有卡尔文循环	C_4 途径和卡尔文循环	CAM 途径和卡尔文循环
CO_2 最初受体	RuBP	PEP	光照下 RuBP；黑暗中 PEP

续表

特征	C_3植物	C_4植物	CAM植物
光合作用最初产物	PGA	OAA	光照下 PGA；黑暗中 OAA
PEP 羧化酶活性/[$\mu mol/(mg \cdot min)$]	0.30～0.35	16～18	19.2
强光下的净光合速率/[$mg\ CO_2/(dm^2 \cdot h)$]	15～35	40～80	1～4
光呼吸	多，易测出	很少，难测出	很少，难测出
同化产物分配	慢	快	不等

总的来说，C_4植物比C_3植物光呼吸弱，CO_2补偿点低，净光合速率高（表4-2）。尤其是在高温、强光和低CO_2条件下，C_4作物光饱和点高于C_3作物，更显示出C_4植物的高光合效率，故C_4作物又称为高光效作物。

表4-2 C_4植物及C_3植物的净光合强度及生长速度

	作物种类	净光合强度/[$mg\ CO_2/(dm^2 \cdot h)$]	生长速度/[$g/(m^2 \cdot 天)$]
C_4植物	玉米	46～63	47
	高粱	55	43
	甘蔗	42～49	50
C_3植物	菠菜	16	13
	烟草	16～21	25
	水稻	12～30	—

3. 光照强度对作物生长发育的影响　　光照强度对作物生长发育的影响主要是两方面的作用：一方面是影响作物的形态建成；另一方面是光抑制。一般在高等植物中，光是叶绿素形成的必要条件，充足的光照对于器官的建成和发育不可缺少。作物细胞增大和分化、组织和器官分化、作物体积和重量增加等生长发育过程，以及各器官和组织生长和发育的正常比例，都与光照强度密切相关。光能抑制作物细胞的过度伸长，充足的光照可以促使作物健壮生长。相反，在黑暗中生长的植物，其节间特别长，叶片很小，侧枝和侧叶不发育，体内水分含量很高，细胞壁很薄，薄壁组织发达，细胞间隙小，机械组织和维管束分化很差，叶绿素不能形成，只能形成胡萝卜素和叶黄素，植株呈现黄色或黄白色，这就是"黄化现象"。作物种植密度过大，群体内光照不足，植株过分伸长，一方面分枝或分蘖减少，影响产量和质量；另一方面茎秆细弱而易倒伏减产。

光照强度对花芽分化、形成和果实的发育也有较大影响。作物在完成光周期诱导，开始进行花芽分化的基础上，光照时间越长，强度越大，形成的有机物质越多，越有利于花的发育。如果此时作物群体内部光照强度弱，则有机物生产较少，花芽形成期的花芽数量减少，或出现因养分供应不足而发育不良。开花期光照不足，会造成授粉或受精受阻，导致落花。较强的光照有利于果实和种子的成熟，在果实充实期，充足的光照可以使籽粒饱满，粒重增加；如果光照不足，会引起结实不良或果实停止发育，甚至落果。例如，水稻在幼穗形成期和灌浆期遇上多雨和光照不足，稻穗变小，空粒和秕粒较多。水果颜色变红是成熟的标志之一，它是由叶制造的色素原运到果实中，经过氧化物酶在氧气充足及较高温度的条件下，受感光作用（短波光最有效）产生花色素苷显色所致。此外，光照充足也有利于增加水果的含糖量和水果的香味，这也是果实成熟的标志。

不同植物对光照强度的要求不同，可分为阳生植物和阴生植物。一般阴生植物的光饱和点和补偿点均较低，光饱和点为5000~10 000lx，光补偿点在100lx左右；阳生植物二者相对较高，分别为20 000~25 000lx和500~1000lx。作物没有阳生和阴生之分，大多数为喜光类型，要求较充足的阳光。不同作物的光饱和点和补偿点不同，分别为小麦20 000~30 000lx和800lx；水稻40 000~50 000lx和600~1000lx；玉米60 000lx和1500lx；大豆27 000lx和750lx。

强光对作物也有一定的伤害，即光抑制。光抑制在自然条件下是经常发生的，晴天作物冠层叶片常处于光饱和点以上，这就会造成光抑制。很多C_3作物如水稻、小麦、棉花、大豆等，在中午前后经常会出现光抑制，轻者光合速率暂时降低，过后尚能恢复，重者叶片发黄，光合活力不能恢复。如果强光与其他不良环境（如高温、干旱等）同时存在，光抑制现象更为严重。

4.2.2 光照时间对作物的影响

1. 光周期现象和作物光周期类型　由于地球自转和公转，出现了季节的更替和昼夜交替。地球上各纬度的白昼长度，除赤道以外，都是随季节而改变的。在北半球，日照长度是夏至最长，冬至最短，春分、秋分各为12h。

日照长度的变化对植物具有重要的生态作用。生长在地球上不同地区的植物，在长期适应过程中生长发育呈周期性变化。植物的开花、休眠、落叶、地下贮藏器官的形成等都受日照长度的调节。作物从营养生长向生殖生长转化，受到日照长度的影响，或者说受昼夜长度的控制。自然界中一昼夜间的光暗交替称为光周期（photoperiod），作物发育对日照长度发生反应的现象称为光周期现象。

根据作物的光周期反应，可以分为4种类型。

长日照作物要求在24h昼夜周期中，日照长度长于某一个临界日长才能成花，如果对这一类作物延长光照时间，可以促进和提早开花。相反，如延长黑暗，则不能成花。属于长日照作物的有小麦、黑麦、大麦、油菜、甜菜、菠菜、萝卜等。

短日照作物要求在24h昼夜周期中，日照长度短于某一个临界日长才能成花，对这一类作物延长黑暗，缩短光照时间，可以促进和提早开花。反之，如延长光照时间则不能开花。属于这一类作物的有水稻、玉米、大豆、高粱、烟草、大麻、黄麻等。

定日照作物只有在某一中等长度日照条件下才能开花，而在较长或较短日照下均保持营养生长状态，如甘蔗的某些品种要求 11.5~12.5h 的日照条件下才能开花。

中日照作物的成花对日照长度不敏感，在任何长度的日照下均能开花。棉花、黄瓜、茄子、辣椒、番茄等都属此类作物。

在植物界中还有一些其他光周期反应类型，如长-短日植物、短-长日植物和两极光周期植物。这几种类型的植物中农作物很少。

2. 光周期诱导的机理　　在自然条件下，一天 24h 是光暗交替的，而且光暗长度互补。试验表明，在植物的光周期诱导中，暗期的长度是植物成花的决定因素，尤其是短日作物。短日作物对暗期中的光非常敏感，用短期光照（即使强度只有日光强度的十万分之一）中断黑暗，就能使短日作物不能开花。这既说明了暗期的重要作用，同时也说明光周期诱导不同于光合作用，而是一种光信号反应。在对不同波长光的研究中发现，红光最为有效，而远红光的作用相反。理解光周期诱导时需要注意几点：第一，作物在达到一定的生理年龄时才能接受光周期的诱导，是作物从营养生长向生殖生长转化的条件，并非作物一生都要求这样的日照长度。第二，作物开花所需的临界日长，是根据作物长于或短于临界日长的反应，而不是长日照作物开花所需的临界日长一定要长于短日照作物。例如，短日照作物大豆某品种临界日长为 14h，长日照作物冬性小麦的临界日长为 12h。第三，对于长日照作物，不是日照越长越好，短日照作物亦然，不是越短越好。第四，光周期现象中，光照是主导因素，但其他外界条件也有一定的作用，其中以温度的影响最为显著。例如，长日照作物小麦的光照阶段在 4℃ 以下时不能通过光诱导。短日照品种的烟草在夜温降低到 13℃ 时，在 16~18h 的长日照下也能开花。

3. 光周期理论在生产中的应用

（1）引种　　生产上常常要从外地引进优良品种，以获得优质高产。在引种前首先要了解这种作物品种的光周期反应特性，同时要了解这个品种原育成地区的生态条件。一般在同纬度地区，只要肥水条件相似，引种容易成功。从不同纬度的地区引种时，一定要进行试验，切忌盲目引种。短日照作物从南方向北方引进品种时，由于在生长季节（一般是夏季），北方日照较长，开花会相应延迟，生育期会延长，适宜选择生育期短的品种。短日作物从北方引种到南方，日照变短，营养生长期缩短，提前开花，如纬度相差不太大，可以引进生育期长的品种。

（2）控制花期　　在花卉栽培中，已广泛应用人工控制光周期的办法，提前或推迟花卉植物的开花期。例如，菊花是短日植物，在自然条件下秋季开花，若对其进行遮光处理，缩短光照时间，可使其提前至夏季开花。而某些长日花卉植物如杜鹃、山茶花等，进行人工延长光照处理，可使其提早开花。

（3）育种　　利用对温度和光照的控制可以提早或延迟作物的开花期，可以使原来开花期相差很久的两个亲本花期相遇，互相杂交。我国北方红薯不能开花结实，为进行杂交育种，可以进行短日照处理，人为缩短光照时间，使其正常开花结实。根据我国地域广阔、气候多样的特点，在育种工作中可进行南繁北育：短日作物如水稻、玉米可到海南岛加代；长日作物如小麦，夏季在黑龙江、冬季在云南满足其对光、温的要求，一年内可繁殖2~3代，加速育种进程。

（4）调节营养生长和生殖生长　　以营养器官为主要收获物的作物，适当推迟开花期，延长营养生长，能够提高产品的产量和品质，短日作物从南方引进种子到北方种植能达到这一目的。例如，"南麻北种"就是把我国南方生产的大麻、黄麻及红麻的种子，运到北方种植，不仅提高了产量，麻纤维的质量也相应提高。此外，利用暗期的光间断处理，可以抑制甘蔗开花，从而提高产量。

（5）调节播期　　在作物生产中，适期播种是高产的重要环节，可以根据作物品种的光周期反应确定适宜播种期。例如，短日照作物水稻，从春到夏分期播种，播期越晚，抽穗越快。适宜春季播种的玉米、高粱、谷子、大豆等短日照作物，若推迟播种，则营养生长期缩短，植株变得矮小，需要加大种植密度保证丰产。

4.2.3　光谱成分对作物的影响

1. 光谱成分的时空变化　　由于大气对太阳辐射的吸收和散射具有选择性，当太阳辐射穿过地球大气时，随着辐射强度的减弱，光谱成分也会发生变化。阳光在大气中的路程越长，紫外线等短波辐射被吸收得越多，到达地面时其比例越小。因此，地面上的太阳辐射随太阳高度角的增大，紫外线和可见光的比例增大，红外线所占的比例减小。反之，则长波光的比例增加（表4-3）。低纬度地区短波光多，高纬度地区长波光多；海拔高的地区短波光多，海拔低的地区长波光多。在一年中，夏季短波光多，冬季长波光多。在一天中，中午短波光多，早、晚则长波光多。

表4-3　不同太阳高度时各辐射光谱段的相对强度（总量为100）

辐射光谱段	太阳高度角/（°）						
	0.5	5	10	20	30	50	90
紫外线（290~380nm）	0	0.4	1.0	2.0	2.7	3.2	4.7
可见光（380~760nm）	31.2	38.6	41.0	42.7	43.7	43.9	45.3
红外线（>760nm）	68.8	61.0	58.0	55.3	53.5	52.9	50.0

2. 不同光谱成分对作物的影响

（1）不同光谱成分对作物光合作用的影响　　在光合作用中，作物并不能利用太阳辐射中所有的光能。在可见光范围内（380~760nm）的大部分被作物质体色素所吸收的光能，称为光合有效辐射。它对作物光合作用实际意义最大，这部分光能占太阳总辐射的40%~50%。其中，散射光部分所占比例较大，直射光部分所占比例较小。在光合有效辐射中，红、橙光是被叶绿素吸收得最多的部分，具有最大的光合活性，因此，也有人称红、橙光为生理有效光。其次，蓝、紫光也能被叶绿素、胡萝卜素等强烈吸收。但有一些作物如大豆，只在红光光谱处出现吸收峰值，并且随着波长变短，光合作用强度有下降趋势。绿光由于被作物叶片反射和透射，在光合作用中很少被利用，所以被称为生理无效光（表4-4）。

表 4-4 不同光谱成分对作物生育和产量形成的作用

波段/nm	光色	对作物的作用
600～700	橙黄色	具有最大光合活性，光合作用主要的能源，促进叶肉质、根茎形成、开花、光周期过程等以最大速度完成
500～600	绿色	光合活性最小，略有造型作用，刺激茎延长、叶扩展、色素形成等
400～500	蓝紫色	是正常生长必需的，辐射效率比橙黄色光低，叶绿素和叶黄素吸收最强，有造型作用，促进蛋白质合成
300～400	紫外线	对产量影响不大，但影响植物的化学成分，可提高组织中蛋白质及维生素含量，尤其对维生素 E 的合成有重要作用，从而提高种子萌芽率，促进种子成熟

（2）可见光对作物生长的影响　　不同可见光对作物生长的作用不同。蓝紫光和青光能抑制作物伸长生长，使作物形态变矮变粗。波长 465nm 的蓝光对禾本科作物胚芽鞘的向光性作用最大。蓝光引起叶绿体运动的效应也特别高。红光有促进作物茎伸长的作用。同时，在作物光周期现象中红光的信号作用也最强。

不同波长的光对光合产物的种类也有影响，当光强度增加并且长波光占优势时，如红光能促进碳水化合物的合成；当短波光如蓝光占优势，并且增加氮素营养时，能促进氨基酸和蛋白质的合成和积累。有报道指出，玉米和向日葵在红光下形成的碳水化合物多，在蓝光下形成的蛋白质数量增加。

（3）不可见光在作物生长发育中的作用　　红外光被植物吸收后转变为热能，影响体温和蒸腾，促进作物种子的萌发和茎的伸长生长，促进干物质积累。紫外光能使作物体内某些生长激素的形成受到抑制，从而也抑制茎的伸长。400～320nm 的紫外光还能促进花青素的形成，有促进果实成熟和着色作用。高山、高原的青、蓝、紫光等短光波和紫外线较多，种植的作物一般比较矮小，茎叶富含花青素而色泽较深。

3. 有色薄膜在生产上的应用　　根据不同的光谱成分对作物生长发育的不同影响，通过有色薄膜改变光质以调控作物的生长，能起到增产和改善品质的效果。国内外常用的有色薄膜有银色、蓝色、青色、黄色、红色、绿色、紫色、黑色以及除紫外线薄膜。采用浅蓝色薄膜培育水稻秧苗，可以透过大量的光合作用所需的蓝紫光，育成的壮秧根系粗壮，移栽后成活快，分蘖早而多。黑色薄膜多用于地膜覆盖，可以抑制杂草、提高地温和湿度。银色反光农膜有较强的"反光"和"绝热"作用，覆盖在果园的地面上，能使果树生长繁茂，促进果实早熟、着色、体大，有保水、保肥、杀虫的功效，在缺乏阳光的地区，增产效果最为显著。

4.3　作物与温度

作物的生长和发育要求一定的温度。在作物生产中，温度的昼夜和季节性变化影响作物的生长发育，进而影响作物的干物质积累及产品的质量。温度影响作物的生理、生化过程，作物的正常生长发育及其过程必须在一定的温度范围内才能完成，而且在各个生育阶段所需的适宜温度不一致。超出适宜温度范围的极端温度，就会使作物受到伤害，生长发育不能完成，甚至过早死亡。此外，温度的地域性差异，也造成不同起源地的作物对温度要求的差异，因而存在作物分布的地区性差异。这些差异与作物的物种起源和进化过程中对环境的适应性有关。了解温度对作物生长的重要作用，在生产中有着重要意义。

4.3.1 温度变化的规律

真正影响作物生理、生化活动的是作物的体温。而作物是变温的有机体，它的体温虽然可以有一定程度偏离环境温度，但总是趋向于环境温度。环境温度包括大气温度和土壤温度。

1. 大气温度　气温变化可分为周期性变化（规律性变温）和非周期性变化（非规律性变温）两大类。由地球自转和公转引起的气温变化，在时间上是以一日或一年为周期的。非周期性变化是指在时间上没有规律的气温变化，可以发生在一日和一年中的任何时间，温度的突然降低或升高大多是由气团的交替、空气的平流所引起的。

（1）气温的日变化　一天中气温随时间的连续变化，称为气温的日变化。温度在一天内有一个最高值和一个最低值，二者之差，称为气温的日较差，它表明气温在一日内的变化程度。气温最高值通常出现在14～15时，最低值出现在日出前后。日较差的大小，因纬度、季节、海陆、天气状况的不同而异。

气温日较差一般随纬度的升高而减小。在热带平均为12℃，温带为8～10℃，极地则只有3～4℃或更小。气温日较差还受季节和天气状况的影响。夏季数值最大，冬季最小；晴天比阴天大；海拔高处比海拔低处小。

（2）气温的年变化　气温年变化与日变化的规律相似。一年中月平均气温有一个最高值（最热月）和一个最低值（最冷月），二者之差，称为气温的年较差。最高值和最低值出现的月份也是由地面储存热量最多和最少时刻来决定的。在北半球，中、高纬度内陆地区月平均最高温度出现在7月，月平均最低温度出现在1月。海洋上的气温以8月最高，2月最低。由于太阳辐射的年变化随纬度的增高而增大，因此年较差也随纬度升高而增加。在赤道地区仅为10℃左右，中纬度地区为20℃左右，高纬度地区则达30℃以上。海洋上的年较差比陆地小，沿海比内陆小，湿润地方比干燥地方小。此外，年较差一般随海拔的增加而减小。

（3）气温的地理分布

1）气温的水平分布。气温在水平方向上的变化，称为水平地理分布。气温的水平地理分布与地理纬度、海陆分布等因素密切相关。

纬度决定一个地区太阳入射高度角的大小及昼夜长短，也就是决定太阳辐射量的多少。低纬度地区太阳高度角大，因而太阳辐射量也大，但因昼夜长短的变化较小，太阳热量的季节分配要比高纬度均匀。随着纬度增加，太阳辐射量减小，温度逐渐降低。因此，从赤道到两极可以划分为赤道带、热带、亚热带、温带和寒带。一般纬度每增加一度，年平均温度降低0.5℃，但并非完全如此，两半球的年平均温度由赤道向极地降低。

各纬度之间年平均温度的变化及其强度并不相同,在赤道与 20°纬线之间,温度下降很慢,纬度每隔 10°,温度下降不到 2℃,即整个热带温度几乎相同。而在两半球 20°~50°地区,温度下降加快。有的地方每隔纬度 10°,下降 10~13℃。由 80°到极地温度下降的速度略为减缓。南半球各纬度的年平均温度比北半球同纬度要低一些,北半球为 15.2℃,南半球为 13.3℃。全球平均最高气温不在赤道,而在北纬 10°附近,这表示北半球较温暖。温度年较差也是由赤道向极地增大,因为太阳辐射量季节差是按同一方向增加的。在北半球,温度年较差自 20°纬线开始显著增大,而南半球要从南纬 50°起才显著增加。

2)气温的垂直分布。气温随海拔的变化,称为气温的垂直分布。一般对流层的温度随海拔的升高而降低。海拔每升高 100m 温度降低的数值,称为气温直减率。这个数值可能多种多样,在对流层的不同高度,气温直减率也不相同,平均为每 100m 降 0.65℃。

在对流层内,有时上层空气比接近地面的空气更热,这种现象称为"逆温"。按逆温形成的原因可以分为辐射逆温、地形逆温、平流逆温、下沉逆温、锋面逆温等类型。常见的有辐射逆温、地形逆温、平流逆温。

a. 辐射逆温。在天晴风小的夜晚,尤其是冬季,地面因长波辐射强烈,大量失去热量,地面温度显著降低,贴近地面的空气层温度也随之冷却,这种逆温称辐射逆温。辐射逆温往往导致出现低雾、霜、露等天气现象。

b. 地形逆温。主要由地形造成,山地上部冷空气顺坡下沉到谷底,把谷底原来的暖空气排挤到上部,这种由地形影响而形成的逆温,称为地形逆温。我国山地面积很广,研究地形逆温具有重要意义。发展热带、亚热带经济作物,通常要在南坡谷底以上 30~50m。

c. 平流逆温。暖空气水平移动到冷的地面或气层上,由于暖空气的下层受到冷地面或气层的影响而降温较多,上层空气受地面影响较少,降温较慢,从而形成逆温。主要出现在中纬度沿海地区。

2. 土壤温度 土壤温度变化对作物的影响,不亚于大气温度变化的影响。土壤各层温度的不同促进土壤中水汽的移动;土壤温度制约有机物的分解过程,也制约着各种盐类的溶解度;作物根系的吸收能力和种子发芽的速度也因土壤温度而不同。

(1) 土壤的热量特征 土壤上层的热量状况主要取决于土壤表面的热收入(吸收太阳辐射)和热支出(地面长波辐射)。在影响土壤温度变化的诸因素中,以土壤的热容量和热导率最为重要。

土壤的热容量分为质量热容量和容积热容量。前者也称土壤比热,即单位质量土壤温度变化 1℃所需吸收或放出的热量,后者是单位体积土壤温度变化 1℃所需吸收或放出的热量。空气的容积热容量很小,但水的容积热容量却很大。因此,土壤中湿度增加就能使土壤的容积热容量显著地增加,潮湿土壤比干燥土壤增热慢,冷却也较迟缓,干燥土壤的温度变化较潮湿土壤迅速而显著。

土壤的增热程度也受到土壤导热性的影响。土壤的导热性一般不大,它主要由填充于土壤颗粒间隙中的空气与水分的状态所决定。空气的导热率很小,水的导热率却相当大。因此,土壤湿度高能够增加土壤的导热性。潮湿土壤和干燥土壤相比,潮湿土壤热导率大，热量容易传入深层或从深层得到热量，因而表层土壤昼夜温差小。

（2）土壤温度的日变化　土壤温度在一昼夜中随时间的连续变化，称为土壤温度的日变化。土壤表面白天增热和夜间冷却引起土壤温度的昼夜变化，这种变化向下传向较深的土层，向上传向接近土壤的大气层。土壤表面是温度昼夜变化的发源地，称为作用面。如果土壤表面为草本植被所覆盖，则作用面转移到草面上。

一天中土壤温度有一个最高值和一个最低值，二者之差为土温日较差。土壤表面在夜间冷却最强烈，在温暖季节，土壤表面的温度在接近日出的时候最低，夜间土壤的冷却随着土壤深度的增加而减弱。白昼相反，土壤表面受热强烈，土壤增热随土壤深度的增加而减少，土壤表面的最高温度出现在 13 时左右。因此，随着土壤深度的增加，土温的昼夜变化幅度减小。不同深度仍然都保持着温度日变化的周期性，深度超过 80cm，温度的昼夜变幅即行消失。

（3）土壤温度的年变化　土壤表面温度的年变化主要取决于太阳辐射能的年变化。通常土壤表面的最低温度是 1 月或 2 月，最高温度是 7 月或 8 月。这种温度的年变化能扩展到土壤深处。像日变化一样，土壤温度的变幅随着深度而减小，并且在中纬度地区，这种变幅在土壤深度 15～20m 处消失。

4.3.2　作物生长发育的温度要求

1. **温度三基点**　在作物的生长发育过程中，每一生理过程对温度的要求都有最适、最低和最高温度，称为温度的三基点。在最适温度时，作物生长发育较快；处于最高和最低温度时，生长发育趋于停止，但作物尚能够忍受。当温度升高或降低到某一高温或低温值时，作物就受到伤害甚至死亡，这是作物生存的高温或低温界限，如图 4-4 所示。作物温度三基点最适温度一般比较接近最高温度，而离最低温度较远。

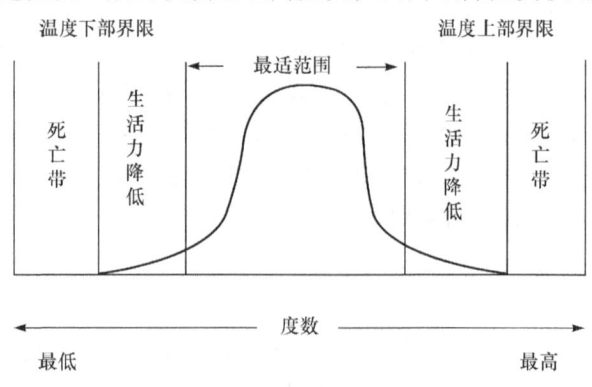

图 4-4　作物生命活动温度范围示意图

不同作物的温度三基点不同，如表 4-5 所示。一般情况下，原产热带或亚热带的作物，生长温度三基点较高；而原产温带的作物，温度三基点稍低；原产寒带的作物，温度三基点更低。根据作物对温度的不同要求，可以把作物分为喜温作物和耐寒作物。喜温作物生长适宜较高的温度，生长的起点温度也高，一般要在 10℃以上，此类作物主要有水稻、棉花、玉米、大豆、麻类、甘薯等春播作物。耐寒作物生长的适温较低，其生长的起点温度也较低，一般在2~3℃，此类作物主要是小麦、大麦、油菜、蚕豆、甜菜等秋播或早春播作物。

表 4-5　一些重要作物生理活动的基本温度范围　　　　　　　　（单位：℃）

温度基点	油菜	小麦	黑麦	大麦	燕麦	豌豆	蚕豆	甜菜	玉米	水稻	棉花	烟草
最低温度	3~5	3~4.5	1~2	3~4.5	4~5	1~2	4~5	4~5	8~10	10~12	12~14	13~14
最适温度	20	25	25	20	25	20	35	28	32~35	30~32	30	28
最高温度	28~30	30~32	30	28~30	30	30	30	28~30	40~44	36~38	40~45	35

同一作物不同生育时期所要求的温度三基点不同。总的来说，作物种子萌发的温度三基点常低于营养器官生长的温度三基点，而后者又低于生殖器官发育的温度三基点。作物开花期对温度最为敏感（表4-6）。例如，水稻在抽穗扬花期最低温度是13~15℃，最适温度是25~30℃，最高温度是40~45℃。此时期，若遇到低于13~15℃的低温，会引起水稻花粉发育障碍，抽穗后产生大量不孕花，导致水稻减产。

作物的三基点理论已在生产中得到广泛应用。例如，根据作物需温特性确定适宜播种期，利用地膜覆盖、秸秆覆盖等技术提高地温，保蓄水分，提早玉米、花生等作物的播种期。需要指出的是，作物的温度三基点可以通过育种加以改变，而这种改变对作物的产量和分布有很大影响。例如，小麦抗寒品种的育成，使加拿大小麦种植北界向北推移了500km。

表 4-6　几种作物开花期的温度三基点　　　　　　　　（单位：℃）

温度基点	油菜	小麦	大豆	水稻	玉米	花生	棉花
最低温度	5	10	13	13~15	18	16	18~20
最适温度	14~18	20	25~28	25~30	25~28	25~28	25~30
最高温度	30	32	30	40~45	38	40~41	35

2. 温度临界期与农业界限温度　作物性细胞进行减数分裂和开花时，对外界温度最敏感，如遇低温或高温都会导致严重减产，这种作物对外界温度最敏感的时期称为作物的温度临界期。具有普遍意义的，标志某些重要物候现象或农事活动的开始、终止或转折点的日平均温度称为农业界限温度。农业上常用的界限温度有：0℃、5℃、10℃、15℃和200℃，它们的农业意义如下。

0℃——土壤结冻与解冻；农事活动开始或终止。冬小麦秋季停止生长和春季开始生长（也有的采用3℃）。0℃以上为农耕期。

5℃——早春作物播种；喜凉作物开始或停止生长，多数树木开始萌动。稳定大于5℃的时期为越冬作物生长活动期（冬小麦生长活动的起始温度为3℃）。5℃以上的持续日数为喜凉作物的生长期。

10℃——春季喜温作物开始播种与生长，喜凉作物开始迅速生长。10℃以上的持续日数为喜温作物的生长期。

15℃——喜温作物开始快速生长，春季棉花、花生等作物进入播种期，茶叶进入可采摘期。稳定大于15℃的初日是水稻适宜移栽期；稳定通过15℃的终日是冬小麦的适宜播种期，水稻停止灌浆，热带作物将停止生长。

20℃——喜温作物旺盛生长期，水稻安全抽穗、开花的指标，热带作物正常生长。

农业界限温度应用广泛，界限温度的出现日期和持续日数，对确定特定地区的作物布局、耕作制度、品种搭配等，都具有十分重要的意义。例如，分析与对比年代间和地区间稳定通过某界限温度日期的早晚，比较其冷暖的早晚及对作物的影响；通过比较稳定通过相邻的两界限温度之间的间隔日数，比较升温与降温的快慢缓急；春季到秋季稳定通过某界限温度日期之间的持续日数，如春季稳定通过5℃到秋季稳定通过5℃的持续日数，可作为鉴定生长季长短的标准之一，与无霜期结合使用，可相互补充。

4.3.3 积温及无霜期

1. 积温

（1）积温的概念 积温（accumulated temperature）是指全生育期或某生育时段内，逐日平均气温累积之和，是研究作物生长发育对热量的要求和评价热量资源的一种指标。作物生长发育除了要求适宜的温度范围外，对热量的总量也有一定的要求。作物完成某一发育期或整个生命过程，要求一定的热量积累，通常用≥0℃及≥10℃期间的温度总数即"积温"值来表示。例如，棉花早熟品种要求≥10℃的积温3000～3300℃，中熟品种3400～3600℃，而迟熟品种要求3700～4000℃。

积温也是衡量一个地区热量资源的主要指标，如≥10℃的积温，哈尔滨是3000℃，北京是4200℃，济南是5000℃，武汉是5300℃，广州是8100℃。

（2）活动积温和有效积温 积温可分为活动积温和有效积温。活动积温是将全生育期或某生育时段内大于或等于生物学最低温度的日平均温度逐日累加起来的温度总和。生物学最低温度一般指作物温度三基点的最低温度，喜温作物多用10℃，耐寒作物常用0℃。活动积温的优点是使用方便，应用比较广泛。但作为作物生长发育的温度指数，活动积温不够准确。有效积温是将全生育期或某生育时段内日平均温度与生物学最低温度的差值累加起来的温度总和。在作物生产上有效积温一般比活动积温更能反映作物对温度的要求。不同作物由于生物学最低温度差异及生育期长短不同，整个生育期要求的有效积温不同。例如，小麦需要的≥10℃有效积温1000～1600℃，棉花需要≥10℃有效积温2000～2400℃。同一作物的不同品种全生育期要求的有效积温也不同。例如，春玉米的早熟品种要求≥10℃的有效积温2000～2100℃，中熟品种2200～2400℃，晚熟品种2500～2800℃。

（3）积温在农业生产上的应用 积温在农业生产上应用十分广泛。首先，积温是热量资源的主要标志之一，可以根据积温，正确制定农业区划，安排作物布局，确定种植制度。例如，≥10℃的积温在3600℃以下的地区只适于一年一熟，3600～5000℃可以一年两熟，5000℃以上可以一年三熟。用积温表示热量资源，比用年平均温度表示热量资源更为可靠。例如，黑龙江是世界上同纬度最冷的地区，但又是种植水稻纬度最北的地区。北纬45°45′的哈尔滨年平均气温3.5℃，比北纬51°30′的伦敦低6℃以上，但≥10℃的有效积温，哈尔滨比伦敦多500℃以上，故哈尔滨可以种植水稻，而伦敦只能种植麦类、马铃薯和甜菜等作物。其次，积温是作物或品种特性的重要标志之一。在种子鉴定书（特别是商品种子和引种调运的种子）上标明从播种（出苗）到抽穗开花、成熟所需的积温，可为引种和品种推广提供重要的科学依据。再次，根据作物（品种）所需积温和当地气温情况，可以估计作物的生育速度和各生育期到来的时间，并可确定作物安全播种期。宏观上，根据作物（品种）所需积温和当地长期气温资料，也可以对一个地区年产量进行预测，确定是属于丰收年还是歉收年。同时，积温也可以作为物候期预报、收获期预报、病虫害发生发展时期预报等的重要依据。

2. 无霜期　　无霜期的长短是衡量一个地区热量资源的又一个指标，它是指某地春季最后一次霜冻到秋季最早一次霜冻出现这一段时间。无霜期的长短也是作物布局和确定种植制度的依据。无霜期又是满足作物生长安全温度的一个指标，在无霜期内，各种作物能够正常生长；而在无霜期以外的有霜期，由于温度较低，并经常出现霜冻，喜温作物可能会受到冻害。

4.3.4　温度对作物的影响

1. 温度对作物生长的影响　　一般作物在0～35℃，随温度上升，生长加速，温度降低，生长减慢。但是不同作物所要求的温度是不同的。例如，热带作物的橡胶、椰子、可可等要求月平均温度在18℃以上才能开始生长；亚热带的果树柑橘在15～16℃开始生长；温带果树在10℃，甚至低于10℃就开始生长了。

温度是通过影响作物各种代谢过程而影响作物生长的。在作物代谢中所包括的各种反应里，除光化学反应外，其余所有的生物物理和生物化学反应都受到温度的影响，温度通过对代谢过程中各种反应的作用影响作物生长速度。

土壤温度对种子发芽、出苗的影响比气温直接得多。实际工作中，二者都被广泛应用，但应注意二者之间的差别。春播时以5cm土温作为指标，比气温应高2℃左右。例如，某作物以气温12℃为播种的温度指标，改用土温时应提高2℃，应为14℃。小麦、大麦、燕麦当土温平均为1～2℃时即能萌发，玉米为10～12℃，棉花、水稻则为12～14℃。土温的高低对出苗时间也有很大影响。

土温与作物根系的生长关系密切。一般情况下，根系在2～4℃时开始微弱生长，10℃以上根系生长比较活跃，土温超过30～35℃时根系生长受阻。各种作物根系生长最适土温范围：水稻25～30℃，冬麦和春麦12～16℃，棉花25～30℃，玉米24℃左右，豆科作物22～26℃。在最适温度以下，根部生长量增加。冷凉的春秋季，根系生长活跃，夏天的生长量较小。根系对高温的抵抗能力更弱些。土温的高低还影响根的分布方向。在低温土壤中，大豆根系横向生长，几乎与地面平行；在高温土壤中，大豆根系纵向生长，能够伸向深层土壤当中，对根系吸收水分和养分都十分有利。土温的高低影响块根和块茎的形成、大小、形状。例如，土温低，则马铃薯块茎个数多，但小而轻；土温适当，块茎个数少而薯块大；土温过高，则块茎尖长，个数少且薯块轻。昼夜温差大的砂性土壤，对甘薯的块根形成较为有利。

2. 温度对作物发育的影响　　作物的发育就是生殖器官形成所需经历的一系列生理变化过程。在这一过程中，作物外部形态不一定有显著改变，但发育到后期，通常形成花。因此，开花就被当作作物发育进程的指标，它表示作物发育过程到了一个重要的转折点。

（1）低温对成花的诱导效应　　我国劳动人民很早以前就注意到秋播作物春播，不能在当年正常开花、结实。这是因为，这些作物的开花、结实需要一定时间低温的刺激，这种经过低温诱导促使植物开花的作用称为春化作用（vernalization）。除冬小麦、冬黑麦、冬大麦等冬性禾谷类作物外，某些二年生的冷季作物如油菜、甜菜、白菜、萝卜、胡萝卜、芹菜、甘蓝等也需要低温春化。

作物春化对低温要求的时间和程度因品种而异。以冬小麦为例，世界各地小麦品种，产地越往北方，春化要求温度越低，时间要求越长，即冬性越强；越往南方，需要的温度相对来说越高，时间要求越短。我国各地冬季和春季温度很不相同。例如，东北各省、内蒙古、西藏、新疆、甘肃的大部和川西北等地，冬季严寒，冬小麦无法越冬，多栽培春小麦。其他地区小麦的冬性和春性有所不同，一般在淮河以南多种植春性品种，黄河与淮河之间种半冬性品种或弱春性品种，黄河以北则是冬性品种居多。

我国华北一带，需要春播冬性小麦时，采用"罐埋法"对冬性小麦进行春化处理。经过春化处理的种子在春季播种，可以正常抽穗结实。

（2）作物的感温性　　对于夏季作物如水稻等，较高的温度能促进其发育，提早抽穗开花，缩短营养生长期；相反，较低的温度会推迟发育，延迟抽穗开花，延长营养生长期，这种现象称为作物的感温性。起源地不同的品种，其感温性强弱有所差异。

（3）温度对花芽分化和开花的影响　　温度除了对作物的低温春化或高温诱导作用外，还影响花芽分化的速度和受精能力及结实率。在温度较高时，分化发育的时间比较短，在温度较低时，分化发育的时间比较长。麦类作物穗分化期间，避免较高温度，保持一定的较低温度，可以延长花芽分化发育时间，分化的小穗小花多，有利于多花结实。但温度太低时，花芽分化停止，并影响受精能力。作物花芽分化在花粉母细胞减数分裂时，对温度反应最敏感。此时如果小麦遇到5℃以下低温寒潮时间较长，将导致花粉粒发育不正常，减少结实粒数。作物开花后，对环境温度也十分敏感。气温过高或过低使作物受精能力降低，影响结实率和产量。

3. 温度对产量和品质的影响　　温度对作物生长发育的影响，最终会影响到产量。作物不同生育时期要求不同的温度条件，充分满足作物对温度的需求有利于高产。温度对光合作用和呼吸作用的影响不同。在作物能够生育的温度范围内（14～37℃），作物的光合作用几乎不受温度的影响，而呼吸作用易受到温度的影响。作物的呼吸消耗随温度上升而有增大的趋势。在许多情况下，表示物质生产效能的光合作用和呼吸作用之比有随温度升高而降低的趋势。在稻、麦生产中，适当增大群体可以增加单位面积的干物质积累量，但群体过大，会恶化群体内的小环境，温度升高，CO_2 量减少。所以，建立合理的群体结构，群体通风透光良好，既可提高光合作用的总积累，又可减少因温度升高而导致的呼吸消耗，利于提高产量。昼夜温差大，有利于光合作用，促进干物质积累和碳水化合物的转运，产量高且品质相对较好。

温度对品质的影响有多种表现。许多研究表明，小麦、玉米、水稻、大豆等作物籽粒蛋白质含量与气温呈显著正相关。水稻籽粒成熟期间的温度与稻米直链淀粉含量呈负相关。温度对油菜种子中脂肪酸组成有影响，在15℃以上温度下发育成熟的种子，芥酸含量较低，油酸含量较高；而在较低温度下成熟的种子，芥酸含量较高，油酸含量较低。草莓在形成甜味和红色时，要求中等到较高的温度，但在形成特有香味时要求10℃左右的温度。春季第一茬种植后的早晚可以遇到这样的温度，香味较浓。温度日较差大有利于糖分的积累，是新疆的哈密瓜和葡萄香甜的主要原因。

4.3.5 温度逆境对作物的危害及防御措施

作物生长发育过程中，常会遇到低于或高于生长发育下限或上限的极端温度。对作物不利的温度（低温或高温）称作温度逆境（temperature stress）。

1. **低温对作物的危害** 作物生长期间的温度只要是在一定幅度内变化，就不会妨碍其生长和发育。一般作物维持生理活动的最低温度是 0℃，但这与作物种类、品种和原产地有很大关系。北方的许多冬小麦，在没有积雪覆盖的情况下，能够在−20~−15℃的低温环境下生存。而许多热带作物，在20℃时生长已受伤害，在5℃甚至10℃时就可能死亡。在低温季节来临之前，作物就开始了对寒冷适应过程，体内积累了大量的糖分和脂肪，代谢强度下降。可是当作物还没有获得适应的时候，如温度过低便会受害。有时虽然作物已经适应寒冷环境，但温度低于该植物所能忍耐的限度，也会受到伤害，甚至死亡。例如，在北方地区，早霜会使玉米、棉花等晚秋作物受冻或提前死亡，影响产量和品质。晚霜或"倒春寒"会使早春作物的幼苗冻伤，造成减产。

低温对作物的危害主要有冷害（寒害）、冻害两种。

（1）冷害 冷害是指在作物遇到 0℃以上低温时，生命活动受到影响而引起作物体损害或发生死亡的现象。冷害是由于低温下作物体内水分代谢失调，破坏了酶促反应的平衡，扰乱了正常的生理代谢，使植株受害。也有人认为是由于酶促反应作用下水解反应增强，新陈代谢破坏，原生质变性，透性加大，使作物受害。其主要表现为以下 4 个方面。

1）水分平衡失调。在低温、昼夜温差大及土壤干燥的情况下，根系吸收力降低，蒸腾也降低，但吸收力降低幅度大于蒸腾，不能保持水分平衡。

2）蛋白质合成受阻。水稻秧苗受寒害后，蛋白质分解酶的活动加强，蛋白质的分解大于合成，植株体内蛋白质减少，水溶性氮含量随寒害天数的延长而增加，游离氨基酸的种类和数量都增多，根部尤其显著。游离氨基酸量的变化和死苗之间密切相关。

3）碳水化合物减少。在寒害初时，可溶性糖的含量增多，以适应寒冷条件，但随着受害时间的延长，可溶性糖和淀粉逐渐减少。可溶性糖含量与抗寒性有密切关系。

4）代谢紊乱。水稻秧苗在寒害环境下，干物重减轻，这是呼吸消耗所致。在零上低温条件下，秧苗的呼吸作用在短时期内显著加强，但呼吸所释放出的能量未能贮藏于ATP中，这些能量以热能形式放出。寒害之所以加强呼吸，并非由于可溶性糖增多，而是线粒体结构受到破坏，氧化磷酸化酶解偶联而引起"空转"的结果，幼苗缺乏可利用的能量，于是引起代谢紊乱，这是寒害的本质。

（2）冻害 冻害是指作物体内冷却至冰点以下引起组织结冰而造成的伤害或死亡。作物在0℃以下低温情况下，会发生细胞间隙结冰（细胞间隙液比细胞液浓度低）。冰晶部位细胞原生质膜发生破裂和原生质的蛋白质变性，使细胞受到伤害。当气温突然下降，细胞内水分来不及渗透到细胞间隙，也可能发生细胞内直接结冰，使原生质结构遭到破坏，细胞死亡。作物受害的程度与降温的速度及温度回升的速度、冻害的持续时间有关。降温速度、温度回升速度慢，低温持续的时间较短，作物受害较轻，相反则受害较重。冻害的影响主要有以下4个方面。

1）原生质的机械损伤。在结冰时，冰晶对原生质也有压缩的机械伤害。当冰对脱水的原生质体发生机械穿刺时，原生质体的表面发生局部崩裂。

2）原生质失水危害。当温度降至冰点以下时，就会在细胞间隙形成冰晶。在相同温度条件下，冰的化学势比液态水的小，从而使原生质和液泡中的水被吸出，原生质失水而受害。温度越低，原生质中转变为冰的水越多，原生质本身也就越干燥，凝固的可能性也越大。因此，作物冻害是由于温度的降低超过了它所能忍耐的干燥限度。

3）冰融速度。在作物体内结冰而并未受到伤害的情况下，则冰融化速度的快慢又成为决定作物是否受伤的一个重要因素。冰融化得慢，作物来得及把细胞间隙中的水吸回到细胞中去。如果融化得太快，大部分水来不及被吸回细胞中去，就要流失到体外去。东向坡上的作物在结冰后，比西向坡上的作物容易死亡，就是由于它们受到阳光的照射早，温度很快上升，冰很快就融化。

4）蛋白质沉淀。谷类作物在结冰时，几乎有1/3的蛋白质沉淀；白菜叶子可忍受−6～−5℃的低温，进一步降低温度，蛋白质即发生沉淀。

（3）霜害 由于霜的出现而使作物受害，称为霜害。根据霜害发生时有无"霜"的出现，可以分为"黑霜"和"白霜"。温度下降到0℃或0℃以下时，如果气候干燥，在降温的过程中水汽达不到饱和，就不会形成霜，但这时的低温仍能使作物受害，这种无霜仍使作物受害的天气称为"黑霜"。"黑霜"实际上就是冻害天气。如果空气湿润，水汽在作物体表面形成霜，则为"白霜"。"黑霜"的危害比"白霜"更大，原因是形成白霜的夜晚，空气中水汽含量丰富，可以阻拦地面的有效辐射，减少地面散热，同时水蒸气凝结放出凝结热，缓和气温的继续下降。黑霜发生的夜晚则相反，空气干燥，地面辐射强烈，降温幅度大，作物受害更重。霜害实际上不是霜本身对作物的伤害，而是伴随霜而来的低温冻害。

2. 高温对作物的危害 当温度超过最适温度范围后，再继续上升，就会对作物造成伤害。高温对作物危害的生理影响是使呼吸作用加强，物质合成与消耗失调，也会使蒸腾作用加强，破坏体内水分平衡，植株萎蔫，使作物生长发育受阻；同时，高温使作物局部灼伤。作物在开花结实期最易受高温伤害。例如，水稻，开花期的高温会对其结实率产生较大的影响（表 4-7），花粉活力降低是高温导致结实率大幅度降低的主要原因。

表 4-7 开花期高温对水稻结实率的影响

指标	温度/℃				
	28	30	32	35	38
实粒率/%	80.9	52.2	32.6	18.9	0
秕粒率/%	1.0	2.3	2.3	4.3	11.5
空粒率/%	18.1	45.5	65.1	76.8	88.5

资料来源：上海植物生理研究所人工气候研究室，1976

高温对作物的伤害，可以分为直接伤害和间接伤害。

(1) 直接伤害

1) 蛋白质变性。高温使蛋白质分子的空间结构破坏。首先，在蛋白质的二级和三级结构中起重要作用的氢键因高温而断裂；其次，有些疏水键的键能减弱，蛋白质分子因而展开，空间结构受到破坏，失去其原有的生物学功能。

2) 脂溶。生物膜主要是由脂类和蛋白质组成，脂类和蛋白质之间是靠静电或疏水键结合，高温裂解了这些键，因而膜中的类脂物质游离出来。高温使线粒体和叶绿体正常结构遭到明显破坏的主要原因，也是蛋白质和脂类物质的变化。

(2) 间接伤害

1) 光合作用和呼吸作用失衡。作物处在补偿点以上的温度下，即呼吸作用强度大于光合作用强度，不仅不能贮备物质，而且还要消耗原有的物质。当作物长期处于这种饥饿状况下就会死亡。

2) 打破水分平衡。作物蒸腾作用受温度的影响很显著，温度升高使蒸腾速率增加，破坏体内的水分平衡。即使土壤不缺水，作物也有遭受干旱的危险。

3) 蛋白质的合成受阻。高温下作物体内蛋白质合成过程减弱，酶活性钝化，这与能量供应减少有密切关系。

4) 有毒物质的生成。高温能使作物体内含氮化合物的合成受到阻碍，因而体内易积累胺及其他有害的含氮中间代谢产物，造成作物中毒。

5) 早衰。高温能促使叶片过早衰老，造成高温逼熟。

3. 对逆境温度的防御　　作物抵抗逆境温度的能力是有限的。为了保证作物高产，减轻低温或高温的危害，需要采取一些必要措施。培育和选用抗寒或耐热的品种，可有效地减少逆境温度带来的损失。通过低温锻炼，可以提高作物的抗寒能力，这在作物育苗中是经常采取的方法。利用化学药物进行化学诱导，可以使作物抗寒性提高，如播种前用福美双处理玉米、棉花种子，可提高幼苗的抗寒性。植物生长物质如 CTK、ABA、

2,4-D 等处理，也能提高作物的抗寒力。适当增施磷肥和钾肥，少施速效氮肥，有明显提高作物抗寒力的作用。用磷酸二氢钾喷在作物叶片上，可减轻低温冷害的影响。

在农业生产中常采用一些栽培措施调节土温和气温，以保证作物生长发育处于适宜温度条件。常采用的措施有灌溉、覆盖、松土、镇压和垄作等。

灌溉在温暖的季节可起降温作用，寒冷季节可以起保温作用。一般对土温（10cm）来说，冬季保温效应可达 1℃ 左右，夏季灌溉的降温作用可达 1～3℃，具体的效应因天气、土壤、灌水量、水温等条件而异。灌溉对温度的调节主要是因为水的热容量大，升温和降温比空气慢得多，同时水由液态转化为气态或固态要吸收或放出大量的热。因此，高温条件下于早晚灌溉，有利于降低气温和土温。冬季灌溉可以保温，防止地温快速下降，防止冻害。

地膜覆盖具有提高地温、保持土壤水分、改善土壤理化性状等多种作用。在春季作物（如玉米、花生等）播种时使用地膜覆盖，可以提早播种期，缩短作物苗期。随着少耕、免耕技术的推广，秸秆覆盖日益普遍，秸秆覆盖改变了土壤的水热状况，有利于作物的生长。玉米秸秆覆盖麦田，冬季的保温作用有利于冬小麦安全越冬；春季的降温作用，则推迟冬小麦的返青生长，延长生育期。施用草木灰、泥炭等黑色物质，使土壤吸收更多的太阳辐射而增温；施用石灰、高岭土等浅色物质，可以反射太阳辐射而降温，并缓和温度日变化。此外，土壤增温剂是一种喷施于地面，可以形成一层化学覆盖膜的化学制剂。它可抑制土壤水分蒸发，减少潜热消耗，增加太阳辐射能的吸收，从而提高地温，保蓄土壤水分，减少地表盐分积累，保护覆盖膜下作物的根和芽，为作物生长发育创造有利环境。增温剂在我国主要用于早春水稻、棉花、蔬菜等的育苗，可使作物早出苗 5～10 天。

松土（锄地）的作用是综合的，可有增温、保墒、通气等一系列生理生态效应。仅就增温效应而言，主要原因是锄地可以切断土壤毛细管，减少蒸发耗热，并可使土壤热容量降低，同样的热量增温明显。锄松后的土层热导率低，热量向下传导减少，主要用于本层增温。镇压能增加表层土壤水分，使土壤热容量和热导率都有所增加。土壤经镇压后，白天热量向下传导较快，使土壤表层在一天的高温期间有降温趋势；夜间下层热量向上传导较多，在一天的低温期间可提高土温，缓和温度日变化。早春或初冬镇压过的耕地，夜间土壤表层不易结冻。

垄作在温暖季节可以提高土壤表层温度，有利于种子发芽和幼苗生长，一般可使垄背土壤（5cm）日平均温度提高 1～2℃，并可加大土温日较差。在寒冷季节，垄作反而降温。有的地区利用秋季垄作的降温作用，防止马铃薯退化。

4.4 作物与水分

水是生命起源的先决条件，没有水就没有生命。植物的一切正常生命活动都必须在细胞含有水分的状况下才能进行。作物生产对水分的依赖性往往超过了任何其他因素。农谚"有收无收在于水，收多收少在于肥"，充分说明了水对作物生产的重要性。

4.4.1 水分对作物生产的重要性

1. 水对作物的生理、生态作用　　水对作物有重要的生理、生态作用，其主要作用如下。

1）水是细胞原生质的主要成分。原生质的含水量一般在70%～90%。细胞中的水分为束缚水和自由水。

2）水是代谢过程的反应物质。水是光合作用的原料，呼吸作用以及许多有机物质的合成和分解过程都有水分子的参与。水分也是植物蒸腾作用的必要条件。

3）水是作物生理生化反应和物质吸收、运输的介质。植物体内的各种生理生化过程，如矿质元素的吸收、运输，光合产物的合成、转化和运输，以及信号物质的转导等，都需要以水为介质。

4）水能维持细胞的膨胀状态，使作物保持固有姿态。作物细胞水分充足，才能维持细胞的紧张度，保持膨胀状态。

5）水的生态作用。水可以通过其理化性质调节植物周围的环境，如增加大气湿度，改善土壤及土壤表面大气的温度，以水促肥，提高肥料效率。水还可以通过蒸腾作用调节作物体温，减轻高温的伤害等。

2. 土壤-植物-大气系统中的水分传输　　自然界中的水在吸收、输导和蒸腾过程中把土壤-植物-大气联系在一起，在这一系统中不断循环。水有固态、液态和气态三种形态，并通过不同形态、数量和持续时间3个方面的变化对作物起作用。土壤水分的主要来源是大气降水，主要散失途径是径流、渗漏和被植物吸取。在平原地区，则主要是作物吸取。在整个水循环中，通过作物散失的水分量占重要部分。水分通过土壤-作物-大气系统的运动，可以看成是相互联系、相互依赖的一系列过程。例如，水吸收的速率依赖于水分散失和土壤中水分流向根表面的速率；蒸腾速率不仅取决于气孔的开张和大气因子，还取决于作物的吸收速率。

4.4.2 作物对水分的需求特点

1. 水与作物生长及产量的关系　　作物生长的数量和质量取决于细胞的分裂、增长和分化。不论是细胞的分裂还是细胞的膨大，都会随作物的缺水而减缓，最明显的是使作物的形体变小。在光合作用受到严重抑制之前，叶的伸展和生长即受到了限制。

作物光合作用和蒸腾作用与作物生产关系极大。作物的气孔对水分状态非常敏感，随叶水势的降低，作物的气孔即趋于关闭，CO_2的同化作用开始受到影响。水分缺乏对光合作用的影响是对叶绿素合成及气孔影响的综合结果。水分不足对光合面积的影响，比对光合速率的影响更为严重。缺水对作物的形态、生理产生影响，最终造成产量的降低。

作物不同器官不同生长发育时期对水的需求不同。种子萌发时需要一定的土壤水分，种子吸水膨胀，种皮软化，透水透气，呼吸加强，原生质由凝胶状态向溶胶状态转变，生理活性增强，促使种子萌发。作物的根系在潮湿的土壤中生长不发达，分布较浅，生长缓慢；土壤水分适度缺乏时，作物根系发达，生长量大，下扎伸展至深层土壤，有利于满足作物生长中后期对水分的需求。生产中，作物苗期抗旱锻炼，可以促进根系生长，提高作物抗旱能力。作物在产品器官形成期生长发育较快，耗水量较大，缺水对产量影响很大。作物生长后期，根系和叶片逐渐衰亡，水分吸收和蒸腾作用减少，植株体内含水量逐渐下降。

作物和水的供求关系还受环境中其他生态因子如温度等的影响。在农业生产中，根据作物的需水量，合理排灌，满足作物对水分的需求，是高产优质高效生态的重要措施之一。

2. 作物的需水量和需水临界期

（1）作物的需水量　　在当地气候条件下，当达到最佳水分供应时，作物旺盛生长的田间蒸散量称为作物的需水量，也称田间最大蒸散量。它包括农作物叶面的蒸腾水量、棵间蒸发量，以及用于组成植物体和完成生理活动所需的水量，是作物生理和生态需水量的总和。可分为日需水量、阶段需水量和全生育期需水量。

作物的需水量通常用蒸腾系数表示。蒸腾系数是指作物每形成1g干物质所消耗的水分的克数。作物的蒸腾系数不是固定的。同一作物不同品种的需水量不一样，同一品种在不同条件下种植，需水量也各异（表4-8）。蒸腾系数越大，表示作物需水量越多，作物的水分利用效率越低；反之，蒸腾系数越小，表示作物需水量越少，作物的水分利用效率越高。

表4-8　几种作物的蒸腾系数

作物	蒸腾系数	作物	蒸腾系数
粟、黍、高粱	200～400	荞麦、向日葵、豇豆	500～600
玉米、大麦、棉花	300～600	燕麦、水稻	500～800
小麦、马铃薯、甜菜	400～600	大豆、苜蓿、苕子	600～900
黑麦、蚕豆、豌豆	400～800	油菜、亚麻	700～900

作物一生中对水分的需要量大体上是生育前期和后期需水较少，中期因生长旺盛，需水较多。例如，测定棉花日平均耗水量的结果表明，不同生育时期的棉花日平均耗水量不同，播种至现蕾 $16.2m^3/hm^2$，蕾期 $28.2m^3/hm^2$，开花结铃期 $72.15m^3/hm^2$，吐絮期 $26.7m^3/hm^2$。

影响作物需水量的因素很多，主要有气象条件和土壤条件。大气干燥、气温高、风速大，蒸腾作用强，作物需水量多，反之则需水量少。土壤肥沃或经施肥后，作物生长良好，干物质积累多，而水分蒸腾并不相应增加，因此需水量减少。相反，土壤瘠薄或缺肥条件下，需水量增加，尤以缺磷和缺氮时需水量最多，缺钾、硫、镁次之，缺钙的影响最小。

（2）作物的需水临界期　　一般而言，在作物生长发育过程中，各个时期都需要有充足的水分供应。任何生育时期遭受干旱都会使作物减产，但不同时期干旱的减产幅度并不相同。同样，不同时期供水，作物的增产程度也不同，这就是由于作物不同生育阶段对干旱的敏感性不同而造成的。作物一生中对水分最敏感的时期，称需水临界期。在临界期内，若水分不足，对作物生长发育和最终产量影响最大。

不同作物的需水临界期不同（表4-9），由作物生物学特性所决定。大多数作物的需水临界期处于生殖生长时期。例如，小麦的需水临界期是孕穗期。在此时期内，植株体内代谢旺盛，细胞液浓度低，吸水能力小，抗旱能力弱。如果缺水，幼穗分化、授粉、受精、胚胎发育都受阻碍，最后造成减产。

表4-9 几种作物的需水临界期

作物	需水临界期	作物	需水临界期
小麦、大麦、燕麦、黑麦	孕穗至抽穗	棉花	花铃期
豆类、荞麦、花生、油菜	开花期	水稻	抽穗至扬花
瓜类	开花至成熟	玉米	开花至乳熟
高粱	抽穗至灌浆	马铃薯	开花至块茎形成
糜子	抽穗至灌浆	向日葵	花盘的形成至灌浆

作物需水临界期是表示作物在此时期比其他时期对水分的反应更为敏感，水分对产量的影响最大，而不一定是作物需水量最多的时期，也不是说其他时期可以缺水。在作物生产实践中，确定作物的灌溉时期和灌溉量，除了要考虑需水临界期这一个因素外，还应注意当地降水多少和土壤墒情好坏。

4.4.3 水分逆境对作物的影响

1. 干旱对作物的影响和作物的抗旱性

（1）干旱对作物的影响　干旱是一种严重缺水现象，通常是指长期持续无降雨，又无灌溉和地下水补充，致使作物需水和土壤供水失去平衡，从而对作物生长发育造成伤害。干旱可分为土壤干旱和大气干旱两种。大气干旱的特征是气温高而空气的相对湿度低（10%～20%），使作物的蒸腾大于根系对水分的吸收，从而破坏了作物的水分平衡，使植物发生萎蔫。若土壤的水分含量充足，大气干旱造成的萎蔫是暂时的，作物能恢复正常生长。但大气干旱如果长期存在，便会引起土壤干旱。土壤干旱是指土壤中缺乏作物能吸收的水分，此时作物生长困难甚至停止，受害程度比大气干旱严重。如不及时灌溉，会造成根毛死亡甚至根系干枯，叶片严重萎蔫，直至植株死亡。

旱害对作物产生的影响主要有以下几方面。

第一，细胞损伤，并影响作物的各种生理过程。干旱时细胞脱水变形，原生质受到机械损伤，甚至死亡。干旱会造成气孔关闭，减弱蒸腾降温作用，引起叶温的升高，使光合作用减低，并扰乱氮素和脂类的代谢，从而损伤细胞膜。当叶片失水过多时，原生质脱水并受到伤害，叶绿体受损伤和气孔关闭，抑制光合作用，同时抑制叶绿素的形成。

第二，引起作物体内各部分水分的重新分配。干旱时，不同器官和不同组织间的水分，按各部位的水势大小重新分配。水分从水势高的部位流向水势低的部位。例如，幼叶在干旱时向老叶夺水，促使老叶死亡，以致减少有效光合面积。更严重的是，当作物体内的水分不足时，胚胎组织细胞的水分就分配到成熟部位的细胞中去。禾谷类作物幼穗分化时缺水，茎叶从幼穗吸水，穗的分化和发育即受损害。在果实生长初期缺水也是如此，生产上经常因干旱造成棉花蕾铃脱落和豆类作物落花、落荚。

第三，影响作物产品的品质。果树在水分不足的情况下，果实小，果胶质减少，木质素和半纤维素增加，淀粉含量减少，糖的含量相对略有增加。水分不足时，油料作物种子含油率降低，碘价变小，即饱和脂肪酸多，使油质变劣。麦类作物的淀粉含量和油料作物的含油率有相似的变化规律，但蛋白质含量却与此相反。

（2）作物的抗旱性　在自然条件下，干旱常伴随高温发生，所以植物的抗旱与抗热常有密切关系。从广义上说，作物的抗旱性应包括抗脱水的能力和抗高温伤害的能力。例如，玉米等有较高的抗热性，但不能忍受脱水；向日葵等则有较强的抗脱水能力，却不抗高温的伤害。黍（稷）的上述两种抗性都较高。

不同作物抗旱力有较大差异，同一作物的不同品种抗旱能力也有差异。作物在需水临界期受旱最重。大田作物中比较抗旱的作物有糜子、谷子、高粱、甘薯、绿豆等。它们能够忍受一定程度的干旱，但在雨水充沛的年份和灌溉条件下，作物的产量可以大幅度增加。

作物在生理上对干旱的适应，表现在当水供应不足时，作物体内的半纤维素和纤维素增加，导致旱生结构的形成。淀粉转化为糖，以提高细胞的渗透压和吸水保水能力。在缺水时，蛋白质水解，脯氨酸含量增加，有利于植物抗旱。在干旱时，内源激素脱落酸可引起气孔关闭，抗旱作物含有大量脱落酸已被实验所证明。

2. 涝害对作物的影响

（1）涝害对作物的危害　涝害是指由于持续降雨，地表水泛滥，或地势低、地下水位高等原因引起的田间水分过多产生的对作物的不利影响。水分过多有两层含义：一是指土壤含水量超过了田间最大持水量，土壤水分处于过饱和状态，根系生长在沼泽化的泥浆中，也称湿害；另一种含义是田间有大量积水，作物的局部或整株被淹没，造成涝害。湿害和涝害都使作物处于缺氧环境，严重影响作物的生长发育、产量和品质。

1）根系的涝害。土壤水分过多或积水时，作物生长缓慢或停止生长，叶片自下而上开始萎蔫，接着枯黄脱落，根系逐渐变黑，整个植株不久即枯死。陆生植物的根系涝害是由于土壤孔隙被水所充满，通气状况严重恶化，因此造成植物根系处于缺氧环境，抑制了有氧呼吸，阻止水分和矿物元素的吸收。在土壤含氧量显著减少的同时，由于嫌气性土壤微生物的活动加强及有机物的嫌气分解，逐渐发生 CO_2 的大量积累。高浓度的 CO_2 使原生质及质膜发生变化而降低透性，使水分通过皮层向木质部的移动减缓，根的活动受到抑制。

2）土壤渍水。土壤渍水对作物的影响，在温度较高的季节及土壤有机质较多的情况下更为明显。在这种情况下，由于有机物的嫌气分解，土壤的氧化-还原电位下降。同时积累对作物根系有害的还原物质，如 H_2S、Fe^{2+}、Mn^{2+} 以及有机酸（如丁酸等），直接毒害根系。

3）地上部分的涝害。作物的地上部分如果淹水，首先是光合作用停止，其次，植株内部空气的含氧量降低，有氧呼吸衰退，而无氧呼吸增加，最后，无氧呼吸代替有氧呼吸。无氧呼吸所消耗的呼吸基质总量增加，而释放的能量却很少，使呼吸基质消耗殆尽，植物呼吸便停止而死亡。无氧呼吸所产生的乙醇在作物体内积累，对作物细胞也有毒害作用。

（2）作物对涝害的适应　　作物对于水分过多引起的土壤缺氧也有一定的适应性。如果是逐步淹水引起土壤中的氧慢慢下降，则植物根系也相应木质化。这种木质化了的细胞吸收养分和水分虽比较困难，却也限制了还原物质的侵入，故木质化了的根对土壤还原物有较强的抗性，耐湿性增大。例如，麦类在逐步淹水的情况下，随土壤还原性的增加，根的木质化从表皮向中柱渐次扩展，外皮层和皮层都发生木质化，耐湿性增大。

不同作物（品种）的耐涝能力有所差别，有些旱地作物的耐涝性也较强，如高粱、食用稗等。

作物对低氧的适应能力及地上部分向根系供氧能力的大小，是决定抗涝性的主要因素。地上部吸收的氧可以向根或缺氧部位供应的能力，与植物体内通气组织是否发达，以及根的结构有密切关系。水稻之所以能在较长期的淹水条件下生长，就是由于水稻根表皮下有显著木质化的厚壁细胞，而且具有从叶向根输送氧气的通气组织，使根系不断地取得氧气。此外，根系向土壤分泌氧，以适应土壤的还原状态，因为水稻根系分泌的氧，使根际的氧化-还原电位反而比根外土壤的高，这样水稻就可以适应土壤的还原状态。

3. 水污染对作物的影响　　水体污染源主要有生活污水、工矿废水和来自农药化肥施用不当引起的水污染。2014年全国废水中主要污染物排放量见表4-10。受污染的水体往往含有有毒物质，如氰化物、硝基化合物、酸、汞、砷、镉、铬等，还含有某些发酵性的有机物和亚硫酸盐、硫化物等。这些有害物质能消耗水中的溶解氧，致使水中生物因缺氧而窒息死亡。有的物质直接毒害作物，影响其生长发育、产量和品质，或在植物体内富集有害物质，重者影响人体身体健康。

表4-10　2014年全国废水中主要污染物排放量（中华人民共和国国家统计局）

指标	排放量/万 t	指标	排放量/kg
化学需氧量排放量	2 294.59	铅排放量	73 184.74
氨氮排放量	238.53	汞排放量	745.91
总氮排放量	456.14	镉排放量	17 251.10
总磷排放量	53.45	总铬排放量	132 797.43
石油类排放量	1.62	砷排放量	109 729.85
挥发酚排放量	0.14	六价铬排放量	34 925.33

有害物质数量极少时，对作物不会产生太大的伤害。但当有毒物质在植物体内的含量超过一定浓度后，即对作物产生毒害。有毒物质对作物开始产生毒害作用的浓度称为临界浓度。超出临界浓度后，有毒物质浓度越高，作物受害越严重。

有研究认为，城市污水中含有较多的氮、磷、钾、钙、镁、硫等大量营养元素及铁、锰、铜、锌、钼等微量营养元素。城市污水灌溉可能获得增产效果，并缓解水资源紧张的状况。但如上所述，污水中含有的有害物质会对作物产生影响，污水灌溉会对地下水产生不同程度的污染，并可能在土壤中累积而污染土壤。污水灌溉应科学处理污水，进行农田环境质量评价后再供农业利用。目前，污水处理一般采用3种方法：机械处理、生化曝气处理和化学处理。现代最先进的处理污水方法是化学处理，化学处理能将污水里的酚、氰、石油、汞、砷和氟等有害污染物质处理到一定程度，达到国家规定的标准。

4.4.4 提高作物水分利用效率

1. 我国水资源状况　　我国2014年水资源总量为27 266.90亿 m^3，其中地表水资源量26 263.91亿 m^3，地下水资源量7745.03亿 m^3，人均水资源量1998.64m^3，人均水资源量仅为世界平均水平的1/4。我国水资源的地区分布很不平衡，总体呈从东南沿海向西北内陆逐渐减少的趋势，与我国耕地分布状况极不相称。在时间分布上，年变化和季节变化都很大，除南方部分水资源较丰富地区外，大部分地区的降水集中在6~8月。我国还存在地下水过量开采和水污染严重的问题。

水资源在我国是十分珍贵的自然资源。合理利用和保护水资源，节约用水，是一项长期的基本国策。我国2014年用水总量6094.86亿 m^3，其中农业用水总量3868.98亿 m^3，占总用水总量的63.5%，工业用水总量1356.10亿 m^3，生活用水总量766.58亿 m^3，生态用水总量103.20亿 m^3。农业用水的合理有效利用，提高水分利用效率，发展节水农业是农业持续稳定发展的关键。

2. 水分利用效率及提高的途径

（1）水分利用效率　　作物的水分利用效率（water use efficiency，WUE）在生态学和生理学上的表述不尽相同。

生理意义上的水分利用效率是指在控制条件下，完全去除土壤表面蒸发而测得的作物个体水分利用效率，即作物吸收的单位水分所形成的光合产物的重量。常用叶片水分效率表示，为光合速率与蒸腾速率的比值，是植物消耗水分形成干物质的基本效率，是水分利用效率的理论值。

生态学或者农学意义上的水分利用效率是指农田蒸散消耗单位重量水分所制造的干物质量。即

$$U_w = Y_d / ET$$

式中，U_w 为水分利用效率；ET 为单位面积上的蒸散量（kg/m^2）；Y_d 为单位面积上收获的干物质量（kg/m^2）。U_w 值越大，说明蒸散消耗的水分获得的干物质越多，用水越经济。

生产上常用作物的经济产量作为计算依据，作物大田群体的水分利用效率为经济产量与总耗水量的比值。总耗水量是作物一生中消耗的全部水量，包括蒸发和蒸腾耗水。

（2）提高水分利用效率的途径　　提高水分利用效率可以从提高作物产量和减少耗水量两个方面考虑：一方面，通过农业措施，提高产量，减少水分消耗；另一方面，加强农田基本建设，实现农田水分的高效利用。

农业措施技术方面，可以根据不同区域的自然特点，包括地下水资源、总降水量和季节分布等特征，合理调整作物布局，确定种植制度。利用不同作物及品种间的水分利用效率和抗旱性的差异，选育水肥利用效率高的品种，可以显著提高产量和水分利用效率。通过土壤耕作、秸秆和地膜覆盖、中耕镇压和其他蓄水保墒技术，充分接纳自然降水，增加土壤蓄水，减少径流和土壤无效蒸发耗水，实现降水的高效利用。合理使用保水剂、黄腐酸、抗蒸腾剂等化学制剂，抑制过度蒸腾，提高作物抗旱能力和水分生产效率。根据作物的生长发育特点和需水规律，建立节水灌溉制度，采用抗旱锻炼，在需水临界期等需水关键期进行非充分灌溉的措施，实现产量和水分利用效率的协调提高。

通过工程技术手段，兴修水利、加强农田基本建设、改造灌溉设施、采取防渗措施等，达到节水目的。采用喷灌、微灌等现代化灌溉设施，实现农田高效水分利用。

4.5 作物与空气

空气的成分非常复杂，在标准状态下，按体积计算，氮约占 78%，氧约占 21%，稀有气体（氦、氖、氩、氪、氙、氡）约占 0.939%，二氧化碳约占 0.032%，还有其他气体和杂质约占 0.03%，如臭氧、一氧化氮、二氧化氮、水蒸气等。在这些气体中，氧气影响作物的呼吸，二氧化碳是光合作用的原料，氮气影响豆科作物的根瘤固氮，二氧化硫等有毒气体造成的大气污染直接或间接地影响作物产量和品质。

4.5.1 作物与氧气的关系

1. **作物的呼吸作用**　呼吸作用是指生活细胞氧化分解有机物，并释放能量的过程，它为生命过程提供能量。根据是否需要氧气，作物的呼吸分为有氧呼吸和无氧呼吸。有氧呼吸能够给作物提供较多的能量，同时，它的许多中间产物是合成核酸、蛋白质、糖及其他物质的原料，是高等植物呼吸的主要形式。无氧呼吸是生活细胞在无氧条件下，把有机物进行不彻底的氧化分解，同时释放出部分能量的过程。

2. **氧气与作物的呼吸作用**　O_2 供应状况直接影响作物呼吸速率和呼吸性质。O_2 不足时呼吸速率下降，但无氧呼吸速率升高。短时间无氧呼吸对作物的影响不大，长时间无氧呼吸会使作物死亡。其原因有三：一是无氧呼吸产生乙醇，引起原生质中的蛋白质变性；二是无氧呼吸产生的能量少，物质消耗多；三是没有丙酮酸氧化过程，许多中间产物不能合成。作物地上部一般不会出现缺氧的现象，但地下部会因土壤板结或涝害造成氧气不足，无氧呼吸过久会造成死亡。

O_2 也并非越多越好，过高的 O_2 浓度对作物反而有毒害作用。多数情况下，O_2 浓度在 10%以下就已足够了。

4.5.2 作物与二氧化碳的关系

1. **田间 CO_2 浓度的变化和 CO_2 平衡**　绿色植物和某些微生物进行光合作用，固定空气中的 CO_2。一年之内，在田间有作物生长的季节，空气中的 CO_2 浓度较低，而非生长季节，CO_2 浓度较高。

农田中 CO_2 浓度的分布和变化取决于大气中的 CO_2 浓度、土壤和作物释放的 CO_2 量、作物光合作用对 CO_2 的吸收量，以及风速和天气条件。CO_2 不但来自植物群体以上空间，而且也来自植物群体下部，其中包括土壤表面枯枝落叶的分解、土壤中活着的根和微生物呼吸、已死的根和有机质腐烂等所释放出来的 CO_2。植物群体下部供应的 CO_2 约占供应总量的 20%。

农田中 CO_2 浓度的垂直分布如图 4-5 所示。在一天之内，作物群体内的 CO_2 浓度呈规律性变化。午夜和凌晨，土壤和株间都释放 CO_2，群体内 CO_2 浓度很高，接近地面处 CO_2 浓度经常比较高，并有随高度而减小的趋势，这是由于在此期间 CO_2 有补充而无消耗；清晨日出之后，光合作用逐渐加强，作物吸收的 CO_2 量大于土壤和植株的释放量，CO_2 浓度逐渐下降，群体上部和中部的 CO_2 浓度较小，接近地面的下部稍大一些，最低点出现在作物层的某一高度上；直到中午，光合作用旺盛，CO_2 浓度降至最低值；傍晚日落后，光合作用停止，CO_2 浓度又复上升。

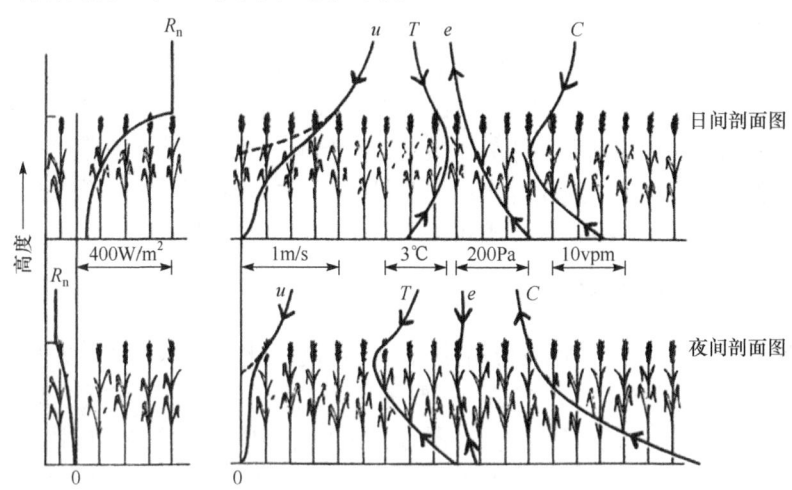

图 4-5 小粒谷物群体中净辐射（R_n）、风速（u）、温度（T）、水汽压（e）及 CO_2 浓度（C）
理想的昼夜剖面分布（Monteith and Unsworth，1990）

vpm 为 CO_2 的体积百万分比浓度

作物生产过程中，需要吸收消耗群体内部和周围的 CO_2，补充 CO_2 主要依靠空气湍流和气体扩散。在光照和肥水充足、温度适宜且光合作用旺盛期间，CO_2 亏缺是光合的主要限制因子，也是作物生产上十分重视通风透光的原因。"通风"的目的主要是增加 CO_2 量。

2. CO_2 浓度与作物产量　　自工业革命以来，由于人类的活动，大气中的 CO_2 含量不断增加（图 4-6）。根据美国国家海洋和大气管理局（NOAA）的观测数据，2015 年，夏威夷莫纳罗亚天文台测量的大气中的 CO_2 浓度跃升了 3.05μl/L，在 56 年的同比研究中，属增幅最大。大气中 CO_2 含量在 2006～2015 10 年里，每年平均增加 2μl/L，全球 CO_2 月平均浓度超过了 400μl/L 的象征性基准。空气中 CO_2 含量的富集虽然能促进作物增产，但由 CO_2 浓度增加引起大气温度上升而表现出的温室效应等带来的气候变化，对作物生产的不良影响也是严重的。

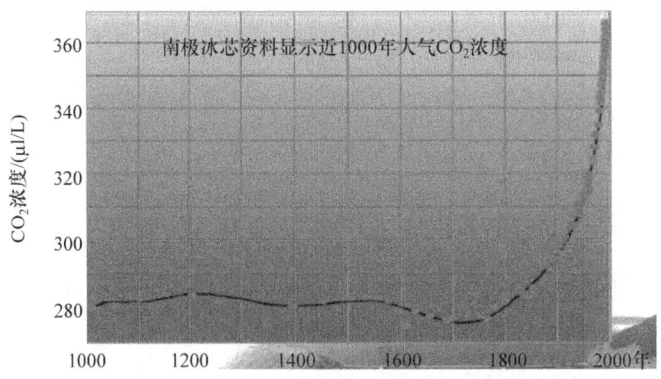

图 4-6　大气中 CO_2 含量的变化 [据联合国政府间气候变化专门委员会（IPCC）第三次评估报告]

CO_2 浓度直接影响作物的光合作用。$[CO_2]$-光合作用曲线（图 4-7）与光强-光合作用曲线相似，也存在比例阶段和饱和阶段。在比例阶段，光合速率随 CO_2 浓度增高而增加，当光合速率与呼吸速率相等时，环境中的 CO_2 浓度即为 CO_2 补偿点（图中点 C）。当 CO_2 浓度接近或超过 300μl/L 时，光合速率随 CO_2 浓度的增加变慢，当达到某一浓度（S）时，光合速率达到最大值（P_m），开始达到最大光合速率时的 CO_2 浓度被称为 CO_2 饱和点。CO_2 饱和点之前，随 CO_2 浓度的增加光合速率提高，进而有利于增产。

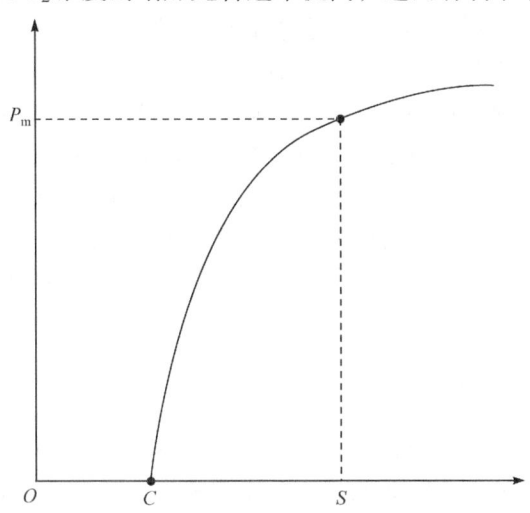

图 4-7　$[CO_2]$-光合作用曲线模式图

S 表示 CO_2 饱和点；P_m 表示最大光合速率；C 表示 CO_2 补偿点

在 CO_2-光合曲线的比例阶段，CO_2 浓度是光合作用的限制因子。比较 C_3 植物与 C_4 植物的$[CO_2]$-光合作用曲线（图 4-8）可见，C_4 植物的 CO_2 补偿点和 CO_2 饱和点均低于 C_3 植物，即 C_4 植物可利用较低浓度的 CO_2；C_3 植物的 CO_2 饱和点不明显，在高浓度下，光合速率仍随 CO_2 浓度提高而增加。此外，研究表明，随 CO_2 浓度的增加，作物的呼吸速率减弱，光补偿点降低，蒸腾系数减小，水分利用率提高。CO_2 浓度对作物光合作用的影响，也受温度和风速等其他条件的影响。

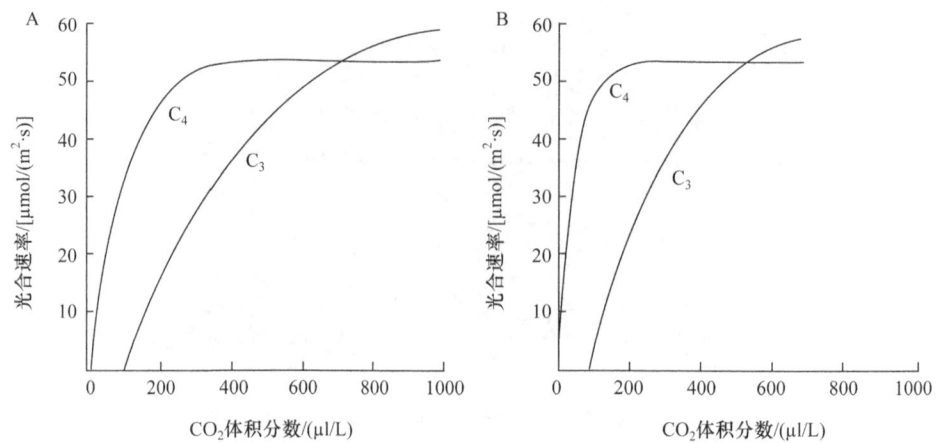

图 4-8 C_3 植物和 C_4 植物[CO_2]-光合作用曲线模型比较

A 为光合速率与外界 CO_2 体积分数；B 为光合速率与细胞间隙 CO_2 体积分数

提高 CO_2 浓度，可以促使某些作物增加产量，于是出现 CO_2 施肥的问题。目前在温室中或在塑料薄膜保护下开始进行 CO_2 施肥。但推广 CO_2 施肥，应用起来比较困难。首先是用量大，每生产 1kg 干物质大约要消耗 15kg CO_2；其次是价格昂贵，成本过高，因此推广有难度。比较现实的提高 CO_2 浓度的措施是增施优质有机肥。有机肥施入土壤后，能增加土壤中好气性细菌的数量，增强其活力，释放更多的 CO_2。

CO_2 浓度的升高可能导致某些农作物产品品质降低。在高浓度 CO_2 条件下，用更少的氮肥即可生产出与现在等量的农产品，作物所吸收的碳素将增加，吸收的氮素则减少，体内 C/N 值增高，蛋白质含量下降，对于某些以收获物中的蛋白质含量作为品质指标的作物来说，其产品品质将下降。有研究表明，在 CO_2 浓度倍增的条件下，大豆氨基酸和蛋白质含量分别下降 2.3%和 0.83%，冬小麦籽粒粗蛋白和赖氨酸含量分别下降 12.8%和 4%。

4.5.3 作物与氮气的关系

空气中的氮气不能被植物直接吸收。豆类作物通过与它们共生的根瘤菌，可以固定空气中的氮，转化为作物可以吸收的氮。但在根瘤菌生长前期需吸收作物的氮素，一般占豆类作物所需氮总量的 1/4～1/3。因此，在作物的幼苗期和籽实充实阶段，需要适量施用氮肥。作物死亡后，其中的含氮有机物通过微生物的分解作用，又可以转变为氮气。

生物固氮是一个耗能过程。根瘤菌在固氮过程中，每活化 1mol 氮，直至合成为氨，大约需消耗 615 000J 能量。这些能量来源于豆类作物的光合产物。有研究表明，根瘤固氮所消耗的能量相当于大豆光合产物的 12%～14%。

4.5.4 大气环境与作物的关系

二氧化硫、氟化物、氮氧化物、臭氧等是大气污染的主要气体成分。我国 2014 年仅二氧化硫排放总量和氮氧化物排放总量就分别为 1974.4 万 t 和 2078.0 万 t。大气中这些有毒的气体可以通过气孔进入叶片，扩散到叶肉组织，然后通过筛管运输到作物的其他部位。

二氧化硫进入细胞后，使细胞液 pH 发生改变，使叶绿素失去镁而丧失功能，还能与细胞中的羟酸形成羟基磺酸，破坏细胞结构和功能，抑制代谢的生理过程，危害很大。

氟化氢（HF）对作物的杀伤力更强。植物慢性氟中毒的症状，首先出现在叶尖和叶缘，后发展至内部。如果空气中 HF 浓度大于 $3\times 10^{-3}\mu l/L$，叶肉组织将发生酸型伤害，细胞内含物穿过受害细胞膜进入细胞间隙，叶脉间隙组织首先发生水渍斑点，以后逐渐干枯，变为棕黄色或淡黄棕色，且在健康组织和坏死组织间有一条明显的过渡带。

氮氧化物不仅是酸雨的主要成分，而且在低层大气中，氮氧化物对作物具有毒害作用的臭氧形成方面也起着重要作用。

臭氧是 NO_2 在太阳光下分解产物与空气中分子态氧反应的产物。大气本身存在臭氧，当近地面中浓度在 $0.01\sim 0.02\mu l/L$ 时对植物无害。但由于近地面几十年来大气中 NO_2 浓度的增加，导致臭氧浓度的增加，这种高浓度臭氧成了伤害作物的主要气体污染物之一。大气中的臭氧与细胞膜接触后，能将质膜上的氨基酸、蛋白质的活性基因和不饱和脂肪酸的双键氧化，使细胞膜丧失选择半透性功能，内含物质大量外渗，钝化某些酶并使光合作用碳还原速率降低，改变代谢途径，刺激乙烯的产生，促进体内蛋白质的水解，干扰蛋白质合成，引起作物生长缓慢，提早衰老，产量下降。当臭氧和大气中的二氧化硫或 NO_2 或酸雨同时存在时，对作物的不良影响会增强。

4.5.5 风速对作物的影响

风就是空气流动的现象。风的大小与大气的水分输送、叶面和冠层的物质及热量交换、作物的体温和生理功能、作物花粉的传播和田间杂草种子的传播都有直接关系。

农田小气候中的风随高度而发生显著变化。作物群体的冠层、中间层和底部的空气组成不同。作物冠层 CO_2 的交换速率随风速的加大而增加，使作物群体的光合速率提高。低风速区光合速率随风速的加大而增加；在空气低湿度和高光强的条件下，高风速区的光合作用强度降低。

在生产上，当风力大到一定程度时，对作物产生机械损伤，对土壤产生风蚀，进而影响农业生产。干热风对小麦生长后期危害很大，常出现高温逼熟现象，或导致花粉死亡。由于风而引起作物倒伏的现象经常发生，倒伏后使群体的透光状况恶化或损害作物输导系统，造成作物的光合作用降低，物质运输不畅，也使谷粒难以收获而导致减产。大风的摇动还加快了叶、蕾、花、果等脱落。由于强风或台风而引起作物倒伏或机械损伤，危害很大。

农业上选育、种植矮秆抗倒作物品种，或种植防风林，是防止风危害的有效途径。

4.6　作物与营养

植物从外界环境中吸取其生长发育所需要的养分，并用以维持其生命活动，称为植物营养。植物营养是施肥的理论基础。根据植物营养的基本原理和作物营养特性,结合当地土壤、气候和农业生产条件等综合考虑,采用合理的施肥技术,对作物的高产、优质和高效栽培十分重要。

4.6.1 作物必需的营养元素

作物必需的营养元素是指作物正常生长所必需的,缺乏它作物不能正常生长,而且其功能不能为其他元素所替代的元素。确定是否是作物必需的营养元素,可以遵循3个标准:第一,必要性,缺乏该元素,植物生长受阻,不能完成其生活史;第二,不可替代性,缺乏该元素,植物表现专一缺乏症状,而且这种症状是可以预防和恢复,但必须加入该元素才能消除症状;第三,作用的直接性,该元素对植物营养在生理上起直接作用,而不是因土壤或培养基质的物理、化学、微生物等条件的改变产生的间接影响。

作物生长发育必需的营养元素有17种,即碳(C)、氢(H)、氧(O)、氮(N)、磷(P)、钾(K)、钙(Ca)、镁(Mg)、硫(S)、铁(Fe)、硼(B)、锰(Mn)、铜(Cu)、锌(Zn)、钼(Mo)、氯(Cl)、镍(Ni)。作物对C、H、O、N、P、K、Ca、Mg、S这9种元素的需求量较大,一般占干物质重量的0.1%以上,称为大量营养元素,其中钙、镁、硫也称中量营养元素。作物对其他8种营养元素的需求量极微,一般占干物质重量的0.1%以下,有的只有0.1mg/kg,称为微量营养元素。

作物对氮、磷、钾需要量较多,土壤往往不能满足作物的需求,需要以肥料的形式加以补充,故称它们为"肥料三要素"。

除已确定的作物必需的营养元素外,还有一些元素对植物的生长发育有益,或为某些种类植物所必需。钠、硅、钴和硒是部分高等植物生活所必需的营养元素。例如,钠为盐土植物盐生草和囊滨藜所必需,一些作物如芜菁、甜菜和芹菜在有钠时生长较好,钠对于这些作物来说是有益营养元素。

4.6.2 必需矿质营养元素的生理作用及缺素症状

1. 大量营养元素的生理作用及缺素症状

(1)氮　氮是作物必需的营养元素,一般作物含氮量占干物质重量的0.3%~5%,是作物成分中含量较多的元素。氮常是限制作物生长、影响作物产量和品质的主要元素。

1)氮是组成蛋白质的重要成分。一般蛋白质含氮16%~18%。蛋白质则是细胞原生质的主要成分,是生命存在的形式。没有氮不能合成蛋白质,没有蛋白质就没有生命。因此,氮又被称为生命元素。

2)氮还是组成核酸、叶绿素、酶和多种维生素的重要成分。它们在遗传、光合作用及许多生理生化过程起着重要作用。

因此,在作物缺氮时,蛋白质和酶含量减少,叶绿素合成减少,叶片黄化,导致生长延缓,植株瘦弱,叶薄、黄、小,出现早衰,产量和品质降低。缺氮时明显特征是下部叶片先开始褪绿黄化,逐渐向上部叶片蔓延。

氮肥用量过多,使细胞增长过大,叶片柔软多汁,易遭受病虫害侵袭。且叶片中叶绿素增多，叶大、色绿，茎秆细弱，禾谷类作物易于倒伏，棉花则会徒长，蕾铃脱落增多，贪青晚熟，霜后花增多。氮过多，还会降低甜菜、西瓜的含糖量。

（2）磷　作物体的含磷量相差很大，占干物质重量的0.2%～1.1%，大多数作物的含量为0.3%～0.4%。作物体内大部分为有机态磷，约占全磷量的85%，以核酸、磷脂等形态存在。无机磷仅占全磷量的15%左右，主要以钙、镁、钾的磷酸盐形态存在。

磷是组成核酸、核苷酸、核蛋白、磷脂、高能化合物如ATP和许多酶等重要化合物的成分。磷参与作物体内碳水化合物代谢、氮代谢、脂肪代谢等各种代谢过程。磷具有提高作物抗逆性和对外界环境条件适应性的作用。

作物缺磷，首先在老叶上出现症状。缺磷初期，下部老叶呈反常暗绿色或紫红色，叶狭长而直立，继而生长迟缓，植株矮小，结实差。严重缺磷，植株会停止生长。缺磷作物根系不发达，也影响地上部生长。例如，小麦缺磷时，分蘖减少，生育推迟，株型瘦小，叶色灰绿并略显紫色或红色，根系发育不良，穗小、粒少、籽瘪。棉花缺磷，则落蕾落铃增多，成桃少，吐絮晚。

（3）钾　作物体内含钾量（K_2O）一般占干物质重量的0.3%～5%。钾在作物体内以离子状态存在。它以可溶性无机盐的形式存在于细胞液内，或以离子态吸附在原生质胶体的表面。因此，钾在作物体内容易流动，再分配和再利用的能力很强。

钾可在细胞内积累，维持细胞膨压，保持吸水能力。钾能促进细胞和作物的伸展和生长。钾可以调节气孔关闭，减少蒸腾作用，以减少水分丢失；促进叶绿素的合成、稳定叶绿素结构；维持延长叶片功能期，促进光合作用。钾能促进光合产物向贮藏器官中运输而提高产量，并有明显改善产品品质的功能。钾还能提高作物抗逆性，如抗旱、抗寒、抗盐碱、抗病、抗倒伏等。

作物缺钾，下部叶的尖端及边缘出现典型的缺绿斑点，斑点的中心部分随即死去，斑点逐渐扩大并且干枯，变为棕色；叶片中心部分的绿色变深，枯死的组织往往脱落，以致叶片出现残缺。作物前期缺钾，生长缓慢的情况不马上表现出来，而大多数在生长旺盛的中期表现出来。

（4）钙　钙在植物体内的含量一般为干物质重量的0.5%～3%，不同作物种类和不同器官的含钙量差异很大。通常双子叶作物含钙量较高，禾谷类作物含钙量较低；地上部含钙量较多，根系含钙量较少；茎叶含钙量较多，果实和籽粒中含钙量较少。钙对细胞间层的形成和稳定性具有重要意义，还影响生物膜结构的稳定性，对膜透性、离子运转、原生质黏滞性及胶体分散性有重要作用。

作物缺钙，症状首先发生在幼叶上，叶色变淡绿色，尖端及边缘枯腐，叶形残缺不整。作物生长受阻，节间较短，植株矮小，而且组织柔软。

（5）镁　镁在植物体内的含量一般为干物质重量的0.1%～0.5%。镁是叶绿素的重要组成元素，还可激活某些重要酶类，对光合作用有重要影响。作物缺镁时，症状在下部叶片首先发生，叶片失绿，可减退至白色，叶脉及其紧邻部分仍保持正常的绿色。极度缺镁的情况下，下部的叶片几乎变成白色。作物缺镁后，根系生长数量明显减少。

（6）硫　作物体内硫的含量一般为干物质重量的0.1%～0.5%，其变幅受作物种类、品种、器官和生育期的影响很大。硫是蛋白质的重要成分，几乎所有蛋白质中都有含硫氨基酸。硫还是组成多种生物活性物质的成分，与能量转化，脂肪、碳水化合物、氨基酸的生物合成都有密切关系。作物缺硫时，由于蛋白质和叶绿素合成受阻，整个植株变成淡绿色，幼叶较老叶症状发生早，颜色更为浅淡，植株生长缓慢，矮小瘦弱。

  2. 微量营养元素的生理作用及缺素症状 植物必需营养元素中的微量元素是作物生长发育不可缺少的，但需要量很少。它与大量元素比较有某些明显特点：土壤中微量元素的数量足够作物的需要，但有时有效性受土壤酸碱度等的影响，处于作物不能吸收的状态。如土壤pH过高和石灰性土壤易发生缺铁、缺锌，酸性土壤常引起缺钼现象。作物所需微量元素的量很少，当土壤中有效态含量超过作物需要量太多时，会出现毒害作用，因此要严格控制施用量。多数微量元素在作物体内不移动，不能再利用，缺素症常在幼叶和新生组织上表现。微量元素肥料只有在施氮磷钾等大量元素基础上，才有良好的效果。

  （1）铁 作物中铁的含量为100～300mg/kg。铁集中在叶绿体内，铁不是叶绿素组成元素，却与叶绿素合成、维持叶绿素结构和功能有密切关系。铁参与重要活性物质的组成，对硝酸还原、豆科作物根瘤固氮、光合电子传递等有十分重要的作用。缺铁时，新叶失绿，首先是脉间失绿，随缺铁加重，叶片黄化或脉间黄化，叶片出现坏死斑点，叶片逐渐枯死。

  （2）锰 作物中锰的含量为20～500mg/kg。锰的主要功能是促进光合作用，维持叶绿体正常结构和功能。锰是一些酶类的组成成分或活化因子，对呼吸代谢作用很大。作物缺锰时，症状首先在幼叶出现，叶肉失绿，但叶脉仍为绿色，叶片外观呈绿色网状。缺锰严重时，植株瘦小、生长停止。

  （3）硼 硼在作物体中的含量为2～100mg/kg。硼能促进糖的移动和运输，在作物分生组织的发育和生长中有重要作用，可以促进细胞伸长和分裂及繁殖器官的建成和发育，增加作物结实率。缺硼时新的嫩叶基部褪淡，在叶片基部折断，严重时，嫩叶芽未展开时就从基部坏死。缺硼时生殖器官发育受阻，结实率低，果实小或畸形，如棉花的"蕾而不实"、油菜的"花而不实"、花生的"有果无仁"、小麦的"穗而不实"。

  （4）锌 锌在作物体中的含量为25～150mg/kg。锌是作物体内多种酶的组分或活化剂，如色氨酸合成酶、脱氢酶、磷酸二酯酶、碳酸酐酶、过氧化物歧化酶。锌对生长素代谢、碳水化合物代谢、蛋白质代谢等代谢过程起重要作用。锌可以促进生殖器官发育，提高作物的抗逆性。缺锌时，影响生长素的合成，叶片变小而畸形，节间生长严重受阻，植物生长受抑制。缺锌还影响蛋白质合成，使光合速率下降，叶绿素减少，叶片出现脉间失绿或白化症状。

  （5）铜 铜在作物体中的含量为5～25mg/kg。铜在光合过程中具有重要效应，含铜的酶类在呼吸作用中占有重要地位。铜对氮代谢有一定影响，关系着氨基酸和蛋白质的合成，对生长素代谢也有一定作用。当植物体内铜的含量<4mg/kg时，就有可能缺铜。缺铜时，植株生育不良，严重时，上部叶片膨压消失，花序以下的茎弯曲，出现类似永久萎蔫症状。缺铜有一个明显的特征，即某些作物花的颜色出现褪色现象。

（6）钼　　钼在作物体中的含量为 0.1～300mg/kg，通常含量不到 1mg/kg。钼是硝酸还原酶和固氮酶的组分，是生物固氮所必需的元素，对植物的呼吸作用、磷代谢也有一定的影响。豆科作物含钼量（0.5～20mg/kg）明显高于禾本科作物（0.2～1mg/kg）。缺钼时会使硝酸盐累积，氨基酸和蛋白质的合成明显减少，植株矮小，生长缓慢，叶片失绿，且有大小不一的黄色或橙黄色斑点。严重缺钼时，叶缘萎蔫，有时叶片扭曲呈杯状，老叶变厚、焦枯，以致死亡。

（7）氯　　在必需的微量营养元素中，植物对氯的需要量最多，许多植物体内氯的含量都很高。氯参与光合作用，调节气孔运动，激活 H^+ 泵和 ATP 酶，还可抑制病害发生。作物在缺氯的状态下，细胞组织增殖速度降低，叶面积变小，生长量也明显下降，严重时叶片失绿、凋萎。

（8）镍　　大多数植物体的营养器官中镍的含量一般为 0.05～10mg/kg。镍是脲酶的金属成分，主要生理功能是有利于种子发芽和幼苗生长、催化尿素降解。镍还可以提高作物的抗病性，防治某些病害，如低浓度镍可以防治谷类作物的锈病、水稻叶枯病、棉花枯萎病等。作物缺镍时，种子活力下降，叶片脲酶活性下降，叶尖积累较多的脲，出现坏死现象。

4.6.3　作物的需肥规律

1. **作物的需肥量**　　作物的需肥量，是合理施肥的重要依据。不同作物的需肥量有较大差别，即使是同一作物，产量水平不同，需肥量也有所不同。因此，衡量某一种作物的需肥量通常以生产单位产量（如每 100kg）从土壤中所吸收的养分量作为指标。表 4-11 是一些主要作物对氮、磷、钾的需要量。

表 4-11　主要作物对 N、P、K 的需求

作物	收获物/100kg	需要养分量/kg		
		氮（N）	磷（P_2O_5）	钾（K_2O）
早稻（籼）	稻谷	1.7～2.1	0.7～0.9	2.4～3.0
中稻（籼）	稻谷	2.1	0.9	2.6
中稻（粳）	稻谷	2.5	1.1	2.1
小麦	籽粒	2.5～3.0	1.0～1.4	2.0～2.8
大麦	籽粒	3.0	1.0	2.0
春玉米	籽粒	2.6～4.0	0.9～1.6	2.2～3.4
大豆	籽粒	5.3～8.7	1.6～3.6	2.6～6.3
花生	荚果	7.1	1.3	3.8
油菜	菜籽	6.0～8.0	2.5～4.7	5.0～9.1
高粱	籽粒	2.5	1.3	3.0
棉花	皮棉	17.7	6.4	15.5
烟草	干烟叶	4.1	1.6	7.0

2. 作物营养的阶段性　　作物在全生育期中的各生育阶段，除种子营养和后期根系停止吸收养分的阶段外，在其他的各生育阶段中都要通过根系从土壤中吸收养分。作物吸收养分的整个过程称为作物营养的连续性。

在作物生育中，常表现出不同的营养阶段。每个营养阶段作物吸收养分的特点不同，主要表现在对营养元素的种类、数量和比例等方面有不同的要求，称为作物营养的阶段性。

在作物营养阶段中，根据作物对养分反映的强弱和敏感性，把作物对养分的反应分为营养临界期和营养最大效率期。

3. 作物营养的临界期和营养最大效率期

（1）作物营养的临界期　　一般来说，作物在生长初期，由于植株较小，需要的养分数量不多，随着作物生长发育的加快，需要的养分数量也随之增加，到了生长后期，需要的养分数量又逐渐减少。据研究，在作物的一生中，常有一个对养分需要量虽然不多但很迫切的时期，这个时期为作物营养的临界期。在营养临界期缺乏作物所需的养分时，作物的生长发育就会受到很大影响，此后即使供给这些养分，也往往难以弥补或纠正。

不同作物，营养临界期也有所不同。即使是同一作物，对不同种类的养分来说，其临界期也不完全相同。一般来说，磷的临界期大都在作物幼苗期，如棉花在出苗后10~20天，玉米在出苗后7天左右（三叶期）。氮的临界期，一般要晚于磷，往往是在营养生长转向生殖生长的时候，如水稻、小麦在分蘖期和幼穗分化期，玉米在穗分化期，棉花在现蕾期。关于钾的研究较少，据日本的资料，水稻钾的临界期在分蘖初期和幼穗分化期。

（2）作物营养的最大效率期　　在作物一生中，还有一个养分需求量和吸收速度都很大的时期。这时的施肥作用最明显，增产效果也往往最好。这一时期称为作物营养的最大效率期。

作物营养最大效率期往往都在作物生长最旺盛的中期，此时作物吸收养分能力最强，表现出的生长速度也最快。例如，小麦在拔节至抽穗，玉米在大喇叭口至抽雄，棉花在盛花至结铃等。但有些作物的营养最大效率期也因养分不同而异，如甘薯生长初期，氮营养的效果较好，而块根膨大时，磷、钾营养的效果较好等。

作物养分的作用规律有最小养分定律、报酬递减律、同等重要且不可代替论、因子综合作用规律等，在本书第6.4.2节有阐述。

4.6.4　作物的有机养分

随着作物营养研究的不断发展，已经证明，尽管作物以无机营养为主，但作物同时也吸收一些有机养分。而且一些有机养分能够优先于无机养分被吸收。

1. 作物对含氮有机物的吸收　　作物能吸收的含氮有机物主要有尿素、氨基酸、核酸和酰胺。作物不仅能吸收氨基酸和酰胺，而且还能使它们在体内迅速转运和转化。水稻秧苗施用 ^{14}C 甘氨酸，5min 后观察到水稻的根吸收，5h 后甘氨酸已转运到叶部，48h

后吸收量达到最大值。^{14}C 甘氨酸被吸收后，开始转化为其他氨基酸、糖类、有机酸等一系列化合物，进入各种代谢系统。

2. 作物对含磷有机物的吸收　　作物能吸收核酸以及核酸的降解物，如核苷酸、嘧啶、嘌呤和磷酸肌醇等，以及如 1-二磷酸葡萄糖、1,6-二磷酸葡萄糖等有机磷营养。不同作物吸收利用含磷有机物的能力不同，有菌根的作物吸收利用能力一般比无菌根的作物强。

3. 作物对糖类、酚类等有机物的吸收　　作物可以吸收有机肥中含有的多种可溶性糖，包括蔗糖、阿拉伯糖、果糖、葡萄糖、麦芽糖等。还可吸收一些酚类、有机酸类物质。有研究表明，作物幼苗可以吸收腐殖质中的羟苯甲酸、香草酸和丁香酸等，并将其大部分转化为葡萄糖苷或葡萄糖脂。外源羧酸对作物呼吸代谢、光合作用和碳氮代谢以及生长发育影响的研究取得进展。根外喷施一定浓度乙酸和柠檬酸，对水稻籽粒粗蛋白和淀粉合成有明显影响。

此外，作物能较好地吸收激素和生长调节物质，如生长素、赤霉素、细胞分裂素、脱落酸和乙烯等有机化合物，在促进和调节作物生长发育、提高产量、改善品质上起到一定作用。

4.7　作物与土壤

土壤是陆地生态系统的组成部分，是植物赖以生存的基础，也是农业生产的基本生产资料，为作物生长提供包括水、肥、气、热等环境及支撑固定等作用。

4.7.1　土壤和土壤肥力

1. 土壤和土壤的组成　　土壤是指覆盖在地球陆地表面，能够生长植物的疏松表层。它是农业生产的基本生产资料。

土壤是由固相、液相和气相三相物质所组成的。其中，固相部分占总体积的45%～50%，孔隙占总体积的 50%～55%。固相的土粒，包括矿物质、有机质和土壤生物。按重量计，矿物质占固相部分的95%以上，有机质占 1%～5%。土壤的液相是土壤水分及溶于水中的矿物质和有机物质，保存在土壤孔隙内，是三相物质中最活跃、变动最大的物质。气相是土壤空气，它充满在那些未被水分占据的孔隙内。水分和空气相互消长，水多气少，水少气多。水与气的比例变化主要受水分变化的制约。土壤内三相物质的比例，是土壤各种性质的产生和变化的物质基础，也是土壤肥力的基础。调节土壤三相物质的比例，则是改善土壤不良性状、调节土壤肥力的重要手段。

2. 土壤肥力　　土壤最本质的特征是具有肥沃性，或称土壤肥力（soil fertility）。所谓土壤肥力，是指土壤能够同时而且不断地供给和协调作物生长发育所需要的水分、养分、空气和热量及其他必需条件的能力。

土壤肥力是土壤物理、化学和生物学性质的综合反映。一般认为，土壤肥力至少应包括水分、养分、空气和热量 4 种因素。其中，水、肥、气是作物生长的物质基础，热量则是能量条件，4种因素之间同时存在、相互联系、互有制约。土壤肥力可分为两类：一类是"自然肥力"，是指土壤在五大成土因素的综合作用下发育而来的肥力，是在人类垦殖和利用土壤以前，土壤形成过程中所具有的肥力；另一类是"人工肥力"，是在自然肥力基础上，经过人类对土壤耕种、熟化、开发、改造，逐步形成和产生的肥力。土壤肥力中能在农业生产中表现出来，产生经济效果的肥力叫做"有效肥力"；而由于各种因素的影响，未能直接发挥和表现的肥力称为"潜在肥力"。自然肥力和人工肥力，有效肥力和潜在肥力，是可以相互转化的。土壤肥力的提高取决于社会经济条件和农业科技水平。

4.7.2 土壤的形成与中国土壤的分布

1. **土壤的形成** 土壤形成过程是肥力发生发展的过程，是在母质、气候、生物、地形和时间五大成土因素的综合作用下，逐渐形成并成为农作物的生长基地。岩石经过风化作用成为成土母质，母质是土壤形成的物质基础，对土壤的形成过程、土壤性状、肥力特征和类型等方面有重要的影响。气候因素中以水热条件最重要，深刻影响土体矿物和有机质的物理作用、化学作用和生物作用，影响土壤形成过程的方向和速率。气候因素直接影响矿物质的分解与合成及物质积累和淋溶，控制生物活动，影响有机质的积累和分解。生物因素是促进土壤发生发展最活跃的因素。生物的生命活动，将太阳能引进成土过程，使土壤具备肥力特性，推动土壤的形成和演化。从一定意义上说，没有生物因素的作用，就没有土壤的形成过程。地形对土壤发育的影响在山地表现尤为明显。山地地势高，坡度大，水热状况和植被变化大，山地土壤有垂直分布的特点。土壤的形成和发展随时间的推移而不断变化。随着时间的延长，其他成土因素对土壤的综合作用效果越深刻。

2. **中国土壤的分布** 我国地域辽阔，土壤类型丰富，但在地理上都具有明显的地带分布规律，随地理位置、地形高度变化而呈有规律的更替。土壤地带分布包括水平分布和垂直分布规律；又受地域性、局部性的地形、母质、水文地质等因素的影响，表现为地域分布。

土壤的水平地带性是指在水平方向上，土壤分布与热量的纬度地带性的关系，以及土壤分布与湿度的经度地带性的关系，但山地、高原等对土壤的水平分布也有很大影响。土壤分布的纬度地带性是随纬度不同而出现的变化。我国东部湿润地区土壤分布的纬度地带性规律是，由南而北依次为砖红壤（热带）、赤红壤（南亚热带）、红壤和黄壤（中亚热带）、黄棕壤（北亚热带）、棕壤和褐土（暖温带）、暗棕壤（温带）。暖温带和温带地域辽阔，土壤分布的经度地带性规律是由东向西依次为黑土（湿润区）、黑钙土（半湿润区）、栗钙土（半干旱区）、棕钙土（干旱区）以至灰漠土和灰棕漠土带（荒漠）。

土壤的垂直地带性是指随海拔的增加而发生的土壤演替规律。土壤垂直带谱分布因生物和气候条件（或地理位置），以及山体的大小、走向和高低、坡度的陡缓、坡向、形态的不同，而有很大差异。喜马拉雅山的珠穆朗玛峰为世界最高峰，具有最完整的土壤垂直带谱，从基带往上分布着红黄壤→山地黄棕壤→山地酸性棕壤→山地漂灰土→亚高山草甸土→高山寒冻土→冰雪线。

土壤的区域性是在水平地带性和垂直地带性分布规律的基础上,由于中小地形、母质、水文地质条件等原因而呈现区别于地带性的土壤类型。在红壤地带的丘陵、河谷平原中,可见到红壤和水稻土、潮土交错分布。在中国黄淮海平原地区,由于微地形影响,尚有盐渍土与非盐渍土组成复区分布。东北平原黑土带内,由于地势低洼、滞水而出现草甸土、盐渍土或沼泽土。

4.7.3 土壤的主要性质及其对作物的影响

1. 土壤的物理性质　　土壤的物理性质是指土壤固、液、气三相体系中产生的各种物理现象和过程,包括土壤质地、孔隙、结构、水分、空气和热量状况方面。其中以土壤质地、土壤结构和土壤水分居主导地位,它们的变化常引起其他物理性质和过程的变化。

（1）土壤质地　　土壤内固相矿物质都是由大小不同的各级土粒以各种比例自然混在一起而组成的。土壤中各粒级土粒配合的比例,或各粒级在土壤重量中所占的百分数,称为土壤质地。土壤质地是影响土壤肥力高低和耕性好坏的决定性因素之一。土壤质地的分类标准各国不同,中国土壤质地分类的暂行方案,将土壤质地分为三类十二级（表4-12）。

表4-12 中国土壤质地的分类方案

质地类别	质地名称	不同粒级的颗粒组成/%		
		砂粒（1~0.05mm）	粗粉粒（0.05~0.01mm）	细黏粒（<0.001mm）
砂土	粗砂土	>70		
	细砂土	60~70		
	面砂土	50~60		
	砂粉土	≥20		<30
壤土	粉土	<20	≥40	
	砂壤土	≥20		
	壤土	<20	<40	
黏土	砂黏土	≥50		≥30
	粉黏土			30~35
	壤黏土			35~40
	黏土			40~60
	重黏土			>60

资料来源：林大仪和谢英荷，2011

1）砂土类。砂土的土粒间孔隙大,毛管孔隙弱,保水性差,通气透水性强,土壤热容量小,昼夜温差大,早春时节易于增温。农业生产性状表现为通透性好,排水通畅,不易受涝,作物易发根和深扎,但根系固着不牢,保水保肥差,施化肥易于流失。潜在养分含量低,但矿质养分和有机养分均易于转化。耕作省力、宜耕期长、耕作质量好。作物生育前期发苗快,中后期容易脱肥,易于早衰。适宜种植生育期短、耐贫瘠、要求土壤疏松、排水良好的作物,如花生、块根块茎类作物和瓜类等。

2）黏土类。黏土的土壤颗粒细，粒间孔隙小，通气透水性差，排水困难，胶体数量多，吸附性能强，保水保肥好，温度稳定，易积累还原性有毒物质。农业生产性状表现为通透性差、易涝、作物扎根差、根系分布广、保水保肥能力强，有利于有机质积累。但宜耕期短、黏性强、塑性大、耕作费力，耕作质量差。作物前期生长慢，中后期易使作物旺长。适宜种植生育期长、需肥量大的作物，如水稻、麦类、玉米、高粱、豆类等。

3）壤土类。壤土介于砂土和黏土之间，含粗细土粒比例适度，砂黏适宜，土温稳定，水分和空气比例协调。农业生产性状介于砂质土和黏质土之间，兼有两者的优点。通气透水性良好、保水保肥能力强、宜耕期长、耕性好，有利于作物出苗和后期生长。适宜种植各种作物，是农业生产上较为理想的土壤。

（2）土壤孔隙　　土壤中土粒与土粒、土团与土团、土团与土粒之间相互支撑，构成弯弯曲曲、粗细不同和形状各异的各种孔洞，称为土壤孔隙。土壤孔隙是容纳水分和空气的空间，关系土壤水、气、热的流通和贮存，以及对植物的供应是否充分和协调。一般根据土壤孔隙的粗细，分为非活性孔隙、毛管孔隙和非毛管孔隙。非活性孔隙是土壤中最细微的孔隙，对吸附的水分有极强的分子引力，水分不能为作物利用，没有毛管作用，不能通气，又称为无效孔隙。毛管孔隙比无效孔隙粗，水分能借毛管引力保持在毛管孔隙中，并能迅速移动，是植物最有效的水分形态。非毛管孔隙比较粗大，孔隙中的水分主要受重力支配，不具有毛管作用，是空气流动的通道，又称通气孔隙。

（3）土壤结构　　在农田状况下，除质地很粗的砂土外，土壤颗粒不是以单粒状态存在，而是形成大小不等、形状和性质不同的团聚体，这种团聚体称为土壤结构。土壤结构可以分为片状、块状和团粒状等结构。

1）块状结构。土壤粘连成为较坚实的土块，直径在10mm以上，一般称为坷垃，常在土壤有机质较少、质地黏重的土壤表层出现。土块间孔隙大，既漏风跑墒，又蒸发失墒。土块内部孔隙太小，不能存水，也不透气，微生物活动微弱，有效养分不易释放。此外，土块还会抑制根系生长和影响作物出苗。

2）片状结构。在水稻田和犁底层，土粒黏结成坚实紧密的薄土片，成层排列，称为片状结构。水稻田的片层结构可以防止水肥渗漏，旱地的犁底层的片状结构则影响作物扎根和水、气、热的交换。

3）团粒结构。指在腐殖作用下形成的近似球形、较疏松、多孔的小土团，直径0.25~10mm称为团粒，直径<0.25mm称为微团粒。团粒结构可以调节土壤水分与空气的矛盾，协调土壤养分的消耗和积累，稳定土温，改善耕性。团粒结构是各种结构中最为理想的，团粒结构数量的多少和质量，在一定程度上标志着土壤肥力水平的高低。

（4）土壤水分性质及土壤水分的利用　　土壤水分是土壤的重要组成部分，是土壤重要的肥力因素，能影响土壤养分的释放、转化、移动和吸收，还直接影响土壤热状况、微生物活动、黏结性、黏着性和可塑性等耕性。

1）土壤水分的性质。根据土壤水分所受的作用力不同，把土壤水分为重力水、束缚水和毛管水。水进入土壤后，到大孔隙内的水称为重力水，这部分水很容易流失。进入孔径＜0.001mm 的微孔隙，形成束缚水，束缚水由于土粒的吸力很大，作物也无法利用。进入毛管孔隙的水称为毛管水，毛管水受毛管引力的作用，不但能够被土壤保持，而且能在土壤中快速移动，还有溶解各种养分的能力和输送养分的作用。所以，毛管水是土壤中最重要、最有效的水分，既不会渗漏丢失，又能被作物充分吸收。

根据毛管水是否和地下水面相连，可以分为毛管悬着水和毛管上升水。毛管悬着水是降雨或灌溉后，借毛管引力保存在毛管孔内未能下渗的水分，与地下水不连接。毛管上升水是指地下水位较高，当表土水分由于蒸发和蒸腾消耗，地下水可沿毛管上升而补给表土的水分。一般地下水位在 1.5～2.5m，毛管水可上升到根系层，源源不断供应作物的需要。

2）土壤水分的利用。土壤水分的利用主要受土壤含水量和土壤吸水力与作物吸水力之间关系的影响。土壤中能被植物利用的水分称为有效水，不能被植物利用的称为无效水。

土壤含水量常用水分重量占干土重的百分数来表示，称为绝对含水量；也可以用土壤含水量占田间持水量的百分数来表示，称为相对含水量。土壤能保持的毛管悬着水达最大量时的土壤含水量称为该土壤的田间持水量（field water-holding capacity）。田间持水量随土壤质地粗细而变化（表 4-13）。田间持水量是土壤排除重力之后所能保持的毛管悬浮水的最大值，是旱地灌溉水量的上限。

表 4-13 不同土壤质地的田间持水量

	土壤质地					
	砂土	砂壤土	轻壤土	中壤土	重壤土	黏土
田间持水量/%	10～14	16～20	20～22	22～26	24～28	28～32

土壤内水分减少到一定程度时，作物根系吸收困难。作物表现出萎蔫时的土壤含水量称为凋萎系数。不同作物、不同土壤质地的凋萎系数不同（表 4-14）。凋萎系数是作物可利用土壤水分的下限，田间持水量则是可利用土壤水分的上限，因此两者之差为土壤有效水的最大含量。

表 4-14 不同作物、不同土壤质地的凋萎系数（含水量，%）

作物	质地				
	粗砂土	细砂土	砂壤土	壤土	黏壤土
玉米	1.07	3.1	6.5	9.9	15.5
小麦	0.88	3.3	6.3	10.3	14.5
水稻	0.96	2.7	5.6	10.1	13.0
高粱	0.94	3.6	5.9	10.0	14.4
豌豆	1.02	3.3	6.9	12.4	16.6
番茄	1.11	3.3	6.9	11.7	15.3

我国北方旱作区，通常把土壤含水量和水分可用性称为土壤墒情。按照土壤含水量的多少和对作物供水状况的好坏，一般分为黑墒、褐墒、黄墒、灰墒和干土5个等级。褐墒最适宜作物栽培，黑墒是上限，黄墒是下限（表4-15）。

表4-15　土壤墒情与作物生长和栽培的关系

土壤墒情	土色	土壤含水量	湿润程度	特点	与作物生长和栽培的关系
黑墒（饱墒）	黑暗，颜色深	20%以上	湿	手捏成团，扔之不散，手上有明显水迹，感觉阴凉；含水稍多，土壤空气相对不足	适种上限。春播和秋播虽能全苗，但出苗和幼苗生长都很慢，夏季作物生长快；黑墒黏犁，易出现犁条、犁块，干后成坷垃
褐墒（合墒）	褐色，发暗	15%～20%	潮湿	手捏成团，手有湿印，扔之碎成大块；土壤水分和空气比例适宜	播种、作物生长和耕作的最佳墒情
黄墒	黄色，颜色浅	12%～15%	湿润	手捏成团，手有微湿印，扔之散碎，稍有微凉的感觉；水分稍欠	播种下限，作物能出苗，但不齐，需注意保墒；能勉强维持作物生长发育对水的需要
灰墒	浅灰	8%左右	半干	手捏勉强成团，稍动即散，或不成团；水分不足	春播除高粱、谷子等耐旱作物，播后镇压能出全苗外，播种其他作物难出全苗；耕作勉强能进行；夏季只能维持作物不死，生长受阻
干土	灰白	5%以下	干	土壤散碎，不能成团，无湿润感觉；含水量过低	无作物可吸收水分，不能播种，也不宜耕作

资料来源：曹卫星，2011

（5）土壤空气　　土壤空气是土壤的重要组成成分之一，对作物的生长发育、土壤微生物的活动和各种营养物质的转化有非常重要的作用。土壤空气来源于大气，故与大气组成相似，但也存在差异。土壤空气中CO_2含量高于大气，O_2含量低于大气，水汽含量高于大气，有时含有少量还原性气体，如CH_4、H_2S、NH_3、H_2等。大气成分相对稳定，但土壤空气成分常随时间、空间、作物生长而变化。土壤空气状况影响种子萌发、根系的生长发育和吸收功能、土壤的生物活性和养分状况。

（6）土壤热量　　土壤温度是土壤热量状况的具体指标。调节土壤热状况，满足作物对土壤温度的要求,提高土壤肥力,有着十分重要的意义。土壤热量来自于太阳辐射能、生物热和地球内热。土壤热量影响种子发芽出苗、根系的生长及对养分的吸收和在体内的转化。土壤热量状况影响土壤气体的交换、水分运动,还对土壤微生物的活性、有机质的分解、养分形态的转化过程和速率产生影响。由此可见,土壤温度与土壤肥力因素之间关系十分密切。

2. 土壤的化学性质　　土壤的化学性质指土壤中的物质组成、组分之间和固液相之间的化学反应和化学过程,以及离子或分子在固液相面上发生的化学现象,是影响土壤肥力水平的重要因素之一。土壤化学性质包括土壤胶体、土壤吸附性能、土壤酸碱度等。

(1) 土壤胶体的离子吸附和交换作用　　土壤颗粒中粒径<200nm的土粒具有胶体的性质,称为土壤胶体。土壤胶体是土壤中最活跃的物质,许多理化性质都与它密切相关。土壤中的电荷是由土壤胶体提供的,土壤通常同时带有正电荷和负电荷,但负电荷的数量一般多于正电荷。除了少数土壤在强酸性条件下可能呈现正电荷外,一般土壤都带负电荷。

土壤胶体一般带负电,土壤溶液中的阳离子(如Fe^{3+}、Al^{3+}、Ca^{2+}、Mg^{2+}、K^+、Na^+、NH_4^+等)能被吸附到土壤胶体表面,以中和胶体上所带的负电荷。这些吸附的阳离子不是静止不动的,而是动态的,它们可以被溶液中另一种阳离子交换而从胶体表面解吸。发生在土壤胶体表面的交换反应称为阳离子交换作用。在一定pH条件下(通常pH=7),每千克土壤所吸附的全部交换性阳离子的厘摩尔数,以cmol(+)/kg表示,称为土壤阳离子交换量(CEC)。阳离子的交换作用是土壤中植物有效阳离子的保存形式。土壤胶体的数量越多,阳离子的交换量越大,表明土壤的保肥性越好。阳离子交换量是高产土壤的重要指标之一。

(2) 土壤的酸碱度　　土壤的酸碱度是指土壤溶液的酸碱度,常用pH来表示。土壤pH影响到土壤结构、养分活化和离子交换。土壤呈酸性主要是壤胶体上吸附的H^+、Al^{3+}和各种羟基铝离子所引起的。土壤中含丰富的钙质时土壤呈碱性,含有碳酸钠或碳酸氢钠时呈强碱性,过量施用石灰、海水浸渍等也是碱性土壤形成的原因。中国南方分布大面积的酸性红黄壤,北方和内陆分布大面积的碱性、石灰性土壤。

土壤一般在pH 6~7的微酸条件下,养分的有效性最高,对作物生长最有利。过酸的土壤往往引起磷、钾、钙、镁的缺乏,在多雨地区还会缺硼、锌、钼等元素。反之,在碱性土壤中易发生铁、硼、铜、锰、锌的缺乏。在pH大于7.5的石灰性土壤中,矿质磷由于与钙结合而降低了有效性。此外,土壤pH还直接影响作物的生活力,在pH小于3和大于9时,作物细胞的原生质将受到严重损害。多数作物适于在中性土壤上生长,但对土壤pH适应范围有差异(表4-16)。有些作物比较耐酸,如荞麦、甘薯、烟草、花生;有的作物比较耐轻度盐碱,如甜菜、大麦、棉花、向日葵、紫花苜蓿,水稻也是改良盐碱地的先锋作物。

表 4-16　主要农作物生长适宜的土壤 pH 范围

作物	适宜 pH 范围	作物	适宜 pH 范围	作物	适宜 pH 范围
玉米	6.0~7.0	大豆	6.0~7.0	棉花	6.0~8.0
小麦	6.0~7.5	花生	5.0~6.0	烟草	5.0~6.0
水稻	6.0~7.5	油菜	6.0~7.0	紫花苜蓿	6.0~8.0
大麦	6.0~7.5	向日葵	6.0~8.0	苕子	6.0~7.0
豌豆	6.0~8.0	甘薯	5.0~6.0	紫云英	5.5~6.0
蚕豆	6.0~8.0	甘蔗	6.0~8.0	甜菜	6.0~8.0

3. 土壤有机质　　土壤有机质是土壤中具有有机组成的物质，是土壤的重要组成物质之一，一般含量较低。华北耕地土壤有机质含量一般为 5~15g/kg，西北土壤大多低于 10g/kg，南方水田含量多在 15~35g/kg，东北黑土地可高达 80~100g/kg。虽然土壤有机质含量不高，但它是营养元素的贮藏库，对土壤的水、肥、气、热等肥力因素和微生物的生命活动有着重要的作用，是土壤肥力高低的重要标志。

耕地的土壤有机质来自动植物、微生物、有机肥料及还田的秸秆和绿肥。土壤微生物的数量相当巨大，占土壤有机质的 1%~2%，对土壤有机质的转化起着特殊作用。土壤有机质的转化有两个方向，即有机质的矿质化和腐殖化。土壤矿质化过程是指有机质在微生物的作用下，分解成简单的无机化合物，并释放出能被植物吸收利用的矿质养分和热量的过程。腐殖质是一类组成结构极为复杂的高分子聚合物，其主体是腐殖酸及其与金属离子相结合的盐类，与矿物质结合形成有机无机复合体，对土壤团粒结构的形成和保持具有重要作用。腐殖化过程是指土壤中腐殖质的形成过程。土壤中微生物将有机残体转化为合成腐殖质的原材料，再经过聚合和缩合作用，形成腐殖质。腐殖化过程是将养分暂时储存起来，可以再陆续分解供植物利用。

增加土壤有机质的途径有：增施有机肥；种植绿肥；秸秆还田；利用农产品加工废液、废渣；合理轮作、用地养地等。

4. 土壤养分　　土壤养分是土壤肥力的重要基础物质，是植物营养元素的主要来源。植物生长必需营养元素中，除碳（C）、氢（H）、氧（O）主要来自于空气和水外，其余主要依靠土壤提供。土壤养分按化学形态分为有机态和无机态，植物以吸收无机态养分为主。土壤养分按存在状态可以分为溶解态、吸附态和难溶解状态。溶解态养分溶于土壤溶液中，呈离子态存在，是最容易被植物吸收的有效养分。吸附态养分是吸附在土壤胶体表面的离子态养分，如吸附性 K^+、吸附性 Ca^{2+}。它们可以通过阳离子交换转变为溶解态养分，并为作物所吸收，所以也是有效养分。难溶态养分是存在于土壤矿物和难溶性盐类中的养分，必须经历一系列生化反应或化学反应，逐步转变为吸附态和溶解态养分时，才能被植物吸收。

4.7.4　土壤的改良

1. 农业土壤的特征　　农业土壤比较适宜农业生产，适宜作物生长。肥沃的土壤土层深厚，厚度应在1m左右，耕层厚度一般应达到20～30cm，土体上松下实。土壤质地应砂黏适度，大小孔隙比例合适，土壤结构良好，有明显的团聚体，有机质含量高，土体中没有毒害物质。

2. 低产田土壤的改良

（1）红壤　红壤分布在我国热带、亚热带的山、丘、台、岗地带。红壤低产的主要原因是：质地黏重，耕性不好，极易板结；土壤侵蚀，水土流失严重，耕层较浅，一般10～15cm；养分含量低，有机质少；酸性偏高。

治理红壤要采取全面规划综合治理的方针，增施有机肥料，改土培肥，提高土壤肥力；适量施用石灰，中和红壤土的强酸性；客土掺砂，改善土质；用养结合，合理轮作；深耕结合施肥，加速土壤熟化。

（2）低产水稻土　低产水稻土主要分布在南方各省份，包括冷浸田、沉板田和黏结田。

1）冷浸田。在南方各省的山地、丘陵区，特征是冷、烂、酸、瘦、毒。其改良措施主要是开好防洪沟、排水沟和灌溉沟；加入新土，特别是旱地土壤；增施肥料，施用石灰；水旱轮作，冬耕晒土。

2）沉板田。是质地过砂或粗粉粒过多的低产稻田。低产原因是缺乏黏粒，有机质含量不高，土壤黏聚性差。改良途径主要是客土掺黏，也可翻淤压砂；增施有机肥料，种植绿肥；改进排灌方式。

3）黏结田。低产的主要原因是，母质中细粒过多，有机质少，土壤紧实，结构差，通透性差，易旱易涝。改良途径是掺砂改黏；增施有机肥料；晒垡。

（3）盐碱土　盐碱土主要分布在北方干旱、半干旱地区。其低产原因复杂，但主要是土壤内盐分含量高，或碱性太强，有的pH高达9.0～10.0，肥力低，地下水位高，浅层水质不良，耕性和生产性能差。

视频：滨海盐碱地改良植棉技术

改良盐碱土一是排除盐碱，二是培肥土壤。其具体措施是排水，降低地下水位到临界深度以下，可采用开挖排水渠及竖井排水等方法。此外，灌水压盐、平地深翻、增施有机肥、植树造林等都是改良盐碱地的好方法。

（4）风砂土　风砂土主要分布在沿长城一带的干旱和半干旱地区，是在风力搬运、分选、沉积的风积母质上形成的幼年土壤，机械组成以砂粒为主，黏粒很少。其特点是：不抗风、不保土、不抗旱、不保水、土壤贫瘠。但它的通透性良好，适耕期长，能保证良好的耕作质量。

改良风砂土首先是植树造林，防风固沙；封沙育草，严禁放牧、打草；在水源充足的地方，可以引水拉砂，引洪淤灌；在流动风砂土地段可以设置风障等。

第 5 章 作物的遗传改良

作物生产中，高产、超高产产量目标的实现，必须讲究良种与良法的配套。良法，即能够满足特定作物品种最佳生长状况的各种栽培措施和生产调控手段；良种，即能够适应特定生态、经济条件的优良作物基因型。品种是作物高产的物质基础，目前我国主要农作物良种覆盖率在95%以上，良种对粮食增产的贡献率超过40%（为43%）（农业部，2013）。作物品种改良与其遗传基础、生殖方式，以及关键种质资源的发掘、利用密切相关。传统育种方法在作物改良中起到了不可替代的作用，植物生物技术的蓬勃发展、分子育种（分子设计）等技术在作物育种中的成功应用，开启了作物育种的新时代，为提高育种选择效率、解决常规育种难以克服的物种间生殖障碍、多基因聚合等问题提供了新思路。"农以种为先"，作物种子生产与管理的科学化、规范化、标准化，既是保证作物改良成果实现的法制基础，又是种子产业振兴繁荣的必由之路。

因此，本章主要讲述作物改良的遗传学基础、生殖学（繁殖方式）和材料学（种质资源）基础、作物品种的概念及类型、作物改良的任务及作物育种目标的制订、常规育种方法及现代育种技术的发展，以及作物种子生产与管理等内容。

5.1 作物性状改良的遗传学基础

作物性状改良的核心是创造变异和利用变异。性状的变异又分为环境因素引起的变异和遗传因素引起的变异。由遗传因素引起的变异具有选择的意义，是作物遗传改良中需要重视的主要变异类型。从这个意义上讲，作物育种的实质就是创造、鉴别和利用有益变异，进而选育出作物新品种的过程。作物的性状具有不同的遗传基础，这种差异决定了不同性状的遗传改良策略。因此，在进行作物遗传改良时，有必要了解生物性状及其遵循的遗传学规律。

5.1.1 遗传学基本概念

遗传学是研究生物性状遗传和变异规律的科学，是指导农作物育种和良种繁殖的理论基础。一般作物的外部形态特征和内在生理生化特性统称为生物的性状。

遗传是指生物的亲代性状和子代相似的现象，即所谓"种瓜得瓜，种豆得豆"。变异是指生物的子代与子代间、子代与亲代间的差异，如"一母生九子，连母十个样"即指变异。生物繁殖的后代，既有遗传又有变异。遗传保证了生物性状的延续，而变异则有利于生物不断地进化。由遗传因素引起的而非环境因素引起的变异具有选择意义。

现已明确，生物体之所以能够产生与亲代相似的子代，是因为子代接受了亲代的遗传物质。现代生物学认为，决定生物性状遗传的物质是基因（即孟德尔所说的"遗传因子"）。基因，主要位于细胞核内的染色体上。高等生物的染色体数目，在体细胞和性细胞间存在着严格的数目关系：同一生物的体细胞通常具有相同的染色体数，性细胞染色体数目则经由减数分裂而形成，故为体细胞染色体数目的一半。有性生殖时，性细胞经受精作用产生合子，染色体数目恢复到亲本体细胞染色体数目，合子兼具来自双亲的全部核基因。无性繁殖植物的营养器官，如根、茎、叶从亲本植株上分割后繁殖成完整的植株，其染色体数目与母体一致。

5.1.2 遗传学基本定律

孟德尔的故事

生物的性状是如何遗传给后代的？在性状遗传上有哪些共同的规律？现在已经证实的遗传学基本规律有 3 个，即性状的分离规律、独立分配规律和连锁遗传规律。

1. 分离规律　　孟德尔（G. Mendel，1822~1884）在前人研究的基础上，以严格自花授粉作物（豌豆）为材料，经过连续 8 年的杂交试验，总结出分离规律和独立分配规律。在这些试验中，母本植株接受父本花粉后所结的杂交当代种子为 F_1 代，F_1 代植株自花授粉（自交）产生的种子为 F_2 代，性状在 F_2 代出现分离（表 5-1）。

表 5-1　孟德尔豌豆杂交试验的结果

性状	杂交组合	F_1 表现型	F_2 表现及比例		
			显性个体数目	隐性个体数目	比例（显性：隐性）
花色	红花×白花	红花	705	224	3.15：1
种子性状	圆粒×皱粒	圆粒	5474	1850	2.96：1
子叶颜色	黄色×绿色	黄色	6022	2001	3.01：1
种子形状	饱满×不饱满	饱满	822	299	2.95：1
花着生位置	腋生×顶生	腋生	651	207	3.14：1
植株高度	高×矮	高	787	277	2.84：1
豆荚颜色	绿色×黄色	绿色	428	152	2.82：1

根据上述试验结果，孟德尔提出了性状遗传的分离规律。分离规律认为，生物性状的遗传受遗传因子（基因）的控制；基因在体细胞内成对存在，在性细胞中则减半，因而配子中只含有成对基因中的一个基因；雌雄配子在融合（受精）时，基因又恢复成对。生物的性状有显、隐性之分，对应的控制基因中也有显性和隐性之分。杂交 F_1 代所表现出的性状为显性性状，其遗传组成（基因型）是杂合的；F_1 自交产生的 F_2 代基因型发生分离，其中 1/4 为纯合显性，2/4 为杂合，1/4 为纯合隐性。因为杂合基因型与显性纯合基因型的表现相同，故 F_2 代显性个体与隐性个体的比例为 3：1。

我们选择其中一对性状（表 5-1）为例加以说明，以英文大写、小写字母分别表示显性基因和隐性基因（表 5-2）。豌豆开红花由红花基因（显性基因 C）控制，开白花由白花基因（隐性基因 c）控制。据前所述，纯合红花豌豆亲本的遗传组成应为 CC，白花豌豆的遗传组成应为 cc。在形成配子时，红、白花亲本分别产生遗传组成为 C、c 的配子。两亲本杂交产生的杂种第一代（F_1）遗传组成为 Cc，表现显性性状（红花）。F_1 植株能够产生 2 种遗传组成均为 C、c 的雌雄配子，二者的比例相同（各占 1/2）。自花授粉（自交）时，雌雄配子结合产生 4 种遗传组成的个体，即 $1CC:2Cc:1cc$，CC 与 Cc 表现相同，所以 F_2 代中红花与白花表现型的分离比例为 3:1（表 5-2，图 5-1）。

表 5-2　豌豆红花×白花组合中杂种 F_1 形成的 2 种配子及自交所产生的 4 种基因型

雌配子遗传组成	雄配子遗传组成	
	C	c
C	CC 红花	Cc 红花
c	Cc 红花	cc 白花

```
亲本 1（P₁）红花植株（CC）×白花植株（cc）亲本 2（P₂）
                        ↓
杂种 1 代（F₁）：         红花（Cc）
                        ↓⊗
杂种自交（F₂ 代）：
遗传组成（基因型）比例：   1CC  :  2Cc  :  1cc
理论表现型比例：          1 红花 : 2 红花 : 1 白花
表现型比例：              3 红花 : 1 白花
```

图 5-1　豌豆红花/白花的杂交及分离

分离规律的要点如下：具有一对相对性状差异的亲本杂交时，2 个亲本的等位基因在杂种中互不影响，各自独立存在。当杂种形成配子时，它们又分别随机地进入到不同配子中去，配子只含有成对等位基因中的一个，形成相同比例的 2 种配子。

分离规律是其他遗传规律的基础。

2. 独立分配规律　随后，孟德尔在研究两对相对性状（如黄色圆粒对绿色皱粒）的遗传规律时，发现每对相对性状分别服从分离规律。但是，由于减数分裂时 2 对性状的遗传因子各自独立分离，形成比例相同的 4 种配子。例如，纯合黄色圆粒与绿色皱粒豌豆的杂交结果。

```
亲本：                 黄色圆粒 YYRR×绿色皱粒 yyrr
                              ↓
F₁ 代：                       黄色圆粒 Y_R_
F₂ 代：      315 黄圆 Y_R_   101 黄皱 Y_rr   108 绿圆 yyR_   32 绿皱 yyrr
实际比例：        9.84    :    3.15    :    3.38    :    1
理论比例：         9      :     3      :     3      :    1
按每对性状计算：
    黄/绿：（315+101）:（108+32）=2.97:1≈3:1
    圆/皱：（315+108）:（101+32）=3.18:1≈3:1
```

从上面的杂交结果可以看出，每对相对性状的遗传仍符合分离规律。但由于减数分裂时控制两对性状的遗传因子各自分离，形成比例相同的4种雌雄配子，即 YR、Yr、yR 和 yr，再经随机的交配过程，即形成比例为9∶3∶3∶1的4种表型个体（表5-3）。这就是所谓的独立分配规律或称自由组合规律。

表 5-3　豌豆黄色圆粒与绿色皱粒的杂交及分离

雌配子	雄配子			
	YR	Yr	yR	yr
YR	黄色圆粒 YYRR	黄色圆粒 YYRr	黄色圆粒 YyRR	黄色圆粒 YyRr
Yr	黄色圆粒 YYRr	黄色皱粒 YYrr	黄色圆粒 YyRr	黄色皱粒 Yyrr
yR	黄色圆粒 YyRR	黄色圆粒 YyRr	绿色圆粒 yyRR	绿色圆粒 yyRr
yr	黄色圆粒 YyRr	黄色皱粒 Yyrr	绿色圆粒 yyRr	绿色皱粒 yyrr

3. 连锁遗传规律　　在分离规律与独立分配规律提出之后，许多科学家进行了类似的试验。在这些研究中，既有符合上述规律的结果，也有差异很大的结果。例如，具分枝果穗、绿苗玉米与单轴果穗、黄绿苗玉米的杂交结果就与预期的 9∶3∶3∶1 比例有很大差异（图5-2）。

```
                亲本1（P₁）分枝果穗、绿苗   ×   单轴果穗、黄绿苗 亲本2（P₂）
                                         ↓
杂种1代（F₁）：              分枝果穗、绿苗
                                         ↓
杂种2代（F₂）：      分枝果穗绿苗  分枝果穗黄绿苗  单轴果穗绿苗  单轴果穗黄绿苗
表现型株数：              251    ：     24     ：     26    ：     65
按9∶3∶3∶1计算理论值：    205.9  ：    68.6    ：    68.8   ：    22.9
```

图 5-2　玉米分枝果穗绿苗与单轴果穗黄绿苗性状的杂交及分离结果

由图 5-2 可知，4种表现型植株中，亲本型的植株数（分枝果穗绿苗与单轴果穗黄绿苗）所占比例较大，重组型性状植株（分枝果穗黄绿苗、单轴果穗绿苗）所占比例则较少，与 9∶3∶3∶1 的理论比例存在显著差异。但就每对相对性状本身而言，则仍然分别服从分离规律。F_2 代 4 种类型个体严重偏离独立分配规律理论比例的结果说明，杂种 F_1 在经减数分裂产生的4种配子比例并不相同，其可能原因是两对性状的控制基因不是相互独立的，而是可能位于相同的同源染色体上，彼此间存在连锁关系。在其他物种（如香豌豆、果蝇等），科学家也发现了类似的连锁现象。

美国科学家摩尔根（T. H. Morgan，1886~1945）根据大量试验结果，总结并提出了连锁遗传规律：如果控制不同相对性状的等位基因位于同一对同源染色体上，在减数分裂产生配子时，这些位于同一染色体上的基因就不可能进行独立分配，而是有连锁在一起进行分离的趋势。如果基因间的距离足够近，就表现完全连锁，只出现2种配子；如果基因间有一定的距离，则减数分裂时同源染色体间的交换，就可能另外产生2种重组型配子；由于基因间的交换是一种低概率的事件，因而 F_1 产生重组型配子所占的比例远远少于预期的50%，所以自交后代中4种表型比例就会偏离9∶3∶3∶1。在作物育

种中，人们总期望优良基因能够连锁在一起，或是打破优良基因与不利基因间的连锁，进而获得具有优良基因组合的个体。

在连锁遗传中，重组类型的配子占所有类型配子总数的比值称为交换值（crossover value）或重组值（recombination value）。根据不同基因之间的交换值可以确定它们所属的连锁群（linkage group）和在染色体上的相对位置。

5.1.3 数量性状及其遗传

1. 数量性状　　生物性状按其变异形式可以分为两种基本类型：表现非连续变异的性状，如前面讲到的豌豆的红花与白花、圆形种子与皱缩种子等相对性状间有明显的区别，称为质量性状（qualitative trait）。质量性状的变异易于识别，受环境条件影响较小，可以明确分组。遗传学的三大规律都是基于质量性状基础上的遗传规律。但生物体的许多相对性状区分不明显，如株高、生育期的长短、穗粒数的多少等，表现出连续的变异。这种必须测定和量度的性状，称为数量性状（quantitative trait）。

数量性状的变异不易识别，受环境影响较大，难以明确分组统计，其遗传表现也与质量性状不完全相同。农作物的经济性状和多数品质性状，如穗粒数、分蘖数、分枝数、粒重、单株产量、生育期、蛋白质、淀粉和脂肪含量均为数量性状。我们可试举一个短穗玉米与长穗玉米杂交的例子（表5-4）进行说明。

表5-4　玉米果穗长度的遗传

穗数	穗长/cm																	平均
	5	6	7	8	9	10	11	12	13	14	15	16	17	18	19	20	21	
短穗亲本（P_1）	4	21	24	8														6.6
长穗亲本（P_2）									3	11	12	15	26	15	10	7	2	16.8
F_1					1	12	12	14	17	9	4							12.1
F_2			1	10	19	26	47	73	68	39	25	15	9					12.9

从表5-4可以看出，不同杂交亲本的不同个体，虽然基因型是一致的（如F_1代），但性状的表现却易受环境条件的影响而表现出明显的差异，呈连续分布。对玉米果穗来讲，由于不同个体所处的环境条件不同，其果穗长度表现出变异，但这种变异并不遗传给后代。F_1和F_2的穗长介于两个亲本之间，F_1和F_2穗长的平均数比较相近。但F_1的变异幅度较小，F_2的变异幅度明显增大，这是因为F_1不同个体的基因型是一致的，只受到环境条件的影响。而F_2的不同个体基因型不相同，且受到环境条件的影响。而且，短果穗亲本（P_1）、长果穗亲本（P_2）、F_1、F_2不同基因型间的表型呈连续变异，没有明显的界限，难以分成几种类型和计算它们的比例，更难以亲本和杂交后代的表现来分析它们的基因型。

2. 数量性状的遗传　　为了解释上述数量性状的连续变异和遗传，尼尔逊·埃尔提出了数量性状的多基因假说（polygene hypothesis）。其要点有以下几方面。

1）数量性状的遗传受多对基因共同决定。每对基因的效应微小，一般彼此效应相差不大且可相加，称为微效基因。

2）微效基因存在于染色体上，每对微效基因的遗传行为仍符合分离定律、独立分配定律或连锁遗传定律。

3）数量性状的表现受环境影响较大，多数还存在基因型与环境的互作。因此在表现上呈连续或近似连续的变异，很难察觉不同基因型间的区别。

许多研究表明，典型的数量性状由几十对甚至上百对微效基因控制。这些基因分布于不同的染色体上，彼此之间的关系既有连锁又有独立。各基因的效应既有可相加的一面，又有相互影响（如显性与互作等）的一面。

5.2 作物的繁殖方式及其育种特点

5.2.1 作物的繁殖方式

作物的繁殖方式，一般分为有性繁殖和无性繁殖两大类。有性繁殖是植物最基本的繁殖方式。根据参与受精后雌雄配子来自同一植株或不同植株，又将有性繁殖分为自花授粉、异花授粉和常异花授粉。

一般地，典型的自花授粉作物的天然异交率≤4%，典型的异花授粉作物的天然异交率为50%~100%，常异花授粉作物的天然异交率介于两者之间。

1. **自花授粉作物** 同一朵花的花粉传播到同一朵花的雌蕊柱头上，或由同株的花粉传播到同株的雌蕊柱头上而繁殖后代的作物称为自花授粉作物。这类作物的花器构造和开花习性极有利于自花授粉。其植物学特点为：① 雌雄蕊同花，花瓣无鲜艳颜色，缺少香味；② 雌雄蕊同期成熟或雌蕊先熟，如菜豆；③ 花器结构严密，闭花或开花授粉；④ 雄蕊紧密包围雌蕊，花药开裂部位紧靠柱头，如番茄；⑤ 开花期短；⑥ 自然异交率一般不超过1%。常见的自花授粉作物有水稻、小麦、大麦、燕麦、大豆、豌豆、绿豆、花生、芝麻、亚麻、烟草等，自然异交率一般为1%~4%。

自交的遗传效应：① 自交使杂合的基因型逐渐趋于纯合。以一对杂合 Aa 基因型为例，在没有选择的前提下，经过连续自交，后代中纯合基因型 AA、aa 个体出现的频率将逐代增加，而后代中杂合型个体的比率将逐代减少。但其纯合体增加的速度和强度取决于基因对数、自交代数和选择。基因对数多，纯合速度就慢，所需自交代数就多；基因对数少，纯合速度就快，所需自交代数就少。② 自交引起杂合基因的后代发生性状分离，一些被掩盖的隐性性状因纯合而显现出来，借此可淘汰有害个体。杂合情况下隐性基因被掩盖，通过自交使隐性性状得以表现（如白苗、黄苗、花苗、矮化苗等畸形性状），从而将其淘汰。例如，玉米自交后代群体通过自交会引起后代的严重衰退，但也可通过自交淘汰其中的有害隐性性状，选育优良自交系。③ 杂合体自交可以导致遗传性状的稳定。例如，基因型为 $a_1a_2b_1b_2$ 的个体，经过长期自交后，会分离出 $a_1a_1b_1b_1$、$a_1a_1b_2b_2$、$a_2a_2b_1b_1$、$a_2a_2b_2b_2$ 等4种纯合基因型，所以自交或近亲繁殖对于品种保纯合物种的相对稳定性具有重要意义。④ 自交引起杂合基因型的后代生活力衰退。杂合基因型的作物，自交后代的生活力衰退，表现为生长势下降，繁殖力、抗逆性减弱，产量降低等（称为自交衰退）。

    2. 异花授粉作物   雌蕊柱头接受异株或异花花粉而繁殖后代的作物称为异花授粉作物。常见的异花授粉作物有玉米、黑麦、甘薯、向日葵、白菜型油菜等，天然异交率在 50%～100%。这类作物又可分为 3 种：① 雌雄异株，即植株雌雄蕊分别着生于不同的植株上，如大麻、蛇麻、菠菜、石刁柏等。② 雌雄同株异花，如玉米、蓖麻等。③ 雌雄同花，但在进化过程中形成自交不亲和习性[①]，自身花粉不能与雌蕊结合授粉，如黑麦、白菜型油菜、向日葵、甜菜、甘薯等作物中的许多种。上述异花授粉作物的第一种是 100%的异花授粉，为完全的异花授粉植物。第二、三种类型的作物，一般自然异交率很高，如玉米一般自然异交率在 95%以上。

    异交的遗传效应：① 异交产生杂合基因型。双亲的基因型差异越大，后代基因型的杂合程度越高。因此，有选择的异交（人工杂交）是创造遗传变异的一种主要方法。② 异交增强后代生活力。主要表现在生长势、抗逆性、产量等数量性状方面比亲本有明显提高，称杂种优势。利用异交增强后代生活力的效应，也是一种主要的育种方法。

    3. 常异花授粉作物   一种作物同时依靠自花授粉和异花授粉两种方式繁殖后代的称为常异花授粉作物，是自花授粉作物和异花授粉作物的过渡类型。常见的常异花授粉作物有棉花、甘蓝型油菜、芥菜型油菜、高粱、蚕豆、粟等，如棉花的天然异交率为 1%～18%，高粱为 0.6%～50%，甘蓝型油菜为 10%～30%。

    4. 无性繁殖作物   许多植物的营养繁殖器官如根、茎、叶、芽及其变态器官如块根、块茎、球茎、鳞茎、匍匐茎、芽眼等都具有再生能力，采取分根、扦插、压条、嫁接等方法繁殖后代。这种凡是不经两性细胞受精过程而繁殖后代的作物称为无性繁殖作物，如甘薯、马铃薯、木薯、甘蔗、苎麻等。

5.2.2 不同繁殖方式作物的育种特点

    1. 自花授粉作物的育种特点   在自花授粉作物育种中，单株选择是一种常用的方法，在性状分离的大群体中进行多代选择，多中选优，优中选异，才能选出综合性状优良的理想类型。

    通过对自然群体中变异单株的选择和鉴定，可以选出优良的单株后代，并从中培育出新品种。由于自花授粉作物的自然异交率较低，因此在育种试验及良种繁育过程中，一般不必设置隔离区，但要注意防止机械混杂。自花授粉作物杂种优势利用的潜力很大，主要途径是利用雄性不育性生产杂交种子。

    2. 异花授粉作物的育种特点   在育种方法上，主要是利用杂种优势。首先通过多次的自交和单株选择来获得性状稳定的优良自交系，然后利用遗传基础不同的自交系杂交产生杂种优势。在良种繁育过程中，由于异花授粉作物的自然异交率较高，因此要做好安全隔离，严防生物学混杂。

---

    ① 自交不亲和性：自交不亲和性指植物的雌雄两性机能正常，但不能进行自花受精或同一品系内异株花粉受精的现象。自交不亲和性是植物在进化过程中形成的有利于异花授粉，从而保持高度杂合性的一种生殖机制

3. 常异花授粉作物的育种特点　　常异花授粉作物进行育种工作，在育种方法上基本上与自花授粉作物一样，采用单株选择和杂交育种的方法。但由于常异花授粉作物会发生一定程度的异交率，因此杂交中选用的杂交亲本要进行必要的自交和选择以淘汰劣系，选择纯合的优系做杂交亲本，这样育种效果会更好。在杂种优势利用中，主要的途径也是利用雄性不育性来生产杂交种子。在良种繁育过程中，仍有必要做好安全隔离，防止生物学混杂。

4. 无性繁殖作物的育种特点

1) 营养系品种主要通过有性杂交和无性繁殖相结合的方法育种。在进行有性繁殖时，由于无性繁殖作物本身一般都是杂种，因此一方面可利用种子后代进行选择，另一方面当选得优良材料后，就可以通过无性繁殖把它固定下来，形成新的无性系，以保持优良的特性和杂种优势。通过鉴定，即可大量繁殖推广。

2) 芽变育种是营养系品种选育的一个有效方法，芽变选择育种是营养系品种育种的另一个重要特点。在进行无性繁殖时，一般多采用芽变的选择和单株繁殖法来培育新品种。芽变是体细胞突变的一种表现形式，在性状上表现出与原类型不同。当有利的芽变一旦出现，通过选择即可用无性繁殖方法把它们迅速稳定下来，培育成为新品种。

3) 淘汰劣变的芽变类型是营养系品种繁育保纯的重要措施。

5.3　作物改良的材料基础——种质资源

种质资源是现代育种的物质基础，关键性种质资源对于新的育种目标能否实现、对于提高育种成效起着十分重要的作用。同时，那些稀有特异种质重要种质资源也是生物学理论研究的重要基础材料。

5.3.1　种质资源的概念

种质资源，又称遗传资源，是指一切具有特定种质或基因，可供育种、栽培及其他生物学研究的各种生物类型的总称。种质资源是生物多样性的重要组成部分，更是人类赖以生存和发展的重要物质基础。种质往往存在于特定品种之中，如古老的地方品种、新培育的推广品种、重要的遗传材料以及野生近缘植物，都属于种质资源的范围。育种的原始材料、品种资源、遗传资源、基因资源与种质资源的概念大同小异。

不断地收集、研究和保存丰富的种质资源是作物育种能否成功和能否取得突破性进展的重要物质基础。20世纪50年代，我国发现了'矮脚南特'和'矮仔占'等矮秆资源，育成了'珍珠矮''广场矮'等一批矮秆籼稻品种。而'低脚乌尖'籼稻矮源、'农林10号'小麦矮源的发现和利用，进一步推动了世界范围的"绿色革命"浪潮，成了解决世界粮食安全[①]问题的关键。同样，籼稻野败型雄性不育资源的发现、小麦矮

---

① 粮食安全：粮食安全就是能确保所有的人在任何时候既买得到又买得起他们所需的基本食品。这个概念包括：确保生产足够数量的粮食；最大限度地稳定粮食供应；确保所有需要粮食的人都能获得粮食

败材料的创制及应用,分别奠定了籼稻杂种优势利用和小麦群体改良的基础。因此,种质资源在作物改良中有着十分重要的作用。

有关作物种质资源的类型有多种划分方法。其中,按其利用价值和来源的不同,可将种质资源分为以下 4 种类型。

(1) 本地种质资源　本地种质资源是育种工作最基本的原始材料,包括地方农家品种和改良品种。地方农家品种是指没有经过现代育种技术改良的,在当地长期栽培而适应性强的品种。地方改良品种是指那些经过现代育种方法育成的,在当地有较大推广面积的优良品种,它包括本地育成的,也有从外地或国外引种成功的。

(2) 外地种质资源　外地种质资源是指从外地或国外引进的作物品种或类型。这些种质反映了各自原产地的自然和栽培特点,具有不同的生物学、经济学和遗传性状,往往具有本地种质资源所不具有的特殊性状,特别是来自作物起源中心的作物种质,往往反映了该作物的遗传多样性,是改良本地品种的主要材料。

(3) 野生种质资源　野生种质资源主要指作物的各种近缘野生物种和有利用价值的野生植物。它们是在特定自然条件下、经历长期自然选择形成的,往往具有一些栽培种所没有的特殊性状,如对病毒病的抗性,对逆境的高度适应性和独特的品质等。野生种质资源的成功利用能在作物育种中取得重大突破,如我国水稻野败型细胞质雄性不育系的成功选育就是一例。

(4) 人工创造的种质资源　人工创造的种质资源是指在自然界原有种质资源的基础上,通过人工杂交、理化诱变和基因工程等途径创造的各种植物突变体或中间材料。这些人工创造的新种质在丰富作物育种基因库的同时,也往往携带有一些特殊的遗传因子,对新品种培育和作物科学研究产生深远影响。

5.3.2　种质资源工作

种质资源的收集与保存是种质资源工作的重要环节。

(1) 种质资源的收集　种质资源的收集包括野外考察收集、种质资源机构或育种单位间交换和群众性征集等方法,而考察收集是最直接和最基本的途径。野外考察收集主要集中于作物的起源中心和栽培历史悠久的生产区,主要目的在于充分保留该作物的遗传多样性[①]和抢救其中的濒危物种。20 世纪 20~30 年代,苏联以植物育种家和遗传学家瓦维洛夫为首的科学界进行了首次世界性的植物资源考察收集活动。

(2) 种质资源的保存　对收集到的种质资源,应及时记录品种或类型名称,产地的生态条件、来源、生物学特性等数据,并及时归类存档,以便日后查询。

种质资源的保存方法是指利用人工或天然的适宜环境保存种质资源,主要目标在于维持样本的一定数量,保持各样本的生活力和原有的遗传特异性,以供研究和利用。其

---

① 遗传多样性:遗传多样性是生物多样性的重要组成部分。广义的遗传多样性是指地球上生物所携带的各种遗传信息的综合。这些遗传信息储存在生物个体的基因之中。因此,遗传多样性也就是生物的遗传基因多样性。一个物种所包含的基因越丰富,它对环境的适应能力就越强。基因多样性是生命进化和物种分化的基础。狭义的遗传多样性主要是指生物种内基因的变化,包括种内显著不同的种群之间以及同一种群内的遗传变异。

主要方法有以下几种。

1）种植保存。隔一定时间（如 1~5 年）播种种质资源的种子（或无性繁殖）一次即为种植保存。种植保存一般可分为原地种植保存和异地种植保存。前者是指种质资源在其原生境继续生长，保持其遗传变异和进化，如建立各种自然保护区等。异地种植保存是指将种质资源保存在植物园、种质圃中，并尽可能地与原产地的种植条件相一致，以减少由于生态环境改变、人为差错、天然杂交、世代交替等而造成的生物学混杂现象的发生，如不同类型的种质库等。

2）贮藏保存。贮藏保存是将含水量低于安全水分的健全作物种子放在密闭容器中，存放在适当的低温、干燥和低氧的贮藏库中，长期保存种质资源的方法。其原理在于：在低温、干燥和缺氧条件下，种子的呼吸作用受到抑制而延长种子寿命。现在，该方法已成为世界各国保存种质资源的通用方法。其贮藏库分为 3 种类型：短期库（温度 20℃，相对湿度 45%，保存 2~5 年）；中期库（温度 4℃，相对湿度 45%，保存 25 年）；长期库（温度-10℃，相对湿度 30%，保存 75 年）。

3）离体保存。利用植物细胞的全能性原理，用试管保存植物组织或细胞培养物的方法称为离体保存。该法解决了某些顽拗型种子[①]、水生植物和无性繁殖作物种子的保存问题。作为离体试管保存种质资源的材料包括植物的愈伤组织、悬浮细胞、幼芽、幼胚、花粉、体细胞、原生质体等。

5.4 作物的遗传改良

5.4.1 作物品种的概念与类型

1. 作物品种的概念　　作物品种是人类在一定的生态、经济条件下，根据自己需要创造的某种作物的一种群体。作物品种不同于植物分类学上的变种、亚种。它是人工进化、人工选择的产物，是重要的农业生产资料，在农业生产的特定时期，在其所适应的地理范围和耕作栽培条件下，发挥其丰产、抗逆和优质等特性。所以，优良品种一般都具有地域性、群体性和时效性的特点。如果品种不符合生产上的要求，没有直接利用价值或者利用价值降低甚或出现致命缺点，就要被政府以行政命令的形式强制其退出市场。

农作物品种应在一个或多个性状上具有有别于同一作物其他品种的特异性（distinctness），在生物学、形态学尤其是在农艺性状和经济性状上有相对的一致性（uniformity），在遗传学上有相对的稳定性（stability）。这是对作物品种的 3 个基本要求，简称DUS。而基于品种这3个特性基础上的DUS测试[②]，是植物新品种保护的技

[①] 顽拗型种子（recalcitrant seed）：顽拗型种子是指不耐失水的种子，它们在贮藏中忌干燥和低温。这类种子成熟时仍具有较高的含水量（30%~60%），采后不久便可自动进入萌发状态。一旦脱水（即使含水量仍很高），即影响其萌发过程的进行，导致生活力的迅速丧失

[②] DUS 测试：在植物新品种申请保护之前，往往要对品种进行特异性、一致性和稳定性的栽培鉴定试验或室内分析测试的过程，即 DUS 测试

术基础和品种授权的科学依据。

2. 作物品种的类型　　根据作物繁殖方式，商品种子的生产方法、遗传基础、育种特点和利用形式等，可将作物品种分为以下 4 种类型。

（1）自交系品种或纯系品种　　自交系品种又称纯系品种，是指生产上利用的遗传基础相同、基因型纯合的植株群体，是由杂合或突变基因型个体经多代连续自交选择育成的同质纯合群体。严格来讲，它们是来自一个优良纯合基因型的后代，是基因型高度纯合与优良性状相结合的群体。一般认为，纯系品种的理论亲本系数不低于 0.87，即具有亲本纯合基因型的后代植株数达到或超过 87%。农作物品种如水稻、小麦、大麦、大豆、花生等自花授粉作物的品种就是纯系品种。异花授粉作物和常异花授粉作物由于它们的授粉习性和基因型的杂合性，经多代强迫自交（或兄妹交等近交方式）而得到的纯系（如玉米的自交系）在作为杂交种的亲本时，也属于纯系品种范畴。

（2）杂交种品种　　杂交种品种是指在严格筛选强优势组合和控制授粉条件下产生的各类杂交组合的 F_1 代植株群体。由于其个体基因型高度杂合，而群体具有不同程度的同质性，因此表现出较强的杂种优势和生产潜力。杂交种品种不能稳定遗传，F_2 代将发生基因分离，杂合度下降，性状整齐度降低，产量大幅下降。因此，杂交种在生产上一般不利用 F_2 代。

异花授粉作物（如玉米）中利用杂交种品种，一般采用品种间杂交种和自交系间杂交种两种类型。杂交种主要包括顶交种、单交种、三交种、双交种等不同类型。自花授粉作物和常异花授粉作物利用杂种优势的主要方法是利用雄性不育系和优良恢复系杂交而成。过去主要在异花授粉作物中利用杂交种品种，现在随着雄性不育系在多种作物中的先后发现及成功转育，解决了自花授粉作物的去雄和制种难问题，使自花授粉作物和常异花授粉作物也开始利用杂交种品种。我国在水稻和油菜杂种优势利用方面已走在世界前列。

（3）群体品种　　群体品种的遗传基础比较复杂，群体内个体间植株基因型有一定程度的杂合性和（或）异质性。根据作物种类和组成方式不同，群体品种又可分为以下 4 种类型。

1）自花授粉作物的杂交合成群体。此类群体是用自花授粉作物的两个以上自交系品种杂交后，在特定环境条件下，进行繁殖、分离和自然选择，逐渐形成的一个较为稳定的群体。实际上经过若干代以后，最后形成的杂交合成群体是一个由多种纯合基因型组成的混合群体，该类型品种的抗病虫害能力较纯系品种强，如哈兰德（Harland）大麦和麦芒拉（Mezcla）利马豆均为由纯系材料杂交而成的群体品种。

2）自花授粉作物的多系品种。由自花授粉作物的几个近等基因系[①]种子混合繁殖而成。由于近等基因系具有相似的遗传背景，只在个别性状上存在差异，因此，多系品种在大部分性状上是整齐一致的，仅在个别性状上存在差异。此类品种主要用于抗病育

---

① 近等基因系（near-isogenic lines, NIL）：两个遗传背景近似相同，而某个特定性状或其遗传基础有差异的植物个体，互称近等基因系。近等基因系也是遗传学和其他生物学研究的宝贵材料

种中，如诺曼·布劳格[①]（Norman Borlaug，1914～2009）在墨西哥育成的抗秆锈病的小麦多系品种。

3）异花授粉作物的自由授粉品种。异花授粉作物品种在生产、繁殖过程中，品种内植株间随机授粉，同时也会和邻近的另一品种授粉。因此，群体中存在来自杂交、自交和姊妹交所产生的后代，个体植株的基因型是杂合的，群体的基因型是异质的，但保持着一些本品种的主要特性，可以区别于其他品种。玉米、黑麦等异花授粉作物的多数地方品种均属于自由授粉品种。此类品种又称开放授粉品种。

4）异花授粉作物的综合品种。由一组异花授粉作物的多个交自系在隔离区内，经随机授粉而组成的遗传平衡群体。此类群体表现为：群体内个体基因型杂合，群体的基因型异质。群体品种育种的基本目的是创建和保持广泛的遗传基础和基因型多样性。

（4）无性系品种　由一个无性系经过营养繁殖而成，其基因型由母体决定，表现型与母体相同，如多数薯类作物属于无性系品种。由专性无融合生殖如孤雌生殖、孤雄生殖等产生的种子繁殖的后代，也属于无性系品种。

5.4.2　作物遗传改良的任务

作物遗传改良是指通过对植物遗传特性有目的地改良，使之更加符合人类生产、发展和生活的需要，也称为作物品种改良或作物育种。原始农业时期，人类对野生植物进行驯化并使之成为栽培作物的过程中，就已经初步显示出遗传改良的作用。而随着科学的进步，人们还通过人工合成途径创造作物新类型，丰富了作物种类，使作物产量、品质、抗逆性和生态适应性得到了大幅提高。

现有的各种农作物都是从野生植物演变而来，这种自然演变过程称为进化。进化是生物体自然变异和自然选择的结果。而对动植物品种的改良则是人们根据生产需要，人工创造变异和选择变异的结果，其中包括有意识地利用自然变异和自然选择的作用，自然选择那些有利于个体生存和后代繁殖的变异，以及形成新物种、变种、亚种和生态型，而人工选择决定作物品种选育的进程和方向。因此，作物遗传改良的任务就是适当利用自然进化和人工进化，创造、选育和繁殖新的作物品种。随着农业生产水平和遗传改良技术的提高，作物遗传改良的方法基本上可划分为传统遗传改良技术和现代遗传改良技术。

5.4.3　作物育种目标的内容及制订原则

1. 育种目标及其内容　进行农作物育种，首先要明确选育什么样的新品种，也就是要确定好育种目标，有目的、有计划地选育出符合生产需要和社会生产力发展水平的新品种。

育种目标是指对所要育成品种的要求。即指在一定的自然、栽培和经济条件下，对所要育成的新品种应具备的一系列优良性状的要求。育种目标在一定地区、时期内具有

[①] 诺曼·布劳格，著名农业科学家、植物育种家、植物病理学家，著名"绿色革命"倡导者，墨西哥小麦玉米改良中心（CIMMYT）首任负责人，1970年诺贝尔和平奖获得者

相对稳定性。同时，它又是动态的，随生态环境的变迁、经济社会的发展和种植制度的改革而发生改变。一般而言，作物育种的主要目标性状应包括产量性状、品质性状、成熟期、抗逆性和对生态环境适应性等内容。

2. 制订育种目标时遵循的一般原则　　育种目标的制订，必须遵循一定的原则，以保证育种目标的实现和育种效率的提高。

1）考虑国民经济的当前需要和生产发展的前景。制订目标时，既要考虑现实和近期的发展需要，又应尽可能兼顾长远发展的需要。选育高产、稳产的品种是当前的主攻方向，但随着人民生活水平的提高及工业发展的需求，对农产品品质的要求也越来越高，所以品质育种和专用性品种也逐渐成为主攻目标。另外，新品种的选育至少需要 5~6 年甚至更长的时间，所以育种目标的制订要同时考虑未来国民经济发展和生产发展对品种的要求。

2）考虑农业生产实际与现有品种有待提高和改进的重要性状。根据当地自然与栽培条件，分析现有品种的特征、特性，分析当时生产发展的主要限制因子，明确亟待改良的重要目标性状，才能选育出既克服现有品种缺点，又保持其优点的新品种。例如，气温较低、肥力水平也较低的某些山区与肥力水平较高的平原地区，生产条件与自然条件不一样，其育种目标也要因地而异。

3）确定需改良的具体目标和具体性状。应尽可能提出数量化的客观指标，使育种具有针对性、明确性、具体化和可操作性。

4）品种的合理搭配。我国地域宽广，跨越纬度大，气候、土壤和海拔有较大差异，不可能培育出可以完全满足生产需要的"全才"型品种。因此，应从作物生态学的角度出发，培育不同熟期和株型的品种，在生产上合理搭配使用，才能保证最高的经济效益。

5.5　传统作物育种方法

5.5.1　作物育种的有关方法

作物遗传改良所取得的成就，是综合运用多学科的理论和技术成果，广泛采用系统选育、杂交育种、辐射育种、杂优利用、生物技术等育种途径的结果。作物遗传改良的途径不断改进和发展，新的育种途径和技术的开拓利用以及向作物遗传育种领域的渗透促进了育种水平的不断提高。

在遗传学三大定律确立后的半个多世纪，作物常规育种技术形成了以杂交育种为核心的较为完整的体系。选择育种是最早应用的育种方法，在 20 世纪上半叶发挥了主导作用。后来随着其他育种方法的发展，选择育种主要以选择技术融入其中。杂交育种是常规育种技术中最有效的方法。我国 20 世纪 60~70 年代，50%以上的水稻品种、70%~80%的小麦品种都是通过此法选育成的。回交育种是针对特定目标性状进行遗传改良的技术，最早主要应用于抗病品种的培育，后来又进一步扩展出了轮回选择和综合品种育种技术并在品种与自交系改良、育种新材料创造等方面发挥了重要作用。自玉米中杂交优势效应的发现以来，杂种优势这一育种技术得到了长足发展。而为了方便地获得杂交种，植物细胞质雄性不育特性得到了利用和发展，后来细胞核不育、光温敏雄性不育以及化学杀雄等现象及技术相继被发现和应用于育种实践。

上述方法和技术均属于常规育种的范畴。植物细胞工程（包括组织离体培养技术、体细胞无性变异体筛选以及原生质体培养与体细胞杂交等）、染色体工程和基因工程等新技术的快速进展，对传统育种技术的重要性产生了强有力的冲击。同时，DNA 分子标记技术的发展完善，促进了以标记辅助选择为基础的分子育种、分子设计等手段应用于育种实践，促进了多基因聚合和育种选择效率的提高。

5.5.2 引种

1. 引种的概念与意义　　引种是指从外地区和外国引进新植物、新作物、新品种以及各种遗传资源材料。因此，引种应包括引进原始材料、将野生作物变为栽培作物（驯化）和引进当地没有种过的作物。我国是多种作物的发源地，但也有不少作物是先后分别从国外引进的，如甘薯、玉米、芝麻、向日葵、花生、棉花、烟草等均是在历史上的不同时期先后引入我国的。

引种的意义在于：丰富品种引进地的种质资源种类、为新品种培育奠定物质基础、扩大原物种的栽培种植区域、对濒危植物起到一定的保护作用。同时应当指出的是，直接应用于大田生产的引进良种，在本地栽培条件下会出现许多有利的新变异，而成为系统育种的宝贵原始材料。

2. 引种的理论与规律

（1）作物的生态类型　　一种作物生态类型的品种对本地区的条件具有最大的适应性，生态类型相似的品种，也必然具有相似的适应性。引种时，必须根据作物的适应性，引入适合的生态类型的品种。

（2）气候相似论　　由法国林学家迈依尔（H. M. Mayr）于 1906～1909 年提出，主要内容是：两个地区间的生态环境，应相似到足以保证相互引种成功的程度。其主要理论依据：气候因素是生态环境的决定因素。

（3）纬度、海拔与引种的关系　　纬度相近的地区间引种比经度相近而纬度不同的地区之间引种具有较大成功的可能性。

经验表明：引种以果实、种子或花用的植物，横跨纬度要小，否则低产或失败。引种不以种子为主要收获目的的植物，长日照植物北种南移或短日照植物南种北移即易于成功，往往可以高产（表 5-5）。

表 5-5　两类不同光反应型植物的引种反应比较

	长日照作物	短日照作物
北种南引	生育期长（迟熟），营养生长好，植株高，穗、粒增大，或不抽穗开花	发育快（早熟），营养生长不良，植株、穗、粒小，生殖生长受阻
南种北引	发育快（早熟），营养生长不良，植株、穗、粒小，低产，易冻害	生育期长（迟熟），营养生长好；植株高，穗、粒增大，或不抽穗开花

低纬高海拔与高纬低海拔地区间相互引种易成功，同纬度不同海拔地区间引种不易成功。据估计：海拔每升高 100m，平均温度要降低 0.6℃，相当于向北纬推进 1°。

（4）植物的阶段发育与引种

1）春化阶段是指作物对温度高低的反应。表现为在某一个发育时期需要一定的温度条件。如果这一阶段温度条件得不到满足，作物就不能完成发育。如根据对低温条件（低温程度和持续时间）的不同要求，小麦品种有春性（5~15℃，5~12 天）、弱冬性（0~7℃，30~40 天）和冬性（0~7℃，40~50 天）三种类型。只有某一地区的温度条件满足了引入品种春化阶段的要求，引种才可能成功。

2）光照阶段是指作物对日照长短的反应。作物进入光照阶段后，要求一定的光照条件，如果光照条件得不到满足，作物就不能开花结实。根据对日照长短要求的不同，可将作物分为：长日照作物（＞12h，如小麦、洋葱、莴苣、唐菖蒲、蚕豆、油菜等）、短日照作物（＜12h，如玉米、水稻、大豆、秋菊花、扁豆、牵牛花等）、中性作物（如丝瓜、番茄、甜椒、花生等）三种类型。另外，同一作物的不同品种类型对光照的反应也不相同，如晚稻品种对光照长度很敏感，而早稻品种则表现为钝感或无感。

只有某一地区的光照条件能够满足引入品种对光照长短的要求，引种才可能成功。从这个意义上讲，中性作物的适应区域较长日照作物和短日照作物都广，对引种有利。南北长距离引种成功的可能性不会很大。而东西间引种的关键是要注意引种地区间温度的变化。

3. 引种的程序和方法　　引种工作除根据上述原理作为指导外，为保证引种效果、减少浪费和损失，以及减少引种所带来的副作用，引种工作必须按照一定的步骤，采用一定的方法和技术进行。

1）可行性分析（引种材料的收集）。要根据引种理论及对本地生态条件的分析，掌握待引进品种资源的信息，如品种的生态类型等，通过比较分析，确定收集的品种类型及范围。根据需要，可到产地现场进行考察收集，也可向产地征集或向有关单位转引，但都必须附带有关的资料。

2）检疫和隔离种植。这方面的教训很多。例如，一些引进苗木种苗可能带有严重影响其生长发育的病虫害因子，既影响苗木生产，又破坏城市园林景观。因此，为防止病虫害随引种传播，必须严格遵守种子检验和检疫制度。

3）引种试验。引进材料经过检疫合格后，以当地代表性的良种为对照，在本地试种，以评价所引进品种材料的实际利用价值。引种试验工作一般分两步进行。

a. 试种观察。对初引进的品种材料，先小面积试种观察，初步鉴定其生态适应性和生产利用价值。对符合要求的品种材料，选留种子，参加品种比较试验。

b. 品种比较试验。经过 1~2 年试种观察，将表现优良的引进品种参加品种比较试验，以了解品种在当地条件下的性状表现。确定有推广价值的品种，送交区域试验并开展栽培试验和加速品种的繁殖，直接用于生产。

4）栽培试验。对于通过初步试验加以肯定的引进品种，还需要根据其遗传特性进行栽培试验，以了解外来品种在本地区栽培措施下的增产潜力。

5）引种与选择相结合，不断防杂保纯和选育新品种。

5.5.3 选择育种

1. 选择育种的概念　　选择育种是从现有品种群体中出现的自然变异类型中，选择优良变异个体（单株、单穗、单铃），分别脱粒和播种，每一个个体的后代形成一个系统，经过后代鉴定，并通过品系比较试验、区域试验和生产试验培育农作物新品种的育种途径。选择育种又称系统育种，对典型的自花授粉作物又可称为纯系育种。

选择育种是利用现有品种群体中出现的自然变异，从中选择出符合生产需要的基因型，无需人工创造变异。因此，这既是选择育种的优势，也是选择育种所能利用的变异有限的重要原因。

2. 选择育种的作用

1）是简易有效选育新品种的好方法，是育种工作中最基本的方法之一。

2）是利用自然变异，进行优中选优，不断改良和提高现有品种的有效途径。

3）在遭受病虫害或其他不良环境条件灾害的地区或时期，选拔比较有抗性的单株，进行选择育种，能够育成抗病品种。

3. 选择育种的特点

1）优中选优，简便有效。与其他育种方法比较，选择育种工作环节少，过程简单，试验年限短。选择育种直接利用自然变异，所选的优良个体一般多是同质结合体，通常只需要 1~2 代的分离和选株过程。

2）适合于群众性育种。许多推广品种都是由农民育种家利用这一方法育成的，如内乡 36、偃大 5 号和大豆品种荆山等。

3）连续选优，品种不断改进提高。一个比较纯的品种在长期栽培过程中，会产生新的变异，通过选择可育成新的品种；新品种又不断变异，为进一步选择育种提供了材料。例如，从水稻地方品种'郡阳早'中育成→'南特号'→'南特 16 号'→'矮脚南特'→'矮南早 1 号'，它对我国双季稻北移，起了重要作用。

选择育种的局限性：① 不能有目的地创新、产生新的基因型。② 改良的效果取决于品种群体中自然变异率的高低。通常有利变异的概率很低，所以选择效率不高。③ 育成品种的综合性状难以有较大的突破。主要原因是连续优中选优，其遗传基础较贫乏，提高的潜力有限。因此，随着育种目标的多样化和育种技术水平的提高，选择育种的比例会随之相应降低。但是在育种工作开展较晚、地方品种大量存在的地区，选择育种仍是重要的方法。

4. 选择育种的基本原理与育种程序

（1）选择育种所依据的基本原理　　选择育种所依据的基本原理是"纯系学说"。纯系是指自花授粉作物一个纯合个体自交所产生的后代。约翰逊（W. L. Johannsen）从 1901 年开始，对菜豆连续进行了 6 年选择，提出了著名的"纯系学说"。其主要内容有：① 在自花授粉作物群体品种中，通过单株选择，可以分离出许多纯系；② 同一纯系内各个体的基因型相同，所以从纯系内继续选择是无效的。③ 同一纯系内受环境因素影响所出现的变异是不能遗传的。

(2) 选择育种的方法和程序

1) 选择育种的方法。进行选择育种必须掌握以下技术环节的要点。

a. 选择的对象。从生产上大面积栽培的品种中进行选择最为有效。这类品种具有较多的优良性状，产量较高，品质较好，适应性较强。实行优中选优，以保持和提高其优良性状，克服其不良性状，最容易见效。

b. 选择标准。在育种目标基础上，还应注意以下要求：第一，选择突出的新性状。第二，综合性状。选择育种时要在综合性状优良的基础上，重点克服原品种存在的个别缺点。

c. 选择的数量。总的原则是由多到少，由粗到精，逐步挑选优株优系。为增加选择优良变异株的可能性，供选择的群体应尽可能的大，并从中选择尽可能多的单株。

d. 选择技术。选株要在保持原品种优良特点并且栽培条件较好的种子田、丰产田和生产大田中进行，土壤肥力均匀，耕作条件一致，栽培管理相同，以保证选株在均匀一致的生长条件下进行，正确地鉴别优劣，选到真正的优良材料。

2) 选择育种的程序。选择育种从选择优良单株开始到育成新品种的过程，是由一系列很细致的工作阶段所组成。各阶段的主要任务与内容分述如下：① 选择优良变异株（穗、铃）。当选单株（穗、铃）分别装袋，编号贮藏。② 株（穗、铃）行试验。将上年入选的单株（穗、铃）分别种成株行（穗行、铃行）（也称系统）。以原品种作为对照。在关键时期（如开花或出穗期等）进行观察鉴定，严格选优。入选的材料各自成为一个品系，下年参加品系比较试验。③ 品系比较试验。把上年当选的优良品系种成小区进行比较试验。试验的环境条件应与大田生产条件接近，试验一般进行两年。在第二年品系比较试验的同时，应加速繁殖种子，以便进行生产试验。④ 区域试验和生产试验。在不同的自然区域进行区域试验，测定新品系的利用价值、适应性和适宜推广的地区，并在接近大田生产条件的较大面积上进行生产试验，对新品系进行客观的鉴定。⑤ 品种审定与推广。在区域试验和生产试验中表现优异，产量、品质和抗性及生育期等符合推广条件的新品种，可定名并报请品种审定委员会审定，审定合格并被批准后，可有计划地组织示范和推广。

5.5.4 杂交育种

1. 基本概念　　杂交：不同基因型配子结合或相互交配产生杂种的过程，谓之杂交。

杂交育种：通过人工杂交的手段，将两个或两个以上亲本的优良性状综合到一个个体上，继而从分离的后代群体中，通过人工选择、培育和比较鉴定，从而获得遗传性相对稳定、有栽培利用价值的定型新品种的育种方法。

杂交育种的分类如下：根据亲本亲缘关系不同，杂交育种可分为近缘杂交（品种间杂交）和远缘杂交。常规杂交育种一般指种内品种间杂交，是不存在杂交障碍的同一物种内的不同品种或变种之间的杂交。此外，广义的有性杂交育种还包括杂种一代 F_1 选育，将在"杂种优势"部分专门讨论。杂交育种根据杂交机理或对后代的影响分为组合育种（有近缘、远缘两种组合形式）和超亲育种（杂种优势利用）等。

2. 常规杂交育种的重要性 常规杂交育种的重要性体现在以下几个方面。

1）是重要的育种手段之一。由于杂交可以实现基因重组，能产生更多的新变异类型，为优良品种的选育提供更多的机会。因此，杂交育种是最有成效的育种途径。

2）是与其他育种途径相配套的重要程序。诱变育种、倍性育种、生物技术育种等手段仅仅使原始材料发生了变异，其直接产品往往仍是育种的原始材料，需要通过常规育种途径，尤其是通过杂交育种途径，才能从中选育出符合生产要求的新品种。

3）杂交育种可同时改良多个目标性状。系统育种（选择育种）利用的是自然变异，诱变育种利用的是理化因素诱导的人工变异，它们的共同点是有利变异出现的频率低，往往适于单一性状的改良。倍性育种采用染色体组增加或减少的方式，其中，多倍体育种在引入有利性状的同时，也不可避免地引入了大量的不利性状，增加了改良多个目标性状的难度。现代生物技术虽然可直接导入有利基因，但在目前技术条件下，还难以同时导入大量的处于不同座位的有利基因。育种实践表明，只有杂交育种才能将分散在2个或2个以上亲本中的有利基因，通过杂交重组，使之聚合在同一遗传背景中，实现多目标性状的遗传改良。

4）更适于自花授粉植物的品种选育。自花授粉植物自然变异少，选择育种机会少。杂种后代选择的方法易于在自花授粉植物上应用，因此有性杂交育种更适于自花授粉植物的品种选育。

3. 杂交育种的遗传原理

1）基因重组。这是杂交育种取得巨大成功的主要遗传原因。通过杂交，使分散在不同亲本中控制不同有利性状的基因重新组合在一起，形成具有不同亲本优点的后代。

2）基因累加。通过基因效应的累加，从后代中选出受微效多基因控制的某些数量性状超过亲本的个体。

3）基因互作。主要通过非等位基因之间的互补产生不同于双亲的新的优良性状。

4. 杂交育种中的亲本选配

（1）亲本选配的重要性 亲本选配包括杂交亲本选择和杂交组合配置两方面的含义，即决定父母本和多亲杂交时进入杂交的亲本先后顺序。亲本选配的重要性主要体现在以下方面：① 亲本选配是杂交育种成败的关键。亲本选配得当，在杂交后代中就能选育出优良品种。而亲本选配不当则往往事倍功半，甚至劳而无获。② 提供了广泛而适宜的遗传基础。有利基因一般存在于种内不同变种、不同品种的不同种质内，亲本选配就是根据育种目标选择携带不同有利基因的亲本，进行适当的组配，从而为杂交后代提供恰当而广泛的遗传基础。

（2）亲本选配的一般原则和依据

1）互补原则。要求亲本自身综合性状优良，优点多而突出，遗传传递力强，缺点少而易克服；在亲本之间，性状应取长补短，可有共同优点，而无共同缺点。

2）适应性原则。亲本中至少有一方能适应当地生态环境，且综合性状较好。适应性亲本可以是当地推广品种，也可以是生态环境与当地相似的外地品种。

3）遗传差异原则。亲本间必须保持一定的遗传性差异，以丰富杂种的遗传基础。

性状互补的机会多,出现新类型的机会就多。但遗传差异也不是越大越好,差异过大,则后代分离强烈、稳定慢。

4)配合力原则。配合力原则就是选择一般配合力高的亲本,在此基础上选择特殊配合力高的杂交组合,以提高基因的累加效应。优良品种和优良亲本不是同一个概念。好品种不一定是好亲本,而好亲本最好同时也是个好品种。一个优良亲本,其配合力高,且自身综合性状也优良。

5. 杂交方式和杂交技术的选择

(1)杂交方式

1)单交:也称成对杂交、简单杂交或两亲杂交,它是两个亲本的一次杂交,参加杂交的亲本一个为父本,另一个为母本。用 A/B 表示(/表示杂交一次)。单交有正交和反交之分,如果称 A/B 为正交,则 B/A 为反交。在不涉及细胞质遗传时,正交与反交在遗传效果上是相同的。反之,则应考虑采用哪个亲本作母本更有利。

2)多亲杂交:指3个或3个以上亲本参加的杂交,又称复合杂交或复交。根据所用亲本的多少和杂交的次数,可分为如下几种。

a. 三交:采用 3 个亲本进行两次杂交,称为三交,表示为 A/B//C(/表示第一次杂交,//表示第二次杂交),即先将 A、B 杂交,A 作母本,B 作父本,子一代 A/B 再与 C 杂交。如果三交方式为 A//B/C,则表示以 A 作母本,子一代 B/C 作父本再次杂交。

b. 合成杂交(或双杂交):以两个不同的单交种作亲本进行的杂交称为双交。根据所用亲本的多少,双交可分为 3 亲本双交和 4 亲本双交。①三亲本双交。组配形式是 A/C//B/C。从选择的角度看,三亲本双交更有利,而从利用杂种优势的角度看,则三交更有利,因为其杂种群体内基因型类型少,生长更整齐。② 四亲本双交。其形式如 A/B//C/D,由亲缘关系不同的 4 个亲本杂交 3 次而成,先做 A/B 和 C/D 两个单交,再将两个完全不同的单交种杂交。在此情况下,4 个亲本的遗传物质在双交种中所占的比例一样,均为 1/4。与三亲本双交和三交相比,四亲本双交种遗传基础更为丰富(图 5-3)。

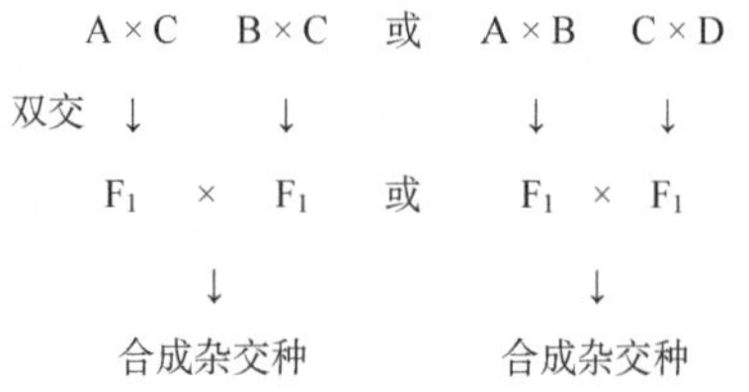

```
         A×C    B×C    或    A×B    C×D
双交      ↓      ↓             ↓      ↓
          F₁  ×  F₁      或     F₁  ×  F₁
                 ↓                     ↓
              合成杂交种              合成杂交种
```

图 5-3 合成杂交的不同形式

c. 四交:四交的形式是 A/B//C/3/D,其中 /3/ 表示第 3 次杂交。四交与四亲本双交虽然都用了 4 个亲本,但由于采用了不同的杂交方式,4 个亲本的遗传物质在四交一代中所占的比例也不一样,亲本 A、B、C、D 依次占 1/8、1/8、1/4、1/2。

3)循序杂交:也称添加杂交或阶梯杂交,是多个亲本逐个参与杂交的方式。每杂交一次,加入一个亲本的性状。添加的亲本越多,杂种综合优良性状越多。杂交越迟的亲本,对杂种的遗传影响越大,最后杂交的亲本对杂种影响值为 1/2。

4)聚合杂交。把计划采用的所有亲本在同一生长季里进行成对杂交,最后聚合为一个遗传基础丰富的新品种,把这种杂交称为聚合杂交,其目的是把多个亲本的优点汇集于同一遗传背景中去。

5）多父杂交。用一个以上父本品种的混合花粉对一个母本品种进行一次授粉的方式。例如，甲×（乙+丙），其方法是将母本种植在若干选定的父本之间，去雄后任其自然授粉。

(2) 杂交技术　作物杂交的方法和技术因作物而异，但也有其共同特点。

1）杂交前的准备。包括制订杂交计划和准备杂交用具。

2）调节开花期。当父母本开花期不一致而影响授粉时，就必须采取有效的措施，调整父本或母本的开花期。可以通过以下措施来调节父母本的开花期：父母本分期播种、春化处理、进行光照处理、采取适当的管理措施和进行激素处理等。

3）去雄。一般在开花前2天，闭花受精植物（菜豆和豌豆）开花前3~5天。方法因植物种类而异。

4）控制授粉。控制授粉的方法为人工套袋隔离，以杜绝计划外花粉的串入。

5）授粉后管理。授粉后的花朵要挂牌，并加强田间管理和收获后的各项管理，保证杂交种子安全收获和贮藏。

(3) 杂种后代的处理　杂交组合的后代是一个边分离边纯化（对自花授粉作物而言是自然纯化，对异花授粉作物来说，必须人工自交纯化）的异质群体，所分离的大部分基因型不符合育种目标的要求，所以必须在一定条件下采用适宜的方法选择适合于育种目标的基因型。

处理杂种后代的方法很多，但基本的处理方法有系谱法和混合法，其他处理方法都是这两种基本方法的灵活运用。

1）系谱法。按照育种目标，以遗传力为依据，从杂种的第一次分离世代开始，代代选单株，直到选出纯合一致、性状稳定的株系后，转为株系（系统）评定。由于当选单株有系谱可查，故称系谱法。常用于自花授粉作物品种选育和异花授粉作物自交系选育。杂种的分离世代，对单交组合，从杂种二代（F_2）开始；对复交组合，则从杂种一代（F_1）开始。

2）混合法。混合法工作要点。典型混合法在杂种分离世代按杂交组合混合种植，不选单株，只淘汰明显的劣株。直到群体中纯合体频率达到要求（一般要求80%左右）时，才开始选择一次单株，下一代种成株系，从中选优良株系升级试验。每代样本大小因育种规模、设施及试验地条件、材料性质而异，一般每组合应不少于10 000株。

3）派生系法。在杂种第一次或第二次分离世代选择一两次单株，随后改用混合法种植各单株形成的派生系，在派生系内除淘汰劣株外，不再选单株，每代根据派生系的综合性状、产量表现及品质测定结果，选留优良派生系，淘汰不良派生系，直到当选派生系的外观性状趋于稳定时，再进行一次单株选择，下年种成株系（或穗系），以后选优系进行产量试验。

派生系法实际上是在杂种分离世代采用系谱法与混合法相结合的方法。在杂种早期分离世代采用系谱法，针对遗传力高的性状进行1~2次单株选择，以期尽早获取一批此类性状优良的材料。在这些材料的基础上，采用混合法进级繁殖各派生系，根据各派生系的表现，选留优良派生系。

4）"一粒传"。从杂种第一次分离世代开始，每株取1粒（或者2粒）种子混合组成下一代群体，直到纯合程度达到要求时（F_6及其以后世代）再按株（穗）收获，下年种成株（穗）行，从中选择优良株（穗）系，以后进行产量比较。

上述几种处理杂种后代的方法都有各自的特点。这些特点反映在如何处理分离世代的杂种后代方面，一旦形成外观性状整齐一致的系统，各种方法间的差异随之消失。

（4）杂交育种程序　杂交育种程序集中表现在由若干个试验圃以及由各试验圃具体工作所构成的一套有序工作中。

1）原始材料圃和亲本圃。种植原始材料的试验地块称原始材料圃。主要集中种植所搜集来的种质资源。工作重点是对原始材料的特征特性进行比较系统地观察记载。种植杂交亲本的地块称亲本圃。为便于杂交，在亲本圃，一般应加大行距。

2）选种圃是种植 F_1 及外观性状表现分离的杂种后代的地块，主要工作是从性状分离的杂种后代中选育出整齐一致的优良株系，即品系。

3）鉴定圃是种植从选种圃送来的品系及上年鉴定圃留级品系的地块，其主要任务是对所种植品系的产量、品质、抗性、生育期及其他重要农艺性状进行初步的综合性鉴定。

4）品种比较试验圃。种植由鉴定圃升级的品系和上年品种比较试验圃中留级品系的地块称品种比较试验圃，简称品比圃。品比圃的中心工作是在较大面积上进行更精细、更有代表性的产量比较试验，同时兼顾观察评定其他重要农艺性状的综合表现。

5）区域试验、生产试验和栽培试验。区域试验，即在品种审定机构统一布置下，在一定区域范围内所进行的多点试验。其主要作用在于客观鉴定新品种的主要特征、特性，确定各地适宜推广的优良品种，为优良品种划定最适宜的推广区域，了解新品种的适宜栽培技术。生产试验又称生产示范，它选择优良品系，按照接近大田生产的条件以及生产上所采用的种植密度和技术措施，在有代表性的不同地点种植，考验品系的生产潜力、抗逆性，为品种审定和品种推广提供试验依据。一般在生产试验的同时，或在优良品种决定推广后，就几项关键性的技术措施进行栽培试验。栽培试验的作用在于进一步了解适合新品种特点的栽培技术，为大田生产制定栽培措施提供依据，做到良种良法一起推广。

5.5.5　杂种优势利用

1. 杂种优势现象及其理论基础

（1）杂种优势及其特点　杂种优势是指两个遗传组成不同的亲本杂交产生的杂种一代，在生长势、生活力、抗逆性、产量、品质等方面优于其双亲的现象。杂种优势在自然界十分普遍，在许多动植物中都发现了这一现象。在农业生产中，主要利用基因型纯合的亲本间杂种 F_1 所产生的杂种优势。杂交种的形式有单交种、三交种、双交种和综合种等，生产中以单交种应用最多。据统计，我国杂交种种植面积占该作物总面积的比例，玉米已经超过40%，高粱为70%，水稻为50%。

杂种优势是很重要的生物学现象，杂种一代在许多性状上都表现有优势。从经济性状上分析，杂种一代的优势主要表现在以下几个方面。

1）复杂多变。① 有的表现为营养体优势。多数杂种一代长势旺盛，分蘖力强，根系发达，茎秆粗壮，块根、块茎也增大增重。② 抗逆性和适应性优势。研究证明，水稻、玉米、高粱、油菜、烟草等作物在抗逆性上表现优越性；在适应性上，杂种一代适宜种植的地区范围不仅超过双亲，而且常常超过推广的普通良种。③ 生育期。若双亲的生育期相差较大时，F_1 的生育期常介于双亲之间，且多偏于早熟亲本，即早熟对迟熟为部分显性；若两亲的生育期相近，F_1 的生育期往往早于双亲。但早熟×早熟，F_1 也可能稍晚于双亲。④ 产量因素和产量。各种作物杂种一代的产量多数较高，强优势组合的 F_1 产量超过双亲平均值是普遍现象，但不一定超过对照品种，一般杂交种比推广的普通良种增产 20%～40%，高的可达二倍以上。⑤ 品质。杂种一代的品质也有一定优势，当然这也和其他性状一样，并不是所有组合及所有的品质方面都比双亲优越。

2）杂种优势的强度与亲本差异及纯度有关。

3）子二代以后杂种优势发生退化。

（2）杂种优势的度量　　为了便于研究和利用杂种优势，需要对杂种优势的大小进行测定。优势率是度量杂种优势强度的一种指标，它有以下几种计算方法。

1）中亲优势：是指 F_1 的产量或某一数量性状的平均值超过双亲（P_1、P_2）同一性状平均数的百分率。也称超中优势、平均优势。计算公式为

$$中亲优势（\%）=\frac{F_1-双亲平均值}{双亲平均值}\times 100$$

2）超亲优势：是以双亲中较优良的一个亲本的平均值作为度量标准，衡量 F_1 平均值超过高值亲本的百分率。公式为

$$超亲优势（\%）=\frac{F_1-较好亲本值}{较好亲本值}\times 100$$

3）对照优势（或超标优势）：即 F_1 的某一数量性状的平均值超过标准（当前推广）品种的百分率。公式为

$$对照优势（\%）=\frac{F_1-对照品种值}{对照品种值}\times 100$$

有些性状也可能出现超低值亲本的现象，如果这些性状也是杂种优势育种的目标时（如早熟性），可称为负向超亲优势。

$$负向超亲优势（\%）=\frac{F_1-较差亲本}{较差亲本}\times 100$$

（3）杂种二代及以后各代的杂种优势　　杂种优势主要表现在 F_1，从 F_2 开始则发生性状分离。F_2 群体内的个体间差异很大，生长不整齐，在生长势、抗逆性和产量等方面均比 F_1 显著下降，从而出现优势逐代衰退现象。因此，F_2 及以后各代在生产上一般不再利用。其 F_2 优势降低的程度可用下式进行估算：

$$F_2 优势降低率（\%）=\frac{F_1-F_2}{F_1}\times 100$$

F_2 较 F_1 优势降低的程度，因亲本性质（即双亲遗传性差异的大小）、数目和具体杂

交组合而不同。例如，玉米杂交种，双亲遗传差异越大，亲本纯合程度越高，亲本数目越少，则 F_1 的优势就越大，F_2 的衰退现象也越明显。

2. 配合力及其测定　　育种实践证明，外观长势好，产量高的亲本，其杂种的产量不一定有较高的水平，只有配合力高的亲本才能配制出高产的杂交种，只有配合力高的优势组合才能应用于生产。因此，对作物配合力的研究，日益受到重视。

（1）配合力的概念　　配合力是衡量亲本系在其所配的 F_1 中某些性状（如产量或性状）的好坏或强弱的指标。配合力有一般配合力和特殊配合力两种。

一般配合力，是指某一亲本系与其他亲本系所配的几个 F_1 的某种性状平均值与该试验全部 F_1 的总平均值的差值。

特殊配合力，是指某特定杂交组合某性状实测值与根据双亲一般配合力算得理论值的离差。

（2）测验种的选择　　测验种的选择依测定的目标而定。测定一般配合力用遗传组成复杂的群体品种作测验种。因群体品种在遗传上包含许多遗传性不同的配子。它们与被测系的配子相结合，产生的测交种实质上是被测系与其他许多系杂交一代的综合。有时也用各种形式的杂种作测验种测定一般配合力。当测定特殊配合力时，用基因型纯合的系作测验种。

测验种本身的配合力，以及测验种与被测系的血缘关系影响测定结果。若测验种配合力低或与被测系的血缘相近，测出的配合力往往偏低；相反，则测交种的产量往往偏高。测验种与被测系应是不同来源的，同时，若以测定配合力为主要目的时，测验种应以具有中等配合力较好。

（3）配合力测定的时期　　选育自交系（含不育系、恢复系）一般要进行连续 4～5 代的分离和选择，主要性状才能基本稳定。为提高育种效率，测定配合力一般分早代测验和晚代测验两期进行。

早代测验，即在自交当代（S_0）或自交一代（S_1）进行。在选株的同时，用部分花粉进行测交。进行早代测验，可以在分离自交系的过程中，较早地把配合力较低的材料淘汰掉。

晚代测验，是在各自交系基本稳定之后，到4～5代（S_4～S_5）时测定配合力。进行晚代测定时，由于遗传性已趋稳定，容易取舍，但工作量较大。在具体运作中一般是在早代测交时，常采用品种或杂交种作测验种，以测定一般配合力，晚代测交时采用几个骨干自交系测定其特殊配合力。

（4）配合力测定的方法

1）一般配合力测定有顶交法、半轮交法和多系测交法。其中一父（测验种）多母法（被测验系），也称顶交法。例如，自交系 1、2、3、4 配成 1×A、2×A、3×A、4×A，观察 F_1 的表现，比较各个测交种产量（或某种性状值）的高低。

2）特殊配合力测定多用交互法，每两个自交系相互杂交，若有 n 个自交系，只进行正交，则做 $n(n-1)/2$ 个杂交组合，次年观察比较各个 F_1 的表现。例如，1×2，1×3，1×4，2×3，2×4，3×4 的组合形式。

3. 杂交种的选育

（1）亲本选配的原则

1）配合力高。选择一般配合力高的材料作亲本，最好两个亲本的配合力都高。若受其他性状的限制，至少应有一个亲本是高配合力的。

2）亲缘关系较远。选择亲缘关系较远、性状差异较大的亲本进行杂交，常能提高杂种异质结合程度和丰富遗传基础，表现出强大的杂种优势。例如，杂交玉米丹玉6号（'旅28'דㅈ330'）和杂交水稻威优6号（'V20A'×'IR26'）等，均为地理或起源较远的亲本间杂交种。

3）性状良好并互补。要求两亲本应具有较好的丰产因素和较广的适应性，通过杂交使优良性状在杂种中累加和加强。

4）亲本自身产量高，两亲本花期相近。

（2）杂交种的组成及类别　杂交种有品种间杂交种、自交系间杂交种（包括顶交种）、远缘杂交种（如种间杂交种、属间杂交种）和核质杂种4类。现简要介绍如下。

1）品种间杂交种。对于雌雄异花或雌雄同花去雄方便的作物（如玉米、棉花等），可采用品种间杂交的方式利用杂种优势。其特点是，育种程序简单，若 F_2 及以后世代仍有较强杂种优势的话，在生产上可利用 F_1 及以后世代。但由于品种间没有严格自交过程，因此杂种 F_1 表现不太整齐，优势也相对低于自交系间杂种。

2）自交系间杂种。是目前生产上普遍采用且增产效果显著的一种方法，一般比优良品种可增产 25%～40%或更多，适合于容易人工自交的作物（如玉米等）。其特点是，育种程序复杂，需时长，但杂种整齐一致，优势明显；F_2 性状严重分离，优势急剧下降，一般不利用 F_2 及以后各代。

自交系间杂交种主要包括顶交种、单交种、三交种、双交种和综合种。

3）远缘杂交种。例如，棉花的陆地棉产量较高、较早熟；海岛棉纤维品质好，但成熟迟、产量低。用陆地棉和海岛棉杂交，可获得产量高、纤维品质好的杂种（简称海陆杂种）。需要特别指出的是，并非所有作物或同一作物任何两个种间都可以利用杂种优势，因为种间杂种 F_1，往往结实率低。

4）核质杂种。不同种、属之间的不同细胞质对核基因的表达会产生特有的效应，通过核质代换产生的核质杂种，具有一定的杂种优势，即核质杂种优势。高等植物中配制核质杂种主要是通过核代换法。

4. 利用杂种优势的途径和杂交制种技术

（1）利用杂种优势的途径　根据不同作物的生物学特性（如繁殖方式和结实率大小）和遗传学特点（如雄性不育与自交不亲和性），来设计利用杂种优势的方法，可概括为以下几种。

1）人工去雄杂交制种。这是杂种优势利用的常用途径之一。采用此种方法的作物应具备如下条件：花器较大，易于人工去雄；人工杂交一朵花能得到数量较多的种子；种植杂交种时，用种量较小。目前采用人工去雄制种的作物主要有玉米、棉花、番茄、黄瓜等。玉米制种时只要人工拔除母本的雄穗，便可接受父本花粉授粉而产生杂种。

2）利用理化因素杀雄制种。用理化因素处理后，能有选择地杀死雄性器官而不影响雌性器官，以代替去雄。它适应于花器小，人工去雄困难的作物，如水稻、小麦等。

3）利用苗期标志性状制种。在苗期用来区别真假杂种且呈隐性遗传的植物学性状称为苗期标志性状。可用作标志的显性性状有水稻的紫色叶枕、小麦的红色芽鞘、棉花的红叶和鸡脚叶等。

4）利用自交不亲和性制种。在生产杂种种子时，用自交不亲和系作母本，以另一个自交亲和的品种或品系作父本，就可以省去人工去雄的麻烦。如果双亲都是自交不亲和系，就可以互为父母本，从两个亲本上采收的种子都是杂种，可提高制种效率。

5）利用雄性不育性制种。利用三系或两系，可免除人工去雄，制种效率高。

6）利用雌性系制种。雌性系是指具有雌性基因，只生雌花不生雄花且能稳定遗传的品系，如菠菜、黄瓜等。制种父母本相邻种植，在能区分雌雄株时，开始拔除母本行中的雄株，留下纯雌株与父本自由授粉，从母本上收获的种子就是杂交种。

（2）杂交制种技术

1）选择制种区。要求土壤肥沃、地势平坦的旱涝保收田，并做到安全隔离。

2）规格播种。主要是播期、行比和播种质量（全苗、不错行、不漏行）。

3）精细管理，促进花期相遇。

4）去杂去劣，提高制种质量。

5）去雄彻底，授粉及时。

6）分收分藏，成熟后要及时收获。

5.5.6 远缘杂交育种与染色体工程

染色体工程育种是指按照预先的设计，有计划地添加、削减和代换同种或异种的染色体或染色体片段，甚至整个染色体组，以改变植物的染色体组成，进而培育新品种或新种质的育种方法。植物染色体工程是以细胞遗传学为基础，与远缘杂交、多倍体育种、诱变育种和细胞工程等紧密结合发展起来的一门育种技术。

利用远缘杂交、多倍体育种和诱变育种等育种方法不仅选育出许多植物新品种，而且也为染色体工程积累了丰富的基础材料，促进了染色体工程技术体系的建立和发展。染色体工程育种的一般程序为：① 作物与近缘物种杂交产生远缘杂种或进一步合成双二倍体；② 通过作物与远缘杂种或双二倍体杂交，实现染色体添加，创造异染色体附加系；③ 通过染色体代换产生异染色体代换系；④ 以异附加系或异代换系为材料诱导染色体易位，创制染色体易位系；⑤ 对易位系进行加工培育新品种，或以易位系作亲本按杂交育种程序选育新品种。

通过染色体工程育种可以把作物野生近缘植物的优异基因，通过染色体组、染色体或染色体片段，转移进栽培物种或使不同种的染色体组重新组合，进而产生新的染色体组合，创造新的遗传变异。染色体工程育种在小麦中应用的成效最为显著。来自黑麦的1R短臂对包括我国在内的世界小麦育种产生了深刻、广泛的影响。

5.6 现代育种技术

传统育种在作物遗传改良方面产生了重要作用，并取得了显著成就。但在发展过程中，传统育种所暴露的经验依赖性高和选择效率低等不足，成为限制作物产量进一步提高的技术瓶颈。自20世纪80年代以来，随着分子生物学的快速发展，以转基因为标志的植物生物技术和以标记辅助选择为标志的分子育种技术逐渐融入育种领域，并显示出诱人的发展前景。

5.6.1 作物生物技术的概念及范畴

生物技术（biotechnology）又称生物工程，是以DNA重组技术为核心的一个综合技术体系，是指对有机体的操作技术，它是针对生物体或生物的组织、细胞成分的特性和功能，结合工程技术原理来进行生产加工，并为社会提供商品和服务的一门技术。它包括基因工程、细胞工程、酶工程、发酵工程、生化工程和蛋白质工程等。

在作物育种领域，应用较多的主要是细胞工程和基因工程的相关技术。

5.6.2 植物组织培养技术与细胞工程育种

1. **基本概念**　植物细胞工程是以植物组织和细胞培养技术为基础发展起来的一门学科，是指植物体的各种结构，如器官组织、细胞、幼根、幼芽、原生质体等，在离体的、无菌的人工培养环境中再生成为小植株的方法，通常也称为植物组织培养。根据培养所用作物材料的结构层次不同，一般将植物组织培养划分为植物器官培养、组织培养、细胞培养和原生质体培养等。其理论基础是植物细胞的全能性（totipotency）。即指植物体的所有细胞均有重新形成具有分化能力的细胞的潜力，如在离体条件下，植物细胞经过去分化→愈伤组织→再分化→小植株的过程。

2. **基本应用**　细胞工程育种是应用分子生物学和细胞生物学的理论、方法和技术，以植物的细胞或组织为材料，有目的地进行离体培养以改变其遗传性，从而改良植物品种或创造植物新类型的技术。

以组织培养技术为基础的细胞工程育种，主要利用了组织培养过程中所产生的体细胞无性系变异。在植物组织离体培养的基础上，使用适宜种类和浓度的培养基与植物生长调节物和化学诱变剂或物理诱变方法，使野生型细胞完全不能生长，经多步和反复筛选出可生长的突变耐性细胞系，以获得健壮的突变系。

1）抗病。利用病菌毒素作为筛选剂筛选抗病突变体是一种有效的抗病育种方法。例如，Carlson等（1973）首次利用烟草花药培养中的愈伤组织得到悬浮细胞系，从单倍体植株的叶肉细胞获得原生质体，经过EMS（甲基磺酸乙酯）诱变后，在含有野火病菌致病毒素类似物如氧化亚胺蛋氨酸（MSO）的培养基上进行筛选，获得了抗病细胞系，并再生了小植株。

2）抗除草剂。Anderson等（1986）从玉米体细胞天然系中筛选到一株耐咪唑酮类除草剂的突变体。该突变体对此类除草剂的耐性提高100倍，再生植株及其后代在大田条件下抗除草剂能力得到大幅提高。

3）耐盐。利用适当浓度的NaCl筛选水稻愈伤组织可获得耐盐突变体，但其耐盐性突变体的遗传较复杂。利用高浓度的羟脯氨酸作为筛选剂，国内外已经成功获得耐盐性显著提高，且遗传稳定的耐盐水稻突变系。

4）耐旱。Smith等（1982）从高粱种子诱发的愈伤组织中获得了耐旱的再生植株及种子，较野生型的耐旱性有显著提高。在研究清楚植物耐逆境生化机制的基础上，进行耐低温、抗重金属等突变体的筛选可能会更有成效。

除体细胞无性系变异外，原生质体培养与体细胞融合（体细胞杂交）也属细胞工程育种的研究范畴。

5.6.3 植物转基因育种

1. **基本原理** 基因工程是指在体外将外源目的基因进行分离、剪切、重组到载体（如病毒、质粒等）分子上，再导入原先没有这类基因的寄主细胞中进行大量复制，或转染植物组织获得转基因植物，或在新的寄主细胞中高效表达，从而使其获得人类所需要的基因产物的技术。经转基因技术修饰的生物体常称为遗传修饰过生物体（简称GMO）。

基因工程是在分子水平上进行操作，因而它可以突破物种间的遗传障碍，大跨度地超越物种间的不亲和性，定向培育出生物新品种。

2. **基因工程的基本过程** 一般分为5个步骤：① 获得符合需求的目的DNA片段，这一过程即为基因克隆。② 体外重组：在体外将目的基因与载体（质粒或病毒DNA）连成重组DNA。③ 转移：把重组DNA分子转移到适当的受体细胞，并与之一起增殖。④ 筛选：从大量的细胞繁殖群体中，筛选出获得重组DNA分子的受体细胞克隆。⑤ 表达：外源基因在受体细胞表达，使受体获得遗传性状或产生新类型和新品种。

基因工程已经广泛地应用于生物的产量、品质和抗性性状的改良中。

从作物种类上看，目前转基因大豆仍然是主要的转基因作物。2011年转基因大豆继续作为主要的转基因作物，占据全球转基因作物种植面积的47%（7540万hm^2），其次为转基因玉米，占32%（5100万hm^2），转基因棉花占15%（2470万hm^2），转基因油菜占5%（820万hm^2）。从所转移的性状上看，耐除草剂仍然是转基因作物的主要性状。在2011年，耐除草剂性状被运用在大豆、玉米、油菜、棉花、甜菜及苜蓿中，种植面积达9390万hm^2，占全球转基因作物种植面积的59%。复合两种或三种性状的转基因作物种植面积为4220万hm^2。复合性状转基因作物已经成为近几年科学家关注的重点，复合性状日益成为转基因作物的一个特色。未来复合性状的转基因作物产品将包含抗虫、耐除草剂和提高水分利用效率等农艺性状，以及富含Omega-3（大豆）、富含β-胡萝卜素（金色大米）、锌铁强化（玉米）等品质性状。

需要注意的是，尽管转基因技术的不断发展为作物改良提供了更多、更广阔的选择途径，但转基因技术本身仍然是作为植物育种过程中创造新变异的手段来加以应用的，只不过这种创造变异的途径更为快速、更为精准。所有的转基因材料创制出来之后,除了仍需经过传统育种的鉴定圃、品种比较试验、区域试验、生产试验等程序进行产量比较试验外,还要经过严格的环境释放、安全评价、生物伦理审查等程序,才能进入大田,成为一个新品种。

5.6.4 分子设计、标记辅助选择与聚合育种

选择是育种中最重要环节之一,传统育种方法是通过对植株的田间表现(表现型)实现对性状的遗传表现(基因型)的间接选择,这种选择方法存在周期长、效率低等许多缺点。因此,最有效的选择方法应是能够直接对个体的基因型进行选择。遗传标记的出现为这种直接选择提供了可能。遗传标记包括形态学标记(如黑麦的紫色芽鞘性状等)、细胞学标记(如染色体的随体、分带等)、蛋白质标记(如各种同工酶、禾谷类作物的种子醇溶蛋白等)和 DNA 分子标记(如 RFLP、SSR、AFLP、SNP 等),其中 DNA 分子标记以其多态性高、数量众多、几乎不受环境影响等特点而受到青睐。可以说,分子标记的出现为在育种工作中对目标性状的直接选择提供了可能。

借助分子标记来对目标性状基因型进行选择的方法称为分子标记辅助选择(MAS),包括对目标基因的跟踪(即前景选择,或正向选择)和对遗传背景的选择(又称反向选择)。利用分子标记对性状进行前景选择,可提高选择的准确性和效率,降低环境因素的影响。背景选择可加快遗传背景恢复速度,进而缩短育种年限和减少不良性状与目标性状的连锁(即减少连锁累赘)。

分子标记辅助选择在作物育种方面主要有以下几个方面的应用。

1. 基因聚合 作物的有些农艺性状(抗病等)表达呈基因累加作用,即集中到某一品种中同效基因越多,则性状表达越充分。基因聚合(gene pyramiding)就是将分散在不同品种中的优良性状基因通过杂交、回交、复合杂交等手段聚合到同一个品种中。在这一过程中,一般只考虑目标基因(前景)选择而不进行背景选择。

基因聚合在育种中最成功的应用是抗病性等质量性状的聚合。在小麦中,王心宇等(2001)利用与白粉病抗性基因 $Pm2$、$Pm4a$、$Pm8$ 和 $Pm21$ 紧密连锁的 RFLP 和 SCAR 标记进行 MAS,选到分别聚合两个抗性基因的植株。在水稻上,Dokku 等(2013)利用分别与 3 个抗水稻白叶枯病基因($Xa5$、$Xa13$ 和 $Xa21$)连锁的分子标记(RG556、RG136 和 pTA248),将 3 个基因聚合到仅含 1 个抗性基因($Xa4$)的水稻品种中,获得了抗性更好的水稻品系。Yang 等(2013)利用分子标记辅助选择的方法将控制玉米支链淀粉含量和赖氨酸含量的隐性基因(分别为 wx、$o16$)转入受体玉米品种中,获得了支链淀粉含量增加 16%~28%、赖氨酸含量增加 61%~63%的玉米品系。

2. 基因转移或基因渐渗 在遗传学中,我们知道利用同一亲本对杂种 F_1 的连续回交,能够使回交后代的基因型近似恢复到与回交亲本基因型一致的地步。基因转移(gene transfer)或称基因渐渗(gene introgression)的做法与连续回交的原理类似,即将作物供体亲本中控制目标性状的基因转移或渗入到受体亲本遗传背景中,进而达到改良受体亲本个别性状的目的(图 5-4)。

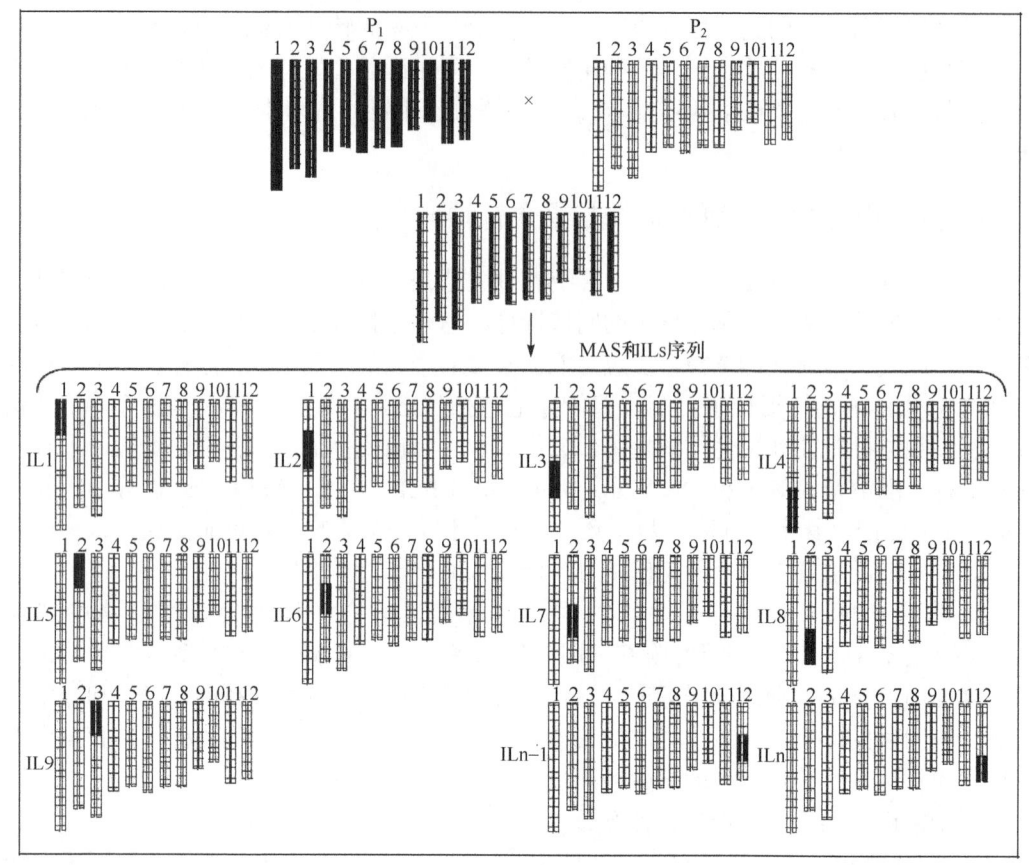

图 5-4 作物基因渐渗系的创制过程（Ashikari and Matsuoka，2006）

供体植株（P_1）与受体植株（P_2）杂交后，从 F_1 开始，以 P_2 作轮回亲本，连续回交若干代，回交后代均用供体特异的分子标记检测来自供体（P_1）的片段（即前景选择），用受体特异的分子标记检测回交后代中 P_2 基因组的恢复程度（背景选择）；图中假定该物种有 12 对染色体，回交后代中所得到的渐渗系应能很好覆盖供体亲本的染色体组

如果在此过程中能将分子标记对目标性状的选择技术与回交过程相结合，则可以达到快速、准确地将目标基因转移到另一个品种中去的目的。Chen 等（2000）以 IRBB21 为供体材料，对生产上广泛使用的水稻品种'明恢 63'进行 MAS 改良，找到 4 个与 $Xa21$ 紧密连锁的 PCR 标记，其中 RG103、248 与 $Xa21$ 共分离，C189、AB9 分别在 $Xa21$ 两侧 0.8cM 和 3.0cM 处，并且选用了标记间最大图距不超过 30cM 均匀分布于每条染色体的 128 个 RFLP 标记用于背景选择。通过两代正向选择和负向选择，将导入片段限定在 3.8cM 以内。在回交后代（BC_3F_1）的 250 个抗性单株中，运用 RFLP 标记选择到 2 株除目标区域外遗传背景完全恢复为'明恢 63'的个体，自交一代后运用标记 248 选出基因型纯合的抗病单株，从而得到改良的'明恢 63'。

3. 数量性状的 MAS　作物大多数农艺性状（如产量、品质、抗逆性等）和部分抗性性状表现为数量性状遗传特点，表现型与基因型之间往往缺乏明显对应关系，表达不仅受生物体内部遗传背景较大影响，还受外界环境条件和发育阶段影响。对这些性状运用 MAS，育种者可以在不同发育阶段、不同环境直接根据个体基因型进行选择，既可以选择到单个主效数量性状位点（QTL），也可以选择到所有与性状有关的微效位点，从而避开了环境因素和基因间互作带来的影响。与质量性状相比，对数量性状的标记辅助选择要困难得多。

沈新莲等（2001）用 2 个 RAPD 标记和 1 个 SSR 标记对一个高强纤维主效 QTL 进行标记辅助选择，获得了纤维强度得到显著提高的棉花品系。水稻的籽粒产量和株高均受数量性状位点（QTL）控制。Ashikari 等（2005）通过用高籽粒产量个体与携带株高负效 QTL 的个体杂交，借助标记辅助选择技术，获得了籽粒产量增加 23%，而株高降低 20%的后代品系。

5.6.5 传统育种与现代育种的关系

目前，植物遗传改良总的发展趋势是多种新兴学科向传统学科的渗透，新的现代化育种技术向传统育种技术渗透。在当前和今后一个相当长的时期内，主要农作物新品种的选育还必须依靠常规育种，但是要不断地为生产提供高产稳产、优质、多抗新品种，要缩短育种周期，常规育种又有其局限性。因此，作物遗传改良的手段必须在传统的常规育种方法的基础上，不断吸收、运用各种现代化的育种技术，发挥各种技术的特点和优势，互相补充、综合运用。形成以常规育种为基础，多种现代育种技术相结合的育种技术体系，是提高植物遗传改良效率和水平的发展趋势。

5.7 作物种子生产管理与现代种子产业

我国法律规定，只有经过官方审定的作物品种才能进入市场流通，未经审定通过的品种不得推广。否则，由于种植品种不当所造成的损失，由出售该品种种子的有关单位负全部责任。同时，一个新品种在审定合格并被批准推广后，要加速繁殖并保持其优良种性，使新品种在种子数量和质量上能满足生产需要（即种子繁育）。这一系列的问题涉及作物品种的区域试验、生产试验、审定和繁育等环节。

5.7.1 作物品种审定制度与组织体系

主要农作物品种
审定办法

1. 作物品种审定与推广

（1）品种区域试验及方法　　区域试验（简称区试）是在品种审定机构统一布置下，在一定的自然区域内设置的多年、多点的品种比较试验，是品种审定和品种合理布局的主要依据。区域试验应当对品种丰产性、稳产性、适应性、抗逆性和品质等农艺性状进行鉴定。2013 年新修订的《主要农作物审定办法》要求同时进行 DNA 指纹检测、转基因检测。每一个品种的区域试验，试验时间不少于两个生产周期，试验重复不少于 3 次。同一生态类型区试验点，国家级不少于 10 个，省级不少于 5 个。区试的主要目的是客观鉴定和评价品种的主要特征特性，确定参试品种是否具有推广价值；为优良品种划定最适宜的推广区域，因地制宜种植良种，恰当和最大限度地发挥良种的作用；确定各地区适宜推广的优良品种，做好品种合理布局和搭配；研究新品种的适宜栽培技术，以便做到良种和良法的有效结合,达到高产的目的。

在区域试验中,必须注意正确合理的试验方法。在进行品种的区域试验时,要考虑到试验点的设立、对照品种的设置、参试品种(系)的试验条件和试验方案的设计等问题。区试点必须布局合理,以保证结果的代表性;增加对照品种,保证试验的可比性。2013年新修订的《主要农作物审定办法》要求品种申请者在申请前应自行开展品种比较试验,并提供同一生态类型区两年以上、多点(国家级区域试验要求不少于10点)的品种比较试验结果报告,申请者应留存所提供试验种子的标准样品。建立品种审定绿色通道,对两种情况设立绿色通道:一是实行选育、生产、经营相结合,注册资本达到1亿元的种子企业,在申请主要农作物国家级审定时可以开展自有品种区域试验、生产试验。二是已通过省级审定的品种,具备相邻省份同一生态类型区10个以上生产试验点的两年数据的,申请国家级审定时可以免予进行区域试验和生产试验。

生产试验应当在区域试验完成后,在同一生态类型区,按照当地主要生产方式,在接近大田生产条件下对品种的丰产性、稳产性、适应性、抗逆性等进一步验证。每一个品种的生产试验点数量不少于区域试验点,一个试验点的种植面积不少于300m^2,不大于3000m^2,试验时间不少于一个生产周期。

(2)品种审定的程序　新品种通过区域试验和生产试验后,还应经各省(自治区、直辖市)级或国家农作物品种审定委员会审定通过后,方能推广。

1)组织体制。农作物品种审定委员会由农业行政、种子、科研、教学和有关单位推荐的专业人员组成。根据《中华人民共和国种子管理条例农作物种子实施细则》规定,全国农作物品种审定委员会成员由农业部任命,负责协调指导省级农作物品种审定工作,审定跨省推广品种以及需由国家审定的品种;省级农作物审定委员会由省级人民政府或农业主管部门任命,负责本行政区域内的农作物品种审定工作。在新修订的《主要农作物审定办法》中,协调了国家级与省级审定的关系,实行备案制度。一是实行省级试验对照品种备案制度。省级主要农作物品种区域试验、生产试验对照品种,由省级农作物品种审定委员会报国家农作物品种审定委员会备案。二是实行省级审定备案制度。省级农作物品种审定委员会品种审定公告、退出公告,在发布后30日内报国家农作物品种审定委员会备案。

视频:小麦品种示范

2)审定程序。由选育(引进)单位或个人提出申请,并由主持区域试验单位推荐,最后由品种审定委员会审定。

3)品种推广。品种推广是指在品种区域试验和生产试验的基础上,因时、因地选用适于本地区自然、耕作栽培条件和生产需要的品种,在大面积生产上充分发挥优良品种的作用。要想做好品种的推广工作,必须考虑品种的合理布局和搭配。

2. 种子繁育与生产体系　新选育的品种在经过区域化鉴定并确定适宜的推广地区后,便要做好良种繁育工作,直至该品种被更换退出种子市场为止。

(1)良种繁育的任务　良种繁育(seed propagation)又称种子生产(seed production),是作物品种工作的重要环节。通过良种繁育,大量生产新品种种子,可迅速扩大其种植面积。良种繁育工作的任务有迅速繁殖新品种种子和保持品种的纯度及种性。

（2）良种繁育的程序和体系

1）良种繁育程序。一个品种按繁殖阶段的先后、世代的高低所形成的过程，称种子生产程序。这种程序在国与国之间不完全相同。在我国，一般将种子生产程序划分为原原种、原种和良种三个阶段。原原种（basic seed）是由育种单位所提供的纯度最高、最原始的优良种子。用原原种直接繁殖出来的，或对正用于生产上的品种进行提纯更新后，生产出的与该品种原有性状一致，达到国家规定的原种质量标准的种子成为原种（original seed）。良种（high-quality seed）则是由良种繁殖出来的、经检验合乎标准，供应大田生产播种用的种子。我国将除棉花以外的其他作物种子分为原种、一级良种、二级良种和三级良种四级，将棉花分为原种及原种一代、原种二代和原种三代。

2）种子繁育体系。我国的种子繁育体系，在不同历史时期经历了一个不断发展变化的过程。1978年以后，为了适应农业现代化的发展，农业部提出了"四化一供"的种子工作方针。所谓"四化一供"是指种子生产专业化、加工机械化、质量标准化、品种布局区域化，以县为单位统一组织供种。

5.7.2 作物种子检验与现代种子产业

1. 种子检验的主要技术

（1）种子检验与种子质量

1）种子检验是指应用科学、标准的方法对种子样品的质量所进行的分析测定，进而判断其质量优劣、评定其应用价值的过程。种子检验的对象是种子，包括植物学上的种子（如大豆、棉花等）、植物学上的果实（如水稻、小麦等的颖果，向日葵的瘦果等）及植物的营养器官（如马铃薯的块茎、甘薯的块根、甘蔗的茎节等）。因此，在进行种子检验时，要因不同农作物对种子质量的不同要求而异。

2）种子质量是种子检验中综合描述种子不同特性的一个术语。在农业生产上，要求种子既具有优良的品种特性，又具有优良的种子特性，即包括品种质量和播种质量两方面的内容。品种质量是指与遗传特性有关的品质，要求种子真实可靠、纯度要高。播种质量是指种子在播种后与田间出苗有关的种子特性，要求种子净度高、健壮（发芽力和生活力高）、饱满、病虫感染率低、干燥。

（2）种子检验技术 主要的种子检验技术包括扦样、净度分析、发芽试验、生活力测定、活力测定、真实性与品种纯度鉴定、水分测定、重量测定、健康度测定等。

1）扦样。通常是利用一种专用扦样器具，从袋装或散装种子批取样的工作。种子批是指同一来源、同一品种、同一年度、同一时期收获和质量基本一致，并在规定数量之内的种子。扦样的目的是从一批种子中，扦取适当数量的有代表性的送样样品供检验之用。

2）净度分析。净度分析时将待检种子样品分为净种子、其他植物种子和杂质三部分，测定三种成分的重量百分率，并分析其他植物种子的种类。

3）发芽试验。该试验的目的是测定种子批的最大发芽潜力，据此比较不同种子批的质量以及估测种子的田间播种价值。种子发芽力是指种子在适宜条件下发芽并长成正常植株的能力。常用发芽势和发芽率表示。种子发芽势是指种子发芽初期（在规定日期内）正常发芽种子数占供试种子数的百分率。种子发芽率是指在发芽试验终期（在规定日期内）全部正常发芽种子数占供试种子数的百分率。种子发芽势高，则表示种子活力强、发芽整齐。种子发芽率高，则表示有生活力种子多，播种后出苗率高。

4）生活力测定。生活力是指种子发芽的潜在能力或种胚所具有的生命力。由于多数植物的新收获种子具有休眠特性，因此一个种子样品中全部有生命力的种子应包括能发芽的种子和暂时不能发芽而具有生命力的休眠种子。常用四唑染色法来测定种子生活力。

5）活力测定。种子活力是一个较为复杂的概念，但又是种子质量的重要指标。国际种子检验协会（ISTA）在1977年所下的定义是：种子活力是决定种子或种子批在发芽和出苗期的活性水平和行为的综合表现。种子活力实为种子健壮度，是种子内在的发芽、生长及生产性能的潜力。从实用角度分析，强活力的种子应是：① 具有完善的细胞结构与功能（特别是酶体系），吸胀后能保持旺盛的代谢强度；② 在广泛的环境条件下，尤其在逆境土壤中能迅速、整齐出苗，且幼苗生长健壮；③ 植株生长发育良好，抗逆力强；④ 具有稳产、高产和品质优良的潜质；⑤ 获得具有高生产潜力、耐藏性好的优质种子。因此，高活力的种子对农业生产具有重要意义。种子活力测定涉及对幼苗生长特性的测定、逆境抗性测定、相关生化活性的测定等方面。

6）真实性与品种纯度鉴定。种子真实性（cultivar genuineness）是指一批种子所属品种、种或属与文件（品种证书、标签等）是否相同。品种纯度（varietal purity）是品种在特征、特性方面典型一致的程度。真实性和品种纯度鉴定是种子工作不可缺少的重要步骤，是保证良种优良遗传特性的发挥、防止良种混杂退化和避免品种混淆和产生差错的重要环节，可通过形态学、细胞学、解剖学、DNA分子标记和蛋白谱带的差异等多个途径进行。

7）水分测定（seed moisture content）。是指按规定程序把种子样品烘干所失去的重量，用失去的重量占供检样品原始重量的百分率表示。对大多数常规类型的农作物种子而言，种子水分越低，越有利于种子保持寿命和活力。常用的种子水分测定法是烘干减重法和电子水分仪速测法。

8）重量测定。种子千粒重（weight per 1000 seeds）通常是指自然干燥状态的1000粒种子的重量。千粒重是种子活力的重要指标，而且是计算播种量的重要依据。

9）健康测定。种子健康测定主要检测种子是否携带有病原菌（如真菌、细菌、病毒等）、有害动物（如线虫等）等反映种子健康状况的指标。种子健康的检测方法主要有未经培养检查（包括直接检查、吸胀种子检查、洗涤检查、剖粒检查、染色检查、比重检查等）和培养后检查（包括吸水纸法、砂床法、琼脂皿法等）。

2. 现代种子产业　　据报道，当前我国农作物育种现状为：90%以上的种质资源和育种人员集中在科研和教学单位，90%以上的科研经费投入应用技术研究，90%以上的农作物品种是由科研及教学单位选育的。大部分品种经自办企业或品种转让进入市场，公共资源通过合法渠道私有化。这种"双轨科研体制"被认为是现代种子产业发展和种业科技创新的主要障碍。这也造就了我国种子企业"多、小、散"，自身积累少、实力弱、资金不足,种质资源和人才缺乏的现状。而发达国家约70%科研经费投入企业,如美国85%的发展研究、60%的应用研究和16%的基础研究是在企业进行的。跨国种业公司之所以在高新技术上具有明显优势,得益于拥有强大的企业研发实力和巨额经费投入,大部分种业公司一般都把销售利润的8%~10%用于科学研究。种子产业集中度不断扩大,科技研发集成度随之增强,形成了以企业为主体、大企业为主导的科研体系,以及"大企业支撑大科研、大科研支撑大企业"的格局。

视频:产业案例

国家先后出台了一系列政策、法规,促进我国种子企业做大做强。2011年1月,中央一号文件提出"以种业为重点强化科技支撑,加大种业的研发投入,整合种业企业的资源,加大种子工程的实施力度"。4月国务院发布《加快推进现代农作物种业发展的意见》,要求:商业化育种应从科研及教学体系中分离出去;把企业建成科技创新的主体;优化现代种业发展的法制环境。8月农业部以部令的形式发布《农作物种子生产经营许可管理办法》,为规范农作物种子生产、经营秩序提出了管理措施。2012年3月,国家发改委、农业部、财政部联合启动了"生物育种能力建设与产业化专项项目",以提升我国生物育种产业的持续发展能力。2012年9月,中共中央、国务院再发《关于深化科技体制改革 加快国家创新体系建设的意见》,强调应用型商业化育种必须逐步退出科研院所,自办企业或进入企业。这些法律、法规的出台和政策措施的实行,为把我国种子企业建成科技创新的主体,构建育、繁、推一体化种业企业,组建种业航母提供了有力的保障。

5.7.3 作物品种退出机制

我国现行的《主要农作物品种审定办法》对主要农作物品种的管理实行退出机制,规定审定通过的品种,在使用过程中如发现有不可克服的缺点、种性严重退化或未按要求提供品种标准样品的,由农作物品种审定专业委员会办公室在书面征求育种者或品种权人意见后提出建议,经专业委员会初审后,在同级农业行政主管部门官方网站公示。公示期满后,品种审定委员会办公室应当将初审意见、公示结果,提交品种审定委员会主任委员会审核,主任委员会应当在30日内完成审核。审核同意退出的,由同级农业行政主管部门予以公告。公告退出的品种,自退出公告发布之日起停止生产,自退出公告发布一个生产周期后停止经营、推广。品种审定委员会认为有必要的,可以决定自退出公告发布之日起停止经营、推广。省级品种退出公告,应当在发布后30日内报国家农作物品种审定委员会备案。

作物品种退出机制的主要依据有《中华人民共和国种子法》、国务院办公厅《关于推进种子管理体制改革加强市场监管的意见》(国办发〔2006〕40号)、中华人民共和国农业部令《主要农作物品种审定办法》(最新版2013年第4号令)等法律法规办法,大多数省级种子管理部门一直在探讨制订针对性更强的农作物品种退出管理办法。截至2011年,有20余个省份出台了有关审定品种退出的管理办法,先后退出各类审定农作物品种4000多个品次。2000年以前审定的农作物品种除个别尚有应用价值外,90%以上的品种退出了市场。

实行品种退出制度,具有重要意义。一是保护农民利益的迫切要求。由于审定品种越来越多,市场上品种五花八门,往往容易使农民由于品种选择不当造成减产甚至绝收。通过实行品种退出,让已经丧失使用价值、有明显缺陷的品种及时退出市场,有利于农民广泛选用优良品种。二是保障农业生产安全的客观需要。将不适应生产需要的品种退出市场,可以保障用种安全,规避生产风险,促进种植业稳定发展。三是净化种子市场的有效措施。通过实行品种退出,可以防止部分不法企业利用老品种的合法身份,采用"旧瓶装新酒"的方式,销售未经审定的品种,进而规范生产经营行为,净化种子市场。四是完善品种管理的重要举措。长期以来,审定品种只进不出,造成市场上品种越来越多,既不利于农民选择,也不利于加强市场监管。实行品种退出制度,做到审定品种有进有出、动态管理,是完善品种管理制度、促进品种科学管理的重要举措。

第 6 章 作物生产技术

农作物生产是维系人类生活需求的基本来源，作物生产技术是农业生产的核心。获得优质高产的农产品是作物生产的目的，但要达到生态安全、环境友好、高效、可持续的农业生产要考虑到农业生产的各个环节的科学管理。本章将在土壤耕作技术基础上通过播种技术和育苗移栽技术建立优良作物群体，通过科学施肥和合理灌溉，以及作物生长发育调控技术达到作物优质、高产和高效。在本章末将讨论作物的适时收获、处理和贮藏技术。

6.1 土壤耕作技术

视频：棉花生产全程
机械化管理技术

土壤耕作是通过农具的机械作用调节土壤理化特性和肥力因素的措施。其主要作用是，为作物生长发育提供适宜的土壤表面和良好的耕层结构；掩埋前作物残茬和土壤表面的肥料，为作物播种提供良好的苗床；防除、抑制杂草和病虫害；熟化土壤和保蓄水分。

土壤耕作可分为基本耕作和表土耕作两大类型。基本耕作入土较深，达整个耕作层，能显著改变耕作层的物理性状，是后效较长的一类耕作措施。表土耕作是在基本耕作基础上进行的，入土较浅，作用强度小，是为作物播种出苗和生长发育创造良好条件的一类土壤耕作措施。

1. 土壤基本耕作　　土壤基本耕作包括翻耕、深松耕和旋耕。

（1）翻耕　　使用的农具是有壁犁，具有翻土、松土、碎土作用，同时还具有翻埋肥料、作物根茬、绿肥、杂草的作用，可增加土壤的通透性，促进好气性微生物活动和土壤有机质的矿质化。翻耕对土壤影响大，作用面广，消耗动力多，它不但影响当季作物，有时也影响以后几季乃至几年的作物。翻耕时要注意以下几点。

1）翻耕时期。翻耕是对土壤的全面作业，只有在作物收获后至下茬作物播种前的阶段内和土壤宜耕期内及时进行。一年一熟或二熟地区，在夏季作物收获后以伏耕为主，秋收作物后和秋播作物前为秋耕时间。对于水田、低洼地、秋收腾地过晚或因水分过多无法及时秋耕的，才进行春耕。故有伏耕、秋耕和春耕三种类型。

2）翻耕墒情。翻耕应在土壤宜耕期内进行。土壤过湿翻耕，易成泥条、压板，从而破坏土壤结构；过干则土壤僵硬，不利于表土耕作整碎、整细，动力消耗大。一般砂土宜耕水分范围大于壤土，壤土宜耕水分范围又大于黏土。不论何种土质，以田间持水量的 40%～60% 为宜耕水分。

3）翻耕深度。翻耕深度因作物根群分布区域、土壤性质和气候特点而异。耕深过浅，起不到耕翻的效果；耕深超过作物主要根系分布范围，则浪费能源和动力，且过度深耕易导致减产，其原因是有机肥料翻埋过深，致使较多的养分被土壤固定，肥料利用率降低；新翻的生土来不及熟化，影响当季作物生长；破坏犁底层，造成漏水和漏肥等。从深耕的增产效益和所耗费的劳力、动力考虑，一般旱地最大耕深以25cm左右为宜，水田以16~23cm为宜。在干旱、多风地区不宜深耕，否则会造成失墒严重，提墒困难。耕翻深度还要根据农机具动力和性能而定，畜耕的浅些，机耕的深些。

（2）深松耕 使用的农具是无壁犁、深松铲或凿形铲，在作物生长的适当时期对耕层进行全面或间隔的深位松土。深松耕与翻耕的不同点在于前者不翻转土层，由于只松土不翻土，土壤微生物区系不乱，既加深了耕层，又对种子发芽无不良影响；保持地面残茬覆盖，防止风蚀，减轻土壤水分蒸发，雨水多时可以大量积蓄水分，防旱防涝。盐碱地松耕，可以保持脱盐土层位置不变，减轻盐碱危害。

深松耕的深度一般为25~30cm，最深可达50cm。耕深取决于机械水平、作物根系特点、气候、土壤条件等诸多因素。由于深松耕不能翻埋肥料、残茬和杂草，地面比较粗糙等，故最好翻耕与深松二者交替使用，相互补充。它适合于干旱半干旱地区和丘陵地区，以及耕层土壤瘠薄、不宜深耕的盐碱土、白浆土地区。

（3）旋耕 使用的农具是旋耕犁，利用犁刀的高速旋转对耕层土壤起切割、破碎、混土的作用，且地面平整，旋耕深度一般为10~12cm，既能松土，又能碎土，且地面平整，但在降雨和灌水后土壤容易变紧。旋耕多用于农时紧迫的多熟地区和农田土壤含水量高、难以耕翻地块。用于水田或旱地，一次作业就可以进行旱地播种或水田插秧，省时省工，成本低。对于杂草多的地块，由于无耕翻作用，防除效果较差；多年连续单纯旋耕，易导致耕层变浅与土壤理化性状变劣，故应与翻耕轮换应用。

2. 表土耕作 表土耕作是配合基本耕作进行的辅助性措施，包括耙地、耱地、镇压、做畦、起垄、中耕、培土等。表土耕作入土较浅，作用强度小，主要对翻耕后的土体在0~10cm耕层内作进一步的整理，改善地面状况，以创造适于作物播种、出苗或适宜栽植的土壤环境。

（1）耙地 耙地是收获后、翻耕后、播种前，甚至播后出苗前、幼苗期进行的一类表土耕作措施，深度一般为5cm左右。具有耙松表土、混拌肥料、减少蒸发和抗旱保墒等作用。普遍采用圆盘耙于收获后浅耕灭茬和翻耕后破碎土垡、平整地面。钉齿耙常用于播后出苗前破除板结，还用于收后灭茬。

（2）耱地 又称盖地、擦地、耢地，是拖拉机或役畜拖动耱子（由荆条或柳条编织而成）在地表行走产生的摩擦将地面耱碎耱平。耱地常与耙地、播种联合作业，可以将耙齿或开沟器形成的小沟耱平，使种子与土壤接触紧密，并在耕层表面形成一层薄的干土覆盖层，利于保墒。耱地的作用深度一般在表土3cm左右，多用于北方干旱、半干旱地区或轻质土壤上，多雨地区或土壤潮湿时不宜采用。

（3）镇压 利用镇压器（铁制或石制，多为环形，也有八棱形）的重力作用于土壤表层的耕作措施，具有压紧耕层，压碎土块，平整地面的作用。作用深度一般为3~4cm，重型镇压器可达9~10cm。多用于土壤过于疏松、耕层缺墒，以及耙地质量差、大土块多的地块，是北方旱作农区的一项辅助性表土耕作措施。镇压还用于冬作物的田间管理，如弥合田间裂缝、防止作物徒长等。但镇压如果运用不当，会引起一些不良后果，如在黏土地或土壤过湿情况下镇压，会使土壤板结，盐碱地镇压会加重土壤返盐。

（4）中耕　　中耕是在行间用锄或中耕器锄松或耙松表土层的表土耕作措施，具有松土、除草、破除板结、增加土壤通气性、增温和晾墒保墒的作用。中耕深度在作物生长期按浅、深、浅原则进行。在作物苗期，根系入土浅，中耕宜浅（3~5cm），深则易伤苗。在作物生育中期，根系已下扎，可加深中耕深度（10cm）。接近封行时，根系已大量向纵横发展，中耕又要浅，以避免伤根。

（5）做畦　　雨水多、地下水位高的耕地，开沟做畦是排水防涝的重要措施。一般结合整地进行，畦宽和沟深因雨水多少、地势、土质不同而异。雨水多，地下水位高，土质黏重，排水不良，宜采用深沟窄畦，畦宽不宜超过1.3~2m；反之，采用浅沟宽畦。我国北方干旱少雨，有些地区采用水浇地上做平畦，四周做埂，以提高灌溉质量。

（6）起垄　　起垄是垄作的一项主要作业，用犁开沟培土而成，垄宽50~70cm，视当地耕作习惯、种植的作物以及作垄工具而定。起垄可以起到防风排水、提高地温、保持水土、改善土壤通气性等作用，在高纬度地区和山区被广泛采用。垄作有先起垄后播种、边起垄边播种、先播种后起垄等做法。

（7）培土　　培土是把作物行间的土壤培壅到植物基部的措施，常与中耕结合进行。培土能起到固定植株、防止倒伏的作用，并有利提高地温、改善土壤透气性、促进作物上层根系的生长，特别是玉米、高粱等作物的气生根的生长，以及块根、块茎的发育。另外，培土还有利于覆盖肥料、压埋杂草、灌溉和排水。

3. 少耕和免耕　　传统的耕作技术，要在农田耕作层上进行耕翻、耙糖、中耕、松土等多项措施，频繁的耕作，不仅增加生产成本，而且易造成土壤结构的破坏（如耕层土壤致密、犁底层变厚等），在干旱多风地区及坡地，土壤风蚀严重，水土流失。一些发达国家自20世纪50年代探索减少耕作次数和强度的方法，少耕法和免耕法便应运而生，并逐渐在许多国家进行广泛的试验研究和推广。

（1）少耕法　　是指在一定生产周期内合理减少土壤耕作次数或在全田间隔耕作以减少耕作面积的一类耕作方法，是介于常规耕作和免耕之间的中间类型。凡多种作业一次完成的联合作业、以局部深松代替全面翻耕、以耙茬旋耕代替翻耕、在季节间年份间轮耕、间隔带状耕种、减少中耕次数和免中耕等，均属少耕范畴。

（2）免耕法　　是指作物播前不进行基本耕作和表土耕作，直接在板茬地上播种，播后和作物生长期间不使用农具进行土壤管理的一种耕作方法。免耕法一般由三个基本环节组成：① 利用前作残茬或播种牧草作为覆盖物；② 采用联合作业的免耕播种机，开沟、喷药、施肥、播种、覆土、镇压，一次完成作业；③ 应用广谱性除草剂于播种前后或播种时进行土壤处理。

与传统耕作相比，少耕、免耕的优点主要表现为：由于地面有残茬、秸秆或牧草覆盖，土壤结构因少耕或免耕而不被破坏，可减轻水蚀、风蚀，减少水分蒸发；同时有利于有益微生物群落繁殖，表土层中有机质增加；降低生产成本；减少农耗时间，这在南方多熟区尤为重要，有利于扩大复种面积，提高复种指数。

6.2 播种技术

好的播种质量直接关系到全苗、齐苗、匀苗、壮苗，为作物良好的生长发育并取得高产优质奠定基础。

6.2.1 播前技术

1. 品种选择　　良种良法配套是作物增产的重要措施。应根据当地自然条件、生产条件和栽培管理水平，结合当地种植制度，选择适宜的优良品种。一般来说，一个地区应选择1个主栽品种和2～3个搭配品种。主栽品种高产、稳产、抗逆性好，搭配品种要适应当地不同地势、土壤肥力、播期早迟、病虫等自然灾害特点，可以趋利避害，减少自然灾害损失，又可调节劳力、畜力和农机矛盾。

2. 种子清选　　作为播种材料的种子，一般要求纯度在98%以上，净度大于96%，发芽率不低于95%。但收获的种子多混有泥土、茎叶、草籽及虫瘿等，还有空籽粒、秕籽粒、机械损伤籽粒和病虫籽粒，务必在播前进行种子清选，以保证种子生命力强，粒大饱满，无病虫害，纯度和净度高，发芽和出苗整齐一致，为培育壮苗打下基础。生产上常用的清选方法有以下几种。

（1）筛选　　根据种子形状、大小、长短及厚度，选择适当筛孔的筛子（竹筛或金属网筛），用人工或机械过筛分级，达到清选的目的。

（2）风选　　利用种子的乘风率不同，以天然或人工风力吹去混杂于种子中的空瘪粒和夹杂物。

乘风率是指种子对气流的阻力和种子在气流压力下飞越一定距离的能力。在风力作用下，乘风率大的空壳、秕粒在较远处降落，乘风率小的饱满种子在近处降落。

（3）比重法分选　　利用种子的比重不同进行分选，主要有两种方法。

1）液体比重选。利用一定比重的液体，将轻重不一的种子分开，秕粒和空瘪粒上浮，充实饱满的种子下沉，中等重量种子则悬浮在液体中部。比重法选种常用的溶液有清水、泥水、盐水、硫酸铵水等，液体比重的配置需根据不同作物种类和品种而定。溶液选种时，从种子浸入至捞出，时间应短，防止种子吸水后下沉，选种质量降低。经溶液选种后，需用清水洗净，晒干待用或进入下一步浸种催芽过程。为提高选种质量，筛选、风选和液体比重选结合，效果更为显著。

2）精选机分选。将种子落在振荡而倾斜的筛台上，筛台下安装有风扇，产生的气流使筛台上的不同比重的种子向不同的方向移动，从而实现种子分选目的。

3. 种子处理

（1）晒种　　种子是有生命的活体，在贮藏期间处于休眠状态，生理代谢活动微弱。播种前晒种1～2天，可以促进种子后熟，打破休眠，增强种子内酶的活性，提高胚的生活力，增强种皮的透性，有提高发芽率和发芽势的作用。太阳光谱中的短波光和紫外线具有杀菌能力。在水泥地上晒种要薄摊勤翻，防止有谷壳的种子谷壳破裂，也要防止摊得过薄，暴晒时灼伤种子，影响种子的发芽率。

（2）消毒　有许多病虫害是通过种子传播的，如水稻的恶苗病、稻瘟病、白叶枯病、干尖线虫病、稻粒黑粉病、棉花炭疽病、枯萎病、黄萎病，油菜的霜霉病、白锈病等。经过消毒处理，可把病虫消灭在播种之前。常用的消毒方法有以下几种。

1）石灰水浸种。用1%石灰水浸种，利用石灰水膜将空气和水中的种子隔绝，使附着在种子上的病菌窒息死亡。在浸种过程中，水面应高于种子10～15cm，注意不能破坏石灰水膜，以免空气进入，降低杀菌效果。浸种时间视气温而定，一般35℃浸种1天，20℃浸种3天。浸种后，清水洗净，晾干备用。

2）药剂浸种。不同作物、不同的病虫害选用不同药剂浸种，如100～200mg/kg农用链霉素浸种24h可防治水稻白叶枯病；0.5%的多菌灵浸泡棉花毛籽24h，对枯萎病、黄萎病均有良好效果。其他常用的浸种药剂有强氯精、浸丰、咪鲜胺等。

3）药剂拌种。可使种子表面附着药剂，杀灭种子内外和出苗初期的病菌及地下害虫。常用的杀菌剂有多菌灵、粉锈宁、克菌丹、托布津、敌克松、福美双等。

棉籽硫酸脱绒。种用棉籽用浓硫酸脱绒，不仅可杀死棉籽上的病菌，而且使种子光滑，便于机播，种子直接接触土壤，能加快吸水速度，提高出苗率。

（3）种子包衣　种子包衣是国内外普遍采用的种子处理技术。集农药拌种、浸种、施肥等措施为一体，将杀虫剂、杀菌剂、植物生长调节剂、抗旱剂、微肥等，加适当的助剂复配成种衣剂，对种子进行包衣。包衣剂的成分可根据作物、土壤病虫害情况而配置，能有效控制由种子和土壤传播的病菌及害虫的危害，提供作物苗期生长的养分，促进种子发芽出苗。

（4）浸种催芽　浸种催芽的目的在于促进种子迅速发芽，提高发芽势和发芽率，是农时紧张时早播种出苗和作物迟播早出苗、补种的主要措施之一。浸种时间和催芽温度，随作物种类和外界气温而异，一般气温低浸种时间较长，气温高浸种时间短。浸种要求水质清洁，并应每天换水一次，以避免因种子呼吸作用使水中氧气缺乏，二氧化碳等有害物质积累不利于种子发芽。催芽的适宜温度为25～35℃，而且在催芽的不同阶段，温度要求也有所不同。一些作物播后缺苗，在补种时，为使幼苗整齐，采用催芽效果很好。

6.2.2　田间播种技术

1. 播种期　播种期的确定，一般应根据气候条件、种植制度、品种特性、土壤湿度、主要病虫害发生情况等综合考虑，合理安排。

（1）气候条件　温度、日照、降水等气象要素及灾害性天气出现的时段都是确定播种期的依据，如早春气温回升的快慢、秋季霜冻来临的时间和作物生育期间对温度的要求等，都影响作物播种期。其中，气温和土温是影响播种期的主要因素。春季作物如果播种过早，易受低温或晚霜危害，不易全苗；播种过迟，气温较高，生长发育加速，营养体生长不足或延误最佳生长季节，都不易获得高产。通常以当地气温或土温能满足作物发芽要求时，作为最早播种期。

（2）种植制度　适宜播期要考虑当地的种植制度。对一年多熟的地区，播种时间紧，季节性强，播种过早或过迟，不仅影响当季作物的产量，对下茬作物播种也不利。育苗移栽可提早播种，充分利用当地的生长季节。如果采用育苗移栽，要考虑到播期、苗龄、移栽期的合理衔接。

（3）品种特性　作物品种类型不同，生育特性不同，安排播种期应有差异。一般晚熟品种宜早播，生育期短的品种早熟，宜晚播。春性强的冬小麦、油菜品种要适当晚播，早播易引起早拔节、抽薹，冻害严重，产量低。反之，冬性强的品种要适当早播，利于发挥品种特性，提高产量。早稻感温性强，晚播生育期短，营养生长不足；中稻基本营养生长期较长，有一定的感光性，早播早熟，晚播晚熟，适期播种的范围较大；晚稻感光、感温性强，过早播种，营养生长期过长，群体矛盾突出，并不早熟，而过迟播种不能安全齐穗，适宜播种期范围较小。

（4）土壤湿度　土壤水分状况也影响播种期，在适期播种范围内土壤过湿，影响整地播种质量，应适当推迟播种，避免烂种烂根。如已过适期播种范围，应抢早播种，争取季节，播后加强管理，加以弥补。

（5）病虫害发生情况　病虫害发生与气候条件有密切关系，有相对固定的发病和虫害高峰期。调节作物播种期，使作物易感病虫生育期与病虫发生高峰期错开是农业措施综合防治的重要环节。例如，水稻适期早播，可避开三代三化螟、稻飞虱和稻瘟病等危害；玉米适期早播，可减轻苗期地老虎、后期玉米螟、丝黑穗病和大斑病的危害。

2. 播种量　播种量是指单位面积上播种种子的重量。播种量的多少，直接决定了单位面积基本苗的多少（或称种植密度的大小），是作物群体生长发育、群体动态发展的基础。

（1）确定播种量的一般原则　根据气候条件、生产条件、作物种类和品种类型、种子质量和田间出苗率、栽培管理水平、目标产量和经济效益综合考虑。

一般在温度高、雨量充沛、相对湿度较大、生长季节长的地区，作物植株较高大，分蘖、分枝较多，密度宜小些；反之，密度宜大些。土壤肥沃或施肥水平高的土地上，植株生长繁茂，分蘖、分枝较多，易发挥单株生产力，密度宜小些；土壤贫瘠或施肥量少的，植株生长较差，宜适当增加播量，依靠群体生产力提高产量。同样道理，灌溉条件好、水分供应充分的播量少些，无灌溉条件的则适当增加播量。病虫草等灾害危害严重的播量适当增加；反之，宜少。

作物种类和品种类型不同，植株形态特征和生长习性都有很大差异。例如，玉米植株高大，小麦植株矮小，棉花具有分枝。玉米有紧凑型和平展型之分，水稻、小麦的分蘖力有强有弱，大豆有无限、有限和亚有限三种开花结荚习性等。应根据作物种类和品种类型考虑密度和播种量。

（2）确定播种量的方法　掌握适宜的播种量，是确定合理密植的起点。小麦上"以田定产、以产定穗、以穗定苗、以苗定籽"的"四定"办法，可以在其他作物上借鉴应用。其做法是根据土壤肥力和管理水平，确定地块的产量指标。产量确定后对穗粒重做出估计，确定收获穗数。再对单株成穗率做出估计，确定基本苗数。确定基本苗后再根据种子千粒重、发芽率和田间出苗率，计算出单位面积播种量。计算公式如下：

$$播种量（kg/hm^2）=\frac{计划基本苗（株/hm^2）}{1kg种子粒数×发芽率（\%）×净度（\%）×田间出苗率（\%）}$$

$$1kg种子粒数=\frac{1000g×1000}{千粒重（g）}$$

3. **播种方式** 播种方式是指作物种子和幼苗在单位面积上的分布状况，又称株行配置。合理的播种方式或栽植方式能充分利用土地和空间，改善植株的营养面积，有利于作物生长发育，协调群体与个体的矛盾，提高产量，又便于田间管理，提高工作效率。主要的播种方式有撒播、条播、点播和精量播种。

（1）撒播 整地后，把种子均匀地撒于田面，然后覆土镇压，称为撒播。这种方法适合于土质黏重、整地粗放、新开地、绿肥作物或播种密度较大的育苗田，如水稻、蔬菜育秧。其优点是省工、省时，操作简易，作物苗期对光、地力的利用率高。缺点是种子分布不均匀，覆土深浅不一，出苗率及成苗率低，幼苗生长不整齐；植株无行间相隔，不利于中耕、除草、施肥和防治病虫等田间管理；密度大时，群体难以控制，通风透光较差，易倒伏。

（2）条播 在田间按作物生长所需行距开沟，把种子均匀播于沟内，再覆土镇压，称为条播。优点是种子在田间分布比较均匀，播种深浅一致，出苗整齐，通风透光良好，便于间套作、田间管理和机械化作业等优点。根据条播行距及播幅的宽窄，可分为以下几种。

1）窄行条播：小麦、亚麻和某些牧草多采用此法，行距为15~20cm。

2）宽行条播：适用于植株高大，要求较大营养面积，生长期间需要中耕、培土的作物，如玉米、棉花等，行距一般为40~80cm。

3）宽窄行条播：宽窄行条播又称"大小行"，是等行距播种的一种改进形式，窄行可增加种植密度，宽行通风透光，便于田间管理和间、套作，高秆、矮秆作物都可以采用。

4）宽幅条播：是播种行有一定幅度的条播，兼有撒播和条播的优点。一般播幅为12~15cm，幅距为15~20cm，种子撒播于播幅内，有利于增加密度，适用于麦类作物。

（3）点播 按一定的行距、穴距开穴播种，又称穴播。其优点是便于保证计划行株距和种植密度的实现，便于集中施肥和田间管理，且种子入土深浅一致，出苗整齐，用种量少。适用于大粒种作物及丘陵山区肥水条件较差的地区应用。

（4）精量播种 又称精密播种。它是在点播的基础上发展起来的一种经济用种的播种方法。精量播种能将单粒种子按一定的距离和深度准确地播入土内，以获得均匀一致的发芽、生长条件。精量播种必须在精选种子、精细整地、控制病虫害以及使用性能良好的精量播种机等基础上才能采用。

4. 播种深度 播种深度是指作物播种后在种子上覆土的厚薄。播种深度取决于种子大小、出苗习性、土壤质地及土壤有效水分含量。一般大粒种子、子叶留土、土壤质地较轻、土壤含水量少、土温高，宜播深些；反之，应适当浅播。此外，有些种子的发芽出苗需要有光，如烟草种子，播种时一定要浅播，即半埋半露。

6.2.3 播后技术

（1）开沟理墒，盖土镇压　南方多雨地区作物直播后，应进行开沟理墒，为出苗期间灌排措施打好基础。沟土均匀覆盖畦面，减少露籽。播后镇压能压平土面，压实土缝，提高保水能力，促进种子萌发出苗和根系生长。

（2）中耕松土　播种期间，因播种机械碾压和人力踩踏，造成行间土壤坚实。应在播后及时浅中耕松土，以增温保墒，防止烂根烂芽，利于早出苗、出全苗。

（3）化学除草　一般在播前或播后出苗前进行，也可在齐苗后进行，但要根据除草剂种类正确使用。

（4）破除板结　播后降大雨易造成土面板结，造成种子缺氧闷种，幼苗出土困难，影响全苗。一般雨后表土尚未干透时及时破碎板结，疏松表土，以利出苗和保墒。

（5）查苗补缺，及时间苗定苗　出苗后应立即检查田间出苗情况，对缺苗断垄的地块应及早补种。补种时应将饱满的种子浸种催芽后趁墒补种。对缺苗不多的地可移密补稀，保证全苗。间苗是将生长过密的幼苗疏去，及早间苗既可防止幼苗拥挤和互相遮光，又能减少土壤水肥消耗，利于壮苗早发。间苗可多次进行，最后一次间苗后，全田的苗数及分布状况确定，称为定苗。间苗定苗的要求是拔除杂苗、小苗、弱苗、病苗，但要做到苗足、苗壮。

6.3 育苗移栽技术

6.3.1 育苗移栽的意义

农作物生产有育苗移栽和直播栽培两种方式。直播栽培（direct planting）是指种子直接播种于大田的栽培方式。育苗移栽则是先育苗，然后把幼苗或营养器官的一部分移栽于大田。多数作物采用直播栽培。水稻、甘薯、烟草等作物以育苗移栽为主，油菜、棉花、玉米和高粱等作物，在复种指数较高的地区，为了解决前后作季节矛盾获得高产，多采用育苗移栽。与直播栽培相比，育苗移栽具有以下优点：① 可缓和季节矛盾，充分利用土地和光、温等自然资源，延长作物生长期，增加复种指数，促进各种作物平衡增产；② 苗床面积小，便于集中精细管理，有利于培育壮苗；③ 能集约经营，减少种子、水、肥料、农药等用量，节约成本；④ 育苗可按计划的规格移栽，保证大田适宜的密度和苗全苗壮。但是育苗移栽也存在一些缺点，如根系受到损伤，特别是直根系作物，主根损伤，有一段时间的缓苗期，根系入土较浅，不利于吸收土壤深层养分和水分，抗旱、抗倒能力较差，移栽时费工。

6.3.2 育苗方式

育苗方式很多，根据育苗利用能源的不同，大致可分为露地育苗、保温育苗、增温育苗三类。

1. 露地育苗 露地育苗是利用自然温度育苗。当外界气候条件达到作物发芽、幼苗正常生长的最低要求时，即可采用露地育苗。其方法简单、管理方便、省工、成本低、适宜范围广，是作物生产最基本的育苗方法。不同的作物露地育苗的方法也有差异。

1）湿润育苗。代表性的湿润育苗形式是水稻的湿润育秧。湿润育秧苗床选择肥力较高，土质好，灌排方便，水源清洁，杂草少而又靠近大田的田块作苗床。在除净杂草、施足底肥、精细整地的基础上，做成130~150cm的畦，畦沟宽20~30cm，深10~13cm，畦面平整，畦面软硬适度即可播种。播后塌谷入泥，或覆盖砻糠、草木灰。视天气情况，沟内灌水，保持畦面湿润，以利扎根立苗。至幼苗三叶期畦面逐渐上水，保持浅水层或间歇灌溉。

2）旱育苗。所有的旱地作物育苗都采用旱育苗的方式。选择背风向阳、靠近大田、土质疏松、肥沃、排灌方便的田块作苗床，施足有机肥，配合适量的磷、钾化肥，精细整地达到细、净、平，做成宽1.3~1.6m的畦，根据不同的作物可采用撒播、点播、条播，然后浅覆土或盖土杂肥。播种后至出苗，浇水保持苗床湿润，出苗后根据天气及苗情适当浇水，注意苗病防治。

3）营养钵育苗。营养钵育苗在移栽时易起苗，不伤根，成活率高，增产效果显著，适用于棉花、玉米等大粒种作物。按肥沃表土70%~80%，腐熟细碎的堆肥、厩肥20%~30%的比例混合，并加入适量磷、钾肥等配成营养土。边拌边加水，至营养土手握成团，离地1m自然落地能松散为标准（含水量为25%~30%）。然后将营养土压制成直径为6~7cm，高8~9cm的营养钵，或将营养土装入纸钵或塑料钵内（钵直径6~8cm，高10cm）。营养钵成行交错紧密排列，钵间填入细土，四周用土围好。播前浇水湿润，每钵播种子1~2粒，播后覆细土0.6~1cm，可适当喷洒苗床除草剂。至适宜苗龄，连同营养钵一起移栽到大田。

4）方格（块）育苗。在做好的旱育苗床上，用稀薄粪水浇透，床面现泥浆。等床面泥不粘手时，用刀划成边长6~8cm的方块，深5~7cm。趁土湿润时，在每个方格中间用小木棍戳一个深1cm左右的播种穴，随即播种覆土。方格育苗简便省工，移栽时连同方格一起移栽，具有和营养钵育苗一样的优点。

2. 保温育苗 在露地育苗的苗床上加盖塑料薄膜进行育苗，为保温育苗。保温育苗可以提早播种，有利于解决前后作争地矛盾，延长了作物生育期，利于培育壮苗，取得高产。保温育苗盖膜的方式有搭拱型架覆盖和平铺覆盖两种。搭架覆盖，膜内温度均匀，秧苗生长整齐，覆盖时间长。平铺覆盖是将地（薄）膜直接覆盖于苗床表面，操作较为方便。但膜内昼夜温差大，地（薄）膜容易粘贴种芽，晴天高温易灼伤幼芽，遇大雨易积水压膜，覆盖时间短。

3. 增温育苗 增温育苗是在保温育苗的基础上采用生物能或人工增温措施，使幼苗处于最适宜的温度条件下生长，提高成苗率，幼苗生长整齐一致、健壮的一种育苗方式。

生物能增温育苗。利用微生物分解牲畜粪、绿肥、作物秸秆以及杂草等酿热物发酵产生的热量，并结合覆盖薄膜吸收太阳热能，以提高苗床温度，促进发芽和幼苗生长，也称酿热温床育苗。

温室育苗。水稻采用温室育秧，省种、省工、省秧田。温室要求透光、密封、增温、保温和调湿。室内根据温室高度搭设数层秧盘搁架，用配制好的营养土装盘，播种后覆薄土并洒水。出苗后培育 7 天左右，苗高约 10cm，两叶一心，叶色青绿，根系全白色，即可移栽入大田。

因前茬收获较晚需培育适龄大苗时，可采用两段育秧，即第一段用保温或温室育秧育成小苗，第二段将小苗浅插到寄秧田育成适龄壮秧，然后移栽大田。

工厂化育苗。工厂化育苗从种子处理、床土储备到培育出合格秧苗都是按规定的工艺流程和标准用机械作业手段完成。根据水稻种子发芽出苗及幼苗生长对温度、光照、养分、氧气等的要求，调温调湿，定量施肥，保证秧苗在最适条件下生长。

此外，各地的水稻育秧形式还有水泥场地育秧、草绳育秧等，应因地制宜培育秧苗。

6.3.3 苗床管理

1. *露地育苗管理* 露地育苗幼苗在自然环境下生长，在管理上主要做好灌溉排水、追肥、间苗、除草、防治病虫害、灾害性天气的预防等。

1）灌溉排水。旱育苗应保证适宜的水分，以促进出苗和幼苗的生长。出苗后防止土壤水分过多，以免造成幼苗组织柔嫩，抗逆性差。水稻湿润育秧，应根据天气情况，掌握"晴天满沟水，阴天半沟水，雨天排干水"的原则。两叶一心期前保持苗床表面湿润，保证秧苗能迅速扎根立苗。两叶一心期后可灌水上畦面，实行浅水或间歇灌溉。

2）苗床追肥。苗床追肥是培育壮苗的重要环节，施肥时注意氮、磷、钾的配合，不宜偏施氮肥。一般看苗追施1~2次，第一次在两叶期前后（水稻在一叶一心期），种子养分"离乳"前。移栽前 4~7 天施移栽肥（送嫁肥），促苗长出粗短新根，移栽后易成活。对甘薯育苗等需多次取苗的作物，应每剪一次苗，追施一次氮素肥料。

3）间苗除草。苗过挤会出现高脚苗、弯脚苗，应及早、分次进行间苗。例如，油菜第一次间苗可在齐苗后进行，以后在一片真叶和三叶期再分别进行一次。间苗应掌握去弱留强，保持不挤苗、不搭叶为度。棉花营养钵或营养格（块）育苗，在子叶平展后间苗，每钵（格）留一苗。在间苗同时拔除杂草，也可在播后芽前或立苗期进行化学除草。

4）防治病虫害。各种作物苗期病虫种类较多，要在床土消毒和种子消毒的基础上，根据不同作物病虫发生情况，及时准确用药，把病虫消灭在苗床期，防止病虫扩大蔓延到大田。

此外，各种灾害性天气如大风、低温晚霜、暴雨等对幼苗危害很大。在北方多风地区可设置风障。在灾害性天气来临前可在旱苗床上覆盖秸秆、绿肥，过后立即去除。水稻育秧可以上薄水护秧，过后排水露田。

2. 保温育苗管理　　保温育苗主要应注意提高床温，调节温湿度和通风透光。其管理可大致分为3个时期。

1）密封期：密封保温，创造一个高温高湿环境，促使种芽迅速扎根立苗。膜内适宜温度为30～35℃，床土相对湿度保持在70%左右，膜内相对湿度以95%左右为宜。密封期长短随作物不同而不同，水稻从播种到一叶一心，棉花从播种至齐苗。

2）炼苗期：水稻从一叶一心到两叶一心，棉花从齐苗到两叶期。这一时期膜内适宜温度为25～30℃，苗床相对湿度70%～80%。一般在晴天上午膜内温度接近适温，膜外气温在15℃以上时，便可采取炼苗措施。炼苗时应遵循"两头开门、背侧开窗、半边打开、日揭夜盖、最后全揭"的步骤，逐日扩大通风面积，延长通风时间，使幼苗逐渐适应外界自然条件。不可一开始就全部揭开，更忌中午高温时骤然揭膜，以免叶片青枯、死苗。

3）揭膜期：水稻三叶期以后为揭膜期，秧苗经过 5 天以上通风炼苗，当日均温稳定在 15℃以上，日最低气温 10℃以上时，便可揭膜。揭膜时应选择气温较高的阴天或晴天上午将膜完全揭去。

增温育苗中，室内的温湿度由人工控制，昼夜变化小，可以保持幼苗在最适宜的温湿度条件下生长，不同苗期温度管理的原理与保温育苗相同。

6.3.4　移栽技术

移栽时期根据作物种类、适宜苗龄和茬口而定，一般水稻以叶龄指数 40%～50%，棉花 2～3 叶时移栽产量较高。在实际操作中还要根据前作收获期或间套作的共生期来决定。移栽时可带土或不带土。带土移栽伤根少，可以缩短缓苗期，早活早发，但较为费工。移栽质量要求按计划规格，保证行距、株距、深浅一致，最好将大小苗分级移栽。移栽深度根据作物种类、幼苗大小而不同，一般深度为3cm左右。高秆作物、大苗可深些，矮秆作物、小苗可浅些；带土移栽浅一些，不带土移栽深些。

水稻插秧方式有手插、机插、抛秧等，要求做到浅插、匀插、苗直、苗稳。油菜移栽方式有平栽、沟栽、垄栽等多种形式，以沟栽和垄栽效果较好。棉花移栽，按规定的行株距打洞，酌施"安钵肥"。然后放钵，钵口稍低于地面。壅土应略高于地面，压紧表土。所有旱作物移栽后都应立即浇足定根水，追"安蔸肥"，并盖细土保墒或及时浅中耕保墒。水稻栽插后上寸水活棵，促进成活和幼苗生长。

6.4　科学施肥技术

土壤-植物系统（soil-plant system）是生物圈的基本结构单元。植物生长在土壤之上的大气环境里，扎根于土壤之中，通过叶片的光合作用吸收大气中的 CO_2，通过根系从土壤中吸收水分及各种营养物质。这些物质在植株体内被同化之后，或者构成植物体,或者形成植物生命活动所必需的能量物质,或者在植物的新陈代谢过程中起直接或间接作用,从而为植物的生长发育创造良好的营养条件。因此,如何提高土壤肥力,合理供给植物养料,以促进植物生产,是农业生产中一个关键性问题。

由于化肥增产显著,世界各国化肥用量大幅度增加。加之优良品种的推广,农田水利的改善,病虫害的防治等,粮食产量有了大幅度的增加。研究表明,1981~1990年我国肥料对粮食产量的贡献率从37%上升到50%。随着高产品种的推广,粮食对肥料的依赖性越来越大。到我国人口达到16亿(2050年前后)时粮食的总需求量为7.2亿t,即到2050年的粮食总产量要比1996年多2.3亿t。在我国耕地总面积动态平衡的前提下,科学施肥是实现粮食增产的最有效的途径。到20世纪90年代末,我国有中低产田约0.65亿hm²。若对其增施225kg/hm²化肥,可增产2.05亿t左右;对现有0.28亿hm²高产土壤推广平衡施肥技术,将可增产0.25亿t粮食,两项合计为2.3亿t。因此,从科学施肥角度出发,我国21世纪的粮食安全保障是可实现的。

除了粮食作物生产需要施用大量的化肥,牧草生产也需要足够的施肥量。研究表明,氮肥能促进禾本科牧草叶的生长,增施钾肥对禾草的生长有利。磷能促进豆科牧草根的生长,且豆科牧草株高随着施磷量的增加各处理间差异显著。高氮抑制豆科牧草的生长。

6.4.1 肥效的影响因素及提高途径

作物对养分吸收利用能力受作物种类、品种及环境条件的影响。土壤养分的供应状况,直接影响作物生长。根系对养分的吸收能力,不仅取决于不同种类作物的根系特性,还受根系生长的外界环境的强烈影响。所以,为了调节根部对养分的吸收,必须因地制宜地采取措施,改善根部吸收养分的环境条件。

1. 肥效的影响因素

(1)温度　　温度不仅影响作物根系吸收养分的能力,还影响土壤养分的有效性。一般,温度在6~35℃时,随温度增高,作物吸收养分的数量增加;反之则减少。我国北方的小麦、玉米两熟区,由于小麦播期较晚,地温较低,在土壤有效磷不高的条件下,小麦吸磷能力明显减弱,将会严重影响产量。各种作物吸收养分都有最适的根际土温。水稻适宜水温是30~32℃。大麦根际土温以18℃较好,棉花为28~30℃,玉米为25~30℃,马铃薯为20℃等。总之,在最适根际土温,吸收养分也较多。

(2)土壤通气性　　旱田同水田相比,土壤的通气状况有很大差别。一般旱田通气良好,而水田通气较差,水田土壤通气不良对水稻吸收养分、土壤中养分的有效性和毒害物质的积累都有很大影响。

(3)土壤反应　　土壤的pH直接影响根系对阴阳离子的吸收。一般,在pH 5~7时,阳离子吸收最多。

(4)土壤水分状况　　土壤水分是化肥溶解和有机肥料矿化的必要条件,养分通过扩散与质流的方式向根表迁移以及根系对养分的吸收都必须有水。应用示踪原子研究表明,在生草灰化土上,冬小麦对硝酸钾和硫酸铵中氮的利用率,湿润年份为43%~

50%，干旱年份为34%。

（5）根部溶液的离子组成　　作物根系从土壤溶液中吸收养分，同时要受土壤溶液中离子组成的影响，这些离子间的相互作用对根系吸收的影响极其复杂，主要表现为离子间的对抗作用和相助或协助作用。

离子间的对抗作用是指在溶液中某一离子的存在抑制另一离子的吸收现象。培养试验证明，在阳离子中，K^+、Rb^+与Cs^+之间，Ca^{2+}、Sr^{2+}与Ba^{2+}之间；在阴离子中，如Cl^-、Br^-与I^-之间，等等，都有对抗作用。离子间的相助作用是指在溶液中某一离子的存在有利于根系对另一些离子的吸收。这种作用主要表现在阴离子与阳离子之间，以及阳离子与阳离子之间。研究表明，钙的存在能促进铵、钾和铷的吸收，镁、锶、镭、铝在低浓度时也有助于钙的吸收。

2. 提高肥效的途径

（1）根据土壤条件合理分配与施用肥料　　土壤条件既是进行肥料区划和分配的必要前提，也是确定肥料品种及其施用技术的依据。由于土壤类型不同，肥力等级有差别，因此，为了发挥单位肥料的最大增产效果和最高经济效益，首先必然将肥料重点分配在中、低等肥力地区。

（2）根据作物营养特性合理分配和施用肥料　　不同作物对肥料的选择不同，即或是同一作物，但由于品种不同，其耐肥能力和各个生育期的施肥效果也不同，因此，必须根据不同作物的营养特性合理分配和施用肥料。例如，棉花、油菜、叶菜类、茶、果树等，需氮量较多，水稻、小麦、玉米次之，而豆科作物利用空气中游离态氮能力较强，对氮肥的需求就没有上述作物那么迫切。因此，应将氮肥重点分配在经济作物和粮食作物上，而豆科作物则可酌情少施。

（3）养分配合施用能提高肥效　　将有机肥与氮、磷、钾肥配合施用，能显著提高肥效。作物对各种养分按一定比例吸收，因此，土壤中各种营养元素应有适当比例。作物体内许多含磷化合物，如核酸、核蛋白、磷脂及某些酶等，都是既含有氮又含有磷，并需钾参与才能形成的化合物。因此，氮、磷、钾等配合施用，有利于各种营养元素的平衡，改善作物的整个营养状况，增进作物的产量与品质。

（4）进行合理的轮作倒茬　　轮作是种植制度中一种传统的种植方式。它遵循作物间互利与互生的关系，通过不同作物茬口间的合理搭配，依据当地的自然条件及社会需求，制订合理的作物轮换种植顺序，保证不同作物在轮作周期内有顺序地进行轮换种植。因此，理论上轮作可以充分利用不同作物对各种养分需求间的差异，最大限度地发挥作物间的互利互补，减少其竞争性，均衡利用土壤资源，实现持续增产稳产。

6.4.2　养分作用规律

（1）最小因子定律　　这一原理是李比希最早提出来的。其含义是，作物生长发育需要各种必需的养分，但决定作物产量高低的，是土壤中相对含量最少的营养元素，也称之为养分限制因子论。目前，多数农田氮、磷、钾是主要的限制因子，这也是经常施氮、磷、钾的主要原因。

（2）报酬递减律　　这原是经济学上的一条定律，反映在技术条件不变情况下投入与产出的关系。其含义是：从一定土地上所得到的报酬随着向该土地投入的劳动和资本的增多而有所增加，但随着投入的增加每单位劳动量或资本量的报酬却在逐渐减少。应用在施肥上，则某种养分的增产效果以其在土壤中越不足时效果越大，但若逐渐增加该种养分的施用量，那么，每单位养分的增产量就逐渐减少。

（3）同等重要且不可代替论　　农作物所必需的17种营养元素在生理作用上同等重要，各种元素间不可以相互代替，没有先后主次之分，哪种元素缺乏都会影响产量，缺什么就要补什么。

（4）因子综合作用规律　　作物产量的形成，是各种因子，如水分、养分、光照、温度、品种等综合作用的结果。不同养分之间有相互作用的效应，有时可能没有交互作用，甚至有负的交互作用。利用养分之间和养分（肥料）与其他农业措施之间的正的交互作用，以充分发挥肥料的作用，是经济合理施肥的重要原理之一。

6.4.3　作物需肥特性

作物从种子萌发到种子形成的整个生育过程中，要经历许多不同的生育阶段。除萌发期靠种子进行营养和生育末期根部停止吸收养分外，作物要通过根系从土壤中吸收养分。作物通过根系由土壤中吸收养分的整个时期，就称为作物的营养期。作物在不同的生育阶段对营养元素的种类、数量和比例等有不同要求，这种特性就称为作物营养的阶段性。

1. 作物不同生育阶段吸收养分的规律　　作物吸收养分的规律是：生长初期吸收的数量较少，强度较小。随着时间的推移，对营养物质的吸收量逐渐增加。到成熟期，又趋于减少。一般，单子叶粮食作物养分吸收高峰（特别是氮）大致在拔节期，而开花期所吸收的养分量则有所下降；而双子叶的棉花吸收氮素高峰约在初花期至盛花期。

2. 作物的种子营养　　作物在生长初期靠种子中贮存物质进行营养供应，称为作物的种子营养。作物在种子营养期对土壤养分的要求不高，只要有适宜的水分、温度、通气条件和光照，幼苗就能正常生长。小麦、水稻、玉米出苗后直到三叶期以前，以种子营养为主。三叶期后种子中贮存的养分已接近用完，开始从土壤中吸收养分，此时转入土壤营养。

3. 作物营养临界期及作物营养最大效率期　　作物营养临界期是指当某种养分缺少或过多时对作物生长影响最大的时期。在临界期，作物对某种养分的要求在绝对数量上虽然不多，但很迫切，作物因某种养分缺少或过多受到的损失，即使在以后该养分供应正常也很难弥补。作物的营养临界期多出现在作物生育前期。例如，多数作物磷营养的临界期出现在幼苗期，此期磷供应不足，幼苗的生长会受到严重影响，导致作物减产。作物氮营养临界期也在生育前期。

作物营养最大效率期是指某种养分能发挥其最大效能的时期。在这个时期，作物对某种养分的需求量和吸收量都是最多的。这一时期，也是作物生长最旺盛的时期，吸收养分的能力最强，如能及时满足作物养分的需要，其增产效果非常显著。据试验，玉米氮营养最大效率期一般在喇叭口至抽雄初期；小麦氮营养最大效率期在拔节至抽穗期；棉花氮营养最大效率期在开花至盛铃期。

6.4.4 合理施肥原则

合理施肥，就是根据作物的特性、气候条件、土壤状况、肥料性质等所采取的正确施肥措施。要做到合理施肥必须遵循以下几方面原则。

1）有机肥与无机肥相结合，用地与养地相结合的原则。大量实践证明，有机与无机肥配合施用比单独施用效果好。两肥配合施用可取长补短，缓急相济，既利于保持作物营养供应的连续性，又利于保证作物营养关键时期的大量需肥，还可以培肥地力，为实现作物高产稳产创造良好的营养条件。

2）氮、磷、钾肥配合施用的原则。氮、磷、钾是植物需要量最大的三种营养元素，对作物有良好的增产效果。这三种肥料按一定比例配合施用，更有利于发挥它们之间的相互促进作用，并使养分得以平衡供应。

3）大量营养元素与微量营养元素配合施用原则。作物不仅需要氮、磷、钾等大量元素，还需要微量元素。只有当作物所需要的元素都能得到满足，作物才能正常生长。所以不仅要重视大量营养元素的施用，而且必须根据土壤情况和作物要求，配合施用微量元素，对果树、蔬菜更要注意配合施用。

4）基肥、种肥、追肥配合施用的原则。基肥、种肥、追肥配合施用，是合理施肥、科学种田的重要内容。基肥以迟效性有机肥和速效性化肥混合施用为好，用量一般占当季作物或年总用肥量的 60%～70%。种肥是播种或定植时施在种子或幼苗附近的肥料，其目的是改善幼苗期的营养状况，促进幼苗生长，使苗体健壮。追肥是依据作物各生育时期的需肥特点施用的肥料，其目的是及时补给生育过程中所需要的养分，促进作物的生长发育，提高产量和品质。

6.4.5 肥料种类和施肥技术

1. **肥料种类** 肥料界对肥料的分类方法没有严格规范和统一的分类与命名。基于这种情况，下面仅把习惯的分类方法与命名作简要介绍。

按肥料来源与组分的主要性质可分为：化学肥料、有机肥料、生物肥料和绿肥。

按所含营养元素成分可分为：氮肥、磷肥、钾肥、镁肥、锌肥等。

按营养成分种类可分为：单质化肥、复合肥或复混肥。

按肥料状态可分为：固体肥料与液体肥料。

按肥料中养分有效性或供应速率可分为：速效肥料、缓效肥料、控释（失）肥、长效肥料。

按肥料中养分的形态或溶解性进行分类，如铵态氮肥、硝态氮肥、酰胺态氮肥。

按肥料产生、积攒的方法分为：堆肥、沤肥、沼气发酵肥等。

其中有机肥料、生物肥料和绿肥特性如下。

1）有机肥料：有机质含量多，所含的养分不能被作物直接吸收，肥效迟缓持久；

营养元素较全,浓度低;能改良土壤等。

2)生物肥料:含有高效活性菌群,肥效发挥必须有菌株生长繁殖的环境条件,施肥方式与时间都要严格按照菌类的生活习性和要求进行。

3)绿肥:适应性强,抗逆性强,成本低,具有活化潜在土壤养分、熟化土壤的作用。

2. 施肥技术　　施肥技术一般包括施肥时期、施肥方法和肥料用量三方面,三者又相互联系。科学施肥首先要考虑的就是大量元素的限制因子,然后确定氮、磷、钾的比例及施用量。土壤中限制因子要以测土数据获得。目前最流行的方法是测土配方施肥。根据计算结果,一般氮肥的 70%~80%,全部的磷、钾肥用作底肥,剩余 20%~30%的氮肥用作追肥。微量元素的缺乏可以通过叶面喷施加以纠正。

(1) 施肥时期

1)基肥。基肥是播种(或移栽)前结合土壤耕作施用的肥料。它的目的是供给作物整个生育期需要的养分,并为作物生长发育创造良好的土壤条件,有培肥改土的作用。所用的肥料有各种有机肥,全部或大部分磷、钾肥和一部分氮肥。施用的方法一般在耕地前撒在土壤表面,或沿犁沟施入土中。

2)种肥。种肥是播种(或移栽)时,施在种子(或幼苗)附近或与种子混播的肥料。它的目的是为幼苗苗壮生长供给充足的养分。一般都是容易被作物吸收的水溶性肥料,如氮肥、水溶性磷肥和腐熟的有机肥料。由于施在种子附近或与种子混拌,施用不当容易烧种和烧苗。因此,要严格控制用量。碳酸氢铵、尿素等氮肥不宜与种子直接接触。施用方法可根据具体情况,条施、穴施或拌种。

3)追肥。追肥是作物生长期间施用的肥料,它的目的是补充作物生长期土壤养分供应的不足。一般以追施氮肥为主,要求深施覆土,深度达 6~8cm,可明显减少氮肥的损失,提高肥效。在土壤水分不足,或不能深追肥的情况下,应在追肥后随即浇水。追肥的用量应根据土壤肥力、基肥数量和作物生长情况确定。

(2) 施肥方法　　按照施用方式不同,可分如下几种。

1)冲施。在为作物浇水时,把定量化肥溶解在水池或水沟内,随浇水渗入作物根系周围的土壤内。其优点是用法简单、省工省时、劳动量不大。这种方法容易造成肥料尤其化肥在随水流动过程中挥发、渗漏等损失,造成肥料利用率降低。

2)撒施。趁田间土壤墒情适宜,又能下田作业时,将定量化肥撒施于作物株行间,施后灌水。这种施肥方法比较简单,容易操作,但会造成一部分肥料挥发损失。碳酸氢铵挥发性很强,最好底施作基肥,尤其在气温较高情况下撒施,挥发损失较大,不宜采用该方法。硫酸铵、尿素和硫酸钾等挥发性较弱的肥料可以撒施,但只有在田间机械操作不方便、作物需肥又无法采用其他操作的情况下选用。

3)条施追肥。在作物较小,机械能够进地作业的情况下,在作物行间定量条施追肥,施肥深度可达 5~10cm。这种田间作业方法工作效率高,肥料挥发损失小,但在作物植株高大的营养最大效率期施用困难。

4)埋施。在作物株间或行间开沟挖坑,将定量化肥施入,再盖上土。这种方法肥料损失少,但劳动量大,费工,且操作不方便,施用时还要注意安全。埋肥沟、坑要距离作物茎基部 10cm 以上,若距离根太近则容易损伤根系。由于肥料集中,浓度大,该方法在作物生长旺盛、需水较多的夏季要注意肥水混合。但在实际生产中,作物的生长高峰往往也是需肥需水高峰,因此,埋施法常常在此期被采用。

5)设施追施。是指利用滴灌设施进行追肥的一种施肥方法。具体方法是:在水源进入滴灌主管的部位安装施肥器,在施肥器中将化肥溶解,将滴灌主管插入施肥器的吸入管过滤嘴,肥料即可随浇水自动进入作物根系周围的土壤中。由于地膜覆盖,肥料几乎不挥发、无损失,肥料虽集中,但浓度小,因此既安全又省工省力,效果很好。

6)根外追肥。根外追肥就是少量叶面喷肥。在设施园艺栽培中,由于人为创造的环境更利于满足作物对环境条件的要求,植物表现出生长快、产量高、结果多的特点。不过,管理中除了注意及时追肥外,还可结合喷药,多次进行根外追肥,以补充作物的养分不足。这种方法用量少、肥效快,又可避免肥料被土壤固定。肥药配合,更是一种经济有效的施肥方法。

6.4.6 测土配方施肥推荐施肥技术

1. 测土配方施肥　　测土配方施肥就是以土壤测试为基础的推荐施肥技术。测土施肥包括两个含义:第一测土,即测试出土壤中氮、磷、钾以及微量元素的含量。第二施肥,即根据测出土壤中的含量以及所种作物需要的氮磷钾的量做出施肥方案。这样既可以满足农作物生长的需要,又可以节省劳力,减少开支。测土配方施肥的核心是,根据不同类型的土壤肥力状况、土壤供肥特点、作物需肥规律和肥效试验结果,提出合理的施肥配方,按照合理的原料配比和采用相关工艺,生产和施用养分齐全的配方肥料。

2. 推荐施肥技术

(1)小麦　　每生产100kg 籽粒需吸收氮素 2~4.2kg、五氧化二磷 0.8~1.4kg、氧化钾 2.6~3.8kg。小麦高产田块,要施用优质农家肥 30~45t/hm^2,或采用秸秆还田技术增加土壤有机质含量。化肥施用量根据目标产量,按小麦平衡施肥氮、磷、钾素推荐用量相应确定。微量元素施用量应根据土壤硼、锌、锰等含量及小麦缺素症状针对性地施用。小麦抽穗至灌浆期,用 0.4%~0.5%的磷酸二氢钾水溶液喷施叶面,可以增加粒重、促进成熟,提高抵抗干热风的能力。硫酸锰基施用量 15~30kg/hm^2;喷施浓度 0.1%~0.2%,于拔节前喷两次。硫酸锌基施用量 15~30kg/hm^2;喷施浓度 0.1%~0.2%,于拔节前喷两次。硼肥基施用量 3.75~7.5kg/hm^2;喷施浓度 0.1%~0.2%,于拔节和孕穗前各喷一次。

有机肥和磷、钾肥一般全部用作基肥。在低产缺磷地块,用磷肥总量的 20%作种肥,80%作基肥。在沙性土壤上,用钾肥总量的 50%作基肥,其余与氮肥配合作追肥施用。氮肥在高产地块用总量的 40%~50%作基肥,50%~60%作追肥;中低产地块,用总量的 60%作基肥,10%作种肥,其余 30%作追肥。春小麦比冬小麦对磷素更为敏感,而且春小麦生长发育快,三叶期开始穗分化,又值离乳阶段,生殖生长和营养生长并进,需要吸收大量肥料,所以底肥一定要施足,要增施磷肥,调整氮磷比例。

(2)玉米　　据测定,每生产100kg 玉米籽粒,需要吸收纯氮 2~4kg、五氧化二磷 0.7~1.5kg、氧化钾 3.2~5.5kg。玉米播种前应施好基肥，主要是有机肥和部分化肥配合施用，以集中施用为好。锌、钼、硼等微量元素肥料可以作基肥施用，用量为硫酸锌 15~30kg/hm^2、硫酸钼 15kg/hm^2、硼砂 15kg/hm^2，也可作为拌种、浸种或叶面喷施施用。

苗肥用量可占追氮量的 30%左右，在定苗后至拔节前追肥，为穗大穗多打好基础。播种时带有种肥的田块，可适当减少苗肥用量和推迟追施时间。穗肥一般占总追肥量的 50%~60%。春玉米产量一般高于夏玉米，肥料需求量也较大；就施肥总量的氮、磷、钾配比而言，夏玉米的磷低于春玉米，而钾则高于春玉米。叶面肥喷施一般在苗期、拔节期、灌浆期施用。苗期喷施 0.1%~0.3%的硫酸锌水溶液，可防止玉米白苗花叶病的发生；拔节期喷施 0.2%~0.3%的磷酸二氢钾 2~3 次，可以壮秆抗倒，稳健生长。灌浆期是决定玉米穗粒数和粒重的关键时期，如有缺肥症状可以采用叶面喷肥方式补施，一般控制尿素浓度在 2%，磷酸二氢钾、硫酸锌浓度在 0.2%左右，一般喷 2~3 次即可。

（3）水稻　每生产 100kg 稻谷需要吸收氮素 2.0~2.4kg、五氧化二磷 0.9~1.4kg、氧化钾 2.5~2.9kg，综合考虑土壤供应能力、肥料利用效率及生产水平等因素。在土壤养分中等的情况下，施用肥料中氮、磷、钾配比应为 1∶0.5∶0.9 左右。基肥施用：一般早稻每公顷施鲜绿肥 15~30t 或商品有机肥 900~1200kg；晚稻可利用早稻稻草还田作为有机肥，或商品有机肥 1.2~1.5t、尿素 105~135kg、钙镁磷肥 525~675kg、氯化钾 60~90kg、硫酸锌 15kg。追肥：分蘖期施尿素 75~105kg、氯化钾 60~90kg；孕穗期施尿素 90~120kg、氯化钾 75~105kg；抽穗期施磷酸二氢钾 3kg 加尿素 7.5kg 兑水 750kg 喷施，防止早衰。

（4）大豆　每生产 100kg 大豆需要吸收氮素 7.2kg、五氧化二磷 1.8kg、氧化钾 4.0kg、钙 4.6kg、镁 2.0kg、钼 0.6g。基肥施用有机肥是大豆增产的关键措施。在轮作地上可在前茬粮食作物上施用有机肥料，而大豆则利用其后效。这样有利于结瘤固氮，提高大豆产量。在低肥力土壤上种植大豆每公顷可以施过磷酸钙、氯化钾各 150kg 作基肥，增产作用显著。

种肥一般每公顷用 150~255kg 过磷酸钙或 75kg 磷酸二铵作种肥，缺硼的土壤加硼砂 6~9kg。在大豆幼苗期，根部尚未形成根瘤时，或根瘤活动弱时，适量施用氮肥可使植株生长健壮，在初花期酌情施用少量氮肥也是必要的。氮肥用量，一般施尿素 112~150kg/hm^2 为宜。另外，花期用 0.2%~0.3%的磷酸二氢钾水溶液或过磷酸钙水溶液根外喷施，可增加籽粒含氮率，有明显增产作用；花期喷施 0.1%的硼砂、硫酸铜、硫酸锰水溶液可促进籽粒饱满，增加大豆含油量。

视频：冬小麦减蒸控灌节水高产栽培

6.5　合理灌溉技术

作物的水分管理技术主要指对作物进行合理的灌溉，这是农作物正常生长发育并获得高产的重要保证。合理灌溉的基本原则是用最少量的水分投入获得最大的产出效果。我国水资源总量并不算少，但人均水资源量仅是世界平均数的 26%，且时空分布不均而灌溉用水量偏多又是存在多年的一个突出问题。因此节约用水，合理灌溉，发展节水农业，是一个带有战略性的问题。

6.5.1 作物的需水规律

1. 作物对水分的需要量　　一般可根据蒸腾系数的大小来估计某作物对水分的需要量，即以作物的生物产量乘以蒸腾系数作为理论最低需水量。例如，某作物的生物产量为 15 000kg/hm^2，其蒸腾系数为 500，则每公顷该作物的总需水量为 7500t。但实际应用时，还应考虑土壤保水能力的大小、降雨量的多少以及生态需水等。因此，实际需要的灌水量要比上述数字大得多。

2. 作物不同生育时期对水分的需要量　　同一作物在不同生育时期对水分的需要量也有很大差别。例如，早稻在苗期由于蒸腾面积较小，水分消耗量不大；进入分蘖期后，蒸腾面积扩大，气温也逐渐升高，水分消耗量明显增大；到孕穗开花期蒸腾量达最大值，耗水量也最多；进入成熟期后，叶片逐渐衰老、脱落，水分消耗量又逐渐减少。小麦一生中对水分的需要大致可分为 4 个时期：① 种子萌发到分蘖前期，消耗水不多；② 分蘖末期到抽穗期，消耗水最多；③ 抽穗到乳熟末期，消耗水较多，缺水会严重减产；④ 乳熟末期到完熟期，消耗水较少。如此时供水过多，反而会使小麦贪青迟熟，籽粒含水量增高，影响品质。

3. 作物的水分临界期　　水分临界期是指植物在生命周期中，对水分缺乏最敏感、最易受害的时期。一般而言，植物的水分临界期多处于花粉母细胞四分体形成期，这个时期一旦缺水，就使性器官发育不正常。小麦一生中有两个水分临界期，第一个水分临界期是孕穗期，第二个水分临界期是从开始灌浆到乳熟末期；大麦在孕穗期；玉米在开花至乳熟期；高粱、黍在抽穗到灌浆期；豆类、荞麦、花生、油菜在开花期；向日葵在花盘形成至灌浆期；马铃薯在开花至块茎形成期；棉花在开花结铃期。由于水分临界期缺水对产量影响很大，因此，应确保农作物水分临界期的水分供应。

6.5.2 合理灌溉指标

作物是否需要灌溉可依据气候特点、土壤墒情、作物的形态、生理性状和指标加以判断。

（1）土壤指标　　一般来说，适宜作物正常生长发育的根系活动层（0～90cm）土壤含水量为田间持水量的 60%～80%。如果低于此范围时，应及时灌溉。土壤含水量对灌溉有一定的参考价值，但是由于灌溉的对象是作物，而不是土壤，因此最好应以作物本身的情况作为灌溉的直接依据。

（2）形态指标　　我国农民自古以来就有看苗灌水的经验。即根据作物在干旱条件下外部形态发生的变化来确定是否应该灌溉。作物缺水的形态表现为，幼嫩的茎叶在中午前后易发生萎蔫；生长速度下降；叶、茎颜色由于生长缓慢，叶绿素浓度相对增大，而呈暗绿色；茎、叶颜色有时变红，这是干旱时碳水化合物的分解大于合成，细胞中积累较多的可溶性糖，形成较多的花色素，而花色素在弱酸条件下呈红色的缘故。

（3）生理指标　　生理指标可以比形态指标更及时、更灵敏地反映植物体的水分状况。植物叶片的细胞汁液浓度、渗透势、水势和气孔开度等均可作为灌溉的生理指标。植株在缺水时，叶片是反映植株生理变化最敏感的部位。叶片水势下降，细胞汁液浓度升高，溶质势下降，气孔开度减小，甚至关闭。当有关生理指标达到临界值时，就应及时灌溉。例如，棉花花铃期，倒数第 4 片功能叶的水势值达到 -1.4 MPa 时就应灌溉。

需要强调的是，作物灌溉的生理指标因不同的地区、时间、作物种类、作物生育时期、不同部位而异。在实际应用时，应结合当地情况，测定出临界值，以指导灌溉。

6.5.3　节水灌溉方法

1. 改进地面灌溉技术　　地面灌溉是一种应用最为广泛的灌水方法。农业灌溉的历史就是从地面灌溉开始的。目前世界上，特别是发展中国家普遍采用这种灌水方法，占世界总灌溉面积的 90% 以上。我国 98% 以上的灌溉面积是采用地面灌水方式。传统的地面灌水方法的灌水定额大，灌水均匀度差，田间水分利用率低，用水的浪费现象很严重。随着生产的发展，很多国家对地面灌溉技术不断地进行改进，使其形成了比传统的地面灌溉节水的地面灌溉技术，因此，也称之为改进地面灌溉技术。它包括改进灌水沟畦规格（如小畦灌等）、先进的地面灌溉技术（如波涌灌、低压管道灌、膜上灌、隔沟灌等），以及激光平地的水平畦灌等。

1）波涌灌。波涌灌是美国 20 世纪 70 年代末推出的适合于旱作灌溉的一种新技术。与传统的连续灌溉方式相比，波涌灌溉是根据待灌地块的长度，把连续供水时间划分为几个供水周期，采用交替间歇的灌水形式将水引入田间，使水流快速推进到畦（沟）尾。分时供水过程使表层土壤结构发生明显改变，灌过水的田面形成致密层，将导致土壤入渗性能下降，有助于水流向下游推进。在这种"间歇灌水效应"作用下，田面各点上土壤受水时间相等，减少了深层渗漏损失，可有效地提高田间灌溉效率及灌水均匀度，显著地改善了地面灌溉系统的性能和灌水质量。

2）水平畦田灌溉。水平畦田灌溉技术是一种在短时间内供水给大块水平畦田的地面灌水方法，自 20 世纪 80 年代起在许多国家已得到推广应用。水平畦田灌溉系统中的田面通常用激光控制精细平整土地技术平整为水平状态，要求的灌水流量较大，能在较短的时间内进入田块，均匀地分布在整个土壤表面。畦田可以是任意形状，周边由田埂封闭平整的农田表面有利于入渗水分均匀分布，减少田间深层渗漏损失，起到改善地面灌溉系统性能，提高田间灌水效率和灌溉均匀度的作用，可使田间灌水效率高达 90% 以上。

3）低压管道灌溉。低压管道灌溉技术很早就出现在美国及前苏联等国家。它是从水源到田间都采用管道输配水，所以其节水分两个部分：一是管道输水减少水量损失，二是田间工程质量的提高而带来的节水效果。只要把田间配套工程做好，其节水率可与喷灌相比。目前美国的低压管道灌溉面积近 $6.67 \times 10^6 \mathrm{hm}^2$。目前，这项技术已在我国北方许多地方得到进一步的改进应用。

4）膜上灌溉。膜上灌溉就是在地膜栽培的基础上利用地膜输水，通过放苗孔和膜旁侧渗给作物供水的灌溉方法。它不仅防止了传统地面灌的深层渗漏损失，而且大大减少了作物棵间的无效蒸发，从而使灌溉水大为节约，同时它还具有投资少、增产、见效快、效益高、简便易行等优点。

5）隔沟灌溉。隔沟灌溉技术是我国传统的灌溉方法，但其理论的系统研究始于20世纪80年代后期。它是在灌水时使一沟灌水而相邻的沟不灌水，这样可使长在垄上的作物根系一半受水，一半受旱（水分胁迫），而受旱根系输出植物激素脱落酸（ABA），引起叶片气孔关闭，减少作物蒸腾耗水，进而达到节水目的。

2. 喷灌技术　　喷灌技术产生于19世纪末20世纪初。直至20世纪30年代，随着轻质型钢管、高效喷头及快速喷头的出现，加速了喷灌技术的发展，并相继研究出了各种机械化、自动化的喷灌机组，从而降低了喷灌设备的投资，提高了喷灌效率，使喷灌技术迅速地推广到世界各国。特别是近几十年来，喷灌技术发展很快。

3. 滴灌技术　　滴灌是通过干管、支管和毛管上的滴头，在低压下向土壤经常缓慢地滴水；是直接向土壤供应已过滤的水分、肥料或其他化学剂等的一种灌溉系统。它没有喷水或沟渠流水，只让水慢慢滴出，并在重力和毛细管的作用下进入土壤。滴入作物根部附近的水，使作物主要根区的土壤经常保持最优含水状况，确保作物能够在全生育期得到充足的养分与水分供应，是一种先进的灌溉技术。

滴灌技术优点如下。

1）省水：滴灌系统全部采用管道输水，输水损失大幅度降低。滴灌只湿润部分土体，作物行间保持干燥，棵间蒸发量降低到最低限度，且可以有效地控制灌水量，不易造成深层渗漏和地表流失。因此，灌溉用水利用效率明显提高。水利学优化设计和科学管理的滴灌系统的水分利用率可达到0.90～0.95，节水效率十分明显。

2）省肥：滴灌时可将可溶性肥料随水施到作物根区，便于作物吸收，减少了肥料的淋失，有利于充分发挥肥效。大量研究结果表明，滴灌较沟灌平均省肥40%左右。

3）省工：滴灌有利于实现管理自动化，加上滴灌条件下不需要进行平田整地、开沟打畦、人工或机械追肥等，大大地减少了田间灌水和追肥的劳动量和劳动强度。

4）节能：滴灌与喷灌相比，要求的压力低，灌水量少，抽水量减少和抽水扬程降低，从而也就减少了能量消耗。

5）增产：滴灌能适时适量向作物根区供水供肥，还可调节棵间的湿度和温度，使农田水分状况经常维持在适宜的状态；同时，土壤水分运动主要借助于毛细管作用，不破坏土壤团粒结构，透气性、保温性良好，有利于土壤养分的活化。因此，产量一般较地面灌溉高20%～30%。

4. 膜下滴灌技术　　1996年，新疆生产建设兵团在石河子地区率先开展滴灌灌溉技术与薄膜覆盖技术相结合棉花膜下滴灌技术试验，一举获得成功。实行覆膜栽培与滴水灌溉相结合的滴灌技术，使地面蒸发进一步下降，水分的无效损失更低。薄膜覆盖具较强的杂草防除效果，滴灌的灌溉用水经过充分过滤后，杂草种子进入农田量大幅度下降。

6.5.4 排水技术

排水技术种类繁多、形式多样，一般可分为地面排水（毛沟、地面平整）、水平地下排水（明沟、管式排水）和垂直地下排水（竖井）。采用何种排水技术应综合考虑经济、体制、自然和环境等诸多条件。地面排水具有简便易行、经济实惠的优点，因而较之其余两种形式占主导地位。对复种密度较低或休闲期较长的土地，宜选择深度低于"临界深度"的深层水平排水，而浅层水平排水则更适宜于作物复种密度较高的土地；垂直排水一般用于具有较高导水率的含水层中。水平地下排水多用于田间中小地块，而垂直排水则更适宜在大范围农田中使用。

长期以来，我国在农田排水方面普遍采用的是明沟排水技术，明沟排水会带来沟坡不稳定和沟道淤积，运行不久，排水效率降低。暗管排水是指在田间埋设能透水的暗管，以排除土壤中过多的水分，降低地下水位。

6.6 生长发育调控技术

作物的个体生长发育和群体建成虽然能够因环境条件而进行自动调节，但这种依反馈机制进行的调节存在一定的局限性和滞后性，缺乏预见性和系统性，而且自然调节的结果也不一定符合人类生产的需求目的。因此，需要通过人为采取技术措施以协调作物与环境的关系、群体与个体的关系、作物体内各器官生长间的关系，补充、调整和增强自然调节的不足，达到作物群体结构和功能的最优化。除了密度、肥水等技术措施外，许多人工和化学调控技术，也具有良好的应用效果，可因作物施用。

6.6.1 人工调控技术

1. 镇压　　农业生产中的镇压包括土壤镇压和苗期镇压。苗期镇压又称压青苗，多用于小麦、谷子、高粱、糜子等作物的苗期。植株经镇压后，地上部分受到机械损伤，生长迟缓，生长锥伸长减慢，基部节间变粗变短；而地下部根系则得以充分发展，次生根数目增加，从而提高抗倒伏的能力。实际操作的时间和方法因不同作物的特性、苗期长势、土壤等情况而异。例如，小麦可在分蘖期前后、越冬期和拔节期进行镇压，冬季旺长的麦田宜多压、重压，弱麦宜少压、轻压或不压。土壤过湿的田块和盐碱土不宜压麦。谷子田常在谷苗 2~3 叶期镇压，起蹲苗作用。

2. 深中耕　　在许多旱地作物生长前期，若苗势过旺，则可利用一定的器械在行间或株间深耕土壤，切断部分根系，减少水分和养分的吸收，从而减缓茎叶生长，达到控制旺长的目的。例如，小麦在群体总茎数达到合理指标时，适当深耕断根，可抑制高位分蘖潜伏芽的萌发，促使小分蘖衰亡，使主茎和大蘖生长茁壮，有利壮秆防倒。对于有旺长趋势的棉田，也常在蕾期进行深中耕以控制棉株生长，中耕深度达 13cm 以上。

3. 晒田　　晒田，又称烤田、搁田，是水稻生产上所特有的控促结合措施，一般在分蘖末期至拔节初期进行。当田间水稻有效茎蘖数达到预期的穗数时，通过排水晒田，改善土壤的通透性，促进根系发育，使基部节间短粗充实，抑制无效分蘖和地上部徒长。一般来说，长势猛、蘖数多的应早晒重晒，相反可轻晒或不晒，盐碱地一般不宜晒田。

4. 打(割)叶　　在封行过早、群体郁闭的严重旺长田，可人工去掉一部分叶片，减少叶片的消耗，改善田间通风透光条件，这样有利于生殖器官的生长发育。禾谷类作物如小麦和水稻出现过分旺长时，将上部叶片割去一部分，可控制徒长，有利防倒；玉米在保留"棒三叶"的情况下可去除基部脚叶。无限花序作物如棉花、油菜、豆类等出现茎叶旺长时，可人工摘去中基部的老叶，以缓解营养器官和生殖器官争夺养分的矛盾，改善植株的通风透光条件，有利花蕾的发育。番茄、茄子、菜豆等蔬菜也常于生长后期将下部老叶摘去，以利通风，减少病虫害蔓延。

5. 打顶　　打顶，又称摘心、掐尖。在无限花序作物生长期间，适时适度地摘去主茎顶尖，能消除顶端优势，协调养分分配，有利于调整株型，减少无效果枝和叶片，从而提高产量和品质。打顶一般适用于正常和旺长田块，长势差的田块可不必打顶。打顶时期，高密度棉花、蚕豆宜在初花期，大豆宜在盛花期。棉花除打顶外，长势旺的棉田果枝顶端也应摘除（称打边心）。烟草生产上也需在现蕾期打顶，即当花蕾出现长约2cm，将花梗连同附着的几片小叶摘去，打顶后结合多次抹杈（抹去腋芽），可减少营养物质消耗，提高烟叶产量和品质。玉米在抽雄始期，及时隔行去雄，能够增加果穗穗长和穗重，双穗率提高，植株相对变矮，田间通风透光得到改善，因而籽粒饱满，产量提高。

6. 整枝　　主要指去除无效枝、芽，人工塑造良好株形，改善群体结构，减少物质消耗。这在许多作物上均有应用。对生长旺盛的棉田，常在现蕾后，将第一果枝以下的叶枝幼芽及时去掉。盛花后期打去空果枝、抹去赘芽，可改善田间通气透光条件，促使养分集中供应结铃果枝。有的玉米、高粱或向日葵品种有分枝（蘖）的特性，分枝一出现，就会造成养分分散，影响主茎发育，应及时去掉。大豆、蚕豆等豆类作物摘除无效枝、芽，可减少落花落果，有利增产。

7. 提蔓与压蔓　　甘薯在茎叶发生徒长时，由于茎蔓生长速度快而数量多，不定根大量发生，要消耗大量养料，因此影响薯块的生长。通过提蔓伤断蔓根，减少茎叶水分和养分的供应，可控制茎叶徒长，促进薯块的膨大。瓜类等作物的蔓匍匐生长，经压蔓后，可使茎蔓定向生长，方便管理，并能使植株受光良好，促进果实发育，同时可促进不定根发生，增加养分吸收。

6.6.2　化学调控技术

1. 化学调控的原理　　化学调控主要是利用植物激素和人工合成的类似植物激素的生长调节剂来调节作物生长发育进程，从而达到人们预期目的。植物激素是指一些在植物体内合成，并从产生处被运送到别处、对生长发育起着显著作用的微量有机物质。植物生长调节剂是指人工合成的具有植物激素活性的物质。

2. 激素的种类　　目前，已经确认的植物激素有九大类，即生长素（auxin）、赤霉素（gibberellin，GA）、细胞分裂素（cytokinin，CTK）、脱落酸（abscisic acid，ABA）、乙烯（ethylene，ETH）、油菜素甾醇类（brassinosteroids，BRs）、水杨酸类（salicylates，SA）、茉莉酸类（jasmonates，JAs）和多胺（polyamines，PAs）。

（1）生长素　　生长素是最早被发现的植物激素。植物体内生长素的含量很低，一般每克鲜重为 10~100ng。各种器官中都有生长素的分布，但较集中在生长旺盛的部位，如正在生长的茎尖和根尖，正在展开的叶片、胚、幼嫩的果实和种子，禾谷类的居间分生组织等，衰老的组织或器官中生长素的含量则更少。生长素在植物体内的运输具有极性，即生长素只能从植物的形态学上端向下端运输，而不能向相反的方向运输，这称为生长素的极性运输。其他植物激素则无此特点。

生长素的生理作用十分广泛，包括对细胞分裂、伸长和分化，营养器官和生殖器官的生长、成熟和衰老的调控等方面。生长素能够促进插条不定根的形成，促进菠萝开花，引起顶端优势（即顶芽对侧芽生长的抑制），诱导雌花分化（但效果不如乙烯），促进形成层细胞向木质部细胞分化，促进光合产物的运输、叶片的扩大和气孔的开放，调运养分分配，抑制花朵脱落、叶片老化和块根形成等。

（2）赤霉素　　赤霉素是指具有赤霉烷骨架，能刺激细胞分裂和伸长的一类化合物的总称。赤霉素的种类很多，它们广泛分布于植物界，从被子植物、裸子植物、蕨类植物、褐藻、绿藻、真菌和细菌中都发现有赤霉素的存在。赤霉素在植物体内的运输没有极性，可以双向运输。根尖合成的赤霉素通过木质部向上运输，而叶原基产生的赤霉素则是通过韧皮部向下运输。

赤霉素具有促进茎的伸长生长、诱导开花、打破休眠、促进雄花分化、促进养分运转、促进某些植物坐果和单性结实、延缓叶片衰老等作用。在湿热地区，对喜温凉植物三色堇施用GA_3辅施磷钾肥，使三色堇盛花期提前，观赏期延长，且其他观赏品质也大有改善。

（3）细胞分裂素　　细胞分裂素是一种能够促进细胞分裂或分化的植物激素。已知在高等植物中有 10 多种内源细胞分裂素，其中以玉米素最为活跃。目前，工业合成的产品较多，在生产上常用的主要有 6-苄基氨基嘌呤（6-BA）和激动素（KT）。6-苄基氨基嘌呤纯品为针状结晶，难溶于水，可溶于碱性或酸性溶液。激动素纯品为白色固体，不溶于水，可溶于碱、酸溶液中。

细胞分裂素的主要生理功能：一是促进细胞分裂和调控其分化。在组织培养中，细胞分裂素和生长素的比例影响着植物器官分化，通常比例高时，有利于芽的分化；比例低时，有利于根的分化。二是延缓蛋白质和叶绿素的降解，延迟衰老。

（4）脱落酸　　脱落酸存在于全部维管植物中，包括被子植物、裸子植物和蕨类植物。高等植物各器官和组织中都有脱落酸，其中以将要脱落或进入休眠的器官和组织中较多，在逆境条件下脱落酸含量会迅速增多。

脱落酸的生理效应主要包括促进休眠、促进气孔关闭、抑制生长、促进脱落、增加抗逆性。

（5）乙烯　　高等植物各器官都能产生乙烯，但不同组织、器官和发育时期，乙烯的释放量是不同的。成熟组织释放乙烯较少，分生组织、种子萌发、花刚凋谢和果实成熟时产生乙烯最多。

乙烯的生理作用有催熟果实、促进脱落、促进衰老、控制伸长生长等。

（6）油菜素甾醇类　油菜素也称油菜素内酯，是从油菜花粉中提取出的一种生理活性物质，是迄今在植物界发现的唯一一类与动物体激素相似的植物内源甾体类活性物质，目前已发现60多种，总称为油菜素甾醇类（芸薹甾类）。它们普遍存在于植物的花粉、叶、果实、种子、枝条和虫瘿等部位，甚至也见于藻类植物中。

油菜素甾醇类能增加植物对冷害、冻害、病害、除草剂及盐害等的抗性，协调植物体内多种内源激素的相对水平，改变组织细胞化学成分的含量，激发酶的活性，影响基因表达，促进DNA、RNA和蛋白质合成，促进细胞分裂和伸长，增加植物生长发育速度，参与光信号调节，影响光周期反应，提高作物产量及种子活力，减少果实的败育和脱落等。

（7）水杨酸类　水杨酸类是植物体内广泛存在的一种天然酚类化合物，尤其在天然植物的花序及感染坏死性病原体的植物中更多。

水杨酸的主要生理作用是促进生根、抑制乙烯的生物合成、延迟果实的后熟和衰老、调节某些植物的光周期、诱导开花、调节种子发芽和气孔关闭、提高抗病性等。目前，水杨酸已在果实保鲜、延长水果的货架寿命、增强抗病力等方面得到广泛应用。

（8）茉莉酸类　茉莉酸在植物界中广泛分布，植物组织中茉莉酸含量随器官功能、细胞类型、发育阶段及其对环境刺激的响应而变化。通常在花和果实等繁殖器官，特别是未成熟的果皮中含量最高，茎端、根尖和幼叶中也较高，根和成熟的叶片中则低得多。

茉莉酸与脱落酸有许多相似之处，如抑制生长、抑制种子和花粉萌发、促进器官衰老和脱落、诱导气孔关闭、促进乙烯产生、提高抗逆性等。

（9）多胺　多胺是一组进化上高度保守的小分子质量含氮脂肪碱，广泛存在于原核生物和真核生物中。在高等植物中，多胺以阳离子状态存在于细胞中，它们能与DNA、RNA等大分子阴离子相结合，从而促进细胞分裂、促进植物生长。多胺也能促进植物体细胞胚的形成、不定芽的发生、根的形成和发生、子房和果实的发育、花原基的形成、花芽分化以及块茎的形成等。多胺还能抑制乙烯的合成，延缓离体叶片及果实的衰老。另外，多胺还参与植物的胁迫反应。

3. 植物生长调节剂的分类及其在生产上的应用

（1）植物生长调节剂的分类

1）生理型调节剂。生理型调节剂可分为生理延缓型调节剂及生理促进型调节剂。生理延缓型调节剂使用较多的是壮苗素、缩节胺（DPC）等，对作物节间伸长具有抑制作用。施用这类调节剂后，作物从外观上表现为节间缩短，叶色变深，根系发达，抗性提高，花蕾脱落减少，可提早成熟，增加产量，提高品质。生理促进型调节剂主要有赤霉素（GA_3）和生根粉（ABT_4）等。赤霉素可促进酶的合成，调节生长素的水平来促进已有节间的伸长，减少花蕾脱落，增加花蕾坐果率。生根粉浸种可促进作物出苗，提高出苗率，并促进形成发达强壮的根系。

2）脱叶催熟剂。脱叶催熟剂使用较多的是乙烯利。在棉花上，乙烯利的催熟作用主要是由于乙烯利释放出来的乙烯可提高氧化酶活性，促进纤维素酶的合成，加快纤维素的合成速度，提高纤维品质。同时，作物叶片在乙烯的作用下，5 天可干枯脱落。另外，乙烯也有抑制作物的茎枝伸长，促进开花的作用。

（2）植物生长调节剂在生产上的应用

1）在棉花上的应用。在棉花生产上应用最多的生长调节剂为缩节胺，其化学名称为 N，N-二甲基哌啶氯化钠，为白色或淡黄色晶体或粉末，易溶于水，毒性极低，含有效成分 96% 以上。

缩节胺对棉花的调控作用机理是：阻断体内赤霉素的合成，使体内各激素含量发生变化，并达到新的平衡，从而调节棉花植株生长发育。其主要作用有：① 控制节间的伸长，定向塑造理想株型；② 促进根系发育，增强根系对矿物质养分的吸收能力；③ 调节棉叶发育及功能，使叶面积变小，叶片变厚，增加叶绿素含量，提高叶片光效率；④ 促进蕾、花、铃的发育，提高棉铃质量。

视频：机采棉化学封顶技术

视频：机采棉系统化学调控技术

使用技术：缩节胺施用受气候、水分、营养、生育阶段、品种、生长势等多种因素的影响。因此，在不同地区、品种、生长阶段的棉花长势不同，施用效果具有很大差异。

2）在玉米上的应用。在玉米生产上主要是喷施健壮素，一般可使植株矮化 15~20cm，穗位降低 15~18cm，使每公顷种植密度增加 15 000~22 500 株，增产 10%~30%。施用方法：① 每公顷用玉米健壮素 150g 兑水 225~300kg，在玉米大喇叭口末期，即抽雄前 7 天左右，均匀地喷洒在植株上部叶片上；② 喷施不能过早，否则将会抑制植株的正常生长发育而影响产量，过晚则得不到应有的效果；③ 药液现用现配，不能久存，也不能与农药、化肥混合，以防失效；④ 如喷洒后 6h 内遇雨，需再重喷一次，重喷时药量减半；⑤ 使用时药液不能与皮肤及衣物接触。

3）在小麦上的应用。应用植物生长调节剂对小麦进行化学调控，是夺取小麦优质高产的一条有效措施。下面介绍几种生长调节剂及其在小麦上的使用技术。

a. 多效唑：具有抑制小麦徒长，矮化株型的作用，能增产 10% 左右。使用方法：每公顷用 15% 多效唑可湿性粉剂 750g，加水 750kg 稀释，配成浓度为 150mg/kg 的溶液，在小麦拔节期均匀喷施，不重喷，不漏喷。

b. 矮壮素：对小麦防倒伏作用明显。使用方法：在小麦拔节期连续喷洒浓度为 0.3% 矮壮素溶液 2 次，间隔 10 天左右喷 1 次，每次每公顷喷液 750kg 左右。

c. 缩节胺：在小麦拔节期使用，可控旺促壮，防止倒伏；在扬花期使用，可提高结实率和加速灌浆，促使小麦穗大粒多，使成熟期提早 2~3 天。使用方法：在小麦起身期，每公顷用缩节胺粉剂 52.5~75.0g，加水 600kg 稀释后喷施。在扬花期，每公顷用缩节胺 30.0~37.5g，加水 600~750kg 稀释后，再加磷酸二氢钾 2.25kg，混合后喷洒于植株中上部。

6.6.3 地膜覆盖技术

地膜覆盖栽培，即塑料薄膜地面覆盖栽培技术，是将聚乙烯塑料薄膜在作物播种或移栽前后覆盖在畦或垄的表面，配合其他栽培措施，以改善农田生态环境，促进作物生长发育，提高作物产量和品质的一种保护性栽培技术。

1. 地膜覆盖的效应与作用

（1）地膜覆盖的效应

1）增温效应。地膜覆盖本身并不能产生热能，主要是通过抑制土壤水分蒸发和阻碍膜内外近地面气层的热量交换，产生增温效应，地膜覆盖一般增温 2~5℃。综合我国各地地膜覆盖农田增温效果，有如下特点：① 春播农作物从播种到收获，随大气温度升高和叶面积增大，增温效应逐渐减小；② 地温变化随土层加深逐渐减小；③ 晴天增温多，阴雨天增温少；④ 地膜覆盖度大，增温保温效果好；⑤ 东西行向日照时间长，光照强度大，增温值比南北行向高；⑥ 地膜覆盖中心比四周高。由于地膜覆盖的增温作用，相同生长期内增加了有效积温，弥补了积温的不足，作物生育进程加快，增加生长量，奠定了早熟、高产、优质的基础。

2）保墒效应。地膜覆盖的物理阻隔作用，切断了土壤水分与大气交换通道，使大部分水分在膜下循环，土壤水分较长时间内贮存于土壤中，提高了土壤水分的利用率，具有保墒作用。由于土壤热梯度的存在，使深层水分不断向上移动，地膜覆盖后加大了热梯度的差异，促使水分上移量增加，有提墒作用。一般情况下，为协调径流与土壤渗水的矛盾，接纳更多天然降水，土壤覆盖度不宜超过 80%。

3）改善土壤理化性状。地膜覆盖减少了雨水冲刷、农机具碾压和人畜的践踏，膜下耕层能较长时期地保持整地时的疏松状态，有效地防止板结，有利于土壤水、气、热的协调，为作物根系生长发育创造了良好的条件。

4）抑盐保苗。盐碱地地膜覆盖后，减少水分蒸发，并形成膜内循环，膜下土壤水分相对稳定，减少了土壤盐分的上升，而且膜内面滴落的水滴还有淋溶作用，使土表含盐量比露地减少，有利于种子发芽和出苗，提高出苗率和幼苗存活率。值得注意的是，地膜覆盖能阻碍盐分上升而不能去除土壤盐分，还必须与其他防盐、脱盐措施配合，才能得到理想的效果。

5）改善近地光照条件，提高光能利用率。作物由于叶片相互遮阴，下层叶片光照条件较差。地膜覆盖后，由于地膜对光的反射作用，作物群体下部近地面的叶片光照条件得以改善，作物叶片的正面不仅接受太阳的直接辐射，还接受地膜反射光的作用，有利于提高光合作用和光能利用率，促进增产，对有些作物还能改善品质和提高成熟度。

6）控制杂草。覆膜后，由于膜下高温和通气不良，某些杂草在发芽出土后死掉。这种物理除草作用，对于一年生杂草效果较为显著，而且与覆盖质量关系密切。如果覆膜不严，有孔隙，不仅难以烫死杂草，相反，由于膜下水、热状况较好，杂草生长更旺，可把地膜顶起，甚至顶破，严重影响覆膜效果。地膜覆盖对马齿苋、刺菜、旋花等宿根杂草的抑制效果较差。芦苇还能戳破地膜，继续生长。因此，覆膜除草一方面要强调作业质量，另一方面要与除草剂结合，才能收到良好的效果。

7）病虫害发生规律变化。地膜覆盖后，由于微生态条件的变化，植株发育进程加快，生长量增加，病虫发生期、发生量以及为害程度也相应发生变化。一部分病虫害在地膜覆盖后有所减轻，如棉花枯萎病、黄萎病、烟草黑胫病、棉花地老虎等。但大部分病虫害有加重的趋势，如棉花根病、棉花铃病、红蜘蛛、蚜虫、棉铃虫等。因此，要根据因地膜覆盖变化了的病虫害情况，运用综合防治措施，做好病虫害的防治工作。

（2）地膜覆盖的作用

1）有利于产量品质的提高。地膜覆盖栽培对农田生态环境的改善，为作物旺盛的生理活动提供有利的基础。实践表明，与露地栽培相比，地膜覆盖栽培可使多种作物早熟 5～10 天，增产 30%～50%，甚至一倍以上，农产品品质也有所改善。例如，覆膜棉花的霜前花增加 15%～20%，衣分提高 1%～2%。

2）有利于扩大作物的适种区和提高复种指数。地膜覆盖使每个生长季节增加有效积温 200～300℃，可提前满足作物对热量的需求，提早 7～10 天开花，使作物适宜临界纬度向北推移 2°～4°。北方一些地区生长季节一年一季有余，两季则不足，应用地膜后可种植两季。有的地区应用地膜后推动了间、混、套作的发展，提高了复种指数。

3）有利于节水抗旱。我国西北地区年降雨量在 400mm 以下，而蒸发量是降雨量的 3～4 倍，播种后保苗难，全苗更难。西南云贵高原由于缺水，冬、春季节优越的光热资源难以利用。采用地膜覆盖栽培后，能抑制土壤水分蒸发，省水、保水，在一定程度上缓解了农业缺水问题，为干旱和半干旱地区解决水资源不足开辟了新的途径。

4）有利于抗灾保收。我国是个多种自然灾害频繁发生的国家，地膜覆盖后对抗御旱灾、水灾、低温、冷害、盐碱、风沙等自然灾害有明显的效果。

2. 地膜的种类与性能　　地膜种类分类方法较多，按生产材料不同可分为低密度聚乙烯地膜、线性低密度聚乙烯地膜、低压高密度聚乙烯地膜和聚乙烯共混地膜、草纤维地膜等；按颜色可分为无色透明地膜、有色地膜和双色地膜等；按厚度可分为普通地膜、微薄地膜、超薄地膜等；按功能可分为除草地膜、反光地膜、营养地膜等；按降解方法可分为可控光降解地膜、生物降解地膜、可控光-生物降解地膜等。

（1）普通聚乙烯地膜　　普通聚乙烯地膜的原料是聚乙烯树脂，具有透光增温性好、保水保肥、疏松土壤等多种效应，制造工艺简单，成本低，既适用于我国北方低温寒冷地区，又适用于南方早春作物覆盖，是使用量最大、应用最广的地膜种类，约占地膜用量的 90%。

（2）降解地膜　　降解地膜分为光降解地膜、生物降解地膜及光-生物降解地膜。光降解地膜是在聚乙烯中加入光敏化合物、助降解剂等制成，经过一定时间的光照后，其高分子结构崩解，整张膜分裂为小碎片。光降解地膜具有与普通地膜相同的增温、保墒等功能，但尚存在诱导期可控性差、衰变期长、隐蔽和埋土部分降解严重滞后等问题，而且分裂的地膜碎片在土壤中的移动和危害还需跟踪研究。生物降解地膜主要有淀粉基生物降解性塑料、纤维素生物降解塑料，可以在分泌酵素的微生物（如真菌、细菌）的作用下完全或不完全地降解，对环境的污染更小。

（3）有色地膜　　有色地膜是以聚乙烯树脂为主要原料，分别加入一定量的各种颜色母料制成，可分为黑色及半黑色膜、银灰色膜、反光膜及其他各种颜色的地膜。与普通地膜相比，有色地膜通用性较差，但可以弥补普通地膜性能不足，适应生产上的各种需要。例如，黑色地膜可见光透过率为 5% 以下，覆盖后灭草率可达 100%，其除草、保湿、护根效果稳定可靠；绿色地膜使植物进行旺盛光合作用的可见光（0.4～

0.72μm）透过量减少，绿光增加，因而降低杂草的光合作用，达到抑制杂草生长的目的；银灰色地膜可反射紫外光，能驱避蚜虫，减轻因蚜虫及其传播的病毒病的发生和蔓延。

3. 地膜覆盖栽培管理　　地膜覆盖栽培的环境条件及作物生长发育与露地栽培具有明显的区别，要有与之相适应的配套栽培技术，才能发挥其应有的覆盖效应，取得理想的效果。

（1）整地做畦（起垄）　　地膜覆盖栽培对整地质量要求较严。在秋末冬初进行灭茬、施肥、耕翻、晒垡，翌年春再进行耙糖，使土壤细碎疏松，土面平整。

我国东北地区多实行垄作，华北及南方地区多采用畦作，新疆棉区多为平地覆膜。为蓄热提高地温，地膜覆盖要求做高垄或高畦，畦型多采用中间略高的"圆头高畦"，这样铺盖地膜时，地膜易与畦面密贴，压盖牢固。平畦覆盖有地膜拉盖不紧，遇风抖动，灌水后膜面被水积泥，影响透光增温和土壤板结等缺点，根系发育不好，覆盖效果欠佳，一般在蔬菜上作短期覆盖或少雨干旱地区和不易出苗的作物上运用。在新疆棉区，春季低温，干旱少雨，采用机械化平地覆膜，压膜质量好，增温保墒效果显著。

（2）施足基肥　　地膜覆盖地温高，土壤微生物活动旺盛，有机质分解转化快，作物前期吸收养分量大，土壤养分消耗量大，易造成作物中后期脱肥早衰。为保持有较高的土壤供肥水平，在整地过程中要施足高于露地施用量30%~50%的有机肥，并注意氮、磷、钾肥合理配合。在中等以上肥力地块，为防止氮肥过多引起徒长，可酌情减少10%~20%氮肥施用量，瘠薄土壤增施氮肥有利于增产。

（3）播种与覆膜　　根据播种和覆膜工序的先后，有先播种后覆膜和先覆膜后播种两种方式。先播种后覆膜是播后随即覆膜，其优点是增温保墒效果好，覆膜播种质量高，利于早出苗、出全苗。缺点是放苗和封土费工费时，放苗不及时可能出现高温烫伤苗，低温冻伤苗。先覆膜后开孔播种不需破膜放苗封土，节省劳动力，幼苗出土后可进行抗寒锻炼，抗霜冻能力强。缺点是出苗前保温性较差，遇雨水穴口土壤易板结，出苗困难。

提高覆膜质量是地膜覆盖栽培的关键一环，与出苗关系密切。覆膜时须做到：第一，地膜与地面紧贴，松紧适中。过紧易拉破，过松会使地膜受风，上下摆动，增温保墒差。第二，膜面平展、干净、采光面大。

（4）田间管理　　地膜覆盖栽培，必须配合以下田间管理，才能充分发挥地膜覆盖的增产作用。

1）检查覆膜质量。在早春多风季节，地膜易被风吹破损，畦面裸露，影响增温保温。在畦上每隔一定距离压一小土块起镇压作用，并经常检查，及时封堵破损漏洞，保持地膜封盖严密，促进出苗和幼苗生长。

2）及时放苗封土。无论是膜上打孔播种或是播后覆膜，都会有一部分幼苗覆盖在膜内，不能伸展出苗。当幼苗出土时，要及时开孔放苗出膜，防止高温伤苗。放苗要根据株行配置和播种方式而定，穴播穴放，条播可以条放，也可按计划株距间隔放苗，放苗和间苗同时进行。采用播后覆膜方式的，放苗后应及时用细土封堵穴口，防止穴口处跑墒降温，也避免风吹地膜的抖动擦伤幼苗茎叶。

3）及时疏苗定苗。幼苗出土后，应及时疏苗定苗。在气候多变和病虫较重的情况下，定苗时间不宜过早，一般在幼苗具有 3～4 片真叶时进行，并注意拔除病虫害苗、弱苗及杂草。

4）灌溉、追肥。地膜覆盖作物前期的水分管理，要适当控水、保湿、蹲苗，促根下扎，为整个发育期健壮生长打好基础。供水过早，会使地温降低，不利于根系的生长和下扎，地上部生长旺，甚至徒长，并易遭受病虫危害。发育中期，由于植株高大，叶片繁茂，蒸腾量大，应及时施肥灌水，适时适量化控，协调营养生长和生殖生长的关系，防止旺长和早衰。

（5）地膜回收　　地膜育苗覆膜时间较短，注意维护地膜，揭膜后可当年重复使用，或洗净收藏第二年使用。大田地膜经较长期覆盖，地膜老化破碎，碎片残留土壤中破坏土壤结构，影响耕作整地质量和后作根系生长和养分吸收，污染环境。因此，作物收获后必须清除残留地膜碎片。通过人工捡拾回收，也可用农田残膜回收机进行，结合人工拾遗，可大大提高回收工作效率。

6.7　收获、处理和贮藏

栽培农作物的最终目的是收取农产品，在田间收取作物产品的过程称收获。收获后的作物产品通常需经粗加工处理，以便出售或贮藏。收获时期和方法、粗加工与贮藏方法对作物产量和品质有很大影响，不容忽视。

6.7.1　收获技术

1. 收获时期　　适期收获是保证作物高产、优质的重要环节，对收获效率和收获后产品的贮藏效果也有良好作用。收获过早，种子或产品器官未达到生理成熟或工艺成熟，产量和品质都会不同程度地降低。收获不及时或过晚，容易因气候条件不适，如阴雨、低温、风暴、霜雪、干旱、暴晒等，引起落粒、发芽霉变、工艺品质下降等损失，并影响后季作物的适时播种。作物的收获期，因作物种类、品种特性、休眠期、落粒性、成熟度和天气状况等而定。一般掌握在作物产品器官养分的贮藏及主要成分达最大、经济产量最高、成熟度适合人们需要时为最适收获期。当作物达到适合收获期时，在外观上，如色泽、形状等方面会表现出一定的特征。因此，可根据作物的表面特征判断收获适期。

（1）种子和果实类　　这类作物的收获适期一般在生理成熟期，如禾谷类、豆类、花生、油菜、棉花等作物。禾谷类作物穗子各部位种子成熟期基本一致，可在蜡熟末期和完熟初期收获。此时淀粉和蛋白质含量最高，粒重而饱满，品质最佳。豆类以茎秆变黄，植株中部叶片脱落，荚变黄褐色，种子干硬呈固有颜色为收获适期。如用联合收割机收获，必须叶全部变黄、豆荚变黄、籽粒在荚中摇之作响时，才能收获。花生一般以中下部叶脱落、上部叶片转黄，茎秆变黄色，大部分荚果已饱满，荚壳内侧已着色，网脉变成暗色时为收获适期。油菜为无限花序，开花结实延续时期长，上下角果成熟差异较大，熟后角果易开裂损失，一般宜在终花后 25~30 天，约有 2/3 角果呈现黄色，主花序基部角果变黄白色时收获。棉花因结铃部位不同，成熟差异大，以棉铃不断开裂不断采收为宜。提倡采用高密度种植模式，集中吐絮后一次性机械采摘。

（2）块根、块茎类　这类作物的收获物为营养器官，无明显的成熟期。一般以地上部茎叶停止生长，逐渐变黄，块根、块茎基本停止膨大，淀粉或糖分含量最高，产量最高时为收获适期。春马铃薯在高温时收获，芽眼易老化，晚疫病易蔓延；低于临界温度收获，会降低品质和贮藏性。甘薯在温度较高条件下收获不易安全贮藏，宜在平均气温降至 15℃时开始收获。收获过早产量降低，过迟则常因低温冷害影响薯块品质。甜菜可将气温降至 5℃以下时作为收获适期的气象指标。

（3）茎叶类　甘蔗、麻类、烟草、青饲料等作物，收获产品均为营养器官，其收获适期以工艺成熟期为指标。甘蔗应在叶色变黄，下位叶脱落，仅梢头部有少许绿叶，节间肥大，茎变硬，茎中蔗糖含量较高、还原糖含量最低、蔗汁最纯、品质最佳时为收获适期。烟草叶片由下向上成熟，当叶片由深绿变为黄绿甚至淡黄色，厚叶起黄斑，叶面茸毛脱落，有光泽，茎叶角度加大，叶尖下垂，背面呈黄白色，主脉自然发白，叶基部产生离层，容易摘下时即达工艺成熟期，可分批次采收。麻类作物以中部叶片变黄，下部叶脱落，茎稍带黄褐色，纤维产量高，品质好，剥制容易时为收获适期。青饲料作物收获期越早，产品适口性越好，营养价值越高，但产量低。为兼顾产量与质量，三叶草、苜蓿、紫云英等作物，最适收获期在开花初期至开花盛期。

2. 收获方法　收获方法因作物种类而异，主要有以下几种。

（1）刈割法　刈割法适用于禾谷类、豆类、牧草类作物，即通过人工或机械将作物植株割断，然后再进行脱粒等处理。此法既可以通过联合收割机将收割和脱粒一次性完成，也可以先将刈割下的植株放置一段时间，待籽粒风干后再脱粒，如油菜的收获要求早晚收割后运至晒场，堆放数天，待后熟后再脱粒。

（2）采摘法　对于那些产品器官成熟期、适收期不一致的作物，如棉花、烟草、绿豆等作物，需要通过采摘法进行收获。棉花植株不同部位棉铃吐絮率不一，需分期分批人工采摘。也可在收获前喷施乙烯利，然后用机械统一收获，但采摘率和棉花品质下降。烟叶在烟株上着生部位不同，其适收期也不同，下部叶见熟就收，中部叶适熟稳收，上部叶充分成熟才收。绿豆收获根据果荚成熟度，分期分批采摘，集中脱粒。

（3）掘取法　马铃薯、甘薯、花生等产品器官处于地下的作物，收获时需用锄头或犁等器具进行翻掘。采用薯类收获机或收获犁，不但收获效率高，而且薯块损坏率低，大型薯类收获机可将割蔓和掘薯作业一次完成。甜菜收获可用机械起趟，并要做到随起、随捡、随切削（切去叶与青皮）、随埋藏保管等连续作业，严防因晒干、冻伤造成甜菜减产和变质。花生联合收获机一次能完成花生的挖掘或拔取、分离泥土，以及摘果和清选等作业。

6.7.2　收后处理

作物收获后，需根据其用途进行相应的处理，如脱粒、干燥、去除夹杂物等，从而缩小产品容积，提高耐贮性，增进产品品质，以便于产品的保管和贮藏。

（1）脱粒　禾谷类、豆类等作物收割后，需要脱粒后再进行储运。脱粒方式包括机械脱粒和手工脱粒，其中机械脱粒是目前比较普遍的脱粒方式，省时省力，但脱粒过程应注意防止籽粒的机械损伤。

（2）干燥　如果作物收获后水分含量过高，则容易在存放时发芽、发霉、发热，造成损失。因此需要通过干燥除去收获物内的水分。干燥的方法有自然干燥法和机械干燥法。

自然干燥法是利用晾晒和通风进行干燥。收获物的摆放方式可根据作物产品特点和环境条件进行选择。一般禾谷类、油料作物的籽粒可以平铺晒干，注意经常翻动。对于胡麻或收后待脱粒的稻、麦等作物，可以扎成捆，堆成屋脊状晒干。自然干燥成本低，但受场地、天气条件的限制较大，且易把灰尘和杂质混入收获物中。

机械干燥法利用鼓风和加温设备进行干燥处理。此法降水快，工作效率高，不受自然条件限制，但需有配套机械，操作技术要求严格。采用机械干燥要注意干燥的温度和速率的调控，温度不宜太高，降水不宜太快，以免影响谷物的品质。经烘干后的籽粒，需冷却到常温后才能入仓。

（3）去杂　农作物收获后，需除去夹杂物，使产品纯净，以便利用、贮藏和出售。一般机械收获和脱粒设备均配有清选装置，可通过筛选、风选等对产品进行初步的去杂处理，除去茎叶碎片、泥沙、杂草种子、害虫等夹杂物。种子等对净度要求较高的产品，还需通过进一步的风选、筛选、比重选等，以提高质量和进行分级。

6.7.3　贮藏技术

收获的农产品或种子若不能立即使用，则需贮藏。贮藏期间，因贮藏方法不当，容易造成霉烂、虫蛀、鼠害、品质变劣、种子发芽力降低等现象，造成很大损失。因此，应根据作物产品的贮藏特性，进行科学贮藏。

1. 谷类作物的贮藏

（1）粮仓要求　大量种子或商品粮用仓库贮藏。仓库必须具有干燥、通风与隔湿等条件，构造要简单，能隔离鼠害，内窗能密闭，以便用药品熏蒸害虫和消毒。

（2）谷物水分　谷物的水分含量与能否长久储存关系密切。水分含量高，呼吸加快，谷温升高，霉菌、虫害繁殖也快，助长粮堆发热，而使粮食很快变质。一般粮食作物如水稻、玉米、高粱、小麦等的安全贮藏水分含量必须在13%以下。

（3）贮藏环境　谷物的吸湿、散湿对贮粮稳定性有密切关系，控制与降低吸湿性是粮食贮藏的基本要求。在一定温、湿度条件下，谷物的吸湿量和散湿量相等，水分含量不再变动，此时的谷物水分称为平衡水分。一般而言，与相对湿度75%相平衡的水分含量为短期贮藏的安全水分最大限量值，与相对湿度65%相平衡的水分含量为长期贮藏的安全水分最大限量值。高温会加速害虫、微生物和谷物的呼吸速率。温度在15℃以下昆虫和霉菌生长停止，30℃以上生长繁殖加快。谷仓内谷温必须均匀一致，否则，会造成谷物间隙的空气对流，使相对湿度变化，形成水分移动。新谷物入仓应与仓内原有谷物湿度相同,以免含水量变化,造成谷物的损坏。

(4)仓库管理 谷物入仓前要对仓库进行清洁消毒,彻底清除杂物和虫害。仓库内应有仓温测定设备,随时注意温度的变化,每天上、下午各一次固定时间记录仓温。在入仓前和储存期间定期测定水分,严格控制谷物含水量在13%以下。注意适度通风,以均匀和降低谷物温度,避免热点的产生和去除不良气味。谷温高于气温5℃以上且相对湿度不太高时,开动风机通风。注意防治仓库害虫和霉菌,密闭良好的仓库用熏蒸剂熏蒸。熏蒸、低水分含量和低温储存,是控制害虫和霉病的有效方法。另外,还要消灭鼠害。

2. 薯类作物的贮藏　鲜薯贮藏可延长食用时间和种用价值,是薯类产后的一个重要环节。薯块体大、皮薄、水分多,组织柔嫩,在收获、运输、贮藏过程中容易损伤、感染病菌、遭受冷害,造成贮藏期大量腐烂,薯类的安全贮藏尤为重要。

(1)环境要求　甘薯贮藏期适宜温度为10～14℃,温度低于10℃会受冷害腐烂,高于18℃易生芽。相对湿度维持在80%～90%最为适宜,湿度过低易使薯块干缩糠心,过高则易使薯堆结露发病,不能安全贮藏。马铃薯适宜贮藏温度为3～5℃,2℃以下会发生冷害,过高易诱发萌芽。但专供加工煎制薯片或油炸薯条的晚熟马铃薯,应贮藏于10～13℃条件下。贮藏马铃薯适宜的相对湿度为80%～85%,晚熟种应为90%。湿度过高会缩短休眠期,增加腐烂,过低会因失水而增加损耗。

(2)管理方法　贮藏窖的形式多种多样,如井窖、棚窖、埋藏窖等。其基本要求是保温、通风换气性能好,结构坚实,不塌不漏,干燥、不渗水,以及便于管理和检查。薯块入窖前,要对窖内进行消毒灭菌。入窖薯块要精选,凡是带病的、破伤的、虫咬的、受淹的、受冷害的薯块均不能入窖,以确保贮薯质量。在贮藏初、中、后期,由于薯块生理变化不同,要求的温湿度不一样。外界温湿度的变化,也影响窖内温湿度,因此要采取相适应的管理措施。入窖初期管理以通风、散热、散湿为主,当窖温降至15℃以下,再行封窖。中期在入冬以后,气温明显下降,管理以保温防寒为主。要严密封闭窖门,堵塞漏洞,使窖温保持在10～13℃。严寒地区应在窖四周培土,窖顶及薯堆上盖草保温。后期开春以后气温回升,雨水增多,寒暖多变。管理以通风换气为主,稳定窖温,使窖温保持在10～13℃,还要防止雨水渗漏或窖内积水。

3. 其他作物的贮藏

(1)大豆的贮藏　大豆籽粒油分较高,蛋白质丰富。具有吸湿性强,导热性差,易丧失生活力,蛋白质易变性,破损粒易生霉变质的贮藏特性。大豆要求经晾晒充分干燥后低温密闭贮藏,一般长期安全贮藏水分控制在12%以下。入库3～4周后,应及时倒仓,过风散湿,以防发热霉变。

(2)花生的贮藏　花生含水高,干燥慢,既易发热霉变,又易受冻失活,而且还易发生浸油现象。花生若以荚果贮藏,在仓内或露天散存均可。只要水分控制在10%以下,就能较长期贮存。在冬季,水分含量较高,但不超过15%的花生果,可以露天小囤贮存,经过冬季通风降水后,到第二年春暖前再转入仓内保管。水分超过15%的花生果,温度过低时,会遭受冻伤,必须降低水分后方能保管。花生果仓内散装密闭,水分

9%以下，温度不超过 28℃者，一般可作较长期保管。以花生仁贮藏，含水量在 10%以内，冬季可短期保存；含水量在 9%以下，能贮藏到次年春末；如果要过夏，必须降至 8%以下，同时温度控制在 25℃以下。

（3）油菜籽的贮藏　　油菜籽吸温性强，通气性差，容易发热，含油分多，易酸败。应严格控制入库水分和温度，一般应控制籽粒水分在 10%以内，贮藏期间按季节控制温度。夏季不宜超过 28℃，春秋季不宜超过 13℃，冬季不宜超过 5℃。无论散装还是袋装，均应合理堆放，以利散热。

（4）蔬菜种子的贮藏　　安全贮藏水分随种子类别而不同。不结球白菜、结球白菜、辣椒、番茄、甘蓝、球茎甘蓝、花椰菜、莴苣含水量不高于 7%，茄子、芹菜含水量不高于 8%，冬瓜含水量不高于 9%，菠菜含水量不高于 10%。在南方气温高、湿度大的地区，特别应严格掌握蔬菜种子的安全贮藏含水量，以免种子发芽力迅速下降。

第 7 章 作物病、虫、草害与防治

农作物病、虫、草害是造成产量和品质降低的重要因素。对病、虫、草害的认识和防治技术是保障作物优质高产、环境安全的重要环节。本章从有害生物及其防治策略入手，分析作物的病、虫、草害的危害及其防治技术。在本章末将简述专家系统在作物病、虫、草害防治中的应用情况。

7.1 有害生物及其防治策略

7.1.1 有害生物及生物灾害

有害生物是指在一定条件下，对人类的生活、生产甚至生存产生危害的生物，包括危害植物的各种害虫、有害动物（蜗牛、螨类等）、病原微生物（真菌、细菌、病毒、类病毒、立克次体、类菌质体、线虫）和寄生性种子植物（菟丝子、槲寄生、桑寄生、列当）及田间杂草等。在自然界，以植物为寄主和食物的有害生物种类是非常多的，当它们达到一定数量时，就会对人类的目标植物造成危害，甚至造成严重的经济损失。因此，这些生物都是潜在的有害生物。

农业生物灾害指由严重为害农作物的病、虫、草、鼠等有害生物，在一定环境条件下暴发或流行而造成农作物及其产品的巨大损失。尽管自然环境中存在数量众多的有害生物，但多数对目标植物的伤害达不到经济为害水平，只在少数情况下会暴发成灾。从其成因上可把农业生物灾害分为农作物病害、农业虫害、农田杂草和农田鼠害等几大类。

7.1.2 有害生物及生物灾害对农业生产的威胁

自人类开始从事农业种植活动以来，就存在着病、虫、草、鼠等生物灾害对农业生产的威胁。这些生物灾害对农业生产的毁灭性危害主要表现在两个方面：第一造成农作物大面积减产甚至绝收；第二导致农产品大批量变质，造成严重的经济损失。历史上曾有许多由病、虫、草、鼠造成的生物灾害的记载，如1845年由马铃薯晚疫病流行导致的爱尔兰饥荒。

现代农业生产中有害生物对农业生产的为害仍然很严重。据 FAO 估计，世界谷物生产常年因虫害损失 14%，因病害损失 10%，因草害损失 11%；棉花生产常年因虫害损失 16%，因病害损失 12%，因草害损失 5.8%。我国是世界上农作物病、虫、草、鼠等生物灾害发生最严重的国家之一，常年发生 1700 余种，可造成严重危害的有百余种。特别是近年来，由于受全球气候变暖、有害生物致害性变异和产业结构调整等因素的影

7.1.3 有害生物防治策略

视频：棉花病虫草全程绿色植保防控技术

有害生物综合治理（integrated pest management）是对有害生物进行科学管理的体系。它从农业生态系统总体出发，根据有害生物和环境之间的相互关系，充分发挥自然控制因素的作用，因地制宜，协调应用农业的、生物的、物理的和化学的及其他有效的生态手段，将有害生物控制在经济受害允许水平之下，以获得最佳的经济、生态、社会效益。

有害生物综合治理的特点，在理论上反映在以下三方面。

第一，理论基础和指导原则。有害生物综合治理是以系统论、信息论和灭变论作为理论基础，以生态学的原则作为指导，把病虫害看作是农业生态系统中的重要组成部分，并认为农业的高产与稳定必须建立在植物与周围的生物和非生物环境之间协调的基础上，保持良好的农业生态系统，不断保护和培养环境资源。病虫害的防治不是孤立的，要从农业生态系统的总体出发，在防治措施的选择、运用和协调时，必须考虑生态系统的平衡和稳定。

第二，防治措施的选择和运用。没有一种防治措施是万能的，各种防治措施都各有其长处，也各有局限性。因此，有害生物综合治理的策略，要求各种措施取长补短，协调运用，特别重视自然控制因素的运用。所有人为防治措施应与自然控制相协调。

第三，以防治为目的。有害生物综合治理是管理系统，它不要求将有害生物彻底消灭，而是要将有害生物的种群数量控制在经济受害允许水平之下。

7.2　植物病害与防治

7.2.1　植物病害的概念

植物在其生长发育过程中，由于受到生物和非生物因素的持续干扰，其干扰强度超过了植物能忍耐的程度，使植物的正常生理代谢受到严重影响，或者由于植物自身的遗传因子发生异常，植物在生理上和组织结构上产生一系列病理变化，在外部或内部形态上表现出病态，使植物不能正常生长发育，甚至导致局部或整株死亡，最终导致经济损失的过程称为"植物病害"。植物病害的形成过程是寄主和病原物在外界条件影响下相互作用的过程。

7.2.2　植物病害的种类及症状

1. **植物病害的种类**　植物病害的种类有多种分类方法，但最客观也最实用的是按照病因进行分类的方法。根据这一原则，植物病害分为侵染性病害和非侵染性病害两大类。

（1）侵染性病害　由生物因素即病原生物引起的病害，具有侵染性，植物之间可相互传染，也称传染性病害。根据病原物的种类分为真菌病害、细菌病害、病毒病害、菌原体病害、线虫病害及寄生性种子植物病害等。侵染性病害是植物病害中发生种类最多、为害最重的一类，是植物病害防治的主要对象。

（2）非侵染性病害　也称生理性病害，是由不适宜的环境条件引起的一类病害，没有病原物的侵染过程，植物之间也不能相互传染。这类病害主要是由养分的缺乏或不平衡、土壤盐分过高、有毒物质或气体、温度过高或过低等因素造成的。近年来，这类病害发生越来越重，种类越来越多，如缺铁引起的黄叶，缺硼引起的缩果、芽枯，温度不适引起的旱害、冻害，土壤条件不适引起的盐碱害等。

2. 植物病害的症状　症状是植物发病后内部生理生化活动和外观生长发育所显示的异常状态。症状根据其表现部位可分为内部症状和外部症状。内部症状是指病株体内细胞形态或组织结构发生的变化，常需借助显微镜观察；外部症状是指病株外表所显示的种种病变，如萎蔫、变色、腐烂等，一般肉眼可以看到。外部症状包括病征和病状。病状是指发病植物本身所表现出来的异常现象，病征是指病原物在植株病部上表现出来的特征性结构。一般来说，真菌、细菌、寄生性种子植物所引起的病害病征表现明显；病毒、类病毒、菌原体、非生物因素引起的病害没有病征。

（1）病状的类型

1）变色。由于各种色素的增加或减少，受害植物的颜色发生不正常的改变，而细胞并未死亡，称为变色。变色主要表现在叶部，其次果实、枝干和花。变色影响植物光合作用，造成长势衰弱，产量和品质下降。一般由病毒、类病毒、菌原体或营养失调引起。

2）坏死。植物受害部位细胞死亡，但组织不解体者，称为坏死。坏死可发生在植物的各个部位，常见的有斑点、叶枯、枝枯、溃疡、疮痂、立枯、猝倒等。坏死常常造成植物早期落叶、树势衰弱或死亡，影响产量和品质。病原物中引起坏死症状的主要是真菌、细菌和线虫。

3）腐烂。植物受害部位细胞死亡，组织消解。根、茎、叶、花、果都可发生，幼嫩和多汁组织更易发生。根据腐烂的快慢和状态，分为干腐、湿腐和软腐；根据腐烂的部位，分为根腐、基腐、茎腐、果腐、花腐或流胶。引起腐烂的病原物主要是真菌、细菌，其次为线虫。

4）萎蔫。是指植物因病而呈现的明显缺水现象。典型萎蔫主要指植物根、茎的维管束组织受到破坏发生的凋萎现象。萎蔫依据其原因和状态，分为枯萎、黄萎、青枯等类型。枯萎是部分或全部叶片发生萎蔫下垂，然后慢慢干枯死亡；黄萎是部分叶片先从叶缘或叶尖发黄，然后逐渐下垂枯死；青枯是全株或局部迅速萎蔫，病株叶片不发黄。萎蔫一般会造成植株死亡，危害较大。各类病原物均可引起萎蔫，但真菌、细菌引起的萎蔫较常见。

5）畸形。植株的外部形态因病而表现的异常现象，如植株矮化、矮缩，叶片皱缩，根茎的肿大等。表现部位可以是全株或局部。各类病原物均可引起畸形症状，但病毒、菌原体、类病毒最常见。

（2）病征的类型

1）霉状物。是指病原物在病部表面产生的各种霉状结构。根据形态结构分为霜霉、绵霉、毛霉、丛霉、烟霉等；根据颜色分为青霉、绿霉、赤霉、黑霉、灰霉、白霉等。

2）粉状物。指病部表面出现的各种粉状结构。这是真菌病害常见病征，依颜色分为白粉、黑粉、锈状物、红粉等。

3）点状物。从病部表皮下面生长出来的小点状结构，突破或不突破表皮。它们多为真菌的分生孢子盘、分生孢子器或子囊壳。一般都为黑色小点，如炭疽病、斑点病等。

4）锈状物。病部表面形成的铁锈色的小泡状突起物，它是锈病特有的病征。

5）粒状物或线状物。附在病部表面的球形或近球形的颗粒状物或线状物，为真菌病害常见的病征。

6）菌脓。是指从病部溢出的脓状物。由菌体和分解的组织细胞内溶物组成，颜色有白色、黄色或红色。菌脓失水干燥后变成菌痂，为细菌病害常见病征。

7.2.3 病原物

引起植物病害的生物统称为病原物。植物病原物包括真菌、细菌、病毒、线虫和寄生性植物五大类。此外还有植原体（类菌原体）、类病毒、螺原体和放线菌等。

1. 真菌 真菌是真核生物，典型的繁殖方式是产生各种类型的孢子。真菌的营养方式有腐生、共生和寄生3种，许多寄生性真菌是作物病原菌，可以寄生于作物引起作物病害。

真菌经一定时期的营养生长后就进行繁殖。真菌常见的繁殖方式有无性繁殖和有性繁殖，分别产生无性孢子和有性孢子。两种孢子遇适宜条件都可以发芽，再发育成菌丝体。许多真菌的无性繁殖能力很强，能在很短的时间内产生大量的无性孢子，无性阶段在生活史中往往可以独立地多次循环，对作物病害的传播、蔓延与流行作用很大。作物病原真菌的有性生殖一般在作物生长后期进行，有助于病菌度过不良环境，并为翌年的发生提供初侵染源。

病原真菌可以从作物伤口和自然孔口侵入，也可以从寄主表面直接侵入。病原真菌进入寄主作物体内后，以菌丝体从作物组织的细胞间或细胞内，通过渗透作用吸取营养物质，并在寄主体内发育和扩展，影响作物的正常生长发育，并表现病状。真菌在作物体内发育到一定阶段，开始进行繁殖，在寄主表面往往会构成明显的病征。真菌病害的病征有粉状物、霜霉、黑色小粒点等。

真菌的孢子可借助气流等广泛传播，在适宜温湿度条件下，孢子长出芽管，再侵入寄主体内危害。条件不适宜时，真菌在田间病株、繁殖材料和病株残体等处休眠潜伏，成为翌年初侵染的来源。

2. 原核生物 原核生物是一类具原核结构的单细胞微生物，具有由细胞膜或细胞壁包围着的原生质体。作物病原原核生物主要包括细菌和菌原体。

细菌没有营养体和繁殖体的分化，繁殖是以裂殖方式进行的。细菌的繁殖速度与外界环境条件密切相关。养分充足，条件适宜时，每 20min 可分裂一次。正是由于细菌具有极强的繁殖力，作物细菌病害有时发展蔓延的速度很快，短时间内就可造成大面积成灾。

病原细菌一般从自然孔口和伤口侵入。侵入寄主体内以后，在寄主组织内繁殖与扩展，从而引起作物感病并表现不同症状，如斑点、腐烂、萎蔫、畸形等。其病征特点是，潮湿时病部溢出污色的黏液（菌脓），干燥后结成膜状或鱼子状菌痂。而菌原体侵染作物后常见症状为矮化或矮缩，枝叶丛生，叶小而黄化。

病原细菌在寄主体内大量繁殖后，借助雨水、昆虫、种苗或土壤进行传播，其中以雨水传播为主。当环境条件不适宜时，植物病原细菌便在土壤、昆虫、播种材料、病株残体等场所潜伏休眠，成为来年初侵染的来源。土壤习居性细菌可在土中长期存活，是重要的侵染源。而菌原体必须依赖介体传播，叶蝉类刺吸式口器昆虫是主要的传播媒介。

3. **病毒** 病毒是一类结构简单的分子寄生物，尚未具备细胞形态。一个病毒粒体主要由基因组核酸和保护性蛋白质衣壳组成。病毒的繁殖与细菌和真菌不同，只能在活的寄主细胞内进行，通过改变寄主细胞的代谢途径，复制合成病毒的核酸和蛋白质，形成新的病毒颗粒体，所以病毒的繁殖又称为增殖。病毒的寄生性是很严格的，大多数病毒离开寄主活体便失去侵染力。但也有较稳定的病毒，如烟草花叶病毒在干燥的组织内能存活多年。

病毒从微小的新鲜伤口侵入植物体，在寄主体内迅速增殖，并可以通过疏导组织迅速扩散。因此，病毒病往往表现为整株性病状。病毒病没有外部病征，其病状表现为花叶、黄化、畸形、丛生、矮缩、坏死斑点等。

病毒没有主动侵染寄主的能力，自然状态下主要靠介体和非介体传播。病毒的介体生物主要有昆虫中的蚜虫、叶蝉和飞虱及土壤中的线虫和真菌。病毒的非介体传播主要通过机械、有性和无性繁殖材料、嫁接等方式。由于病毒离开活体一般不能长期存活，因此当寄主收获后或环境不适宜时，病毒主要在传播病毒的昆虫、种子或无性繁殖材料、田间杂草中越冬，成为翌年初侵染的来源。

4. **植物病原线虫** 线虫是一类低等的无脊椎动物，数量多而分布广。寄生植物的线虫有数百种，引起的病害称为植物线虫病，如番茄的根结线虫病等。

植物病原线虫都具有口针，能穿刺寄主细胞和组织，并向植物组织内分泌线虫的食道腺分泌物及酶类（如消化酶），消化寄主细胞中的物质，然后从寄主细胞内吸收液态养分。植物寄生线虫具有一定的寄生专化性。线虫可寄生植物的各个部位。由于多数线虫存在于土壤中，因此，植物的根和地下茎、鳞茎和块茎等最容易受到侵染。

5. **寄生性种子植物** 植物绝大多数是自养的，少数由于缺少足够叶绿素或因为某些器官的退化而营寄生生活，称为寄生性植物。寄生性植物中除少数藻类外，大都为种子植物。寄生性植物对寄主的影响，主要是由于寄主营养被过度摄取后生长受到抑制，表现为植株矮小、黄化，严重时全株死亡。寄生性种子植物以种子繁殖，数量极大。种子可落入土中，或随农作物种子传播，也可由鸟类啄食传播，少数可主动弹射传播。

7.2.4 病原物的侵染过程和病害的流行

1. 病原物的侵染过程　植物病害的侵染过程指病原物从接触、侵入寄主,到在寄主体内繁殖和扩展,最终使寄主显示症状的发病过程,简称病程。一般把病程分为4个时期:侵入前期、侵入期、潜育期、发病期。

（1）侵入前期　从病原物与寄主植物可侵染部位接触开始,到病原物形成侵入结构并侵入植物为止的时期。

（2）侵入期　从病原物侵入寄主到与寄主建立寄生关系为止的时期。侵入期是病害能否发生的关键时期,也是病害的一个薄弱环节和有效防治时期。病原物入侵的途径有3种:直接侵入、自然孔口侵入和伤口侵入。病原物侵入寄主植物后,必须与寄主建立寄生关系,即病原物开始利用寄主的物质或能量进行种种生命活动,如病毒增殖、细菌分裂、真菌菌丝生长等,才可能引起植物病害。

（3）潜育期　指病原物从与寄主建立寄生关系,到表现明显的症状为止的一段时期。此期是病原物在寄主体内繁殖和蔓延的时期,也是寄主植物调动各种抗病因素积极抵抗病原物危害的时期,故此期是病原物与寄主植物相互斗争的关键时期。多数真菌、细菌、线虫及少数病毒侵入后,仅在侵染点附近扩展,称为局部侵染或点发性侵染。而多数病毒、菌原体及少数真菌、细菌、线虫等侵染后,病原物可以从侵染点向四周直至整株扩展,称为系统侵染、全株侵染或散发性侵染。潜育期的长短因病害而异,一般10天左右。

（4）发病期　即显症期,指症状出现后进一步发展的时期,也就是从病害开始出现症状到出现典型症状为止的时期。发病期是病原物扩大危害,病部不断发展,许多病原物大量产生繁殖体的时期。其持续时间直到生长季结束或植物死亡为止。不同病害发病期表现不同:病毒、类病毒、菌原体等细胞内寄生的病害以及部分线虫病害等,没有病征出现,所以没有明显的发病期;多数真菌及细菌病害,有明显的发病期。

2. 植物病害的流行　植物病害在较短时间内突然大面积严重发生,从而造成重大损失的过程,称为病害的流行。寄主植物、病原物和环境条件,是病害流行的三个基本要素,对病害发生来说都是缺一不可的。但不同病害的流行要求各方面的条件不同,各因素对病害流行所起的作用也不同。

（1）寄主植物　就寄主植物而言,与流行有关的因素包括作物品种的感病性、栽培面积及其分布。大量的感病寄主植物的存在是流行的一个决定因素。大面积、单一种植同一品种或同一病原的不同寄主,如果是感病的,因有利于病原物的传播和增殖,病害很可能流行。此外,许多寄主不同生育阶段其感病性不同,具有明显的感病阶段。只有感病阶段与相应的病原物和适宜的环境条件相遇,病害才能发生。因此,分析病害流行时,不仅要考虑寄主植物抗病性强弱、面积大小和布局情况,还要考虑其所处的生育阶段是否感病。

（2）病原物　大量的、致病力强的病原物的存在,是病害流行的重要因素之一。在寄生性较强的病原物群体中,往往有致病力强弱的分化现象。当强致病力的专化型、生理小种、菌株或毒株出现并有一定数量时,就可能造成病害大流行。单循环病害的病原物一年繁殖一次，多年才能积累一定数量的菌量。而多循环病害的病原物一年能繁殖多次，短期内就能积累巨大菌量，造成流行。由生物介体传播的病害，传毒介体数量也是重要的流行因素。

（3）环境条件　具备一定数量的病原物，同时也有大量的感病寄主植物，但病害能否流行还取决于环境条件。所以，环境条件是病害发生和流行的又一决定因素。有利于植物病害流行的环境条件能持续足够长的时间，且出现在病原物繁殖和侵染的关键时期，就会造成病害流行。环境条件包括气象条件、土壤条件、栽培条件及病原物和寄主周围的生物环境等，其中气象条件较为重要。

7.2.5　植物病害的防治方法

植物病害的防治主要是以作物为中心，合理有效运用各项措施，预防或控制病害的发生发展，将病害造成的损失控制在经济允许的水平之下，并且力求做到以最小的投入，获得最大的效益，使作物生产符合我国发展高产、优质、高效益农业的新要求。植物病害防治的具体措施包括植物检疫、农业防治、生物防治、物理防治和化学防治。

1. **植物检疫**　植物检疫又称法规防治，是由国家颁布法令或条例，对植物及其产品进行管理和控制，以防止危险性有害生物人为传播的措施。植物检疫的目的是防止危险性有害生物的人为传播，具有强制性、预防性、长远性和大局性的特点。在人类农业生产过程中，由于对植物检疫重要性认识不足，检疫制度不健全，导致有些重要病害的传播蔓延，给人们生活和农业生产造成了严重危害。

2. **农业防治**　农业防治指协调农业生态系统中的各因素，创造有利于作物生长发育的条件，增强寄主抗病性；或造成不利于病原物生长、繁殖和传播的环境，从而抑制病害的发生与发展。农业防治不需要特殊设施，是最经济、有效的防治方法，但单独使用时效果较差，收效较慢。

（1）选用无病繁殖材料　许多植物的病原微生物都是在繁殖材料上越冬和传播病害的。生产上使用无病种子、苗木、种薯以及其他繁殖材料，可有效防止病害传播和减少初侵染来源。建立无病留种田、培育无病种苗或进行种苗处理等方法，可以获得无病繁殖材料，如热力治疗和茎尖培养已用于生产无病毒种薯和果树无病毒苗木。

（2）建立合理的种植制度　合理的种植制度既可以调节农田生态环境、改善土壤肥力和物理性质，有利于作物生长发育和有益微生物繁衍，又可以减少病原物数量，中断病害循环。合理轮作倒茬不仅可以改善土壤理化性能，有利于作物的生长发育，提高寄主植物抗病性，还可造成不利于病原微生物生长的土壤环境条件。此外，还可以促进土壤中拮抗微生物的活动。

（3）加强栽培管理　通过适期播种，优化水肥，合理调节环境温度、湿度、光照和气体组成等要素，创造不适于病原菌侵染和发病的生态条件，可减少病害的发生。例如，合理调节播种日期、播种深度和种植密度，能有效地减轻水稻烂秧、小麦腥黑穗和小麦白粉病等的发生；搞好田园卫生，如收获后清除遗留田间的病株残体，集中深埋或烧毁，生长期拔除田间病株，可显著减少病原物接种体数量，可阻止或延缓病害流行。

（4）利用抗病品种　　选育和利用抗病品种,是防治植物病害最经济、最有效的途径。许多大范围流行的重要病害,如马铃薯晚疫病、玉米的丝黑穗病等,均是通过推广抗病品种而得到控制的。特别是一些土传病害和病毒性病害,利用抗病品种可能是唯一可行的防病途径。

3. 生物防治　　植物病害的生物防治,指利用其他对植物无害的有益微生物或其产品来影响或抑制植物病原物的生存和活动,从而降低病害的发生率或严重度。其原理是,利用微生物之间的各种拮抗作用,来减少病原物的数量和削弱其致病性。此外,有些有益微生物还能诱导或增强植物抗病性,通过改变植物与病原物的相互关系,抑制病害发生。有益微生物对病原物的拮抗作用包括:抗菌作用、溶菌作用、竞争作用、重寄生作用、捕食作用和交互保护作用等。现在应用较多的有井冈霉素、春雷霉素、链霉素等。

4. 物理防治　　物理防治指利用热力、辐射、光照、气体、表面活性剂、膜性物质及外科手术等,抑制、钝化或杀死病原物来防治病害的措施。一般用于处理种子、苗木、其他植物繁殖材料和土壤。具体方法有以下几种。

（1）汰除　　汰除指将有病的种子、苗木等及与其混杂在一起的病原物清除的一种方法。包括人工剔除、机械汰除和比重汰除,如风选、筛选、机选及清水、泥水或盐水选种等,可汰除混杂的菌核、菌瘿或植物病残体等。

（2）热力处理　　利用高温杀死或抑制病原物。温汤浸种,即利用一定温度的热水,杀死在种子、苗木、接穗表面和内部潜伏的病原物而不影响其活力,多用于植物休眠的处理。

（3）地膜覆盖　　用塑料薄膜覆盖地面,可截断土壤中病原物的传播途径。用银灰反光膜或白色尼龙纱覆盖苗床,对蚜虫有忌避作用,可减少传毒介体蚜虫数量,减轻病毒病害。夏季高温期铺设黑色地膜,吸收日光能,使土壤升温,能杀死土壤中多种病原菌。

（4）高脂膜防病　　高脂膜是用高级脂肪酸制成的成膜物,它不同于常规化学杀菌剂,本身并不具有杀菌作用。使用后植物体表面有一层很薄的脂肪酸膜,虽然病菌仍可侵入植物体,但因有薄膜控制,病菌侵入后不能扩展或很少扩展为害,从而达到防病目的。

（5）外科手术　　对多年生的果树和林木病害,可采用刮除病斑、去除病枝、病根等方法进行控制。

5. 化学防治　　化学防治法是指使用化学农药杀菌剂防治植物病害的方法。杀菌剂是一类能够杀死病原微生物,抑制其侵染、繁殖,或提高植物抗病性的药剂。化学防治是当前防治植物病害的重要措施,对一些突发性病害,具有较好的控制作用。

防治病害的杀菌剂依防治对象分,可分为杀真菌剂、杀细菌剂、杀病毒剂（也称钝化剂）和杀线虫剂；按药剂的来源分,杀菌剂可分为无机杀菌剂、有机杀菌剂、农用抗菌剂、植物源杀菌剂；按杀菌剂的作用方式,可分为保护剂、治疗剂、铲除剂、免疫剂等。保护性杀菌剂在病原物侵入前施用,可阻止病原菌入侵而起到保护植物的作用,如波尔多液。治疗性杀菌剂可进入植物组织内部,抑制或杀死已侵入的病原物或作用于病原物的致病过程，使植物病情减轻或恢复健康，如多菌灵、百菌清。目前治疗剂对于发病植株的治疗效果还不理想，多数情况下还主要利用其保护作用。铲除剂具有杀菌作用强的特点，但易产生药害，常在植物休眠期或其周围环境中使用，铲除潜藏的病原物，如五氯硝基苯、石硫合剂等。免疫剂指药剂进入植物体后，能诱发寄主产生植保素，杀死病菌或改变寄主的形态结构，抑制病菌侵染或扩展的药剂。

杀菌剂具有高效、速效、使用方便、经济效益高等优点，但使用不当可对植物产生药害，引起人畜中毒，杀伤有益微生物，导致病原物产生抗药性，造成环境污染等。因此，准确地诊断病害、恰当地选择农药、合理地使用喷药器械、适时地施用农药才能保证农药的最佳效果，从而有效控制植物病害的发生和为害。

7.3 作物虫害与防治

作物虫害是由植食性昆虫取食作物而造成的一种为害。据报道，昆虫中约 48.2%的种类以植物为生。因此，几乎地球上每一种作物都有可能受到害虫的为害。但由于害虫种群数量不同，对作物的为害程度明显不同。有些害虫由于其种群数量巨大，对作物的产量和品质造成严重的威胁，甚至造成绝产。但有些害虫由于其种群数量小，对作物影响较小或不会造成影响。

7.3.1 昆虫的特征及为害

昆虫属节肢动物门昆虫纲。昆虫最显著的特征是昆虫的成虫体躯分为头部、胸部、腹部 3 个体段，具 3 对足，多数种类还有 2 对翅（图 7-1）。

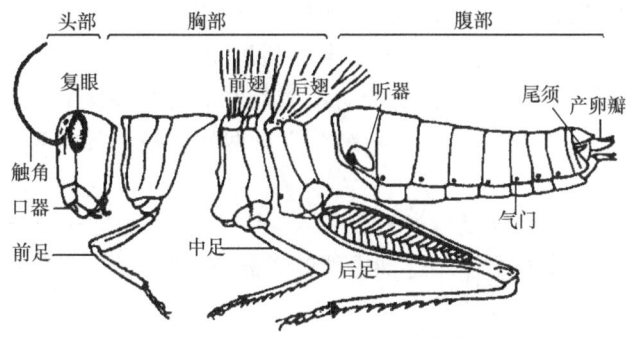

图 7-1 蝗虫体躯侧面观

1. **昆虫的头部及其附器** 昆虫的头部位于身体的最前端，它的外壁坚硬，称为头壳。头壳内部包含着脑、消化道前端等，头壳上着生有触角、复眼、单眼和口器等感觉器官和取食器官。因此，头部是昆虫重要的感觉和取食中心。

触角是昆虫重要的感觉和嗅觉器官。它的上面着生有许多的感觉器和嗅觉器，特别是嗅觉器更为发达。近距离凭着触觉作用决定是否停留和取食，远距离则靠嗅觉作用找到所需的食物或配偶。因此，触角对于昆虫的觅食、求偶、选择产卵场所和逃避敌害，都有非常重要的作用。

口器是昆虫的取食器官。由于昆虫的食性和取食方式的不同，口器构造也发生了相应的变化，形成了各种类型的口器。一般分为咀嚼式和刺吸式两类。农业害虫以咀嚼式和刺吸式居多。咀嚼式口器能够取食固体食物，为害特点是使植物受到机械损伤，被害叶片呈现缺刻、孔洞，或将叶片全部吃光。有的能钻入茎秆和果实内部取食，或取食块根、块茎，使整个植株枯死。刺吸式口器的害虫为害植物，会造成病理或生理性伤害，使植物出现变色斑点，或使植物枝叶卷曲、皱缩、畸形、形成瘿瘤等，严重时枯萎死亡。此外，刺吸式口器害虫还能传播植物病毒病。

昆虫的口器构造不同，造成的为害症状不同，因此应根据害虫的为害症状合理选择药剂。对于咀嚼式口器的害虫，可以把胃毒剂喷在作物上或拌在它喜欢的食物里制成毒饵，当害虫取食植物组织时即可中毒死亡；对于刺吸式口器的害虫应采用内吸剂，把这些药剂喷在植物表面或拌在种子上，就会被植物或种子吸收并传送到植株的各个部位，当害虫吸取植物汁液时，药剂即随着吸入虫体而使害虫中毒死亡，同时对于刺吸式口器害虫的天敌无伤害作用。

2. 昆虫的胸、腹部　　胸部是昆虫的第二个体段，由前胸、中胸、后胸三部分组成。每一胸节的侧下方各着生有一对足，在中后胸的背面两侧各着生有一对翅。足和翅是昆虫的主要运动器官，因而胸部是昆虫的运动中心。

腹部是昆虫的第三体段，由9~11个体节组成。腹内包含着各种内脏器官和生殖器官，腹部末端具有外生殖器和尾须，所以腹部是昆虫新陈代谢和生殖的中心。

7.3.2　昆虫的生物学特性

不同昆虫其生长发育、繁殖方式、习性和行为等生命特性差异很大。了解昆虫的生物学特性，对掌握昆虫个体发育的基本规律及害虫的防治，具有非常重要的意义。

1. 昆虫的生殖方式　　昆虫在复杂的环境条件下具有多样的生活方式。经过长期的适应，生殖方式也表现出多样性，归纳起来有两性生殖、孤雌生殖、卵胎生和多胚生殖等。

（1）两性生殖　　雌雄昆虫通过两性交配后，精子与卵子结合。雌虫产下受精卵，每一粒卵发育成一个新个体。这种生殖方式称为两性生殖，这是昆虫繁殖后代最普遍的形式。

（2）孤雌生殖　　又称单性生殖。雌虫不经过交配或卵不经过受精就能发育成新个体的生殖方式，称为孤雌生殖，如同翅目的粉虱科、介壳虫科等的有些种类。

（3）卵胎生　　卵在母体内孵化后直接产出小幼虫的生殖方式。即卵在母体内成熟后并不产下，而是停留在母体内继续进行胚胎发育，直到孵化后直接产出幼虫，如蚜和蚜虫的单性生殖。卵胎生对卵有保护作用，而且使生活史缩短，繁殖加快，因此造成的危害就更大。

（4）多胚生殖　　一个卵在个体发育过程中可分裂为两个或更多个胚胎，每个胚胎发育成一个新个体。最多的一个卵可孵出3000多个幼虫，幼虫的性别以所产的卵是否受精而定,受精的卵发育为雌虫,未受精的卵发育为雄虫。

2. 昆虫的发育与变态

(1) 变态及类型　昆虫的个体发育过程分胚胎发育和胚后发育两个阶段。胚胎发育是在卵内完成的,至卵孵化为止;胚后发育是从卵孵化后至成虫性成熟的整个发育期。

昆虫的生长发育是新陈代谢的过程。昆虫从幼虫到成虫的整个发育过程中要经过外部形态、内部构造以及生活习性上的一系列改变,这种现象称为变态。按昆虫发育阶段的变化,变态可分为以下几个类型。

1) 无变态。这是较原始的变态类型。它的特点是幼虫和成虫外形相似、习性相同。昆虫纲中无翅亚纲都属于此类变态。

2) 不全变态。不全变态是昆虫个体在发育过程中,只经过卵→若虫→成虫 3 个发育阶段。其若虫和成虫外形相似,习性相同。它们取食相同的食料,栖息在相近的环境里。若虫不同于成虫的主要区别是翅未长成和性器官没有成熟。这类变态又称为"渐进变态"(图 7-2)。

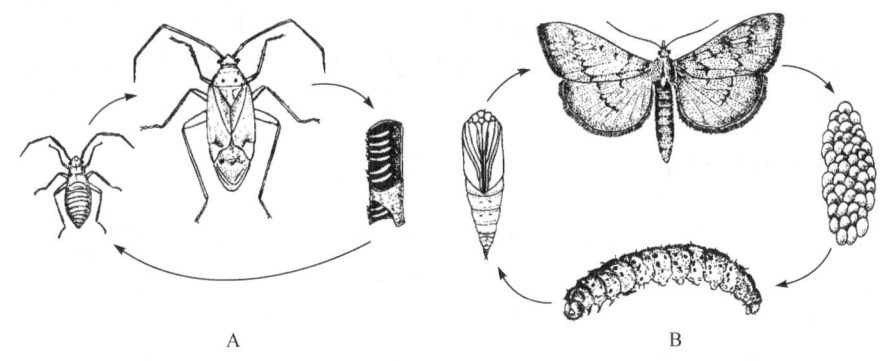

图 7-2　昆虫的变态类型
A. 不全变态;B. 全变态

3) 全变态。全变态是昆虫在个体发育过程中,要经过卵→幼虫→蛹→成虫 4 个阶段。幼虫与成虫的外部形态、内部器官及生活习性完全不同,因此必须经过蛹这个阶段来完成这类形态的转变。

(2) 昆虫各虫期生命活动的特点

1) 卵期。卵从产下到孵化所经历的时间称为卵期。卵是昆虫个体发育的第一阶段,即胚胎发育时期。昆虫的生命活动是从卵开始的。昆虫的种类不同,卵的大小、形状、产卵方式、产卵场所及卵期长短不同。因此,了解不同昆虫的产卵特性,对识别害虫种类以及害虫的防治,都具有非常重要的作用。

2) 幼(若)虫期。昆虫的胚胎发育完成后进入昆虫的幼(若)虫期,即进入了胚后发育阶段。幼虫或若虫破壳而出的现象称为孵化。幼虫孵化后到发育成蛹(全变态)或成虫(不全变态)之前的整个发育阶段,称为幼虫期或若虫期。幼虫孵化后,开始取食摄取营养,即开始对寄主的为害。幼虫的表皮是非细胞性物质,当长到一定程度时,由于体壁坚硬限制了它的生长,因此幼虫必须脱去旧的表皮才能继续生长。昆虫两次蜕皮之间所经历的时间称为龄期。昆虫的种类不同，其幼虫形态、龄期长短不同。因此，掌握幼虫的形态和龄期，对害虫的识别、预测预报及防治有重要意义。幼虫期是昆虫取食生长的时期，大多数害虫在幼虫期为害农作物，而多数天敌则以幼虫捕食或寄生于农林植物害虫。

3）蛹期。蛹期是全变态类昆虫所特有的阶段，也是幼虫转变为成虫的过渡阶段。幼虫老熟后先停止取食，迁移到适当的场所。这时幼虫的体躯逐渐缩短，活动减弱，称为预蛹。预蛹脱去最后一层皮变为蛹的过程称为化蛹。昆虫的种类不同，其蛹的形态和蛹期长短不同。一般昆虫的蛹期为7～14天，适当的高温高湿有利于昆虫化蛹。蛹期是昆虫生命活动中的一个薄弱环节。

4）成虫期。全变态类蛹蜕皮或不全变态若虫脱掉最后一次皮，变为成虫的过程称为羽化。成虫从羽化直到死亡所经历的时间，称为成虫期。成虫期是昆虫个体生命活动中的最后一个阶段，也是昆虫交配、产卵、繁殖后代的时期。初羽化的成虫，有些性器官已成熟，很快便可交配产卵，产卵后不久即死亡。但也有许多昆虫羽化后，性器官还未成熟，需不断取食补充营养，直到性器官成熟才能交配产卵。这类昆虫的成虫寿命较长，若成虫为植食性，其危害性也较大，如金龟甲、蝗虫。成虫是否补充营养，对其生殖力有很大影响。

7.3.3 昆虫的主要习性

1. 昆虫的假死习性　　昆虫受到突然的接触或震动时，全身表现出一种反射性的抑制状态，身体蜷曲，一动不动，片刻才又爬行或飞翔，这种习性称为假死性。人们可以利用这种假死性，设计震落捕虫机具加以捕杀。

2. 昆虫的趋性　　趋性是昆虫的神经活动对外界环境的刺激所表现的"趋""避"行为，这是昆虫在系统发育过程中对外界条件的适应。按刺激物的性质，趋性可分为趋光性、趋化性、趋温性、趋湿性和趋色性等。昆虫通过视觉器官趋向光源的反应行为称为昆虫的趋光性，夜出活动的昆虫具有趋光性。昆虫通过嗅觉器官对化学物质的刺激产生的反应行为称趋化性，利用害虫的趋化性，可设计诱饵等来诱集害虫。昆虫趋向适宜它生活的温度条件的习性称为趋温性。

3. 食性　　按其取食的食物种类，昆虫食性可分为植食性、肉食性、腐食性和杂食性。

植食性的昆虫以植物为食，多数为农林业的害虫。根据其食性范围的大小，可分为单食性、寡食性和多食性3种。单食性昆虫只取食一种植物，如大豆食心虫只取食大豆，豌豆象只取食豌豆。寡食性昆虫只取食一个科或近缘科的几种植物，如马铃薯瓢甲、菜粉蝶。多食性昆虫可取食不同科不同属的植物，如棉铃虫可取食不同科的250多种植物。

肉食性昆虫以小动物或其他昆虫为食，大多数种类为益虫。按其生活和取食方式，可分为捕食性和寄生性两类。捕食性昆虫通常成、幼虫均为捕食性，为多食性或寡食性，很少是单食性的；寄生性昆虫身体一般都比较小，它的成、幼虫食性不同，只有在幼虫期营寄生生活。

杂食性昆虫可取食动物和植物，如蚂蚁、蟋蟀等；腐食性昆虫是以动物尸体或腐败的植物为食的一类昆虫，在生态循环中起着非常重要的作用。

4. 昆虫的群集性　　同种昆虫的个体大量聚集在一起生活的习性称为群集性。各种昆虫群集的方式有所不同，分为临时性群集和永久性群集两种类型。临时性群集是指昆虫仅在某一虫态或某一阶段行群集生活，然后分散，如多种瓢虫越冬时其成虫常群集在一起，当度过寒冬后即行分散生活；永久性群集往往出现在昆虫个体的整个生育期，一旦形成群集后，很久不会分散，趋向于群居型生活。

7.3.4　昆虫与环境条件

昆虫的生长发育及繁殖与环境条件有着密切的关系，适宜的环境条件有利于昆虫种群生存和繁衍，而不利的环境会导致昆虫种群的急剧下降甚至灭亡。自然界影响昆虫生存的环境因子包括非生物因子（气象因子、土壤因子）和生物因子（食物因子和天敌因子）两大类，各种因子之间有着密切的联系，它们共同构成昆虫的生活环境，综合地作用于昆虫。

1. 气象因子　　影响昆虫的气象因子包括温度、湿度、光照和气流（风）等。

（1）温度对昆虫的作用　　温度是气象因子中对昆虫影响最为明显的一类因子。因为昆虫属于变温动物，体温随周围环境的变化而变化。昆虫的生长、发育、繁殖等生命活动都要求在一定的温度范围内进行，这个温度范围称为昆虫的适宜温区或有效温区。不同昆虫的有效温区不同。一般昆虫的适宜温区为 8~40℃，最适温区为 22~30℃。昆虫的种类不同，其适宜温区也不尽相同，如菜青虫的适宜温区为 16~31℃，小菜蛾的适宜温区为 10~40℃。最适温度不一定是昆虫生长发育最快的温度，而是对种的生存和繁殖最有利的温度。昆虫完成一定的发育阶段（一个虫态或一个世代），需要一定的热量积累，对昆虫发育起作用的温度是发育起点以上的温度，称为有效温度，有效温度的积累值称为有效积温。对同一种昆虫来说，完成这个发育阶段需要的温度积累值是一个常数。

（2）湿度对昆虫的影响　　湿度的主要作用是影响虫体水分的蒸发以及虫体的含水量，其次是影响虫体的体温和代谢速度。昆虫卵孵化、幼虫蜕皮、化蛹、羽化时都需要一定的湿度，如果大气湿度过低，往往使它不能从老皮中脱出，或者发生粘连而大批死亡。同时，湿度影响昆虫的发育速度，有些昆虫在不同湿度下的发育速度不同。此外，湿度也影响昆虫的生殖力，干旱是造成雄性不育的一个重要原因，也影响其交尾和雌虫的产卵量。

（3）光照　　光照对昆虫具有信号作用，主要是影响昆虫的活动、行为和滞育。

2. 土壤因子　　据报道，98%以上的昆虫种类在生活史中与土壤发生或多或少的关系，因此土壤与昆虫有着密切的关系。土壤温度、土壤湿度、土壤理化性状等对昆虫发生和生长发育有很大的影响，对地下昆虫的影响尤为显著。

3. 食物因子　　食物因子对昆虫的生长、发育、生存和繁殖起着重要作用。当昆虫取食适宜的食物时，生长发育快，繁殖率高。例如，棉铃虫取食植物的繁殖器官比取食植物的营养器官死亡率低、生长发育快，羽化后的成虫繁殖率高。

4. **天敌因子** 昆虫的生物性敌害称为天敌。天敌对于昆虫的生存具有一定的抑制作用，它主要包括三大类：有益昆虫、有益动物和病原微生物。有益昆虫包括寄生性和捕食性昆虫，有益动物包括鸟类、两栖类等，病原微生物主要包括细菌、真菌、病毒、原生动物、线虫、立克次体等。

7.3.5 作物虫害的防治

1. **植物检疫** 为了防止危险性的病虫杂草人为地从一个地方传入另一个地方，或从国外（内）传入国内（外），国家对植物及其产品在调拨、运输及贸易时，采取的一整套检疫检验措施，称为植物检疫。

在自然条件下，害虫的分布具有一定的区域性，各地区发生的害虫种类不尽相同。某一害虫在原产地往往由于天敌、植物抗虫性及其他农业措施所控制。然而当它传入新地区后，由于缺乏这些控制因素，害虫就可能生存下来，迅速发展蔓延。植物检疫对减少危险性病虫杂草的传播蔓延及保护国家或地区的农业生产安全，具有非常重要的作用。

2. **农业防治法**

（1）选用抗虫品种 利用作物品种自身的抗虫性来防止害虫对作物的为害，是最经济有效的措施。目前，利用转基因技术已培育出许多抗虫植物新品种，如抗棉铃虫品种'中植372'、抗麦蚜品种'农大6085'等。这些抗虫品种的推广应用，大大降低了害虫的为害。

（2）建立合理的耕作制度 作物的合理布局常可影响害虫的发生量或减少虫源。例如，部分蚜虫在十字花科蔬菜的留种菜上越冬，因此，远离留种地的十字花科蔬菜的苗床位置为害就轻。此外，合理的轮作可起到恶化害虫营养条件的作用，这一措施对单食性和寡食性害虫作用非常显著。

（3）加强栽培管理 及时间苗、中耕除草均可减轻害虫的发生。由于许多杂草是害虫的孳生繁殖地，因此清除田间地头杂草可减轻其危害。作物收获后，及时清除残株败叶和翻耕土地，也是消灭害虫的一项重要措施。通过翻耕土地，可直接杀灭一部分害虫，或破坏害虫在土中的越冬巢穴，也可把土壤里越冬越夏的害虫暴露于土表，使其被冻死、晒死或被天敌所捕食。此外，合理的施肥与灌溉除提高作物的抗虫能力外，也大大减轻了害虫的危害。

3. **生物防治法** 生物防治法指利用生物或生物的代谢产物防治害虫的方法，即以虫治虫、以菌治虫、激素治虫和其他植物或动物治虫。我国应用生物防治法有着悠久的历史，特别是近年来随着现代绿色农业的发展以及加入WTO，以出口创汇为目标的农业产业化，将迫使生产者减少或消除农产品中的农药残留。而生物防治以其对人畜及农作物安全、不杀伤天敌及其他有益生物、不污染环境等优点而备受重视。

（1）以虫治虫 指利用害虫的天敌控制害虫的方法。昆虫纲中肉食性昆虫种类有23万多种，因此自然界中大多数害虫都有被天敌捕食或寄生的可能性。实际上，一种害虫常会被多种天敌捕食或寄生。因此，应当充分发挥天敌昆虫对害虫的控制作用。利用天敌的具体措施包括：保护利用本地的天敌昆虫，即合理用药，减少其对天敌的杀伤；从外国或外地引入天敌；进行天敌的人工繁殖和释放。

生物防治

（2）以菌治虫　　在自然界，昆虫与其他动物一样，也会被一些病原微生物感染而发生疾病，并引发昆虫流行病的发生，从而使害虫的种群数量大大降低。引起昆虫疾病的微生物主要有真菌、细菌、病毒、原生动物、线虫等，其中以真菌、细菌和病毒应用较多。到目前为止，全世界已发现的昆虫病原真菌达100属800多种，应用较多的主要是白僵菌、绿僵菌等；昆虫病原细菌有100多种，研究应用最广泛的为苏云金杆菌，至今全世界生产的苏云金杆菌制剂达90余种，是当前微生物杀虫剂中产量最多、应用面积最大的一种；昆虫病毒已知有1600多种，可引起1100多种昆虫和螨类发病，研究较多应用较广的为核型多角体病毒、质型多角体病毒和颗粒体病毒。

（3）昆虫激素治虫　　昆虫激素是昆虫的特殊腺体分泌的微量物质，对昆虫的生长发育、蜕皮、变态、生殖、滞育等生命活动起着非常重要的作用。目前，昆虫激素及其类似物是一类十分理想的杀虫剂，如人工合成的保幼激素和蜕皮激素或其类似物，可使昆虫产生异常变态而死亡；人工合成的性信息素可大大降低雌雄昆虫的交配率，从而减少其下一代的种群数量和减轻其为害，如棉铃虫性诱杀剂、梨小实心虫性诱杀剂等。

4. 物理防治法　　利用物理器械和人工的方法防治害虫的方法。物理机械防治见效快，防治效果显著，特别是对一些化学农药难以解决的害虫，具有较好的防治效果。具体措施如下。

物理防治

1）捕杀害虫。利用人工或简单器械，捕杀具有群集性或假死性的害虫。

2）诱杀害虫。利用害虫的趋光、趋化等习性，采用灯光、色板、毒饵、潜所等诱杀害虫。

3）阻隔法。人为设置障碍，阻止害虫为害，如树干涂白可阻止成虫产卵，果实套袋可减少食心虫为害等。

4）升温或降温灭虫。利用高温或低温杀死害虫，如烈日暴晒、温室夏季高温闷棚等。

5）辐射杀虫。利用各种激光和射线杀灭害虫的方法。

5. 化学防治法　　化学防治法指利用化学药剂杀灭害虫的方法。由于化学防治法具有见效快、防治效果显著、使用方便、不受地区和季节性限制等特点，成为目前防治害虫最常用和最有效的方法，在害虫的综合治理中占有相当重要的位置。目前，化学杀虫剂的种类很多。按化学成分，可分为无机杀虫剂和有机杀虫剂。无机杀虫剂由于其残留毒性高，一些种类已禁用或应用较少。有机杀虫剂按其来源分为天然有机杀虫剂和人工合成有机杀虫剂。天然有机杀虫剂包括植物性（鱼藤、除虫菊等）和矿物性（矿物油）两类，目前开发品种较少。人工合成有机杀虫剂种类最多，是目前应用最多的化学杀虫剂，按其化学成分分为有机氯、有机磷、有机氮、氨基甲酸酯类、拟除虫菊酯类和沙蚕毒素类杀虫剂。此外，按杀虫剂的作用方式，还可把杀虫剂分为胃毒剂、触杀剂、熏蒸剂、内吸剂、忌避剂、拒食剂、引诱剂、不育剂和生长调节剂。

近年来，由于化学杀虫剂的大量、长期和不合理使用，造成了严重的农药残留、抗药性增强和虫害猖獗问题。因此，使用化学杀虫剂时应做到以下几点。

1）对症下药。即防治某种害虫时，要根据害虫的生活习性和为害特点，合理选择药剂的种类和剂型，施用后既能取得较好的防治效果，又不会造成其他副作用。

2）适时用药。指应在害虫防治的最适时期进行用药。

3）合理混用药剂。不同的药剂对害虫的作用方式不同。两种以上的农药混用，往往可以互补缺点，起到增效或兼治两种以上害虫的作用，并可节省劳力。同时，农药混用也是克服害虫产生抗药性的有力措施。但是，并非所有的药剂都可混用，混用不当往往会降低药效，甚至产生药害。

4）严禁使用剧毒农药和残效期长的农药。

7.4 作物草害与防治

7.4.1 农田杂草的危害

农田杂草是指人们有意识栽培作物以外的、对作物生产有危害的草本植物。田间杂草是影响目标作物产量的灾害之一。据 FAO 估计，世界谷物生产因草害常年损失 11%，棉花因草害损失 5.8%，一些恶性杂草造成的损失更重。

农田杂草的危害可分为直接危害和间接危害两方面。直接危害主要指农田杂草对作物生长发育的妨碍，并造成作物的产量和品质的下降。杂草有顽强的生命力，在地上和地下与作物进行竞争。地上部分主要表现为对光和空间的竞争，地下部分主要表现为对水分和营养的竞争，从而直接影响作物的生长发育。间接危害主要指农田杂草中的许多种类是病虫的中间寄主和越冬场所，有助于病虫的发生与蔓延。

7.4.2 农田杂草的种类

据报道，全世界的农业杂草共有8000多种。我国的农田杂草共有600多种，其中旱地杂草400余种，造成严重危害的80余种；水田杂草200余种，造成严重危害的30余种。这些杂草广泛分布于全国各地。不同地区因气候、地形、土壤类型、作物种类、耕作制度等不同，杂草的种类有很大差别。

根据杂草的植物学特征，分为双子叶杂草和单子叶杂草，这两类杂草对除草剂的敏感程度有着明显的差别。根据杂草的营养与生活方式，又分寄生性杂草、半寄生性杂草和非寄生性杂草。寄生性杂草没有绿色叶片，不能进行光合作用，用茎或根盘旋缠绕在寄主作物上，吸取所需的有机养料，如菟丝子、列当。半寄生性杂草有绿色叶片，能进行光合作用制造有机物质，以寄生根从寄主体内摄取水分和养料，最常见的有桑寄生属和槲寄生属，可寄生于杨树、苹果树上。非寄生性杂草具有独立的生活方式，可以从外界吸收水、CO_2 和矿物质，能进行光合作用制造供自身生命活动的有机物质。

此外，根据生长季节的不同，可分为冬季杂草和夏季杂草；根据其生活年限，又分为一年生杂草、二年生杂草和多年生杂草；根据杂草和水分条件的关系，可分为水田杂草和旱地杂草两类。

7.4.3 农田杂草的主要特性

1. 农田杂草的生物学特性

（1）休眠性　　在长期的自然选择过程中，大多数杂草种子形成了休眠的特性，即当种子成熟后的数月内，即使外部环境条件满足发芽要求也不发芽。而且即使打破休眠后，如果环境条件不适，也将产生二次休眠的现象。

（2）早熟性　　杂草的营养生长期较短，并能根据环境的变化缩短营养生长转向生殖生长，使杂草在短时间内就能成熟结实，如有的稗草从发芽到结实仅需30天。

（3）多产性　　杂草具有强大的繁殖能力。其繁殖方式分为种子繁殖和营养繁殖两种类型。以种子繁殖的杂草，其种子具有籽粒小数量大的特征，一株杂草的种子数少则1000粒，多则数十万粒，通常可达3万～4万粒。因此在每公顷的土地上常常有数百万至数千万粒杂草种子。这些种子不仅数量多，而且生活力强。许多杂草种子在土壤或水底能保持发芽力达数年之久，有些甚至几十年。具有营养繁殖能力的多年生杂草，其中匍匐茎、根茎、球茎、块茎、鳞茎等繁殖能力也很强。当机械作业时，将根芽或根茎切断，只要有芽，仍能萌发成新株。可见，强大的繁殖能力是杂草大量蔓延的主要原因，也是杂草造成危害的重要特征。

2. 杂草的传播　　杂草种子可借风力、水流等自然因素进行传播，也可通过动物和人的活动进行传播。通常杂草种子的传播能力很强，并有各种散播种子的结构，如蒲公英、苦菜等菊科杂草的果实有冠毛；萝藦、鹅绒藤等的种子有种毛，它们借助风力传播。长瓣慈姑、瓜皮草的果实有薄翅，可随水传播。苍耳、鬼针草等的果实有刺，可以附在人身或动物体上被带到很远。猫眼草、犁头草等成熟时果荚裂开或果皮干缩将种子弹出。营养体繁殖的杂草，则主要是依靠地下根茎的延伸来传播。人类的生产活动如耕作整地、施用未腐熟的农家肥、播种混有杂草的种子、调种或引种等，往往可造成人为传播。

7.4.4 农田草害的综合防除

农田草害的综合防除包括农业防除、生物防除、植物检疫和化学防除等。

1. 农业防除　　合理轮作特别是水旱轮作，是改变农田生态环境，抑制某些杂草传播和危害的重要措施，如水田的眼子菜、牛毛草，在水改旱后就受到抑制。土壤耕作整地，如春耕、秋耕和中耕等，可翻埋杂草种子，扯断杂草的根系和营养体，减轻杂草的危害。播前对作物种子进行风选、筛选或水选，是减少杂草来源的重要措施，如稗草种子随稻谷传播、菟丝子种子随大豆传播，通过精选种子，可防止杂草种子传播。有机肥料（如家畜粪便、杂草堆肥、饲料残渣、粮油加工废料等）含有大量的杂草种子，若不经过高温腐熟，这些杂草种子仍具有发芽能力。因此，施用腐熟的有机肥，可抑制其传播。此外，清除田边、沟边、路旁杂草，也是防止杂草蔓延的重要措施。

2. 生物防除　　生物防除是利用动物、昆虫、病菌等方法来防除杂草。由于生物防除具有保护环境、经济、有效等优点，因此受到重视并得到较快发展。早期的生物防除主要是利用动物来防除杂草，如在果园放养食草家畜家禽、在稻田养殖草鱼等。此外，以虫灭草也收到了很好的效果。研究证明，许多昆虫都是杂草的天敌，如莲草直胸跳甲是喜旱莲子草的天敌，褐小荧叶甲是蓼科杂草的天敌等。以菌灭草同样也取得了成功，如从欧洲输入的多年生菊科杂草曾在美国西部和澳大利亚迅速蔓延，后经导入锈病病菌进行防除获得成功。

3. **植物检疫**　　杂草种子传播的一条重要途径就是混入作物和牧草种子中进行传播。因此，加强植物检疫是杜绝杂草种子大范围传播、蔓延的重要措施。例如，喜旱莲子草原产巴西，于 20 世纪 30 年代传入我国上海及华东一带，50 年代后，南方许多地方曾经将此草作猪饲料引种扩散，1986 年的调查发现，喜旱莲子草自然发生面积达到 889 600 hm^2，成为蔬菜、甘薯等作物田及柑橘园的主要草害。

4. **化学防除**　　化学除草是指使用化学除草剂来防除杂草的技术措施。化学除草具有效果好、效率高、省工省力的优点，适应农业现代化的需要，因此备受重视。自 1944 年美国科学家成功研制出选择性激素类除草剂 2,4-D 以来，各种用途的除草剂便不断问世，近几十年来除草剂的生产及应用有了迅速的发展。

除草剂按在植物体内的移动性可分为触杀型除草剂和内吸型除草剂。触杀型除草剂被植物吸收后，不能在植物体内移动或移动范围很小，因而主要在接触部位发生作用，只有喷洒均匀，才能取得较好的除草效果。一般用于叶面处理，以杀死杂草的地上部分。内吸型除草剂被茎叶或根系吸收后，能在植物体内输导，因而对地下根茎类杂草具有较好的防除效果。既可叶面喷施，也可土壤处理。

除草剂按其作用方式可分为选择性除草剂和灭生性除草剂。选择性除草剂只杀杂草而不伤害作物，如敌稗只杀稗草不伤害稻苗，2,4-D 只杀双子叶杂草而不伤害禾谷类作物等。灭生性除草剂又称为非选择性除草剂，作物和杂草都能杀死，如五氯酚钠。灭生性除草剂在播种前处理土壤，可以杀死所有的地面杂草，但因药剂进入土壤后很快就失效，因此用药后 3～4 天即可播种或移栽。选择性与灭生性是相对而言的，有些选择性除草剂在高剂量应用时也可成为灭生性除草剂，如敌草隆高剂量应用时，可作为路边和工业场地的灭生性除草剂。

化学除草中利用除草剂的某些特性，根据作物和杂草之间的差异，找出作物对除草剂的"耐药期或安全期"和杂草对药剂的"敏感期"施用防除，就能达到除草保苗的目的。此外，在使用技术上需要掌握"准、匀、精、看"，即选用除草剂品种要准，喷施要均匀，剂量要精确，同时还要看苗情、草情、土质、天气等灵活用药，才能达到高效、安全、经济地灭除杂草的目的。

7.5　专家系统在作物病、虫、草害防治中的应用

农业专家系统是把专家系统知识应用于农业领域的一项计算机技术。专家系统是人工智能的一个分支，主要目的是要使计算机在各个领域中起人类专家的作用。它是一种智能程序子系统，内部具有大量专家水平的领域知识和经验，能利用人类专家可用的知

识和解决问题的方法来解决农业生产领域中的问题。目前,专家系统在植物保护领域中的应用主要集中在三个方面,即病、虫、草害诊断,预测预报及管理决策。

1. 农作物病、虫、草害诊断与鉴别　　正确地诊断、鉴别病、虫、草害,是有效进行农业有害生物管理的基础,因此病、虫、草害的诊断与识别成为农业专家系统在植保领域应用的主要方面之一。诊断专家系统主要是根据观察到的病、虫、草害症状及危害特点,模拟农业专家的辨别思维来推断鉴定出目标病、虫、草害,并给出相应的处理措施。认识和了解目标病、虫、草害,有针对性地进行研究和管理,是病、虫、草害综合治理的前提。目前有关植保诊断的专家系统已有不少,如安徽省农业科学院植物保护与农产品质量安全研究所利用 Turbo-Prolog 人工智能语言开发的安徽省水稻主要病虫害诊断专家系统(DCDIRES),根据水稻被害状或害虫形态,判断为害水稻的病虫害种类,并向用户提供科学的防治方法和有关知识咨询。

2. 农作物病、虫、草害预测预报　　预测预报是植保工作的主要内容之一。它不仅对重大病虫害的发生做出预测,还为政府部门发展农业、稳定农业生产做出决策依据。预测专家系统的主要任务是,通过对过去和现在已知状况的分析,推理未来可能发生的情况。对病害和虫害的预测关系到农林作物生产的关键所在。然而,要对疫情或病虫害做出正确的预测,不但需要收集和分析大量的数据,而且需要有权威的专家对所获得的数据的分析结果进行解释,如果用单纯人工从事这项工作既费时又费力。预测预报专家系统正好满足了这方面的需求。用于预测预报的专家系统可以分为定性和定量两种类型。定性预测的专家系统只能利用病虫害的为害症状和一些参数列成等级标准,做出简单的趋势预测或管理咨询,难以对病虫害的未来动态作比较准确的判断。定量测报专家系统将专家系统与测报模型相结合,能够对虫情做出动态的预测预报。在病虫害预测预报领域,目前也已开发了不少实用的专家系统。例如,张纬等将专家系统与地理信息系统(GIS)技术相结合组建的白蚁虫害仿真预测系统,通过不同年度间的变化,在电子地图中反映出白蚁虫害发生区的变化规律及蔓延方向。

3. 农作物病、虫、草害综合防治决策　　在农业生产上,对病、虫、草害的综合防治是开发专家系统的根本目的。决策专家系统是农业管理中最常用到的专家系统,它通过对现有病、虫、草害数据的分析,发现病虫草害在农作物生长中的异常反应,帮助管理者针对这些问题采取有效的措施。在植物健康及疾病管理中任何需要做出决定的方面,决策专家系统都有其用武之地。针对当前的目标病、虫、草害,评估其为害程度及未来的风险性,根据评估的结果做出适当的管理选择,涉及病虫草害管理的 3 个方面,即监测、预测、控制。因为其涉及众多方面和因素,通常是多个功能模块或者是多个小型的专家系统集成一个统一的病、虫、草害管理专家系统。就目前开发出的植物保护专家系统而言,大多数都涉及病、虫、草害的防治决策方面。李勇等应用数据库、计算机网络和空间信息技术,研制出基于 Oracle 数据库的水稻病虫害综合防治专家系统,集病虫害防治辅助决策、病虫害发生程度预测及虫害空间分布特征分析于一体,是水稻病虫害综合防治的一个有效工具。

第 8 章 种植制度

种植业是农业生产的基础。农业生产的根本目的是生产出量多、质优的产品，满足社会的需求，同时要兼顾提高经济效益和保护生态环境。当前，我国农业存在着人多耕地少、资源紧缺、生态环境恶化、农村经济落后、农民收入低等问题。解决这些问题对于维持农业的可持续发展、保护资源和环境具有重要意义。种植制度主要探讨一定地区如何进行作物布局，如何选择合适的种植方式和配套的种植技术，如何对种植业系统进行整体优化等，以提高种植业系统的生产力。

8.1 种植制度与作物布局

8.1.1 种植制度的概念和特点

种植制度是耕作制度的核心部分，指一个地区或生产单位的作物布局与种植方式的综合，包括作物布局、复种和轮作（连作）问题。

合理的种植制度应体现当地生产条件下农作物种植的优化方案，具有以下 5 方面的特点。

1）注重提高土地利用效率和单位耕地面积的年生产力，能持续增产、稳产并提高经济效益。

2）以作物的生态适应性为基础。合理的种植制度应做到因地制宜，趋利避害，充分发挥当地的自然资源优势。

3）以多元多熟种植为途径。协调种植业内部粮、经、饲作物的关系，夏粮与秋粮的关系，主粮与辅粮的关系等，以及复种和间、混、套作等种植方式和技术。

4）考虑到社会经济因素。合理利用当地社会经济资源，协调国家、地方和农户之间对农产品的需求关系，促进畜牧业以及林、渔、副等产业的全面发展。

5）保护并改善资源与环境，保持农业的可持续发展。

8.1.2 资源与种植制度

一个地区或生产单位的农业生产潜力的大小，取决于自然资源和当地社会经济条件。因此，资源状况决定了种植制度。各地的热量、水分、土壤、地貌、植被等，是决定一个地区作物及其种植制度的基础。同时，在人类社会里，随着社会经济与科学技术的发展，最终形成了一个地区或生产单位的种植制度类型，乃至农业发展方向。

1. 种植制度的类型

（1）按集约度划分

1）游耕制或撂荒制。人少地多，刀耕火种，几乎无投入的原始自然农业。土地开垦种植三五年即因杂草丛生或肥力退化而弃耕一二十年，土地利用率低于 50%。

2）休闲耕作制。土地种植 1~3 年，休闲 1~2 年，土地利用率为 20%~50%，适于降雨量少的半干旱地区或投入甚少的自然农业阶段。

3）常年耕作制。土地连年种植而不休闲，土地利用率达 100%。作物或实行连作，或与豆科作物轮作，有一定或较多的人工投入，有的现代化或科学化程度较高。

4）集约耕作制。人多地少，气候、土地条件良好，多为平原，人工投入多，科技水平高，单产与产值高，土地利用率高，盛行多熟制或间套作。

（2）按种植业方向划分

1）主粮型。离城市较远，工业不发达，农业比例高，人均耕地稍多，一般为平原或低丘，土壤适于粮作、旱作或灌溉农业。

2）粮经型。除粮食外，经济作物较多。适于粮食基本能自给，而自然条件与市场等较宜发展经济作物的地方。投入多、积蓄多、商品率高、有一定的风险性。

3）农牧型。除种植业外，以农产品及其副产品为饲料来源的畜牧业比例较大。适于人均粮食多、饲料来源广、有广阔的农产品市场或离城市工矿较近的地方。

4）菜农型。适于城市郊区或特殊蔬菜生产地，多为灌溉地。粮食靠购入，投入高，产出收入也高。

5）果农型。以种植果树为主。适于丘陵低山区，需有一定的运输与贮藏加工条件。

6）混合型。兼有上述各种类型的优点。

（3）按水旱划分

1）水田型。以水稻为主，单季稻或双季稻。要求气候温暖湿润，雨量或水源丰富，一般给水量在 1000mm 以上。适应于南方黏土，但北方非黏土也可种植。也适于平原或丘陵上的梯田。投入多、产出多、产值较高，以实行多熟为主。

2）水浇地型。适于干旱到湿润地区，在旱地上实行人工灌溉，适于有水源保证的平原，投入高，一般实行一年两熟或三熟制。

3）雨养型。无人工灌溉，只靠降雨种植，一般年降水量为 450mm 以上，半干旱地区采用较多，南方无灌溉的湿润区也有分布。在半干旱地区，一般一年一熟；在湿润或半湿润地区，也可两年三作或一年两作。投入较少，农业现代化程度较低，较粗放，产量较低。

（4）按熟制划分

1）一年一熟制。盛行于生长期较短（100~160 天）、积温少（≥10℃的积温少于 4000℃）的地方；或生长期虽长，但雨季短，雨量少，又无灌溉的地方；或水热条件丰富，但人少地多的地方。

2）一年多熟制。要求生长期 160 天以上，≥10℃的积温 4000℃以上，雨量充沛或有灌溉，人多地少的地方。有旱旱两熟（如小麦-玉米）、水旱两熟（如小麦-水稻）、水田两熟（如双季稻）等。也有少量实行一年三熟制的，如麦-稻-稻、油菜-稻-稻、稻-

稻-稻等。

2. 我国不同资源组合地区的种植制度类型　在我国，不同地区有不同的资源组合与需求关系，据此，大致可以找出不同地区的各种种植制度的类型。

1）东北中温带半湿润地区。这里气候温和、土壤肥沃、人少地多，以常年耕作制为主；多禾本科（玉米、谷子、高粱）与豆科（大豆）轮作，水稻则以连作为主；为主粮型，主要是玉米、水稻、谷子、高粱、大豆；以一年一熟制为主；以雨养型为主，兼水田型。

2）西北中温带半干旱地区。降水少（400～550mm），干旱与水土流失是主要威胁，以常年耕作制为主，有极少数的休闲耕作制；主粮型，以小麦、玉米以及其他杂粮等为主；一般为一年一熟制，雨养型；部分灌溉农业地区则实行集约耕作制，实行高产一年一熟或小麦玉米半间半套制。

3）黄淮海平原暖温带半湿润地区。≥10℃积温在 4000℃以上，以平原为主，水利较发达，以集约耕作制为主，精耕细作，部分为常年耕作制；多属水浇地型，少数为雨养型；粮经型，盛产小麦、玉米、棉花、花生、大豆、果品等；原以一年一熟与两年三熟为主，现一年两熟已占多数，为麦-玉米、麦-大豆、麦-棉等。

4）南方中南亚热带湿润地区。≥10℃积温在 4000～7000℃，年降水量为 800～2000mm，人多地少，水热资源丰富。以集约耕作制为主，是世界上有名的精耕细作地区；以水田型为主；以粮为主，牧渔发达；以一年两熟或三熟为主，多双季稻、双季稻三熟制等。

5）西南北中亚热带湿润多山地区。≥10℃积温在 4500～6000℃，年降水量 1000mm 左右，人多地少，多山区、高原、丘陵。为半集约耕作制，部分地区仍较粗放；水田型与雨养型交叉；以主粮型为主，主要是水稻、玉米、薯类、油菜；多一年两熟制，部分为一年一熟制。

8.1.3　作物布局的含义与生产意义

1. 作物布局的含义　作物布局是指一个地区或生产单位作物组成与配置的总称。作物组成包括作物种类、品种、面积与比例等；配置是指作物在区域或田地上的分布，即解决种什么作物、种多少与种在哪里的问题。作物布局决定了种植制度的主要内容，是种植制度（从而也是耕作制度）的基础，复种、间套作、轮作等都是在作物组成的基础上进行的。

作物布局所指的范围可大可小，大到一个国家、省、市、县，小到一个自然村甚至一个农户；时间上可长可短，长的可以是 5 年、10 年、20 年的作物布局规划，短的可以是一年或一个生长季节作物的安排。作物布局是种植制度的主要内容与基础。作物组成确定后，才可以进一步安排适宜的种植方式，包括复种、间套作、轮作与连作等，因而不同的种植方式受作物布局制约，反过来作物布局本身也要受到复种、轮作等种植方式的影响。

2. 作物布局在生产上的意义

1）作物布局是种植业较佳方案的体现。一个合理的作物布局方案应该综合气候、土壤等自然环境因子以及各种社会因素，统筹兼顾，以满足个人、集体、国家的需要，充分合理利用土地与其他自然与社会资源，以最小的投入，获得最大的经济、社会与生态效益。

2）作物布局是农业生产布局的中心环节。农业生产是指农、林、牧、副、渔各部门生产的结构和地域上的分布，作物布局必须在整体的农业生产布局的指导下进行。另外，作物种植是农业生产的中心环节，尤其在我国，种植业在农业生产中占有重大比例，因此，作物布局关系到增产增收、资源的合理利用、农村建设、农林牧结合、多种经营、环境保护等农业发展的战略部署问题。

3）作物布局是农业区划的主要依据与组成部分。综合农业区划必须以各种单项区划和专业区划为基础，农作物种植区划则是各种单项区划与专业区划的主体，而它是以作物布局为前提。作物布局还是制定农业发展规划、土地利用规划、农业基本建设规划等各种农业规划的依据。

可见，作物布局是组织和领导农业生产的一项战略部署，也是一项复杂的、综合性很强的、影响全局的生产技术设计，必须认真对待，否则会顾此失彼，甚至导致全局被动。

8.1.4 作物布局的影响因素

一个地区的作物布局在很大程度上取决于作物生态适应性，即作物对环境的要求是否和当地的光、热、水、土等自然条件相适应，这是大范围作物布局的基础；另外，作物与自然植被不同，它的组成与分布在很大程度上受社会经济、生产与技术等人为因素的影响，两者不能偏废。

1. 作物生态适应性

（1）温度与作物布局　在研究作物布局时，常用到的温度指标有：≥0℃积温，即喜凉作物生长的最低（或起始）温度；≥10℃积温，即喜温作物生长的最低（或起始）温度；无霜期的长短；某些界限温度，如冬月极端最低均温-22～-20℃为冬小麦北界，最热月平均温度≥18℃为喜温作物的分布下限等。

根据Vant Hoff定律，温度每升高10℃，可使作物的反应速率增加两倍。但温度不是越高越好，超过一定的温度作物生长减慢（图8-1）。同时，作物生长所需积温差别甚大（表8-1），根据作物对温度的要求，将它们分为以下几种类型。

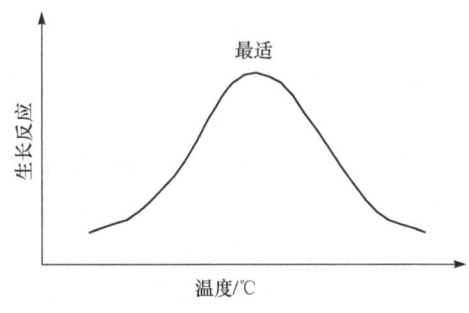

图 8-1　植物对温度的生长反应

表 8-1　不同类型作物生育期对积温的要求　　（单位：℃）

作物类型	早熟种	中熟种	晚熟种
冬小麦	1700～2000	2000～2200	2200～2400
春小麦	1700～2100	2100～2300	
豌豆	900～1000		

续表

作物类型	早熟种	中熟种	晚熟种
荞麦	1000～1200		
甘蓝型油菜（直播）	2000～2200	2200～2400	2400～2600
甘蓝型油菜（移栽）	1400～1600	1600～1800	1800～2000
小油菜（直播）	1300～1500		
马铃薯	<1900	1900～2300	>2300
向日葵	1300～1700		
玉米	2100～3200	2400～2600	>2800
谷子	1700～2000	2100～2500	>2500
高粱	2100～2400	2500～2800	>3000
大豆	1950～2200	2200～2500	>2500
甘薯	1600～2100	2500～3000	3500～4000
早稻（直播）	2300～2400	2400～2600	2600～2800
早稻（移栽）	1700～1800	1800～1900	1900～2000
中籼稻（直播）	<3000	3000～3200	>3200
中籼稻（移栽）	<2500	2500～2700	>2700
晚稻（直播）	2700～3100	3100～3300	>3200
晚稻（移栽）	2000～2300	2300～2400	2500～2700
棉花	<4000	4000～5000	>4500
花生	2000～2400	3200～3400	>3400

注：喜凉作物≥0℃；喜温作物≥10℃

喜凉作物。要求积温少，无霜期短，可以忍耐冬春低温。一般需≥0℃积温2000～2400℃，有较强的耐寒能力，一般生长盛期适温为15～20℃。喜凉作物在种植制度中起着两方面作用：一是在无霜期较短的北方或者南方山区作主导作物用，二是在暖温带或亚热带作复播或填闲作物用。除了某些粮食、纤维作物外，一些饲料绿肥作物能够在谷物不能生长的低温下生长或成熟，这是值得重视的。

喜凉作物可分为两种类型：喜凉耐寒型和喜凉耐霜型。喜凉耐寒型作物如黑麦、冬小麦、冬大麦、青稞（裸大麦）等，这是谷物中可能分布在最北的作物。这类作物适宜生长温度为15～20℃，冬季可耐-20～-18℃低温，冬小麦以-22℃为极限，黑麦甚至可耐-25℃低温。这类作物的耐寒品种在长城以南一般可安全越冬。有些耐寒油菜品种在早播情况下可在华北勉强越冬，但大面积也难以越过黄河。喜凉耐寒作物向南移则适应性渐减。

喜凉耐霜型作物如油菜、豌豆、大麻、向日葵、菠菜、大白菜、春小麦、春大麦以及喜凉饲料绿肥（如毛苕子、草木樨）等。生育盛期适宜生长发育温度为15～20℃，12～18℃能正常生长，生物学最低温度（也即适于生长的起点温度）在2～8℃，不怕轻霜,可耐短期-8~-5℃低温。马铃薯、蚕豆及某些谷、糜品种也较耐凉,但耐霜能力不如油菜、豌豆等,一般只耐-4~0℃低温。

有的作物苗期较耐低温,但生殖生长期则降低了耐低温能力。例如,豌豆苗期一般可耐-6~-5℃低温,但花期忌霜。有些作物生长期短,出苗后60~80天即可成熟或收割,如荞麦、糜子、谷子、早熟马铃薯、小油菜、芥菜,以及某些蔬菜、饲料绿肥作物,可作填闲或救荒作物用。

我国多数地区气候温暖,故喜温作物是农业生产中的主体。这类作物生长发育盛期的适温为20~30℃,需≥10℃积温2000~3000℃,不耐霜,大致可分为三种类型:温凉型、温暖型和耐热型。

温凉型作物如大豆、谷子、甜菜、红麻等,适宜的生长温度为20~28℃,需≥10℃积温1800~2800℃。甜菜喜温凉,温度过高不利于糖分积累。大豆要求温度与玉米差不多,但比玉米稍低,所以在东北难以种玉米的地方可种大豆,但当温度下降到15℃以下时不利于生长发育。温暖型作物的生长适温为25~30℃,水稻、玉米、棉花、甘薯、芝麻、黄麻、蓖麻、田菁均属此类。温度过低生长慢,生殖生长受阻。例如,水稻的不同品品种在气温低于18~20℃时往往不抽穗、开花不实,造成秕粒翘穗。温度超过30℃也往往对一些喜温作物不利。耐热型作物有高粱、花生、烟草、苜蓿等,它们可以忍受更高的温度。例如,高粱的耐热能力就比玉米强,可耐40℃高温;烟草的适宜温度为22℃左右,但可耐35~37℃高温。苜蓿耐寒能力较强,但它在灌溉条件下也耐高热,南瓜、西瓜、甜瓜等可耐35℃以上高温,甘蔗在35℃时蔗茎伸长最快。

(2)光与作物布局　从全球范围来看,光的分布决定了热量的分布,因而也间接地对作物分布起重要作用。

1)C_3、C_4作物。C_4作物包括玉米、高粱、甘蔗等,约占世界栽培作物面积的30%,其中一半是玉米。这些作物主要分布在辐射量大的热带或亚热带地区,其特点是光饱和点高、光合效率高、CO_2补偿点低、水分利用率高。但C_4作物不适于弱光与低温地区,在这些地区,产量可能还低于C_3作物。

C_3作物包括各种麦类、薯类、水稻、棉花、甜菜等,约占世界栽培作物面积的70%。它们分布在世界各地,但以温带居多(如麦类),热带、亚热带也有(如水稻、花生等)。其特点是光饱和点低,光合效率相对C_4作物低,CO_2补偿点高,中低温条件下表现出更广的适应性。

2)喜光作物与耐荫作物。一般耐荫作物光饱和点与补偿点低,而喜光作物则相反。现在栽培的大田作物绝大部分是喜光作物,如水稻、小麦、玉米、棉花、大豆、谷子。它们在大田条件下,光合产物随光强增加而增加。但不同作物的光饱和点和光合强度是有区别的,C_4作物的光合强度高,C_3作物较低。相对来说,大豆、马铃薯、豌豆等作物较耐阴,作物布局时可安排在阴坡种植,在间套种布局中也有重要的地位与意义。

另外还要考虑作物对日长的反应,即短日照作物与长日照作物的差异。

(3)水分与作物布局　水与作物布局关系极大。在相同的热量带内,由于降水量及其季节分布不同，造成了作物分布的巨大差异性。这里只讲述大田作物对水旱的适应性。

1）喜水耐涝型。最典型的作物是水稻，因为有通气组织，细胞间隙达到 25%，喜淹水，所以在我国年降水量 800mm 以上的地区才盛产水稻。双季稻则主要分布在降水量 1000mm 以上的地方。

2）喜湿润型。需水较多，喜土壤或空气湿度较高，如陆稻、燕麦、烟草，许多叶菜、根菜类也喜湿润，如黄瓜、油菜、白菜、马铃薯，适宜的空气湿度为 75%～95%。

3）中间型。许多大田作物，如小麦、玉米、棉花、大豆等属此列，它们既不耐旱，也不耐涝。也有的作物前期较耐旱，中后期需水多。例如，玉米苗期适于 50%～60%田间持水量的土壤水分，中后期则需水 70%～80%。谷子在苗期极耐干旱，但在抽穗期前后则田间持水量达到 80%以上也能正常生长，而且更有利于抽穗开花和灌浆，因此也属于这种类型。它们在干旱少水地区也可生长，但产量不高不稳。另有一些作物则相反，如小麦苗期耐旱，但也可耐短时间的涝渍，后期遇涝渍则容易青枯死亡。总体来看，中间型作物在全生育期对水分的反应有很多不同的模式。

4）耐旱怕涝型。这类作物较耐旱，但怕涝，适宜在干旱地区或干旱季节生长，如谷子、甘薯、黍、苜蓿、芝麻、花生、黑豆等。

5）耐旱耐涝型。这些作物既耐旱又耐涝，适应性很强，在水利条件较差的易旱地和低洼地都可种植，并可获得一定产量，如高粱、田菁、草木樨等。

6）避旱涝型。有些作物本身没有耐旱或抗涝能力，但可以避开旱、涝。例如，谷子、荞麦、绿豆、饲料绿肥等短生作物，无雨时可等雨播种，并在短时间内完成生活史。

（4）土壤与作物布局　　评价一个地方土壤生产力的高低及作物的适应性，不能只凭一个指标。而要从土层厚度、质地、养分、酸碱度、持水特性、地下水位以及作物对肥料反应特点等多方面去综合考虑。

1）土壤质地。土壤质地是一个重要的土壤物理性状，它影响到土壤水分、空气、根系发育和耕性。大致是质地从粗到细，保水保肥能力增强而透水速率减少。土质太细，土粒太小，根毛生长受阻。土质太粗，土粒太大，则保水保肥能力差，作物产量低而不稳。根据作物对土质的要求和相对适应性，可分为适砂土型作物、适壤土型作物和适黏土型作物。砂土质地疏松，总孔隙度小，但大孔隙多，蓄水量小，蒸发量大，保水保肥性差，肥力较低，土壤升温快，昼夜温差大，适宜花生、甘薯、马铃薯等作物生长，瓜类也很适宜，且品质优良。壤土质地较松，通透性好，土壤肥力较高，适宜大部分作物生长，包括棉花、小麦、大麦、油菜、玉米、豆类、麻类、烟草等。其中，小麦、玉米适宜偏黏的壤土。黏土一般有机质含量较高，潜在肥力高，但供肥缓慢，不发苗，适宜水稻种植。

2）酸碱度（pH）和盐度。我国南方多酸性土壤，北方多石灰性土壤与盐渍化土壤。不同的作物，对土壤酸碱度的要求不同。大部分作物适宜在近中性的土壤上生长，没有真正的宜酸性（或嗜酸性）或宜碱性（或嗜碱性）作物。但也确有一部分作物能耐一定程度的酸性或碱性，不过它们在中性土壤上一般生长更好。耐酸性作物可以在

pH5.5~6.0 的酸性土壤中生长，如荞麦、马铃薯、燕麦、甘薯、黑麦、油菜、烟草等。宜中性作物适宜在 pH 6.2~6.9 的土壤中生长，如小麦、大麦、玉米、花生、油菜、大豆、亚麻、棉花、水稻、高粱等。耐碱性作物可以在 pH>7.5 的碱性土壤中生长，如苜蓿、棉花、甜菜、苕子、高粱等。耐盐作物如向日葵、高粱、苜蓿、苕子等耐盐性较强；棉花、甜菜、油菜、黑麦、黑豆等耐盐性中等；糜、小麦、甘薯、燕麦、马铃薯、蚕豆等不耐盐或忌盐。

3）土壤肥力。根据作物对土壤肥力的适应性，可分为三种类型：耐瘠型、耐肥型和中间型。耐瘠型作物有三种：一是共生固氮的豆科作物，如绿豆、豌豆及豆科绿肥等。二是根系强大、吸肥力强的作物，如高粱、黑麦、向日葵等。三是根系和地上部都不太强，但吸肥力强或需肥较少的作物，如大麦、荞麦等。耐肥型作物根系强大，吸肥多，要求土层深厚，土壤供肥力强，一般产量较高，如小麦、玉米、杂交水稻、粳稻等。中间型作物需肥幅度宽，适应性广，在较瘠薄的土壤中能生长，在肥沃的土壤中生长更好，如籼稻、谷子等。

4）养地与耗地。人们往往从作物对土壤养分的消耗程度上，把作物分为养地作物与耗地作物，习惯地称豆科作物为养地作物，称禾本科作物为耗地作物。其实在两者之间还有一类兼养地作物。养地作用显著的是多年生豆科牧草，如苜蓿、三叶草等，这些作物的特点是固氮能力强，根冠比大。一般一年生豆科或禾本科作物的根冠比是 1：(8~10)，而苜蓿则高达 1：3，因而有利于促进土壤有机质的积累。耗地作物一般指禾本科作物。它消耗土壤或肥料中较多的氮素，种植这些作物后，若不施氮肥的话，土壤氮平衡是负的。禾本科作物在生长过程中固定了空气中大量的碳，通过根茬或秸秆可以把这些碳投入土壤中去，因而有助于维持或增加土壤有机质的水平。兼养地作物指有的作物虽不能固氮，但因在物质循环过程中返回田地的物质较多，因而也在某种程度上减少了氮、磷、钾养分的消耗，或增加了土壤碳素。例如，人们从棉花、花生、油菜中取走的东西是纤维和油（主要是碳），其他的茎、叶、饼等副产品可以通过各种途径还田，从这个意义上讲就起了养地的作用。表 8-2 综合了我国主要作物的生态适应性。

表 8-2 不同作物的生态适应性

作物	生长期/天	光周期	生长期适温/℃	对温度的特殊要求	土层/cm	耐肥力	需肥性	需水量/(mm/生长期)	适应性
冬小麦	180~250	中~长	25~20	喜温凉，耐寒忌热	>50	中~上	少~多肥	350~500	长城以南
春小麦	100~130	中~长	10~15	喜温凉，耐寒忌热	>50	中~上	少~多肥	350~500	东北、西北
大麦	180~240	长	15~30	喜温凉，耐寒	>50	下~上	多肥	350~450	长城以南
燕麦	90~120	长	15~20	喜凉爽、湿润，忌高温，不抗寒	>40	下~中	喜氮	450~500	北部高原
黑麦	180~250	长	12~18	喜温凉，甚耐寒	>40	下~中	耐瘠	300~400	抗逆性强，适应性广

续表

作物	生长期/天	光周期	生长期适温/℃	对温度的特殊要求	土层/cm	耐肥力	需肥性	需水量/(mm/生长期)	适应性
玉米	85~140	中~短	20~30	喜温暖，霜敏，忌甚高温	>75	下~中	耐肥，不耐瘠	500~650	适水地
高粱	90~140	短~中	25~30	喜高温强光	>75	下~中	耐瘠	400~500	适应性广，适涝洼地
谷子	80~120	短	20~25	喜温暖，霜敏	>40	下~中	耐瘠	250~400	半干旱丘陵山地
水稻	90~150（本田）	短~中	20~30	喜暖湿，<20℃不结实，不耐过热	>50	中	中	500~800	需水多，适低洼地与河旁
甘薯	90~150（本田）	短	20~25	喜温暖，<15℃受抑	>75	下~中	耐瘠，不耐氮	300~400	适坡地丘陵，不适盐碱地
马铃薯	80~150	长~中	15~18	喜凉，>26℃不能播种，<1℃受冻	>75	中	喜肥	300~450	适北部与山区
大豆	85~130	短~中	20~25	喜温暖，>25℃或<15℃不利	>50	下~中	耐瘠，不耐氮	400~600	适应性广，产量低
荞麦	70~80	短	15~20	喜温暖，忌低温或高温	>30	下~中	耐瘠，耗地	1140~1260	适应性广，救荒作物
棉花	150~180	短~中	25~30	喜强光高温	>75	中~上	喜肥，耐瘠	400~700	适旱地与轻盐碱地
红麻	120~140	短	20~25	喜温暖	>75	中	喜肥	400~500	适应性广
花生	95~140	中	25~28	喜温暖，耐40℃	>75	中	耐瘠	400~500	砂土、丘陵地
冬油菜	150~170	长	14~20	喜凉，花期霜敏	>50	中~上	耐肥	450~550	黄河以南
芝麻	80~120	短	20~28	喜温暖，>15℃发芽	>50	中	喜肥，耐瘠	300~375	窄，忌湿涝
烟草	100~120	短~中	20~30	喜温暖，霜敏	>50	中	不限	450~600	适南部，旱则品质差
甘蔗	270~365	长~中	20~30	喜强光高温，<10℃停止生长	>100	上	甚喜肥	1500~2000	适华南
甜菜	160~200	长	18~22	喜温凉，耐霜	>75	中~上	喜肥	500~700	适东北、西北
苜蓿	100~365	中	24~26	喜温耐寒	>100	下		400~1000	适应性广
葡萄	>150		20~25	喜夏热冬暖气候		中		500~800	适应性广
蔬菜	30~60	短~中	喜温20~30，喜凉10~20	喜温类：茄科、葫芦科、菜豆属。喜凉类：十字花科、蚕豆、豌豆	>50	上	喜多肥	多	适应性广

2. 经济社会因素

（1）农产品的社会需求及其价格因素　　农业生产的主要目的是满足社会对农产品的需求，而农产品的社会需求又是农业生产不断发展的原动力。农产品的社会需求可分为两个部分：一是自给性的需求，即生产者本身对粮食、饲料、燃料、肥源、种子等的需要；二是市场对农产品的需求，包括国家和地方政府定购的粮食及各种经济作物产品，农民自主出售的商品粮及其他农产品。在一些发达的国家，农产品主要是以商品的形式供应市场。在我国，由于农业社会结构中，劳动力主要集中于农村，耕地又相对分散，因此农产品中的粮食主要是满足生产者的自给性需求，粮食的商品粮比例一般为35%左右，完全以商品形式出售的主要是经济作物。

为满足社会需求，根据国家、地方的统筹安排，用价格这一杠杆来调节作物布局也是一个非常有效的途径。例如，国家采取的粮食保护价格收购政策，对确保粮食生产具有重要意义。再如，我国东南沿海地区的一些出口农业和大都市周围的一些菜篮子农业的发展非常迅速，除了与国家和地方政府的扶持有关外，价格是最为关键的因素。

（2）社会发展水平　　社会发展水平包括经济、交通、信息、科技等多方面的因素。例如，与西方发达国家相比，我国经济水平较低，交通、信息等产业落后，因而生产区域性分工和专业化生产现象尚不太明显，"小而全"的作物布局仍在全国农村占有优势，并且这种局面还将延续一个相当长的时期。这种作物布局有一定的优点，主要是可以在自给性经济条件下充分保障供给，有利于全年均衡地利用劳力等社会资源，并可增加生产与收入的稳定性和减小风险等。但其不利方面也是显而易见的，作物布局"小而全"，面面俱到就很难进行专业化生产，因而影响技术水平的提高和产业化进程，农产品的商品率低，扩大再生产慢。随着我国农业生产的发展和农产品的日益丰富，作物生产区域化、专业化将是不可避免的过程，特别是对于一些商品性较强的经济作物尤其如此。

除了经济、交通、信息等方面的因素外，农业科学技术的发展也能在较大程度上改变作物布局。例如，由于新品种和地膜覆盖技术的推广，水稻、玉米种植区域的北移和向高寒山区的扩种，有效地增加了水稻、玉米的种植面积。

另外，饮食结构的习惯及其变化等文化因素也能对作物布局产生一定影响。例如，近20年来啤酒销量的迅猛增加，大城市居民开始食用面包等的变化，都在一定程度上影响了作物布局。

8.1.5　作物布局的原则

合理的作物布局要根据以下一些基本原则。

1）统筹兼顾，全面安排，区域发展。根据国家计划和生产任务，结合本单位的具体条件和发展方向，确定本单位各种作物，特别是主要作物的种植面积和比例。要充分关心农民生活，增加集体和个人的收入，做到国家、集体、个人三兼顾。还要考虑扩大再生产对种子、肥料、饲料及副业原料的需要，经济收益、公共积累等方面的需要。某些工业原料作物，如棉花、甘蔗、烟草等要求气候、土壤严格，栽培技术也较复杂，可以适当集中管理。有些地区可建立某种作物的集中生产基地，有利于经营种植，发展商品生产。

2）掌握作物和品种特性，因地因土种植。作物布局要考虑到作物生产的严格季节性和强烈的地域性。气候和土壤具有地带性，地带性表现为两个方面：一是平面分布，二是垂直分布。按照气象学规律，随着地势每升高 100m，年平均气温下降 0.5～0.6℃；纬度每增高 1°，年平均气温下降 0.5～0.9℃。作物和熟制由低海拔到高海拔的垂直分布大致和由低纬度向高纬度的平面分布规律相似。在同一气候地带，因阳坡、阴坡不同以及地形土壤差异，作物分布也有不同。局部地形的变化，造成不同部分的土壤类型与水、肥、气、热条件的差异，影响作物的分布。南方地区的低山丘陵，上部由于雨水冲刷，水土流失，土层薄，缺水缺肥，一般为宜林宜牧地，不宜辟为耕地。中部坡地，水肥条件中等，土层较厚，种植早熟或较耐旱的作物，如早玉米、早大豆、甘薯、花生、大麦等。坡地下部以及丘陵之间的冲田，土层厚，比较肥沃，为良好耕地，多种植棉花、玉米、小麦等，有水利灌溉条件，则辟为水田，种植水稻。冲田或垄田也有上、中、下部位的不同。

3）适应生产条件，缓和劳畜力、水肥矛盾，提高劳动生产率。生产条件主要包括水利、肥料、劳力和农机具。水利条件是决定水旱作物比例的重要依据。在以手工操作为主的条件下，自然条件相同，劳力负担的面积则是决定熟制比例的主要依据。作物种类的合理安排和品种的巧妙搭配可以调节忙闲，错开季节，合理利用水肥及劳畜力。

4）坚持用地与养地相结合，实现农业可持续发展。实现农业可持续发展，保持农业生态平衡，核心就是养地水平与用地水平相适应。用地水平高，复种指数高，需肥面积大，则必须有相应的养地措施。要估算养分的收入与支出，力求达到作物内部的综合平衡。

5）坚持农牧结合、农林结合、种加结合，实现农业全面发展。要考虑农业全面发展，应以一业为主，各业配合，组成适合该地区的合理的农业生态系统。充分发挥资源优势和经济优势，提高农业的经济效益。

8.1.6 我国的作物布局

我国的作物结构，素以粮食为主，经济作物为辅，饲料很少。最主要的作物有水稻、小麦、玉米、薯类、大豆、棉花。随着经济发展和人民生活水平的提高，经济作物、饲料作物或粮饲兼用作物、果树蔬菜等的比重将有所增加，粮食作物所占面积将有所缩小，但无疑粮食作物仍占有较大的比例。

1. **粮食作物布局** 粮食作物是我国种植业的主体。2014 年谷物种植面积 $9.4×10^7 hm^2$，约占全部耕地的 75%，谷物总产 $5.57×10^8 t$，居世界首位，单产 $5889kg/hm^2$。

大体上秦岭淮河以南，青藏高原以东的广大南方地区，以稻谷为主，兼有麦类（小麦、大麦、青稞）、甘薯、玉米、豆类等；华北以冬小麦、玉米为主，兼有谷子、高粱、甘薯、大豆等；东北以玉米、高粱、谷子、春小麦为主；西北以春小麦、玉米、杂粮为主；青藏高原则以青稞、豌豆、春小麦为主。

粮食作物中，最主要的是水稻、小麦、玉米、薯类（甘薯、马铃薯）和大豆。水稻绝大多数（95%）集中于南方 13 个省（自治区、直辖市）；小麦、玉米主要分布于长江以北；谷子、高粱面积比新中国成立初期已减少很多，主要分布于东北、内蒙古、华北；大豆集中分布于华北南部和四川。

2. **经济作物布局** 2014 年，我国经济作物面积 $2×10^7 hm^2$，占农作物总播种面积的 14.1%，其中棉花 $4.2×10^6 hm^2$，油料 $1.4×10^7 hm^2$，麻类 $1.3×10^5 hm^2$，烟叶 $1.3×10^5 hm^2$。新中国成立以来，经济作物有了很大发展。除芝麻外，均成倍或十几倍增长。

经济作物的特点是：地域性强，技术性强，投入高，经济收益多，商品率高，故布局上较为集中，专业性强。

大体上，我国棉花主要集中于黄淮海平原和长江中下游的江汉平原和江苏以及新疆；油菜集中于长江流域；花生主产地是山东和广东；芝麻集中于河南、湖北、安徽；向日葵分布在东北、内蒙古；胡麻产于西北和辽宁；甘蔗集中在华南；甜菜主产地为东北和内蒙古；桑蚕主产地是杭嘉湖平原、四川盆地、珠江三角洲；烟草主要产自河南、山东、云南、贵州；茶叶主要分布于长江流域。热带亚热带作物中，面积最大的是油茶，主要分布于长江以南丘陵山地上，但产量很低；其次为橡胶，集中于海南和云南的西双版纳。此外，咖啡、椰子、油棕等面积很小。

3. **果品蔬菜布局** 果品蔬菜是人民生活的必需食品。随着经济的发展与生活的改善，优质的果品蔬菜将有较大发展。目前我国人均蔬菜量不低（2014 年为 500kg），但质量不高，许多地方农村仍缺菜严重。我国人均水果占有量只有 200kg（2014 年），总产量已居世界第一。

果树的合理布局甚为重要，因为：① 果树是多年生作物，一种就是几十年，故应将果树配置于生态适应最适区或适宜区。② 果树可以利用一些一年生大田作物难以利用的耕地或非耕地，如山区丘陵的下坡地、多卵石的河谷滩地、河流故道、沙地或轻盐碱地，也可与粮食、经济作物或饲料间作。

蔬菜除西北较少外，各地均有分布，城郊附近较集中。它经济价值高，商品性强，需要的水肥条件好，大多分布在可灌溉的肥沃水浇地上。

4. **饲料绿肥作物布局** 我国素以种植业为主，畜牧业产值所占比例较小。畜牧业所需饲料是以农产品为主（玉米、甘薯、糠、麸、饼、秸秆），专种的饲料作物极少。今后随着畜牧业比例的逐渐增加，饲料绿肥在作物构成中应有一定地位，专用型的绿肥作物也将逐步为饲肥兼用型所代替。

目前主要的饲料绿肥作物是紫云英和苜蓿。紫云英，喜温冷湿润，不耐严寒和干旱，主要分布于长江流域，是我国面积最大的饲料绿肥作物。苜蓿，多年生，喜温耐寒，需水耐旱，广泛分布于欧洲、美洲、亚洲各地，在我国主要分布于西北、华北，苜蓿是优良牧草，且利于地力增长和水土保持。

除此以外，我国还有许多可作为青饲料（有的饲肥兼用）的作物。

1）豆科饲料绿肥作物。金花菜，耐寒性较紫云英差，但抗旱性稍好，分布于长江流域；红三叶草、白三叶草、杂三叶草、绛三叶草、埃及三叶草、地三叶草等喜温暖湿润，夏不过热，冬不过冷，在长江以南和西南地区有广阔的发展前途；普通苕子、毛苕子，适于北方春播。草木樨耐旱耐寒，沙打旺很耐旱，在北方高寒地区尚能越冬，是砂土上的优良牧草。

2）禾本科栽培饲草。适应性强，营养丰富，适口性好，耐践踏、刈割和放牧。在欧美地区，禾本科饲草常与豆科混播，在我国栽培甚少。有栽培前途的饲草有猫尾草、鸭茅、多年生黑麦草、无芒雀麦、羊草、披碱草、苏丹草、象草等。

3）水生饲料作物。出水莲、水葫芦、水花生、绿萍是我国主要水生作物，多分布于温暖的南方。

4）根茎类瓜类，如胡萝卜、饲用甜菜、萝卜、芜菁、甘蓝、南瓜、甘薯、马铃薯等均为良好的多汁饲料。青割青贮饲料，最有前途的是玉米、高粱、大豆、燕麦、大麦、油菜、向日葵、赤豆、饲用大豆、苜蓿、甘薯等。

8.2 复 种

8.2.1 复种的概念与意义

1. 复种及其有关概念

（1）复种的概念　复种是指在同一年内于同一块田地上收获两季或多季作物的种植方式。复种方法有多种，可在上茬作物收获后，直接播种下茬作物，也可在上茬作物收获前，将下茬作物套种在其株、行间（套作），这两种复种方法应用普遍。此外，还可以用移栽、上茬再生作物等方法实现复种。

根据一年内在同一田块上种植作物的季数，把一年种植两季作物称为一年两熟，如冬小麦—夏玉米；种植三季作物称为一年三熟，如绿肥（小麦或油菜）—早稻—晚稻；两年内种植三季作物，称为两年三熟，如春玉米→冬小麦—夏甘薯（符号"→"表示年间作物接茬种植，"—"表示年内接茬种植）。

一个地区或一个生产单位，在不同田块上一年内可有不同的作物复种次数。为表明大面积耕地复种程度的高低，通常用"复种指数"来表示，即全年总收获面积占耕地面积的百分比。公式为

$$耕地复种指数 = \frac{全年作物总收获面积}{耕地面积}$$

式中，"作物总收获面积"包括绿肥、青饲料作物的收获面积在内。根据上式，也可计算粮田的复种指数以及其他类型耕地的复种指数等。国际上通用的种植指数，其含义与复种指数相同。套作是复种的一种方式，计入复种指数，而间作、混作则不计。

熟制是我国对耕地利用程度的另一种表示方法，它以年为单位表示种植的季数，如一年三熟、一年两熟、两年三熟、一年一熟、五年四熟等都称为熟制。其中对播种面积大于耕地面积的熟制，如前三种，又统称为多熟制。

（2）多熟种植　多熟种植是国际上常用的概念，指时间和空间上的种植集约化。它包括复种、套作（如小麦、玉米套作，以"小麦/玉米"表示），也包括间作（如玉米、大豆间作，以"玉米‖大豆"表示）和混作（如小麦豌豆混作，以"小

麦×豌豆"表示）。即凡在一年内，于同一田地上前后或同时种植两种或两种以上作物都称为多熟种植。

（3）休闲与撂荒　休闲是指耕地在可种作物的季节只耕不种或不耕不种的方式。撂荒是指荒地开垦种植几年后，较长时期弃而不种，待地力恢复时再行垦植的一种土地利用方式。当休闲年限在两年以上并占到整个轮作周期的2/3以上时称为撂荒。

农业生产中，耕地进行休闲，其目的是使耕地短暂休息，减少水分、养分的消耗，并蓄积雨水，消灭杂草，促进土壤潜在养分的转化。休闲的不利方面是不能将光、热、水、土等自然资源转化为作物产品，易加剧水土流失，加快土壤潜在肥力的矿化，对土壤积累有机质不利。

2. 复种的意义

1）有利于扩大播种面积和单位面积年产量。我国人均耕地少，但自然条件较好，特别是南方各省一年四季均可生长作物。发展复种，提高土地利用率，是发展作物生产的一条重要途径，也可以充分发挥现有耕地的增产潜力。我国农业现代化水平低于美国，耕地少于美国，但我国以1.3亿hm^2的耕地生产的粮食超过美国1.9亿hm^2耕地生产的粮食，其原因就是我国复种指数高。

2）有利于缓和粮、经、饲、果、菜等作物争地的矛盾，促进全面增产。我国人多地少，复种能有效解决作物间争地的矛盾。一熟棉田、一熟春烟与粮食作物争地矛盾大，改为麦棉套作或麦后移栽棉两熟后，可使粮经双丰收。大田作物中插入蔬菜、瓜类、中药材等，能显著提高农业生产的经济效益。

3）有利于稳产。我国是季风气候，旱涝灾害频繁，复种有利于产量互补，"夏粮损失秋粮补"，增强全年产量的稳定性。

3. 复种效益原理

（1）提高土地利用率和光能利用率　任何一种作物，叶面积指数在生育过程中是不断变化的，苗期较小，随着植株变大而增加，到了生育后期又变小，因此光能利用率也由小变大，再由大变小。若增加复种，改一季稻为麦稻两熟或双季稻，乃至两熟改三熟，光能有效利用的时间大大增加，光能利用率得以提高，从而可以使更多的光能转化为化学能。同一作物生育期较长的品种，由于叶面积指数高峰期持续时间长，光能利用率相对提高，从而产量也较高。同一品种由于茬口不同，播种季节早晚不同，生育期长短也有变化，因此也影响光能利用率。

在实践中，增加复种次数，一般都是延长了总的有效生育天数，并且充分利用了光合效率最佳的季节。有的复种方式在上下两季作物之间，用育苗移栽或套作的方式，可减少后作苗期和前作生长后期地面漏光的损耗。在栽培管理正常的情况下，总是两熟制比一熟制高，三熟制比两熟制高，因此总的光能利用率也相对较高。

（2）热量的集约利用　要延长光合时间，提高光能利用率，首先必须有一定的热量资源作保证。热量资源可以用生长季节的长短来表示，分为5级：特早熟，短于85天；早熟，85~115天；中熟，115~145天；迟熟，145~175天；特迟熟，175天以上。因此，一年一熟的生长季节有限，而复种可提高生长季节的利用率（表8-3）。

表 8-3　长江中下游地区主要复种方式的生长季利用情况

复种方式	利用生长季日数/天	复种方式	利用生长季日数/天
小麦/棉花	400～420	油菜—早稻—晚稻	450～470
蚕豆/棉花	420～440	大麦—早稻—晚稻	440～450
油菜—早稻	350～360	小麦/玉米/甘蔗	420～430
小麦—早稻	330～350	小麦/玉米—晚稻	430～440
冬闲—早稻—晚稻	260～280	小麦—早稻—晚稻	420～430
绿肥—早稻—晚稻	430～440	小麦/绿肥—晚稻	380～400

注：生长季日数包括套作共生期、秧田期在内；"/"套种，"—"接茬种植

复种多熟制在前作收后到后作种前，是农耗期，在季节较紧的地区，应尽量压缩农耗期，延长作物有效生长期，可采取移栽、套作、地膜覆盖等技术措施，提高热量利用率。

（3）水资源的集约利用　我国是季风气候，夏雨多于冬雨，夏季（6～8月）降水占全年的 53.3%，冬季（12 至翌年 2 月）只占 8.6%，夏半年（春分至秋分）占 78.5%，冬半年（秋分至春分）占 21.5%。我国复种形式是夏季种植需水量较大的作物，冬春种植需水量较小的作物。与一年一作相比，一年两作几乎增加了一倍的耗水量，因而充分利用了我国湿润与半湿润地区的降水和灌溉水。大致上，我国年降水量 600～2000mm 的地区或有灌溉的地区，都宜发展复种，而且我国降水的地带分布与季节搭配大致与热量一致，由北向南递增，基本上是雨热同季，这些对复种都是有利的。但由于多熟耗水分多，故多数地区仍需补充灌溉。

8.2.2　复种的条件

一定的复种方式要与一定的自然条件、生产条件和技术水平相适应。影响复种的自然条件主要是热量和降水量，生产条件主要是劳畜力、机械、水利设施、肥料等。

（1）热量　热量条件是决定一个地区能否复种的首要条件。主要采取以下方法来确定熟制。

1）年均气温法。年平均温度可以粗略地表示一个地区的热量状况。例如，我国中温带年均温在 2～8℃，暖温带在 8～14℃，北亚热带在 14～16℃，中亚热带在 16～18℃，南亚热带在 18～21℃，边缘热带在 21～24℃，中热带在 24～27℃。日本以年均温 5.7～8.1℃为一年一熟区，9.1～12.1℃为两年三熟区，12.8～16.8℃为一年两熟区，高于 16.8℃为一年多熟区。我国一般以 8℃以下为一年一熟区，8～12℃为两年三熟区套两熟区，12～16℃为一年两熟区，16～18℃以上为一年三熟区。

2）积温法。在我国，≥10℃积温低于 3600℃为一年一熟，3600～5000℃可以一年两熟，5000℃以上可以一年三熟。中国农业科学院气象研究所以≥0℃积温作指标，一熟区低于 4000℃，两熟区为 4000～5800℃，三熟区为 5800℃以上。

3）生长期法。以无霜期表示生长期。140～150 天为一年一熟区，150～250 天为一

年两熟区，250 天以上为一年三熟区。≥10℃日数，160～180 天以下为一年一熟区，180～230 天为一年两熟区，230 天以上为一年三熟区。

（2）水分　　一个地区具备了复种的热量条件，还要看是否具备水分条件。水分条件包括降水、灌溉和地下水。降水不仅要看总降水量，还要看全年分布，如果过分集中，则往往会出现季节性干旱，影响复种。在干旱地区，没有灌溉设施便没有农业，也就谈不上复种。在半干旱地区，由于降水不足，常利用休闲蓄水，为下季作物提供条件。在南方地区，双季稻较为普遍，但若缺乏灌溉条件，则只能改种一季较耐旱的玉米、大豆、甘薯等作物。

（3）生产条件　　复种指数提高后，为保证土壤养分平衡，必须多施肥，才能保证高产稳产。因此必须安排必要的养地作物，增施肥料。提高复种指数必须考虑劳力、机械状况，否则会出现小面积试种成功，而大面积推广失败的情形。另外，复种还必须考虑经济效益。

8.2.3　我国主要复种方式

1. 两年三熟　　两年三熟指的是在同一块地上两年内收获三季作物，是一年一熟与一年两熟的过渡类型。主要分布于暖温带北部一季有余二季不足，≥10℃积温在 3000～3500℃的地区。目前，两年三熟在晋东南、豫西山区及鲁中南山区、陇东及渭北平原有分布。其主要形式有：春玉米→冬小麦—夏大豆（夏甘薯）；冬小麦—夏大豆→冬小麦；小麦→小麦—夏玉米等；春甘薯→小麦或大麦—夏芝麻或夏大豆或夏花生（图 8-2）。

```
| 春甘薯 | 小麦 | 夏花生 |
```

| 1 | 2 | 3 | 4 | 5 | 6 | 7 | 8 | 9 | 10 | 11 | 12 | 1 | 2 | 3 | 4 | 5 | 6 | 7 | 8 | 9 | 10 | 11 | 12 |（月）

图 8-2　春甘薯→小麦—夏花生两年三熟

2. 一年两熟　　≥10℃积温 3500～4500℃的暖温带是旱作一年两熟制的主要分布区域，如黄淮海平原、汾渭谷地。4500～5300℃的北亚热带是稻麦两熟的主要分布区域，并兼有部分双季稻的分布，如江淮丘陵平原、西南地区，这一地区的旱地以麦（油菜、蚕豆、绿豆）—玉米、麦—甘薯、麦—棉两熟为主（图 8-3）。

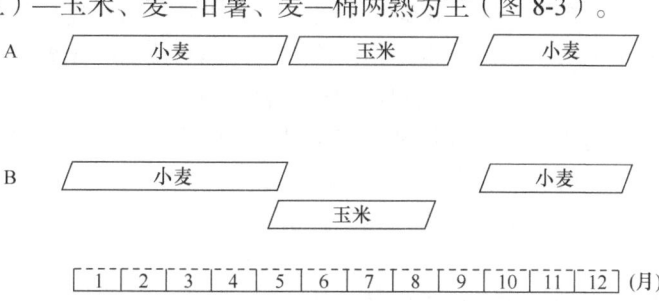

图 8-3　小麦玉米两熟
A. 小麦复种玉米；B. 小麦套种玉米

3. 一年三熟　　主要是稻田三熟制。稻田三熟是以双季稻为基础的三熟制，主要分布在中亚热带以南的湿润气候区域，北亚热带有少量分布。

冬作双季稻三熟制包括麦—稻—稻、油菜—稻—稻、蚕豆—稻—稻等形式，分布在上海、浙江、江西、湖南、湖北、皖南、苏南及华南各地。

小麦（或大麦、青稞）—双季稻是双季稻三熟制的主要形式，主要分布于浙江杭嘉湖、宁绍地区，上海、湖南、湖北、江西、福建、广东均有一定比例的种植（图8-4）。

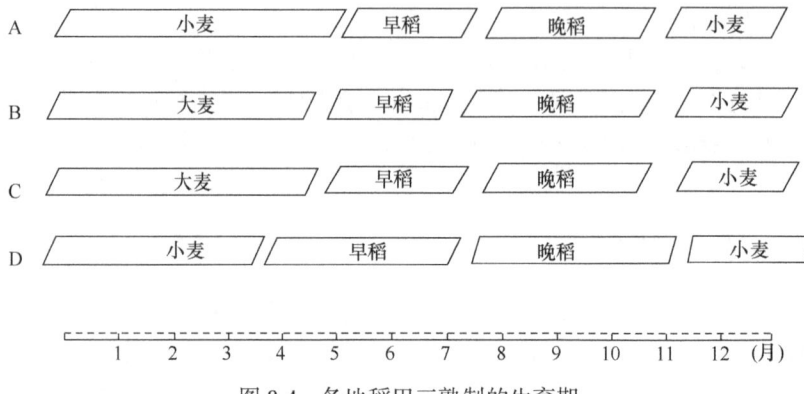

图8-4　各地稻田三熟制的生育期
A. 四川广汉；B. 江苏苏州；C. 湖南长沙；D. 广西南宁

8.3　间、混、套作

8.3.1　间、混、套作的概念与意义

1. 间、混、套作的概念

（1）单作　　单作指在同一块田地上种植一种作物的种植方式，也称为纯种、清种、净种或平作。这种方式作物单一，群体结构单一，全田作物对环境条件要求一致，生育比较一致，便于田间统一种植、管理与机械化作业。作物生长发育过程中，个体之间只存在种内关系。

（2）间作　　间作指在同一田地上于同一生长期内，分行或分带相间种植两种或两种以上作物的种植方式。所谓分带是指间作作物成多行或占一定幅度的相同种植，形成带状，构成带状间作，如四行棉花间作四行甘薯，两行玉米间作三行大豆等。间作因为成行或成带种植，可以实行分别管理。特别是带状间作，较便于机械化或半机械化作业，与分行间作相比能够提高劳动生产率。间作是集约利用空间的种植方式。

农作物与多年生木本作物（植物）相间种植，也称为间作，有人称为多层作。木本植物包括林木、果树、桑树、茶树等；农作物包括粮食、经济、园艺、饲料、绿肥作物等。采用以农作物为主的间作，称为农林间作；以林（果）业为主，间作农作物，称为林（果）农间作。间作与单作不同，间作是不同作物在田间构成人工复合群体，个体之间既有种内关系又有种间关系。

间作时，不论间作的作物有几种，皆不增计复种面积。间作的作物播种期、收获期相同或不同，但作物共生期长，其中至少有一种作物的共生期超过其全生育期的一半。

（3）混作　　混作指在同一块田地上，同期混合种植两种或两种以上作物的种植方式，也称为混种。混作和间作都是于同一生长期内由两种或两种以上的作物在田间构成复合群体，是集约利用空间的种植方式，也不增计复种面积。但混作在田间一般无规则分布。可同时散播，或在同行内混合、间隔播种，或一种作物成行种植，另一种作物散播于其行内或行间。混作的作物相距很近或在田间分布不规则，不便分别管理，并且要求混种作物的生态适应性要比较一致，见图 8-5。

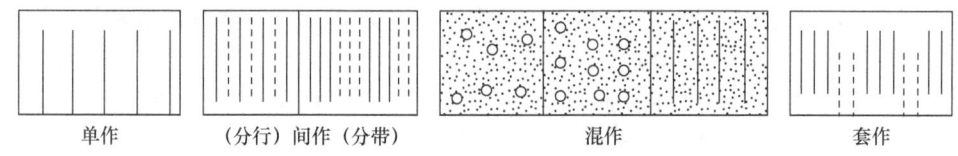

图 8-5　作物种植方式示意图

（4）套作　　套作指在前季作物生长后期的株行间播种或移栽后季作物的种植方式，也称为套种、串种。如于小麦生长后期每隔 3~4 行小麦种一行玉米。对比单作，它不仅能阶段性地充分利用空间，更重要的是能延长后作物对生长季节的利用，提高复种指数，提高年总产量。它主要是一种集约利用时间的种植方式。

套作和间作都有作物共生期，所不同的是，套作共生期短，每种作物的共生期都不超过其全生育期的一半。

2. 间、混、套作在农业生产中的意义　　评价间、混、套作在生产中的意义，可以产量效益和经济效益为主要依据，兼有其他方面的作用。

（1）增产　　试验研究和生产实践证明，合理的间、混、套作比单作具有增产高产的优越性。从自然资源来说，在单作的情况下，时间和土地都没有充分利用，太阳能、土壤中的水分和养分有一定的浪费，而间、混、套作构成的复合群体在一定程度上弥补了单作的不足，能较充分地利用这些资源，把它们转变为更多的作物产品。从社会资源利用来说，我国人均耕地少，但劳力资源丰富，又有精耕细作的传统。实行间、混、套作可以充分利用多余劳力，扩大物质投入。与现代科学技术相结合，实行劳动集约、科技密集的集约生产。在有限的耕地上，显著提高单位面积土地生产力。

生产中，由于不同作物所要求的行距不同，在间、混、套作中各种作物的行距往往又常变动，因此如何计算复合群体中各种作物占有的面积，难以给予公认的统一标准。近年来，国际上采用土地当量比来反映间、混、套作的土地利用效益。土地当量比（LER）即为了获得与间、混、套作中各个作物同等的产量，所需各种作物单作面积之比的总和，其公式为

$$\text{LED} = \sum \frac{Y_i}{Y_{ii}}$$

式中，Y_i 代表单位面积内，间、混、套作中的 i 个作物的实际产量；Y_{ii} 代表该作物在同

样单位面积上单作的产量。

例如，玉米间作大豆，亩产分别为 349.1kg 和 56.8kg，单作玉米与单作大豆亩产分别为 371.7kg 和 75.3kg。则

$$\text{土地当量比（LER）} = \frac{\text{间作玉米亩产量}}{\text{单作玉米亩产量}} + \frac{\text{间作大豆亩产量}}{\text{单作大豆亩产量}}$$
$$= 349.1/371.7 + 56.8/75.3 = 1.69$$

式中，LER＞1，表示间、混、套作有利。LER＞1 的幅度越高，增产效益越大。目前，我国也已较广泛地采用土地当量比来表示间、混、套作的高产效益。

（2）增效 在农业现代化进程中，如何解决农业比较效益低、农民收入少的问题，在高产的基础上进一步实现高效是必要的。合理的间、混、套作能够利用和发挥作物之间的有利关系，可以较少的经济投入换取较多的产品输出。间、混、套作是目前许多地区发展立体种植、提高种植业效益的技术手段。黄淮海地区大面积的麦棉两熟，一般每亩纯收益比单作棉田提高 15%左右。

（3）稳产保收 合理的间、混、套作能够利用复合群体内作物的不同特性，增强对灾害天气的抗逆能力。例如，辽西和黄淮海一带采用的高产玉米与抗旱的谷子间作，利用复合群体内形成的特有的小气候，抑制一些病虫害的发生蔓延。华北的玉米与大白菜套作能减轻大白菜的病虫害，从而有稳产保收的可能性。

为了保证间、混、套作高产出的生产力，需广泛利用生物作用与现代化农业科学技术，进行保护与培养地力，提高土地用养结合水平，维持农田的生态平衡。

（4）协调作物争地的矛盾 间、混、套作运用得当，安排得好，在一定程度上可以调节粮食作物与棉、油、烟、菜、药、绿肥、饮料等作物以及果林之间的矛盾，甚至陆地作物与水生农用动植物争夺空间的矛盾，从而起到促进多种作物全面发展，推动农业生产向更深层次发展的作用。

8.3.2 间、混、套作效益原理

间、混、套作增产的原因是多方面的，归纳起来有如下几点。

（1）充分利用空间，增加叶面积指数 间、混、套作的全田植株密度，一般比单作大，增加了叶面积指数，可以更充分有效地利用各种生活因素，这是间、混、套作增产的一个普遍性原因。在单作情况下，同品种作物个体之间的生长状况是比较一致的，它们的根系分布深度和茎叶伸展的高度都在同一个水平，对生活条件的要求和反应也一样。当密度超过一定限度时，个体间对生活条件的竞争就比较突出和激烈，因此它们的密度和叶面积指数的增加受到了较大的限制。间、混、套作的情况则不同，是两种或两种以上的作物构成的复合群体。它们彼此之间的外部形态和生理特性具有互补性，如对光照、水肥的要求不同，等等。利用这些差异，把不同作物恰当地搭配起来，构成复合群体，其密度和叶面积指数可以超过单作的限度，而不导致像单作时那样的矛盾突出和激烈。这就可以更充分地利用空间，提高对土地和光能的利用率，在与单作相同的面积上可以合成和积累较多的光合产物。

（2）充分利用边行优势 间、混、套作可以增产的另一个原因是增加了某一作

物的边行,利用边行通风透光好和根系吸收范围大的有利条件提高产量。间、混、套作把高矮不同,或生长期早晚不同的作物搭配起来进行种植,改变了作物群体的层片结构,矮秆作物生长的地方变成了高秆作物通风透光的"走廊",光线可以直射到高秆作物的中下部,同时由于矮秆作物的反射,上层的漫射光也大大增加。

间、混、套作不仅改善了高秆作物上部的通风透光条件,同时也扩大了地下部分的吸收范围,使根生长处于比单作时较为有利的地位。

（3）用地和养地相结合　间、混、套作不仅充分地利用了地力,在一定条件下还具有某种程度的养地作用,使用地和养地更好地结合起来。豆科与禾本科作物间、混作时,由于豆科作物有根瘤菌能固定大气中的氮素,间、混作的土壤肥力高于禾本科作物单作的土壤肥力。间、套作还可以使根系增多,从而增加土壤中的有机物质,创造和恢复土壤团粒结构来提高土壤肥力。

（4）增加抗逆能力,稳产保收　不同作物有不同的病虫害,对恶劣的气候条件有不同的反应。在生产条件较差和技术水平较低的情况下,单作抗御自然灾害的能力低。运用间、混、套作,可利用作物的不同抗逆性和适应能力,减轻自然灾害的危害,产量比较稳定。间、混、套作还可以减轻某种作物受病虫的为害。由于间、混、套作后,田间小气候的改变,使病虫害的发生减轻,如高、矮秆作物相间种植,高秆作物的宽行行距加大,郁闭轻,可减轻玉米叶斑病、小麦白粉病和锈病的危害。与玉米间作的白菜,由于田间小气候的改变,阴凉,昼夜温差小,而病害减轻。

（5）充分利用生长季节,发挥作物丰产性能　套种一个重要的特点是争取了时间,相对增加了生长期和积温,因此能够充分利用生长季节,在其他条件配合下,可以提高复种指数,增加单位面积上的年产量。一般来说,同一作物的不同品种,生长期长,则产量也较高。实行套作,由于提早播种,保证作物有足够的生长期,可以满足作物对一定生长期的要求,可以选用生长期较长的品种,因而能大大提高产量。

8.3.3　间、混、套作技术特点

1. 作物及其品种选配

（1）生态适应性的选择　各种作物及品种均要求相应的生活环境。在复合群体中,作物的相互关系极为复杂。为了充分发挥间、混、套作复合群体内作物的互补作用,缓和其竞争矛盾,需要根据生态适应性来选择作物及其品种。首先要求它们对大范围的环境条件的适应性在其共生期间要大体相同,特别是生态类型区相差甚远而又对气候条件要求很严格的作物更是如此。

根据生态位完全相同的物种不能共存于一个生态系统内的高斯原理或竞争排除原理,合理地选择不同生态位的作物或提供不同生态位条件,是取得间、混、套作全面增产的重要依据。也就是说,在生态适应性大同的前提下,还要生态适应性小异。例如,小麦和豌豆对于氮素,玉米和甘薯对于磷、钾肥等,在需要的程度上都不相同,它们种在一起趋利避害,各取所需,能够较充分地利用各种生态条件。

（2）特征特性对应的选配　所选择作物的形态特征和生育特性要相互适应,以

有利于互补地利用环境。例如，植物高度要高低搭配，株型要紧凑与松散对应，叶子要大小尖圆互补，根系要深浅疏密结合，生育期要长短前后交错。农民群众形象地总结为"一高一矮，一胖一瘦，一圆一尖，一深一浅，一长一短，一早一晚"。

间、混、套作作物的特征特性对应，即生态位不同，它们才能充分利用空间和时间，利用光、热、水、肥、气等生态因素，增加产量和效益。在品种选择上要注意互相适应，以进一步加强组配作物生态位的有利差异。间、混作时，矮位作物光照条件差，发育延迟，要选择耐阴性强而适当早熟的品种。套作时两种作物既有共生期，又有单独生长的阶段，因此在品种选择上与间、混、套作既有相同的地方，也有不同之处。一方面要考虑尽量减少上茬与下茬的矛盾，另一方面还要尽可能发挥套种的增产作用，不影响其正常播种。

（3）要求经济效益高于单作　间、混、套作选择的作物是否合适，在增产的情况下，也要看其经济效益比单作是高还是低。一般来说，经济效益高的组合才能在生产中大面积应用和推广。例如，我国当前种植面积较大的玉米间作大豆、麦棉套作和粮菜间作等。如果某种作物组合的经济效益较低，甚至还不如单作高，其面积就会逐渐减少，而被单作所代替。

2. 田间结构配置　作物群体在田间的组合、空间分布及其相互关系构成作物的田间结构。合理的田间结构，是能否发挥复合群体充分利用自然资源的优势，解决作物之间一系列矛盾的关键。间、混、套作的田间结构是复合群体结构，既有垂直结构又有水平结构。垂直结构是群体在田间的垂直分布；水平结构是作物群体在田间的横向排列。由于作物根系吸收一定范围内的水分、养分，且植株在田间的横向排列和垂直结构的形成密切相关，因此水平结构显得更为复杂和重要。这里着重说明间、混、套作水平结构的组成（图 8-6）。

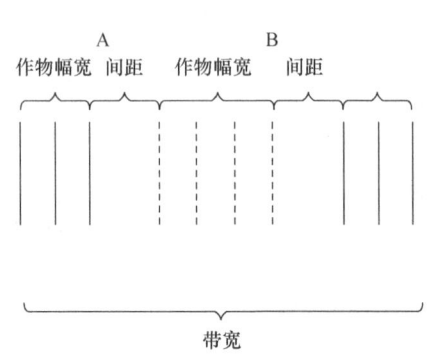

图 8-6　间、套作的水平结构示意图
A、B 表示 2 种作物

（1）密度　提高种植密度，增加叶面积指数和照光叶面积指数，是间、套作增产的中心环节。生产运用中，各种作物密度要结合生产的目的、水肥条件来考虑。间、混作时，一般以一种主作物为主，其密度应与单作时相同，以不影响主作物的产量为原则；副作物的密度大小根据水肥而定，水肥条件好，密度可大一些，反之，密度要小。套作时，各种作物的密度与单作时相同。

（2）行数、行株距的幅宽　一般间、套作作物的行数可用行比来表示，即各作物实际行数的比值，如两行玉米间作两行大豆，其行比为 2∶2。行距和株距实际上也是密度问题，配合得好坏，对于各作物的产量和品质关系很大。

间作作物的行数，要根据计划作物产量和边际效应来确定，一般高位作物不可多于、而矮位作物不可少于边际效应所影响行数的两倍。套作时，如何确定上、下茬作物的行数，仍与作物的主次密切有关。例如，小麦套种棉花，以棉花为主时，应按棉花丰产要求，确定平均行距，插入小麦；以小麦为主兼顾夏棉时，小麦应按丰产需要正常播种，麦收前晚套夏棉。

幅宽是指间套作中每种作物的两个边行相距的宽度。在混作和隔行间套作的情况下，无所谓幅宽，只有带状间套作，作物成带种植才有幅宽可言。幅宽一般与作物行数呈正相关。

（3）间距　　间距是相邻作物的距离。这里是间套作中作物边行争夺生活条件最激烈的地方，间距过大，减少了作物行数，浪费土地；过小，则加剧作物间矛盾。应根据不同作物合理布局间距。

（4）带宽　　带宽是间套作的各种作物顺序种植一遍所占地面的宽度，它包括各个作物的幅宽和间距。带宽是间套作的基本单元，一方面各种作物和行数、行距、幅宽和间距决定带宽，另一方面作物数目、行数、行距和间距又都在带宽以内进行调整，彼此互相制约。

3. 作物生长发育调控技术

（1）适时播种，保证全苗　　间、混、套作的播种时期与单作相比具有特殊意义，它不仅影响到一种作物，而且会影响到复合群体内的他种作物。套作时期是套作成败的关键之一，套种过早或前一作物迟播晚熟，延长了共生期，抑制后一作物苗期生长；套种过晚，增产效果不明显。因此要着重掌握适宜的套种时期。间作时，更需要考虑到不同间作作物的适宜播种期，以减少彼此的竞争，并尽量照顾到它们的各生长阶段都能处在适宜的时期。混作时，一般要考虑混作作物播种期与收获期的一致性。

（2）加强水肥管理　　间、混、套作的作物由于竞争，需要加强管理，促进生长发育。在间、混、套作的田间，因为增加了植物密度，容易感到水肥不足，应加强追肥和灌水，强调按株数确定施肥量，避免按占有土地面积定施肥量。为了解决共生作物需水肥的矛盾，可采用高低畦、打畦埂、挖丰产沟等便于分别管理的方法。在套作田里，矮位作物受到抑制，生长弱，发育迟，容易形成弱苗或缺苗断垄。为了全苗壮苗，要在套播之前施用基肥，播种时施用种肥，在共生期间做到"五早"，即早间苗、早补苗、早中耕除草、早施肥、早治虫，并注意土壤水分的管理，排渍或灌水。前作物收获后，及早进行田间管理，水肥猛促，以补足共生期间所受亏损。

（3）大力应用化学调控技术　　实践证明，应用植物生长调节剂缩节胺、802等，对复合群体条件下的作物生长发育进行调节和控制，具有控上（高层作物）促下（低层作物）、调节各种作物正常生育、塑造理想株型、促进发育成熟等一系列综合效益。它具有用量小、投资少、见效快、效益高、使用简便安全等特点。

（4）综合防治病虫害　　间、混、套作可以减少一些病虫害，也可能增添或加重某些病虫害。对所发生的病虫害，要对症下药，认真防治，特别要注意防重于治，不然病虫害的发生会比单作田更加严重。

（5）早熟早收　　为了削弱复合群体内作物之间的竞争关系，促进各季作物早熟、早收，特别是对高位作物，是不容忽视的措施。在间套复多作多熟情况下，更应予以注意。

8.4 轮作与连作

轮作是在同一田地上不同年度间按照一定的顺序轮换种植不同作物或采取不同的复种形式的种植方式，如一年一熟条件下的大豆→小麦→玉米三年轮作，这是在年间进行的单一作物的轮作。在一年多熟条件下既有年间的轮作，也有年内的换茬，如南方的绿肥—水稻—水稻→油菜—水稻—水稻→小麦—水稻—水稻轮作，这种轮作由不同的复种方式组成，因此，也称为复种轮作。

连作与轮作相反。连作是在同一田地上连年种植相同作物或采取相同的复种方式的种植方式。而在同一田地上采用同一种复种方式连年种植的称为复种连作。

生产上把轮作中的前作物（前茬）和后作物（后茬）的轮换，通称为"换茬"或"倒茬"，连作也称"重茬"。

8.4.1 轮作

1. 轮作的作用 作物生产中是否需要轮作，主要取决于前后茬作物的病、虫、草害和作物的茬口衔接关系，而茬口的衔接还与各作物的用养关系、种收时间有关。

（1）减轻农作物的病、虫、草害 作物的病原菌一般都有一定的寄主，害虫也有一定的专食性或寡食性，有些杂草也有其相应的伴生者或寄生者。它们是农田生态系统的组成部分，在土壤中都有一定的生活年限。如果连续种植同种作物，通过土壤而传播的病害，如水稻纹枯病、小麦全蚀病、棉花黄枯萎病、油菜菌核病、烟草黑胫病、谷子白发病、甘薯黑斑病必然会大量发生。实行抗病作物或非寄主作物与感病作物轮作，使病原菌得不到寄主，改变其生态环境和食物链组成，使之不利于某些病虫的正常生长和繁衍，从而达到减轻农作物病害和提高产量的目的（表8-4）。

表 8-4 大豆连作与轮作的孢囊线虫和根瘤密度

项目 前作	大豆	高粱	玉米	谷子	草木樨	向日葵
孢囊线虫密度/（个/株）	16.20	1.40	1.00	0.63	0.40	5.40
根瘤数/（个/株）	39.60	87.30	124.40	83.60	76.50	88.40
单株干重/（g/株）	2.93	5.72	7.21	5.53	5.76	6.25

一些作物的伴生或寄生的杂草，如稻田里的稗草、麦田里的燕麦草、粟田里的狗尾草等，不仅生活习性与相应作物相似，甚至形态也相似，所以难以根除。一些寄生性杂草，如大豆菟丝子、向日葵列当、瓜列当等，连作后更易滋生蔓延，不易防除，而轮作则可有效地消灭这些杂草。

（2）协调、改善和合理利用茬口 轮作可以均衡地利用土壤养分和水分。各种作物的生物学特性不同，自土壤中吸收的养分种类、数量、时期和吸收利用率也不相同（表 8-5）。小麦等禾谷类作物与其他作物相比，对氮、磷和硅的吸收量较多；豆科作物能固氮，而磷的消耗量却较大；块根块茎类作物吸收钾的比例高、数量大，同时氮的消耗量也较大；纤维和油料作物吸收氮磷皆多。如果连续栽培对土壤养分要求倾向相同的作物，必将造成某种养分被片面消耗后感到不足而导致减产。因此，通过对吸收、利用营养元素能力不同而又具有互补作用的不同作物的合理轮作，可以协调前、后茬作物养分的供应，使作物均衡地利用土壤养分，充分发挥土壤肥力的生产潜力。

表 8-5 不同作物氮、磷、钾吸收比例

作物名称	氮	磷	钾	备注
禾谷类作物	2.22	1	2.89	小麦、水稻、玉米、谷子、多穗高粱
籽实用豆类作物	4.26	1	1.19	大豆、花生
纤维作物	3.22	1	2.77	棉花、大麻
油料作物	1.80	1	0.89	油菜
块根块茎类作物	3.00	1	3.66	甜菜、马铃薯

不同的作物需要水分的数量、时期也不相同。水稻、玉米和棉花等作物需水多，谷子、甘薯等耐旱能力较强。对水分适应性不同的作物轮作换茬，能充分合理地利用全年自然降水和土壤中贮积的水分。在我国旱作雨养农业区，轮作对于调节利用土壤水分，提高产量，更有重要意义。例如，在西北旱农区，豌豆收获后土壤内贮存的水分较小麦地显著增多，使豌豆成为多种作物的好前作。

各种作物根系深度和发育程度不同。水稻、谷子和薯类等浅根性作物，根系主要在土壤表层延展，吸收利用上层的养分和水分；而大豆、棉花等深根性作物，则可从深层土壤吸收养分和水分。所以，不同根系特性的作物轮作茬口衔接合理，就可以全面地利用各层的养分和水分，协调作物间养分、水分的供需关系。

轮作改善土壤理化性状，调节土壤肥力。各种作物的秸秆、残茬、根系和落叶等，是补充土壤有机质和养分的重要来源，但不同的作物补充供应的数量不同，质量也有区别。例如，禾本科作物有机碳含量多，而豆科作物、油菜等落叶量大，且还能给土壤补充氮素。有计划地进行禾、豆轮作，有利于调节土壤碳、氮平衡。

轮作还具有调节改善耕层物理状况的作用。密植作物的根系细密，数量较多，分布比较均匀，土壤疏松，结构良好。玉米、高粱根茬大，易起坷垃。深根性作物和多年生豆科牧草的根系对下层土壤有明显的疏松作用。据山西省农业科学院调查，苜蓿地中的水稳性团粒比一般小麦地增多 20%~30%。土壤物理性质的改善，可以提高土壤肥力。

（3）合理利用农业资源，经济有效地提高作物产量 根据作物的生理生态特性，在轮作中前后作物搭配协调、茬口衔接紧密，既有利于充分利用土地、自然降水和光、热等自然资源，又有利于合理使用机具、肥料、农药、灌溉用水以及资金等社会资源，还能错开农忙季节，均衡投放劳畜力，做到不误农时和精细耕作。合理轮作还是经济有效提高产量的一项重要农业技术措施。在澳大利亚的 Kamala，羽扇豆在小麦轮作中的效果相当于施用氮肥 80kg/hm^2，也就是说在小麦之后种小麦，需施氮肥 80kg/hm^2，才能获得与羽扇豆茬小麦相等的产量。这说明并不要特殊的投资或增加劳力，只是把作物合理换茬，就可以获得比连作更高的效益，国内外大量的生产实践和长期试验（美、英、俄、日等国均进行过连续 10 年或几十年的轮、连作试验）结果，均给予了有利的证明。

2. 特殊轮作的作用与应用

（1）水旱轮作　水旱轮作指在同一田地上有顺序地轮换种植水稻和旱作物的种植方式。这种轮作对改善稻田的土壤理化性状，提高地力和肥效有特殊的意义。例如，湖北省农业科学院（1979）以绿肥—双季稻多年连作为对照研究发现，冬季轮种麦、油菜、豆类的双季稻田土壤容重变轻，明显增加土壤非毛管孔隙，改善土壤通气条件，提高氧化还原电位，防止稻田土壤次生潜育化过程，消除土壤中有毒物质（Mn、Fe、H_2S 及盐分等），促进有益微生物活动，从而提高地力和施肥效果。

水旱轮作比一般轮作防治病虫害效果尤为突出。据日本九州农试站 1975 年的试验，油菜菌核病、烟草立枯病、小麦条斑病的病菌等，通过淹水 2~3 个月均能完全消灭。水田改旱地种棉花，可以扼制枯黄萎病发生；棉地改种水稻，水稻纹枯病大大减轻。

水旱轮作更容易防除杂草。据观察，老稻田改旱地后，一些生长在水田里的杂草，如眼子菜、鸭舌草、瓜皮草、野荸荠、萍类、藻类等，因得不到充足的水分而死去；相反，旱田改种水田后，香附子、苣荬菜、马唐、田旋花等旱地杂草，泡在水中则被淹死。

（2）草田轮作　草田轮作指在田地上轮换种植多年生牧草和大田作物的种植方式，欧美国家较多，我国甚少，主要分布在我国西北部地区。

草田轮作的突出作用是能显著增加土壤有机质和氮素营养。据资料介绍，生长第四年苜蓿每公顷（土层厚 0~30cm）可残留根茎有机物 12 600kg，草木樨可残留 7500kg，而豌豆、黑豆仅残留 675kg 左右。苜蓿根部含氮量为 2.03%，大豆为 1.31%，而禾谷类作物不足 1%。可见，多年生牧草具有较强的丰富土壤氮素的能力。多年生牧草在其强大根系的作用下，还能显著改善土壤物理性质。

在水土易流失地区，多年生牧草可有效地保持水土，在盐碱地区可降低土壤盐分含量。草田轮作有利于农牧结合，增产增收，提高经济效益。该种轮作应在气候比较干旱、地多人少、耕作粗放、土地瘠薄的农区或半农区应用。

3. 轮作与作物布局的关系　作物布局对轮作起着制约作用或决定性作用。作物的种类、数量及每种作物相应的农田分布，直接决定轮作的类型与方式。旱地作物占优势，以旱地作物轮作为主；水稻和旱作物皆有，则实行水旱轮作；城市、工矿郊区以蔬菜为主，实行蔬菜轮作。作物种类多，轮作类型相对比较复杂，较易全面发挥轮作的效应。另外，作物布局也要考虑轮作与连作的因素。例如，在东北三江平原当大豆比例超过 40% 时，不可避免地要重茬或迎茬（隔年相遇），从而导致了大豆线虫病的加剧与产量的降低。

8.4.2　连作

1. 不同作物对连作的反应　实践证明，不同作物，不同品种，甚至是同一作物同一品种，在不同的气候、土壤及栽培条件下，对连作的反应是不同的。1970年，日本对连作的有害性作了一次全国性的调查，结果65种作物连作有害，以番茄、黄瓜、陆稻、豌豆、大豆、西瓜、南瓜等较甚。连作无害的有44种，以水稻、洋葱、甘蔗、玉米、小麦、大麦、胡萝卜、南瓜为最多。日本调查结果和我国作物对连作的反应基本一致。按照作物对连作的反应敏感性差异，结合我国主要作物种类以及各地经验，可归纳为下列几种情况。

（1）忌连作的作物　　忌连作作物基本上又可分为两种耐连作程度略有差异的亚类。一类以茄科的马铃薯、烟草、番茄，葫芦科的西瓜，以及亚麻、甜菜等为典型代表，它们对连作反应最为敏感。这类作物连作时，作物生长严重受阻，植株矮小，发育异常，减产严重，甚至绝收。其忌连作的主要原因是，一些特殊病害和根系分泌物对作物有害。据研究，甜菜忌连作是根结线虫病所致。西瓜怕连作则被认为是根系分泌物——水杨酸抑制了西瓜根系的正常生长。这类作物需要间隔五六年以上方可再种。

另一类以禾本科的陆稻，豆科的豌豆、大豆、蚕豆、菜豆，麻类作物大麻、黄麻，菊科的向日葵，茄科的辣椒等作物为代表，其对连作反应的敏感性仅次于上述极端类型。一旦连作，生长发育受到抑制，造成较大幅度的减产。这类作物的连作障碍多为病害所致。陆稻（水稻旱种）连作减产的主要原因是轮线虫及镰刀菌数量增加。这类作物宜间隔三四年再种植。

（2）耐短期连作作物　　甘薯、紫云英、苕子等作物，对连作反应的敏感性属于中等类型，生产上常根据需要对这些作物实行短期连作。这类作物在连作两三年时受害较轻。

（3）耐连作作物　　这类作物有水稻、甘蔗、玉米、麦类及棉花等作物。它们在采取适当的农业技术措施的前提下耐连作程度较高。其中又以水稻、棉花的耐连作程度最高。水稻喜湿，可在较长期的淹水条件下正常生长。这是因为水稻体内通气组织发达，氧气可从地上部源源不断地供给地下根部，使根际中的还原性有毒物质Fe、Mn等氧化使其毒性丧失，根系免遭其害。另外，水稻与旱作物轮作，土壤处于不断的干湿交替之中，还原性有毒物质积累受阻，使作物受害不明显，也为长期连作创造了条件。棉花根系发达，分布广而深，吸收土壤养分的范围宽，且较均匀。在无枯黄萎病感染的情况下，只要施足化肥和有机肥，可长期连作而表现出高产稳产。例如，棉区有的地块连作年限可长达一两百年以上。麦类、玉米皆为耗地的禾谷类作物，在种植过程中，土壤有机质和矿质养分下降迅速。通过及时补足化肥和有机肥，在无障碍病害的情况下。长期连作产量较为稳定。但若施肥不足，则连作产量锐减。

2. 连作的危害　　合理的连作可以增产，而不适当的连作不但产量锐减，而且品质下降。导致作物连作受害的基本原因有生物的、化学的、物理的三个方面。

（1）生物因素　　土壤生物学方面造成的作物连作障碍主要是伴生性和寄生性杂草危害加重，某些专一性病虫害蔓延加剧，以及土壤微生物种群、土壤酶活性的变化等。

农田杂草危害作物主要是与作物争夺养分、水分，争夺空间，恶化生态环境，与作物共生期间更为突出。作物连作使伴生性和寄生性杂草对作物的危害累加效应突出，产量锐减，品质下降。

病虫害的蔓延加剧是连作减产的另一个生物因素。小麦根腐病、玉米黑粉病、西瓜枯萎病等，在连作情况下都将显著加重，使作物严重减产。

连作减产的第三个生物因素是长期连作下土壤微生物的种群数量和土壤酶活性的强烈变化。旱种水稻连作多年后，产量急剧下降，其重要原因是土壤中线虫和有关镰刀菌的种群密度陡增。大豆、玉米、向日葵等作物连作使根际真菌增加，细菌减少，导致减产。另外，大豆孢囊线虫的增加，使根瘤减少，这也是大豆连作减产的主要原因之一。

土壤酶在土壤中的数量不多，但作用甚大，它影响着土壤的供肥能力。有研究认为，随着大豆连作年限的增加，土壤中磷酸酶、脲酶的生物活性显著降低，而且这两种关键酶活性与土壤中可提供的速效氮、磷养分之间有显著的相关性。通过连作可使这两种酶活性大大提高。因此，连作通过对土壤酶活性的影响可间接地影响到作物的产量。

（2）化学因素　　指连作造成土壤化学性质发生改变而对作物生长不利，主要是营养物质的偏耗和有毒物质的积累。

1）营养物质的偏耗。同种作物连年种植于同一块田地上，由于作物的吸肥特性决定了该作物吸收矿质养分元素的种类、数量和比例是相对稳定的，而且对其中少数元素有特殊的偏好，吸收量大。年年种植该种作物，势必造成土壤中这些元素的严重匮乏，造成土壤中养分比例的严重失调，作物生长发育受阻，产量下降。

2）有毒物质的积累。植物在正常的生长活动过程中不断地向周围环境分泌其特有的化学物质，这种分泌物有三种主要来源：活根、功能叶片和作物残体腐解过程中所产生的特有产物。这三部分的分泌物，对一些作物自身的生长发育具有强烈的抑制作用。寄生于陆稻稻根上的棘壳孢霉菌上分离出一种粉红色有毒有机物，当这种物质浓度超过10mg/L时，对陆稻产生毒害效应。大豆根系的分泌物对其自身根系的生长有着强烈的阻碍作用。土壤中另一类有毒物质为还原性有毒物质，主要有 Fe、Mn 及还原性物质如 H_2S、有机酸等。我国南方稻区，常年实行早晚季双季稻连作，还原性有毒物质积累加强。这些有毒物质对水稻根系生长有明显的阻碍作用。

（3）物理因素　　某些作物连作或复种连作，会导致土壤物理性状显著恶化，不利于同种作物的继续生长。例如，南方在长期推行双季连作稻的情况下，因为土壤淹水时间长，加上年年水耕，土壤大孔隙显著减少，容重增加，通气不良，土壤次生潜育化明显，严重影响了连作稻的正常生长。

第 9 章 生态农业

生态农业是农业生产水平与经济发展水平达到一定程度的产物,是现代农学的组成部分。了解生态农业的产生与发展,解析生态农业依据原理,探讨生态农业技术及模式,并理解生态农业的设计与评价,有助于认识生态农业在中国农业发展中的重要作用。

9.1 生态农业的产生与发展

9.1.1 国外生态农业的产生与发展

国外农业生产模式

20 世纪中叶以后,随着工业化革命的发展,"石油农业"在发达国家取得了很大成就。这种以高投入为中心的农业,到 20 世纪 70 年代已达到相当高的水平。然而,这种以高物质投入为特征、建立在以消耗大量资源基础上的农业生产形式带来了严重的弊端,并引发一系列农业发展中的生态环境问题。特别是化肥和农药的过量使用导致各种环境污染加重,农业灌溉用水的大幅度增加导致水资源过量开采,过度垦荒、乱砍滥伐及超载放牧等导致水土流失及土壤沙化现象严重等。这些问题的出现,引起了农业、生态和生态经济等领域科技工作者的高度重视。为此,世界各国针对"石油农业"弊端提出了一系列改革农业的做法,试图替代不合理的农业生产方式。在西方掀起的"替代农业"运动,逐渐波及东方国家和地区。"替代"农业模式有许多种,具代表性的有:"有机农业""自然农业""生物农业""生态农业"等。

其中,生态农业是由美国土壤学家奥伯特(W. Albrecht)1971 年提出的,并在欧美地区有一定的实践。生态农业基本含义为:生态上能自我维持,低投入,经济上有生命力,有利于长远发展,并在环境方面、伦理道德方面及美学上能接受的小型农业。

英国农学家沃星顿(M. K. Warthington)在《生态农业及有关农业技术》一书中,认为生态农业应具备以下几个条件:① 必须是一个自我维持系统,一切副产品都需要再循环。② 提倡使用固氮植物、作物轮作以及正确处理和使用农家肥料等技术,保持土壤肥力。③ 生物群落多样性,种植业与畜牧业比例恰当,使系统能够稳定,自我维持。④ 单位面积的净产量必须是高的。⑤ 为获得高产,农场规模应该是较小的。⑥ 经济上必须是可行的,目标是在没有政府补贴的情况下获得真正的经济效益。⑦ 农产品就地加工并直接供给消费者,以避免中间商从中分享利益。⑧ 必须考虑有利于农村自然优美的景观,使人和畜禽能健康地生活。

据统计,目前世界上实行生态管理的农业用地约为 1055 万 hm^2。其中,澳大利亚生态用地面积最大,达 529 万 hm^2,占世界生态用地总面积的 50%;其次是意大利和美国,分别为 95 万 hm^2 和 90 万 hm^2。

9.1.2 中国生态农业的产生与发展

从 20 世纪 60 年代开始,中国的传统农业进入常规现代化阶段。显著标志是高产作物品种的大批育成及广泛应用,种植业的化肥施用量迅速增长。发展道路上基本延续了发达国家以消耗化石能源为特征的"常规现代化农业模式",并经历了比发达国家发展速度更快的历程。中国农业也开始面临着与西方常规农业相同的挑战,而且任务艰巨。

1. 中国生态农业的兴起　　20 世纪 70 年代末 80 年代初,中国一批农业科学家在分析中国农业如何实现现代化过程中,认识到不能走西方常规农业现代化,即高投入高产出,对环境资源产生负面影响的路子,也不能学发达国家的"有机农业""自然农业""生物农业""生态农业"的小生态及生态保护主义等的极端做法。主张应基于中国国情,基于中国几千年不衰的传统农业之精华,建立以生态学和经济学为指导的中国生态农业。

与国外相比,中国生态农业发展速度是相当快的。从其发展历程上看,大致可分为三个阶段。第一阶段:从 20 世纪 80 年代初期到中期,为生态农业思想宣传及小型试验阶段。这一阶段从理论上探讨国外生态农业模式,并与中国传统农业进行比较,从实践上开始了生态农户和生态村的建设,提出诸多模式、技术及操作方法。第二阶段:从 80 年代中期到 90 年代初期,为生态农业正式起步阶段。这一阶段涌现出大量的生态农业建设典型,而且由从前的生态户和生态村规模扩大到生态乡和生态县。这些典型模式多样、做法各异,但其生态、经济及社会效益表现突出,得到国家及地方政府的肯定和重视,使生态农业建设从试验探索开始向有计划示范推广阶段发展。第三阶段:从 90 年代初开始,为生态农业正式发展阶段。从中央到地方把生态农业建设作为农业和农村经济发展中的一项战略任务,并制定出相应的发展规划与实施措施,表明中国生态农业已不是一种口号或理论模式,是作为中国农业未来发展的重要途径和方向。

至 2010 年,全国不同类型、不同级别的生态农业建设试点已达 3000 多个。其中,国家级试点县 51 个,省级试点县 100 多个,其中 11 个县荣获"全球 500 佳"称号。生态农业建设示范面积已达 666.67 万 hm^2,约占全国耕地面积的 7%。

2. 中国生态农业的涵义　　中国生态农业就是从系统思想出发,按照生态学和生态经济学原理,运用现代科学技术成果和现代管理手段以及传统农业的有效经验建立起来的,以期获得较高经济效益、生态效益和社会效益的现代化农业发展模式。

3. 中国生态农业的特点

(1) 现代科学技术与传统农业精华相结合　　传统农业注重农业生态系统的自身调节作用。但由于缺乏现代科学技术及现代工业产品的装备,其生产力水平及效益不高。而工业化农业又对资源和环境带来种种弊端。与西方生态农业排斥农业机械、化肥、农药等现代化先进技术的做法不同,中国生态农业是将传统农业与现代农业技术有机融合,充分提高资源利用效率及生产效率。合理投入并注重生产要素的现代化组合,是中国生态农业的优势与特色。

（2）劳动密集型与技术密集型相结合　中国人多地少，资源相对紧缺。通过劳力与生态农业技术双重集约投入，在较小的生产规模上获得较多的产品，并通过循环再生利用及深度开发，提高产品附加值。这种做法适合中国农业现状和发展趋势。中国能以占世界7%的耕地，养活占世界22%的人口，这种集约经营起到了巨大作用。中国不少地区在人均耕地较少情况下能维持食物需求的平衡，也正是这种农业特色的体现。

（3）因地制宜建立多样性农业　中国地形地貌及资源环境条件复杂多样，各地区创建的农田立体种植、立体种养、基塘复合系统等，都以其精巧的搭配组合，最大限度地利用时间和空间，提高了系统生产力，实现了高功能与高效益，是中国生态农业的特色。

（4）农业资源的深度开发和综合利用　按照生物之间的相互关系及食物链网等，建立种、养、加一体化农业生产系统，使资源得到多层次的循环利用，一方面提高了资源效率和系统的稳定性，另一方面对改善环境与无废弃物生产起到重要作用。

（5）具有明显的区域性及整体优化功能　中国生态农业具有明显的地域性，按照当地自然资源特点及社会经济、技术水平，合理组织生产，发挥地域优势。同时，中国生态农业强调硬技术与软科学的有机结合，强调整体结构的系统优化，发挥农业生态系统的总体功能，兼顾生态、经济、社会各种效益的统一。

从发展趋势看，中国生态农业将与当今国际社会普遍接受和发展的"持续农业"接轨，在促进农业增产、农民增收及农村经济发展中起到重大作用，在改善农业生态环境，控制水土流失、环境污染及资源保护等方面做出贡献。从具体发展方向看，将生态农业技术进一步系统化、规范化，并将现代高新技术更加广泛地渗透到农业生态体系中，使投入更加高效和谐，产出更加稳定持续，因此，生态农业是中国农业发展的战略措施之一。

9.2　生态农业原理

1. 整体效应原理　这是根据系统论观点，即整体功能大于个体功能之和的原理，对整个农业生态系统的结构进行优化设计，利用系统各组分之间的相互作用及反馈机制进行调控，从而提高整个农业生态系统的生产力及其稳定性。

农业生态系统包括农、林、牧、副、渔等若干亚系统，种植业亚系统又包括作物布局、种植方式等。从具体条件出发，运用优化技术，合理安排结构，使总功能得到最大限度发挥，系统生产力最大，是生态农业整体效应原理的具体体现。

2. 生态位原理　农业生态系统中，由于人为措施，生物种群单一，存在许多空白生态位，容易使杂草病虫及有害生物侵入占据。因此需要人为填补和调整。

利用生态位原理，把适宜的、价值较高的物种引入农业生态系统，填补空白生态位，如稻田养鱼、养鸭。生态位原理应用的另一方面是尽量在农业生态系统中使不同物种占据不同的生态位，防止生态位重叠造成的竞争互克，使各种生物相安而居，各占自己特有的生态位，如农田的多层次立体种植、种养结合、水体的立体养殖等，能充分提高生产效率。

3. 食物链原理　　农业生态系统中往往食物链较短而简单，不仅不利于能量转化和物质的有效利用，还降低了生态系统的稳定性。为此，应根据农业生态系统中能量流动与转化的食物链原理，调整农业生产体系中的营养关系及转化途径。生态农业就是要根据食物链原理组建食物链，将各营养级上因食物选择所废弃的生物物质和作为粪便排泄的生物物质，通过加环，进一步转化利用，提高生物能利用率。例如，在经济树林中养殖土鸡，鸡粪喂猪，猪粪制造沼气，沼渣肥田，形成网络状食物链的种养方式，其资源利用效率与经济效益要比单一种养方式高得多。

4. 循环再生原理　　任何一个生态系统都有自身适应能力与组织能力，可以自我维持和自我调节，而其机制是通过生态系统中物质循环利用和能量流动转化。生态农业体系讲究尽可能适量或较少的外部投入，通过立体种植及选择归还率较高的作物，以合理轮作，增施有机肥等建立良性物质循环体系，尤其要注意物质再生利用，使养分尽可能在系统中反复循环利用，实现无废弃物产生，提高营养物质的转化及利用效率。例如，秸秆还田，利用糖化过程先把秸秆作为家畜饲料，经代谢后的排泄物及秸秆残渣来培养食用菌，生产食用菌的残余料又用于繁殖蚯蚓，最后才把用后剩下的残物返回农田，增加土壤有机质含量，获得更好经济效益。

5. 互利相克原理　　自然生态系统中的多种生物种群在其长期进化过程中，形成对自然环境条件特有的适应性，并形成相互依存，相互制约的稳定平衡。农业生态系统中，由于物种单一，专业化生产程度高，不利于对资源充分利用及维持系统的稳定性。因此，在生态农业建设中，一般应利用各种生物种群的互利共生原理，组建合理高效的复合系统（如立体种植、混合养殖等），使其在有限的空间、时间内容纳更多的生物种，生产更多的产品。中国普遍运用的多熟制种植（间作、套作、混作、复种）及立体种养等，都是利用各物种间的竞争互补关系，建立合理的群体结构，实现高效生产的目的。同时，也可利用生物种间的相克作用，有效控制病、虫、草害。目前正兴起的生物杀虫剂、杀菌剂、生物除草剂等生物农药技术，已展示出广阔的发展前景。

6. 协同进化原理　　生物与环境是生态系统的两类组分，也是农业生产的基本要素。只有在适宜的生态环境中生存，生物才可能最大限度地利用资源，获得最佳生产力及效益。生物与环境的协同进化，是指生物在适应环境的同时，也作用于环境，对生态环境有一定改造的能动性，从而使得环境与生物平衡发展。

生态农业中运用生物与环境的协同进化原理，首先要根据地域生态环境条件，安排生态适应性较好的生物种群，获得较高的生产力水平，并要特别注重保护生态环境。否则，环境破坏会导致生物与环境的失衡，如水土流失、土壤沙化退化，以及化肥、农药的不合理施用导致生物种群减少或消失，使农业生产力降低甚至衰退。因此，要积极地通过发展生物种群来改良和保护生态环境，如植树造林、牧场改良及草场治理、合理轮作以及建立自然生态保护区等，都可以直接或间接地改善农业生态环境，使生物与环境得以协同发展。

9.3 生态农业技术及模式

9.3.1 生态农业技术

从国外生态农业及中国生态农业发展看,生态农业的主要技术包括以下几个方面。

1. **农业生物立体共生技术** 农业生物立体共生技术中包括种植业立体共生技术与种养业立体共生技术。这种立体共生技术通过协调作物与作物之间,作物与动物之间,以及生物与环境之间的复杂关系,充分利用互补机制,并最大限度避免竞争,使各种作物、动物能各得其所,以提高资源利用效率及生产效率。这类模式在中国农区相当普遍,尤其是光、热、水资源条件较好,生产水平较高的地区更是类型多样,成为解决人多地少、增产增收的主要途径。

种植业立体共生技术有桐粮间作、枣粮间作、茶粮间作、杉粮间作以及林木与经济作物间作,如胶茶间作、蔗田种菇、果园种菇等的农林复合立体共生技术;有林药间作,林下栽种黄连、白术、绞股蓝、芍药等,既可提高经济效益,又可塑造整体功能较高的人工林系统,促进了生态环境的改善的林药复合立体共生技术;利用各种农作物的轮作、间作与套作,最大限度地发挥光、热、水、气、土、肥等自然环境因子的作用,以达到增产增收的目的,提高复种指数和土地利用率的时空结构优化种植技术(图9-1~图9-6)。

种植业与养殖业立体共生技术即把种养两种或多种相互促进的物种组合在一个系统内,达到共同增产,改善生态环境,实现良性循环。例如,稻田养鱼,在养鱼的稻田中,水稻为鱼提供庇荫、适宜温度和充足饲料,鱼为水稻除草、灭虫、充氧和施肥。稻鱼共生互利、相互促进,形成良好的共生生态系统,既促进了渔业发展,又提高了水稻产量,减少了化肥、农药、除草剂的使用,提高了土壤肥力。又如,稻萍鱼共生、苇鱼禽共生、稻鸭共生等(图9-7和图9-8)。

图9-1 小麦套作玉米

图9-2 果粮间作

图 9-3 枣粮间作

图 9-4 桉树间作菠萝

图 9-5 桑菇间作

图 9-6 玉米木耳间作

图 9-7 稻田养鱼

图 9-8 稻田养鸭

2. 有机物质多层次利用技术 通过物质多层次、多途径循环利用，实现生产与生态的良性循环，提高资源的利用效率，这是生态农业中最具代表性的技术手段。归纳农业生态系统中物质多级利用技术，主要方式有以下几种。

（1）畜禽粪便综合利用　鸡的消化道短，饲料未被充分吸收利用就排出体外。鸡粪中含有70%左右未被消化吸收的养分，粗蛋白、钙和磷的含量均较高。利用半干乳酸发酵后的鸡粪喂猪，猪粪养蚯蚓喂鸡，形成一条养殖业内部无污染的生产工艺流程，不但有机废物转化为肉、鸡、蛋，而且可为农田提供有机肥料。鸡粪经半干乳酸发酵，可除臭杀菌，增加适口性。利用发酵后的鸡粪与其他饲料搭配喂猪，每头猪可比纯喂精料节省188～282kg，提高瘦肉率2%～6%。

畜禽粪便另一条利用途径是作为沼气原料，可以作为能源利用，而沼渣沼液不仅可作为优质的有机肥料供作物利用，还可作为食用菌培养料，或猪、鱼饲料等（图9-9）。

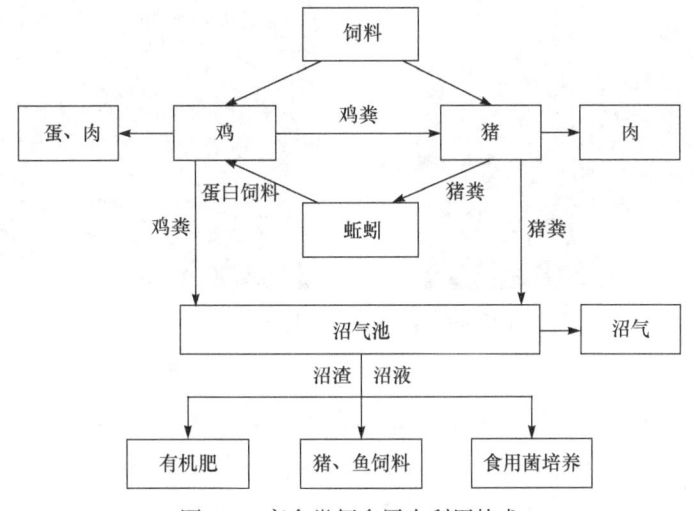

图9-9　畜禽粪便多层次利用技术

（2）秸秆综合利用　农作物的秸秆产量是相当多的，能占到生物量的60%左右，中国每年产出的作物秸秆在7亿t以上。秸秆利用途径目前除部分直接用作有机质补充农田外，还有一部分作为饲料供牛、羊等草食动物食用。秸秆还可通过氨化处理、微生物发酵及添加剂处理等，使营养价值和适口性大大提高，并可替代部分粮食。另外，秸秆还可作为食用菌（蘑菇等）的培养料、沼气原料（图9-10）。

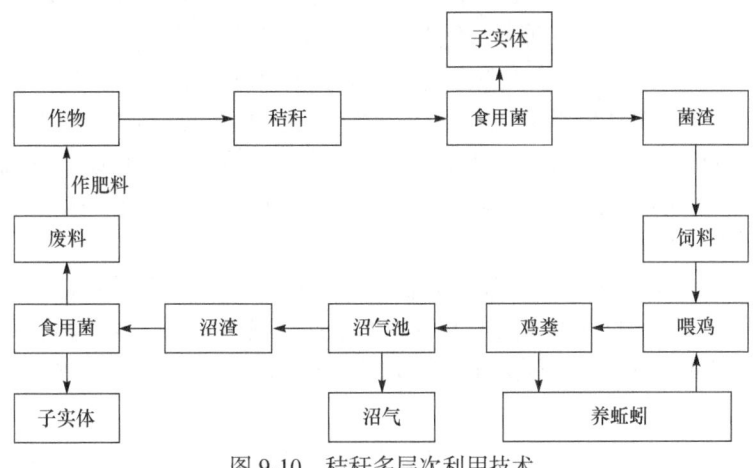

图9-10　秸秆多层次利用技术

3. 有害生物综合防治技术　　根据病、虫、草危害作物的情况，可综合运用物理、化学、生物、农业等技术防治病、虫、草。主要包括以下几个方面。

1）农业防治技术。抗病、抗虫育种，以增强作物、家畜、家禽的抗病虫能力；实行间套作、轮作换茬和改变播种耕作制度，以减少病、虫、草的数量和危害；调整作物播种期和生长发育时期，以避开病、虫、草的危害时间；中耕除草、清理田园，以消灭病、虫的中间寄主等（图9-11和图9-12）。

图9-11　现代杂交水稻与传统优质稻间作可防控优质稻患稻瘟病

图9-12　玉米与马铃薯间作可防控玉米大小斑病和马铃薯晚疫病

2）生物防治技术。利用有害生物的天敌对有害生物进行调节、控制甚至消灭。包括利用昆虫、微生物、脊椎动物天敌的技术，如利用赤眼蜂防治玉米螟；利用蚜虫防治空心莲子草；利用真菌防治大豆寄生性杂草菟丝子；利用稻田养鱼、养鸭，旱地作物养鸭、养鸡等控制农田虫害、杂草。

3）物理防治技术。用物理措施减害，如机械铲除杂草、灯光诱杀害虫等。

4）化学防治技术。使用自然或合成的化学药剂控制有害生物。积极筛选高效、低毒、低残留和高选择性农药及生物农药，改进施用方法，合理施用农药，把化学农药对环境的危害减小到最低限度。

4. 新能源开发技术　　开发利用薪炭林、沼气、太阳能、风能、水能等新能源，替代部分煤炭、石油、天然气等常规能源，是生态农业的一项重要技术。

（1）沼气发酵技术　　沼气发酵是通过微生物在厌氧条件下，把淀粉、蛋白质、脂肪、纤维等有机大分子降解为可溶性碳、氮小分子化合物，同时产出甲烷（CH_4）等可燃性气体的有机化学反应过程。从生态系统角度看，将秸秆、粪尿、有机废弃物等通过沼气发酵产生可利用能源，还解决了环境污染问题，同时强化了生态系统的自净能力，实现无污染生产。

（2）太阳能利用技术　　太阳能是恒定的、可再生的、清洁的能源，是实现农业生产过程的基本能源。目前所采用的常规技术包括地膜覆盖、塑料大棚、太阳能温室、太阳灶等，它们都可有效地增强太阳光能的吸收利用，解决作物生长过程中的热量需求及生活用能。

（3）风能、地热能利用技术　　在一些海拔较高、风力强大的地区，利用风力能发电、照明、取暖,有相当的利用潜力。一些地区利用地热能开展的蔬菜、瓜果、高价值植物栽培,效益也非常显著。

5. 生物措施与工程措施配合的生态治理技术　　水土流失是中国农业发展环境变劣的重要原因。实施生物措施与工程措施结合的综合治理技术,对改善环境和控制水土流失的效果显著。通过种草种树,提高地表覆盖度,利用根系固定土壤、减缓径流、降低风速,配合修筑梯田、蓄水坝、等高种植等工程措施,是控制水土流失的有效手段(图 9-13 和图 9-14)。

图 9-13　水平沟等高种植治理水土流失　　　　图 9-14　梯田措施治理水土流失

9.3.2　生态农业的几种典型模式

1. 农-林-牧-加复合生态模式　　在农业生态系统中,农、林、牧是大农业的主要组成部分。林业子系统为整个农业生态系统提供天然的生态屏障,对整个农业生态系统的稳定起着决定性的作用。农业子系统则提供粮、油、蔬、果等农副产品。牧业子系统则是整个生态系统中物质循环和能量流动的重要环节,为农业子系统提供充足的有机肥,同时生产动物蛋白。因此,农、林、牧三个子系统的结合,有利于农业生态系统的持续、高效、协调发展。

农-林-牧复合生态系统再加上一个加工环节,使农、林、牧产品得到加工转化,能极大地提高农林牧产品的附加值,有利于农产品在市场中的销售,使农民能做到增产增收,整个复合农业生态系统进入生态与经济的良性循环。

以辽宁省昌图县的高产粮田农-林-牧-加复合生态农业模式为例,该模式主要有 5 项生态技术(图 9-15,表 9-1)。实际上,这一模式主要包括一个循环系统和 3 个开放系统。一个循环系统为玉米根茬经过机械翻地归还农田。3 个开放系统为:利用玉米轴生产糠醛,糠醛渣既可用于改良盐碱土地,又可用于栽培食用菌,菌渣又可作饲料;玉米秸秆饲料化发展畜牧业,牲畜粪尿可以还田;籽粒从单一粮食向饲料和工业原料过渡,工业原料的下脚料又是畜牧业的饲料,畜牧业产生的有机肥再还田。4 个链条相互融会,分别进入市场,又多渠道还田,从根本上改变农民只卖玉米一条出路的现状。这一模式从优化农业内部结构和功能出发,通过 6 项重点工程技术科学组装配套,建立起以玉米为中心,集籽粒、根茬、秸秆、玉米轴"四位一体"综合利用的良性循环生态格局,完成了玉米带上的玉米经过工业的、生物的加工转化增殖过程。

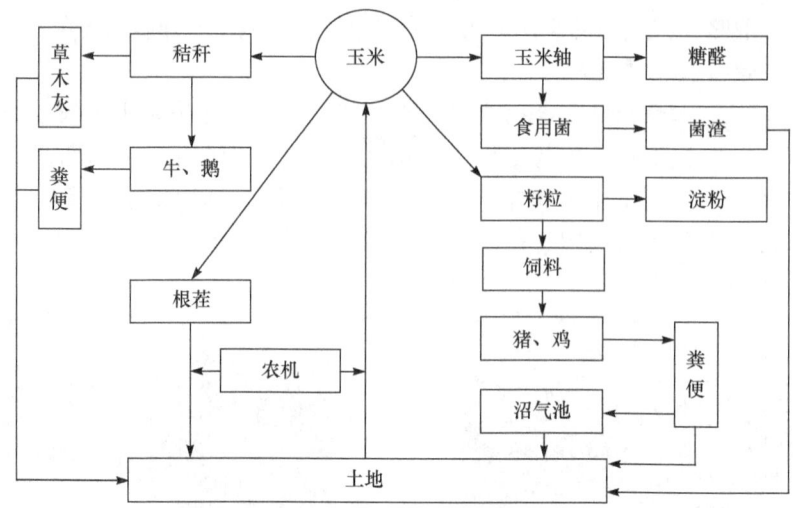

图 9-15 高产粮田农-林-牧-加复合生态模式

表 9-1 农-林-牧-加复合生态模式

技术体系	技术内容
作物模式化栽培技术	玉米和小麦间作，高矮、早晚搭配种植，边行优势明显。玉米平均产量可达 8250kg/hm², 小麦平均产量 1875kg/hm²，产麦秸 2250kg/hm²，产玉米秆 2.1×10⁴kg/hm²
农牧复合技术	以玉米为原料，进行饲料生产和籽粒、玉米秸加工利用，达到以农养牧、以牧促农的目的
农林复合技术	农田林网建设，风速平均降低 27.7%，地面蒸发量减少 12.5%，增加土壤微生物数量和酶的活性，改善了农田小气候
食用菌栽培技术	形成"玉米-玉米轴和秸秆养菇-养菇后肥料还田"的玉米链，把玉米秸秆转化为营养丰富的食用菌，菌渣还田，形成复合生态系统，使效益提高 3.5 倍
农-加接口技术	玉米和秸秆转化利用，生产出饲料、糠醛和白酒等产品，完成由种植业向加工业的接口

2. 多层次循环高效利用基塘模式 在中国南方，充分利用水陆资源而创造出一种较为完善的种养模式——基塘物质能量循环生态模式。它能充分利用水体与塘基上所提供的物质与能量，通过生物的分解、富集与再生获得较高产值，既保护了农村环境，又维护农业生态系统平衡，如桑基鱼塘、果基鱼塘、蕉基鱼塘、花基鱼塘、田基鱼塘等。

现以桑基鱼塘生态技术模式为例说明。

利用鱼池（塘）堤坡栽植桑树，桑叶用于养蚕。将养蚕获得的蚕沙、蚕蛹投入鱼塘，为鱼类提供食料。鱼塘中鱼类吃剩的食料加上排泄物，可培育浮游生物。浮游生物又可供鱼类取食，而沉落到塘底的饲料残渣及排泄物则被微生物分解，形成富含有机质和其他营养元素的塘泥。经过一定时间的积累后挖取塘泥上桑基，既净化了鱼塘，又为桑基施入高效的有机肥。这样形成了相互促进的桑基鱼塘生态模式。

桑基鱼塘系统一般要求鱼塘呈长方形，基高距水面 1m 左右，鱼塘水深 2m，基面宽

8～11m，塘基比例以 1∶1 为宜；鱼塘中的鱼应以不同品种综合搭配放养，鱼塘中上层鱼为取食浮游生物的鳙鱼，中层为取食草的草鱼，下层为取食粪便和杂物的鲤鱼和鲫鱼。这样可充分利用上、中、下三层水体。一般每亩桑园可生产桑叶 1500～2000kg。每 100kg 桑叶用于养蚕，可获得鲜蚕沙 45～50kg。蚕沙中含有机质 40%～50%、粗蛋白 14.5%、粗脂肪 2.5%、粗纤维 16.5%，既是鱼的理想饲料，又是鱼塘的好肥料。每亩桑基可净增鱼 250～300kg。

同时，可在塘边上建造猪禽舍、沼气池等，加入生猪饲养这一环节，可进一步提高物质转化效率（图 9-16）。

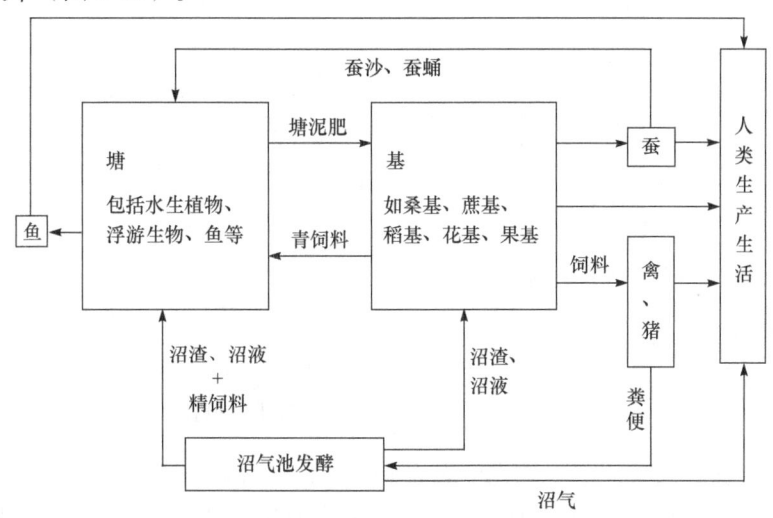

图 9-16　南方基塘模式

3. 庭院生态模式　　在庭院范围内，有限的土地上集中了动物、植物、微生物等生产者、消费者、分解者，形成了复杂的食物链关系，并集生产空间与生活空间于一体。而且，庭院的自然环境受到人类活动的高度调控，存在着生产、加工、储存等经济活动中的多种功能，形成了多层次物质能量利用的庭院生态模式。在开发与发展中，由于地域、条件与技术上差异和要求的不同，农村庭院生态模式形成了多种类型和多样的模式，如庭院绿化型模式、种养结合型模式、立体栽培型模式、种养加复合模式、庭院微循环模式等。

现以庭院微循环模式——"四位一体"庭院生态模式为例说明。

这种庭院模式是针对北方寒冷生态区发展生态农业存在的问题，经过科学试验发展起来的。是以日光温室为主体，将沼气、家畜（禽）舍、厕所、蔬菜生产有机地结合在一起，利用塑料薄膜的透光性能，将日光能转化为热能，从而达到提高温室温度和保持湿度的目的，为蔬菜和家畜（禽）生长发育和沼气的产生提供适宜的环境。家畜（禽）、人粪便入沼气池，为沼气的产生提供原料。沼气作为农村生活能源。沼液、沼渣为蔬菜、农作物、果树等的生长发育提供优质有机肥。蔬菜的光合作用为家畜（禽）提供氧气。这样，合理利用了各种能源，实现了物质与能量的良性循环，减少了环境污染，改善了庭院的生态环境（图 9-17）。以辽宁省大洼县为例，每个沼气池年产气量为 277.5m³。全县现有能源生态模式户 5590 户计，全年可产沼气 $1.55×10^6m^3$，折合标准煤 1230t。每吨标准煤按 245 元计算，每年可节省资金 30 万元。庭院能源生态系统纯收入占农民总收入的 48.2%，且消除了稻草、垃圾满地扔的现象，增加了土壤有机质含量，解决了粮食生产在持续高产中地力减退的潜在危机。厕所、猪舍模式的结合，减少了粪便污染，消除了对饮水源的污染，抑制了疾病发生，环境效益明显。同时，安排了大量的闲散劳力和剩余时间，提高了农民素质，社会效益显著。

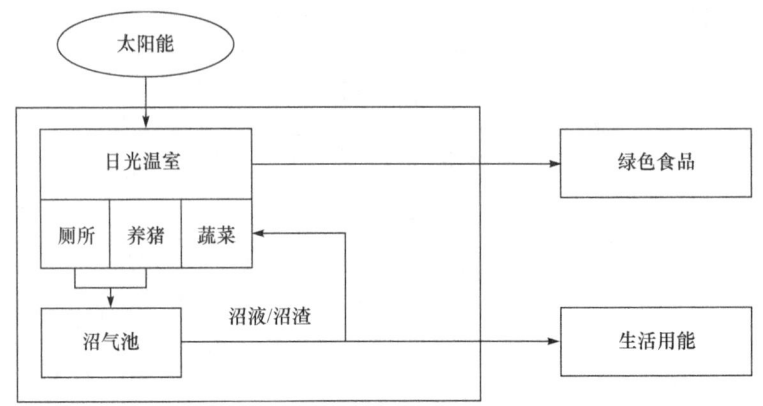

图 9-17　北方"四位一体"庭院生态模式

4. 观光生态农业模式　　观光生态农业模式强化农业的观光、休闲、教育和自然等多功能特征，形成了具有第三产业特征的一种农业生产经营形式。主要包括高科技生态农业园、精品型生态农业公园、生态观光村和生态农庄等 4 种模式。

1）高科技生态农业观光园：主要以设施农业（连栋温室）、组配车间、工厂化育苗、无土栽培、转基因品种繁育、航天育种、克隆动物育种等农业高新技术产业或技术示范为基础，并通过生态模式加以合理联结，再配以独具观光价值的珍稀农作物、养殖动物、花卉、果品以及农业科普教育（如农业专家系统、多媒体演示）和产品销售等多种形式，形成以高科技为主要特点的生态农业观光园。

2）精品型生态农业公园：通过生态关系将农业的不同产业、不同生产模式、不同生产品种或技术组合在一起，建立具有观光功能的精品型生态农业公园。一般包括粮食、蔬菜、花卉、水果、瓜类和特种经济动物养殖精品生产展示、传统与现代农业工具展示、利用植物塑造多种动物造型、利用草坪和鱼塘以及盆花塑造各种观赏图案与造型，形成综合观光生态农业园区。

3）生态观光村：专指已经产生明显社会影响的生态村。它不仅具有一般生态村的特点和功能（如村庄经过统一规划建设、绿化美化环境、卫生清洁管理、村民普遍采用沼气、太阳能或秸秆气化，农户庭院进行生态经济建设与开发，村外种养加生产按生态农业产业化进行经营管理等），而且由于具有广泛的社会影响，已经具有较高的参观访问价值，具有较为稳定的客流，可以作为观光产业进行统一经营管理。

4）生态农庄：一般由企业利用特有的自然和特色农业优势，经过科学规划和建设，形成具有生产、观光、休闲度假、娱乐乃至承办会议等综合功能的经营性生态农庄。这些农庄往往具备赏花、垂钓、采摘、餐饮、健身、狩猎、宠物乐园等设施与活动。

9.4 生态农业设计与评价

9.4.1 生态农业设计

1. 生态农业设计的概念　　生态农业设计指人们按照生态学、生态经济学原理，运用现代科学技术手段，对农业生态系统进行再构造，从而实现农业系统有序的结构、强大的功能、持续的效益和良好的环境目标。其任务是，根据生态学原理，设计一个按照生态环境类型，利用生态位势，全面地安排农、林、牧、副、渔等各业生产的能量与物质良性循环的优化系统模式，选择出给定地区农业系统未来发展的优化方案，描绘出生态经济发展与生物圈的有限资源恰当结合的新蓝图。

2. 生态农业设计的基本原则　　生态农业设计是生态农业实施的前提和依据。进行生态农业设计必须符合以下原则。

（1）整体协调原则　　生态农业是由种植业、畜牧业、林果业、水产业和加工业等行业相互配合，相互协调，按一定次序形成的一个复杂的生产体系。只有系统中各个组成部分保持协调发展，才能使整个系统保持较高的生产能力和积累能力，形成一个不断扩大再生产的高效率系统。

（2）循环再生原则　　只有掌握合理的种植、饲养、管理等时间及其质量，并通过合理的结构组合即处理好食物链中的量比关系及多层次利用规律，使物质、能量交换正常进行，才能实现生物资源有效再生和良性循环。

（3）输入输出平衡原则　　使生物体不断从生活环境中获取所需要的营养元素，并根据生物体内的需要，高效、准时、合理地增加物质和能量的投入。只有这样，才能在自我维持的基础上，通过高投入获得高产出，保证系统输入与输出的平衡，才能维持植物体正常代谢的进行，保证农业生产持续、稳定、协调的发展。

（4）因地制宜原则　　农业生产具有特定的生物性、季节性、地域性特点，生态环境具有多样性特征。因此，生态农业设计（平面结构、立体结构、时间结构、食物链结构）必须根据具体生态、环境、技术、社会经济条件来进行，紧密结合实际情况采取不同的措施和方法。

（5）可持续性原则　　生态农业设计，要确保达到和连续满足当代和后代人类需求的方式，实现经济效益、社会效益和生态效益的协调和统一，并在较长时段内对生态农业建设起指导作用，充分体现环境有效保护、资源合理有效利用和经济稳步增长的可持续发展观点。可持续发展必须作为一种思想意识和策略，贯穿于整个生态农业设计中，使生态系统的社会、经济、生态三大效益都得到提高，系统得到持续发展。

3. 生态农业设计程序及内容

（1）生态农业设计的程序　　进行生态调查和系统诊断是生态农业设计的基础。

生态调查主要是对某一系统或区域内生态环境状况（如土地、水、气候、生物、矿产资源）、社会经济状况、经营活动、各业生产水平及存在问题的调查。在摸清自然资源和社会经济条件的本底基础上，进行系统描述、诊断和评价，然后根据自然地理条件、区域生态经济关系及农业生态经济系统结构功能的类似性和差异性，进行分区，并依据资源潜力、生态经济特点及持续发展的限制因素，进行分区设计。

（2）生态农业设计的内容

1）平面设计：以生物群落的水平结构原理为依据，在一定区域内，根据各种不同的自然环境和社会条件，确定作物的种群或类型与农业中各业的比例及分布，即通常指的农业区划或农业规划布局。

2）立体设计：是群落垂直结构原理的具体应用，既要使农业生物群体在空间上多层利用环境资源，又要发挥生物间的"互利共生"关系，如农作物间套作结构，农林立体种养结构，稻萍鱼立体结构，庭院立体结构等。

3）时间设计：是根据各种资源的时间节律，设计出能有效地利用资源的合理格局，使资源转化率最高。按照时间设计的性质可分为种群嵌合型（如小麦套种玉米、棉花等）、种群密集型（如甘蔗育苗移栽，水稻两段育秧等）、设施型（如塑料大棚种蔬菜、温室种菜等）和变更产出期型（如激素催长、水果保鲜、光照调节花卉的花期等）4种。

4）食物链设计：在农业生产中，由于食物链简单，造成了农产品利用不充分（尤其是非经济产品）。在原有食物链中引入或增加新的环节，可提高能流、物流效率，扩大农业系统的生产力和经济效益。依加入环节的功能不同，可分为以下几种。

a. 生产环。加入该环节后，可以使非经济产品变为经济产品。例如，农业生产过程中的有机副产品（如畜禽粪便、棉籽壳等）培养食用菌。又如，蜜源植物开花之际进行人工放蜂，可使农作物和果树提高授粉率，增加产量，又可生产出价值高的经济产品蜂蜜、蜂乳、蜂胶等。

b. 增益环。指所加入的环节，并不能（或暂时不能）直接生产出经济产品，但能加大生产环的生产效益。例如，利用副产品、垃圾、废品、动物粪便养蚯蚓或蝇蛆，再以蚯蚓或蝇蛆喂猪、鸡。猪、鸡由于增加了蛋白质营养，生长迅速，产量增加，效益提高，故蚯蚓、蝇蛆可视为增益环。

c. 减耗环。加入的环节不能生产产品，但可以减少农业生产中非正常耗损，如人工引进赤眼蜂和瓢虫用于控制棉铃虫和蚜虫的危害，减少耗损。

d. 复合环。指具有两种以上功能的环节。复合环的加入把几个食物链连在一起，最大限度地提高能量利用率和物质转化率，实现经济效益、生态效益及社会效益的最佳组合。例如，沼气池以畜禽粪便、秸秆、杂草等为原料，利用微生物作用，产出为人们提供生活、生产能源的甲烷等可燃气体。另外，沼液、沼渣可供多条食物链利用，如肥农田、果树，沼渣种蘑菇、养蚯蚓等。又如，稻田养鱼、鸭，鱼、鸭既有减耗作用，又可生产肉、蛋产品，具有复合效应。

e. 降解环。引入的环节能使有害物质降解，或使原来可能损害人类生命的食物链中断或转向。例如，在受污染的土壤上种植非食用的用材林、薪炭林等林木和花卉等观赏植物，种植用来生产纤维用的各种麻类作物，使污染物离开食物链。又如，利用凤眼莲处理污水等。

f. 产品加工环。农产品加工虽不属食物链范畴，但增加加工环，可减少农业生态系统物质和能量的损失，减少系统外有机物质的富集，提高农产品的效益。例如，玉米可首先加工成玉米淀粉，然后用淀粉生产中的废渣，提炼玉米油，榨油后的废渣加工成配合饲料养猪喂牛。

9.4.2 生态农业评价

生态农业评价是生态农业建设中的一个重要环节，也是衡量和检验生态农业建设是否科学、合理、富有成效的重要方法和手段。

1. 生态农业综合评价的种类

（1）实体评价和设计评价　实体评价主要对已存在的生态农业进行结构和功能的分析和评价，目的在于发现问题、总结经验，以进一步明确和发展的主攻方向，为生态农业的改进和优化提供科学依据。

设计评价是一种预测性评价，主要是对正在进行规划设计并将付诸实施的生态农业进行可行性论证和评价，分析在建设过程中可能会出现的生态、经济和社会问题，提出相应的对策和措施，并对设计的各种方案进行评价和优选。

（2）静态评价和动态评价　静态评价是在一定的时空条件下，对某一特定生态农业的现状进行分析和评价，客观反应评价对象的结构、功能和效益状况，并可对不同生态农业进行比较研究，目的在于掌握其运行现状和特点，并予以针对性的改造和调控。

动态评价主要从生态农业演替和发展的过程出发，通过时间序列来揭示生态农业在结构、功能和效益方面的运行规律和发展机制，分析稳定性和可持续性，探讨可能的发展趋势，进而提出相应的策略。

（3）宏观评价和微观评价　宏观评价是对一定区域内整个生态农业建设进行分析和评估，集中反映评价范围内的生态关系是否和谐、结构是否合理、功能是否高效、经济效益是否显著，进一步明确区域发展中的限制因子和突破口，为整个区域的生态农业建设提供参考依据。

微观评价是对某一具体的生态农业进行深入细致的调查、解剖和分析，通过对其结构、功能和效益的定性和定量评估，总结出适合于相似区域的典型模式，为推广应用积累资料和经验。

2. 生态农业综合评价的内容

（1）生态农业的结构评价　结构评价主要是通过对环境结构、生态结构、社会经济结构和技术结构的评价来揭示生态农业的运行和发展态势，研究其结构的合理性和协调性。

1）环境结构的评价：主要是对土地资源、气候资源、人口状况、水分资源等本地条件的时间分布和空间配置进行评价，进而可以阐述其优势所在和限制因子。

2）生态结构的评价：主要评价种群结构，反映其与环境的适应性。通过对食物链、食物网的评价，反映物质能量循环的完整性；通过产投分析，反映开放性和合理性等。

3）社会经济结构的评价：主要分析经济产业（行业）的结构状况，如劳动生产力、各业产值、投入产出等方面的结构比例状况，以反映各行业部门之间是否协调。

4）技术结构的评价：重点分析生态农业建设中所采用的不同层次、不同种类的技术措施及其结合方式，如硬技术与软技术、生物措施与工程措施、有机技术与无机技术等。

（2）生态农业的功能评价　　生态农业通过不断的物质循环、能量流动、信息传递和价值流通，将各子系统和子系统的各成分连接成一个有机的整体，表现出一定的功能。功能评价就是对内部各子系统之间、与外部环境之间物质、能量、信息、资金投入与产出的情况进行计量和分析。通过功能评价，并结合结构状况的分析，可以反映出运行中的生态平衡、经济平衡及生态经济平衡状况，从而研究物质、能量、价值流动的合理性和有效性，以反映生态农业运行的功能。

（3）生态农业的效益评价　　效益评价就是对生态农业功能表现形式的评价，具体可分为生态效益、经济效益和社会效益评价。生态效益评价就是生态农业运行对生态环境所产生的直接或间接的各种影响进行计量和分析，并揭示其与外界环境间的生态平衡状况。经济效益评价包括物质形态效益和价值形态效益，主要衡量生态农业功能对经济目标的实现程度，揭示经济再生潜力及其与外部经济环境之间的平衡关系。社会效益评价主要分析社会适应程度，揭示满足社会需要和对社会发挥有效作用的状况，并考察生产的商品化程度、人民物质生活和文化水平。

第 10 章 农业信息技术与精准管理

信息技术发展是 21 世纪的典型时代特征。信息技术是指获取、处理、传递、存储、使用信息的技术，是能扩展人们信息功能的技术。它集通信（communication）、计算机（computer）、控制（control）技术于一体，也称为"3C"技术，内容包括信息采集、信息传输、信息处理及信息控制技术。深化信息技术在农业领域中的应用，对提高我国农业科学生产和经营管理，推进我国农业产业化和现代化进程，加快农业信息化建设步伐具有重要作用。

10.1 农业信息技术和农业信息化

农业信息技术（agricultural information technology，AIT）为改善与调节生物与环境关系提供最佳技术手段，促进农业生产潜力的最大可能发挥。农业信息技术是农业科学与现代信息技术相结合的新型交叉学科，主要研究现代信息技术在农业领域应用的理论与技术。它是农业生产、经营管理、决策支持过程中的自然、经济、社会信息的收集、存储、传递、处理、分析和利用的技术系统，主要包括地理信息系统（GIS）、全球定位系统（GPS）、遥感（RS）、决策支持系统（DSS）、专家系统（ES）、计算机与网络技术、自动控制技术、多媒体技术和农业数据库等。其目标是将现代信息技术的成果引入农业科研、生产、经营和管理系统中，进行创新，重在应用；通过利用现代信息技术对传统农业进行改造，加速农业的发展和农业产业的升级，是现代信息科学迅猛发展和农业产业内部需求相结合的必然产物。

农业信息化是信息技术应用于农业生产、经营和管理的过程。现代信息技术在农业领域的广泛应用，促进了农业信息技术的形成和发展，也加快了农业信息化建设进程。根据我国 2005 年对信息化六大要素的描述，即信息技术应用、信息资源、信息基础设施、信息技术和信息产业、信息安全、信息化环境，农业信息化至少包括 5 个方面的内容：① 农业信息技术应用；② 农业信息资源；③ 农业信息基础设施；④ 农业信息安全；⑤ 农业信息化环境。

10.2 农业信息技术的支撑技术

通过对大量信息进行相关的处理才能使得信息资源得以利用。按照信息获取和加工利用流程，包括信息采集技术、信息加工技术、信息利用技术等，这些技术又包括模型技术、"3S"技术、传感技术等。

10.2.1 全球定位系统

全球定位系统（global positioning system，GPS）是美国国防部研制的以卫星为基础的无线电测时定位、导航系统，它由24颗分布在6个轨道面上的卫星组成。全球任一点任一时刻均可收到4颗以上的卫星信号，通过测量每一卫星发出的信号到达地面接收机的传输时间，即可算出接收机所在的地理空间位置，实现瞬时定位。GPS的主要功能是能实时快速地确定地面运动物体和静止地面点的空间位置。除广泛用于航空、航天、航海、大地测量和工程测量等领域外，GPS也开始被应用于农业领域。例如，"精确农作"中的定位信息采集与处方农作的实施，就需要用GPS来进行农田面积和周边测量，引导田间变量信息采集，作物产量小区定位计量，变量作业农业机械实施定位处方施肥、播种、喷药、灌溉和提供农业机械田间导航信息等。

GPS系统可以实现瞬间动态定位和导航。实时测得运动载体GPS信号接收天线的所在位置称GPS动态定位。如果不但测得运动载体的实时位置，而且测得运动载体的速度、时间和方位等状态参数，进而"引导"该运动载体准确驶向预定的目的位置，则称之为导航。

GPS系统由导航卫星、地面站组和用户设备三部分组成。

1. 导航卫星　　GPS系统定位卫星包括24颗工作卫星和3颗备用卫星。工作卫星均分布在6个相对于赤道的倾角为55°的近似圆形轨道面上，每个轨道面上都有4颗卫星。轨道面之间的夹角为60°，轨道平均高度为20 200km。卫星运行周期为12h。这样的卫星定位使得在地球上任何位置的近地旷野的GPS接收机在昼夜任何时间、任何气象条件下最少能接收到4颗以上卫星的信号。通过测量每一颗卫星发出的信号到达接收机的传输时间推算距离，即可计算出接收机所在的地理空间位置。

2. 地面站组　　地面站组也称地面控制部分，包括5个监控站、1个上行注入站和1个主控站。监控站接收卫星的扩频信号，求出相对于原子钟的伪距和伪距差，检测出卫星的导航数据并将伪距、星历、气象数据、卫星状态数据等一并传送到主控站。主控站负责对地面监控站的全控制，接收到各监控站的卫星导航数据，进行数据偏差改正处理后编制导航电文，通过注入站将导航数据注入卫星的导航处理系统。同时，主控站在必要时启动备用卫星以代替失效的工作卫星。

3. 用户接收机　　用户接收机的主要功能是接收卫星的信号，并利用本机产生的伪随机编码取得距离观测量和导航电文，根据导航电文提供的卫星位置和钟差改正信息，计算接收机的位置，实现定位和导航。GPS接收机具有码的捕获、码的锁定、电文解调和位置计算等功能。

10.2.2 遥感技术

遥感技术（remote sensing，RS）是指不直接接触有关目标物或现象而能收集信息，并能对其进行分析、解译和分类等的一种技术。遥感所收集的信息一般是由目标物反射或发射的电磁波信息。遥感之所以能根据收集到的电磁波信息来解译地面目标物和现象，是由于不同的物体种类及其所处环境，具有完全不同的电磁波的反射或发射辐射的特性。农业遥感是现代遥感技术与农业科学相结合而应用于农业生产领域的一门新型边缘学科。目前它所渗透到的农业学科领域有：土壤学中的土壤调查、土壤侵蚀调查和土壤水分监测，农学中的农作物长势监测与估产，草原学中的草原调查、产草量估算，农业灾害中的干旱、洪涝及某些病虫害的调查与监测，农业生态中的荒漠化及农业环境的监测等。

1. 遥感技术组成　　遥感技术系统包括：空间信息获取、遥感数据传输与接收、遥感图像处理、遥感信息提取与分析4部分。

（1）空间信息获取　　地球表面目标地物空间信息获取主要由遥感平台、遥感器等协同完成。遥感平台是安放遥感仪器的载体，包括气球、飞机、人造卫星、航天飞机及遥感铁塔等。遥感器是接收与记录地表物体辐射、反射、散射信息的仪器。目前常用的遥感器包括摄影机、光学机械扫描仪、推帚式扫描仪、成像光谱仪和成像雷达。按其特点，遥感器可分为摄影、扫描、雷达等几种类型。

（2）遥感数据传输与接收　　卫星地面接收站的主要任务是接收、处理、存档和分发各类地球资源卫星数据。地面站接收的卫星数据常被实时记录到高密度磁带（HDDT）上，然后根据需要拷贝到计算机兼容磁带。

（3）遥感图像处理　　遥感图像处理依赖于一定的处理设备。对于数字图像处理系统来说，它包括计算机硬件和软件系统两部分。硬件部分包括计算机、显示设备、大容量存储设备、图像输入输出设备等。软件部分包括数据输入、图像校正、图像变换、滤波和增强、图像融合、图像分类、图像分析，以及计算、图像输出等功能模块。

（4）遥感信息提取与分析　　遥感信息提取是从遥感图像等遥感信息中针对性地提取感兴趣的专题信息，以便在具体领域应用或辅助用户决策。遥感信息分析是指通过一定的方法或模型对遥感信息进行研究，判定目标地物的性质和特征，或深入认识目标物属性和环境之间的内在关系。

2. 遥感技术的类型　　按遥感平台划分为：地面遥感、航空遥感和航天遥感。

按传感器探测波段划分为：紫外遥感、可见光遥感、红外遥感、微波遥感和多波段遥感。

按工作方式可划分为：主动遥感和被动遥感、成像遥感和非成像遥感。

按遥感的应用领域划分为：外层空间遥感、大气遥感、陆地遥感、海洋遥感等。从具体应用领域可分为资源遥感、环境遥感、农业遥感、林业遥感、渔业遥感、地质遥感、气象遥感、水文遥感、城市遥感、工程遥感及灾害遥感、军事遥感等。

按遥感光谱分辨划分为：常规遥感和高光谱遥感。常规遥感又指波段遥感，波段宽度一般大于100nm，且波段在波谱上不连续，并不完全覆盖整个可见光到红外光光谱范围（400～2400nm），属于二维遥感。高光谱遥感是利用多种波段（宽度小于10nm的电磁波波段）从目标地物获取连续光谱信息，达到光谱和图像合一的三维遥感的方法。

3. 遥感技术的特点　　与传统地面调查方法相比，遥感技术具有综合性、宏观性、时效性、经济性、客观性和局限性。

10.2.3 地理信息系统

地理信息系统（geographic information system，GIS）是在计算机软硬件的支持下，对各类空间数据及描述这些空间特征的属性数据进行预处理、输入、编辑、存储、查询检索、显示、运算和综合分析应用，并研究和处理各种空间关系的计算机软件平台。GIS 的空间分析功能在农业上具有广泛的应用价值。当进行农业水利工程建设时，可以使用 GIS 网络分析功能进行灌溉水井的选址、设计灌溉渠道路线；农业区划、农业保护区划定及农业估产，可以使用 GIS 空间多层叠置分析；应用 GIS 空间定位与搜索技术可以随时得到某一地区或地块的各种信息。

1. 组成　　一个典型的地理信息系统包括3个基本部分：计算机系统、地理数据库系统、应用人员与组织机构。

1）计算机系统：包括硬件系统和软件系统，其中硬件系统主要用于存储、处理、输入输出数字地图及数据，软件系统主要负责提供系统的各项操作与分析功能。

2）地理数据库系统：主要用于数据维护、操作和查询检索，是 GIS 应用的重要资源和基础。

3）应用人员与组织机构：包括系统的建设管理人员和最终运行系统的用户，他们决定着系统的工作方式和信息的表达方式，是 GIS 中最活跃、最重要的部分。

2. 功能　　作为地理信息自动处理与分析系统，GIS 的功能覆盖了采集-分析-决策-应用的全过程。由于地理信息系统发展的多源性，其功能具有可扩充性和应用的广泛性，包括：① 采集、检验与编辑；② 格式化、转换、概化；③ 存储与组织；④ 分析；⑤ 显示。其中，分析功能中的空间分析与模型分析功能，称为地理信息系统高级功能。

3. 特征

1）GIS 在分析处理问题中使用了空间数据与属性数据，并通过数据库管理系统将两者联系在一起共同管理、分析和应用，从而提供了认识地理现象的一种新的思维方式。

2）以地理研究和地理决策为目的，以地理模型方法为手段，具有区域空间分析和动态预测的能力。

3）在计算机系统支持下，快速、精确、综合地进行地理定位和过程的动态分析，完成空间地理数据管理、分析、决策。

4）实践证明，人的因素在地理信息系统的发展过程中具有越来越重要的影响作用，GIS 的许多应用问题已经超出技术领域的范畴。

10.2.4 无线传感器网络技术

无线传感器网络（wireless sensor networks，WSN）就是利用大量微型传感器来跟踪各种活动，对气候、光和热等周围环境进行评估。它综合了传感器技术、嵌入式计算技术、分布式信息处理技术和无线通信技术，能够协调地进行实时监测、感知和采集网络分布区域内的各种环境或监测对象的信息，并对这些信息进行处理，获得详尽而准确的信息，传送到需要这些信息的用户。传感器网络为野外随机性的研究数据获取提供了方便，如研究环境变化对农作物的影响，监测海洋、大气和土壤的成分等。此外，用传感器来监测降雨量、河水水位和土壤水分，可依此预测爆发山洪的可能性；用传感器网络可以监测农作物中的害虫、土壤的酸碱度和施肥状况等。

10.2.5 多媒体技术

多媒体技术（multimedia technology，MT）是利用计算机技术把文字、声音、图形、图像等多种媒体综合一体化，使之建立起逻辑联系，并能进行加工处理的技术。多媒体产品可加强人们认识现实世界的真实感。农业信息的多媒体化将是农业信息加工、处理的一个重要方向，多媒体技术与网络技术结合，将会有力地促进农业信息资源的传播与利用。

10.2.6 网络技术

网络技术（network technology，NT）是利用现代通信手段将地域上分散的多个独立的计算机系统、终端数据设备与中心计算机、控制显示系统连接起来，对信息资源进行开发、获取、传输、加工、再生和利用的综合设施体系。我国幅员辽阔，广大农村十分分散，为了及时传播各类农业信息，建立网络是十分必要的。Internet 技术为全球实时信息交流创造了一条捷径。省、市级农业管理部门建立了自己的 Internet 后，可以用它对外发布农产品信息、进行市场动态信息分析、农产品电子交易、农业科学试验、农业科技知识培训等。

随着系统理论和计算机技术的发展，农业进入信息时代。计算机网络作为促进农业生产管理科学化、农业生产过程远程控制自动化和农业信息资源共享的重要手段，在农业中的作用越来越大。农业各主要学科，包括遗传育种学、作物栽培学、作物流行病学、农业生态学、农业经济学及农业气候学等，在近十几年相继开设了计算机网络技术应用研究课题，并广泛应用其他学科的概念、方法、交叉融合建立高效畅通的网络，以探讨农业科学中的许多未知问题。计算机网络技术已发展成为农学研究基础技术。

1. 科学计算、数值试验和数据综合分析共享　　把科学研究中获得的各种统计数据和实验数据输入计算机进行分析并共享，可以实现处理的数据数量大、速度快，符合贮存、编辑、对比等多种目的。农业中用计算机网络进行数据处理共享的主要有：① 环境和资源信息，包括水土资源信息、气象资源信息、动植物资源信息等。多数具有相对稳定性的基础资料，是编制规划、制订生产计划的重要信息来源。有的国家建立的计算机数据库或数据处理系统，可以贮存和管理多达数 10 万份的作物资源信息。育种工作者依靠联机检索网络，可以在全国各地通过计算机终端随时向数据库输送新品种或亲本材料的信息，查找到自己需要的作物品种，向世界各地发放品种资源情报。② 科技情报资料。为了提高这些资料的利用率，一些国家利用大型计算机建立了许多独立的科技信息中心，或由多台计算机构成的情报信息网络进行资料管理工作。这些网络有的是一个国家范围内的，有的是国家间的，通过网络向全国各地或有关国家提供农业科技资料。

2. 农业生产过程远程控制　　在农业科学试验中，利用计算机及时检测和搜集系统中的主要参数，并按照预先规定的这些参数的某种标准状态或最佳值，根据人们的要求进行人为或自动调节，实行远程控制。过程控制在研究园艺栽培和畜禽饲养时的作用尤为显著。由于这方面的生产日趋集约化、工厂化，要求对温度、湿度、光照等环境条件和水分、养料的供给等能够自动控制和综合调节，许多生产单位常采用单板计算机或微型计算机来实现这一目的。另外，在农业科学研究中使用的大型精密仪器，如各种光谱仪、中子活化装置等，配备专用的微型计算机后，可以自动收集和处理数据，也大大提高了使用效率。有些农机具如谷物风干机等也可用计算机网络技术实现远程控制，提高工作效率，节省劳动力。

3. 信息共享　　对于以往的信息，收集与管理主要集中在一些大城市或推广中心。这些机构利用其特有的影响力和与其他组织的合作，积累了大量的信息。随着因特网的发展，这些信息可以方便地为广大农民所使用。例如，一些网站提供了农业政策和发展战略方面的信息，研究机构提供了新的农业技术信息，农资产品的价格信息和性能等也可从生产商的网站上获得。农民通过租用虚拟主机或自己架设服务器的方式，开设自己的网站。这类网站大都以介绍农民自己的农产品及其生产环境等为主，个别农民还在网站上发表一些气象资料，或经过自己分析处理的气候情况介绍。

10.2.7　专家系统技术

专家系统（expert system，ES）是人工智能应用研究的主要领域。人工智能是研究人类智能活动的规律，构造具有一定智能行为的人工系统，以实现脑力劳动部分自动化的综合性学科，是专家系统的基础。而以知识为基础，在特定问题领域内能像人类专家那样解决复杂问题的计算机系统的专家系统，是人工智能研究发展的结果。农业专家系统也可称作农业智能系统，它是将人工智能的知识工程原理用于农业领域的一项高新技术，是运用知识表示、推理、获取等技术，总结农业专家的经验、实验数据及数学模型，建造起来的计算机农业软件系统，具有独立的知识库、智能化的分析推理机，可对用户提出的问题给予专家水平的解答。目前农业专家系统被用于农业的各个领域，提供诸如农业宏观决策、农业科学研究、农业生产管理等不同层次的服务，具体内容包括政策模拟、调控决策、方案模型、粮食安全预警、作物栽培、植物保护、施肥决策、农业经济效益分析、市场销售管理等。例如，中国科学院研究的"棉花生产管理模拟系统"，能够根据棉花播期、播种密度、施肥量和化控管理等栽培措施对棉花生长发育和产量形成的影像规律，提供棉花高产优质栽培的优化方案。

1. 专家系统的特点

1）具有专家水平的专门知识。这里所指的专家，一般来讲是在该领域比较权威的专家学者。

2）能进行有效地推进求解。一个完善的专家系统具有有效的推理方式，能够在不同条件下进行推理，而且不会出现明显的错误结论。

3）具有解释能力和获取知识的能力。专家系统能够解释决策的推理过程和回答用户提出的问题，以便让用户能够了解推理过程，提高对专家系统的依赖感。专家系统能够修改原有知识，不断地增长知识，不断更新知识。

4）具有一定的复杂性和难度。专家系统的形成和使用都有一定的难度，只有具备一定素质的人才能够设计和应用专家系统，专家系统的维护同样也是有难度的。

2. 专家系统的基本结构　　专家系统的基本结构（图10-1）比较简单，它只包括两个主要部分：知识库和推理机。

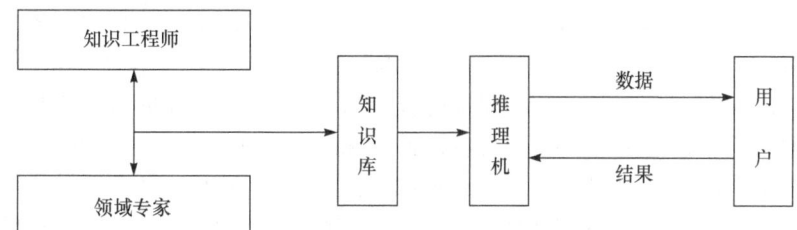

图 10-1　专家系统的基本结构

知识库系统的主要工作是搜集人类的知识，将其有系统地表达或模块化，使计算机可以进行推论、解决问题。推理机是专家系统中实现基于知识推理的部件，是基于知识的推理在计算机中的实现，主要包括推理和控制两个方面，是知识系统中不可缺少的重要组成部分。推理是指依据一定的规则从已有的事实推出结论的过程。专家能够高效地求解复杂的问题，除了他们拥有大量的专门知识外，更重要的是，他们能够合理选择、有效地运用知识。基于知识的推理所要解决的问题是如何在问题求解过程中，选择和运用知识，完成求解。知识的运用模式称为推理方式，知识的选择称为推理控制，它直接决定着推理的效果和推理的效率。

10.2.8　自动控制技术

自动控制技术（automatic control technology，ACT）是信息农业的重要执行技术。农业自动化即利用自动控制技术，以机械设备替代人类完成农业生产相关操作的过程。农业的机械化、电气化和信息化智能控制，是农业自动化的不同发展阶段。发达国家已经把自动控制技术应用于种植（耕种、灌溉、施肥、病虫害防治、收获）和养殖，以及农副产品的加工、贮藏、保鲜、销售等全过程，如荷兰的大量温室，在花卉和蔬菜等栽培管理中采用信息化自动控制技术，极大地提高了产品质量和效益。中国在这方面的研究及应用起步较晚，仅在设施园艺、设施农业、农产品加工和节水灌溉等领域有少量自动化控制技术的研究和应用。但从发展趋势看，自动控制技术将会逐步得到普及。

10.2.9　模拟模型技术

为了研究一个过程或事物，可以通过某些特征方面与它相似的"模型"来描述或表示，如儿童们常常玩的纸飞机，就是一种飞机模型。模型在描述过程和事物的时候，必然有一个简化的过程，但简化分为不同的程度，如纸飞机是一种最为简单的模型，它只描述了飞机外形的最基本构造。较好一些的飞机模型则不仅在外形上更为接近真实的飞机，还可以通过电子遥控等手段模拟比较平稳飞行。通常来说，模型越简化则在理解和使用上越为方便，但同时在描述上也就相对不够精确；反之，比较复杂的模型可以较好地描述被模拟对象的特征，但在理解和使用上也相对复杂。一个模型是否合理，取决于在便捷性和准确性之间的平衡。而这种平衡主要取决于对模型在描述准确性上的要求。

农业应用模型的目的是节约试验成本、缩短研究周期等。此外，应用模型对作物种植的前景预报预测，可以实现利益最大化。如预测怎样可以最优化种植过程，使作物在可能范围内的最适宜气候条件下生长，或选择最适宜本地种植的作物；优化管理，趋利避害，提高作物产量；预测市场对产品的需求量，从而达到最高的经济效益等。

作物模拟与决策支持技术（crop simulation and decision support technology）是信息农业和数字农业研究与应用的核心和典范，为种植业的精确化与数字化提供了基础与载体，对于农业生产的信息化和现代化有着重要的理论意义和应用价值。随着信息技术的快速发展，计算机技术在农业上的应用日趋成熟。作物生长模拟与决策支持研究经历了简单到复杂、局部到整体、理论到应用的发展历程，取得了丰硕的研究成果，成为传统农业向信息农业和数字农业转变和升级的重要工具。特别是随着人类生存环境的恶化以及人口与粮食安全问题的日益突出，作物系统模拟与决策支持研究进入了一个不断完善、广泛应用的新阶段。作物模拟技术能够定量描述农业生产系统内相关成分及过程间的相互关系，建立农业生物-环境-技术系统的计算机模拟模型，从而动态预测系统的行为和结果。如农业生产系统中的作物生长模型、农业气象模型、养分利用模型、水分平衡模型、病虫草害模型、农业经济模型等。农业系统模拟模型具有综合知识、定量关系、测验假说、动态预测和支持决策的功能，从而促进了生产系统的定性描述向定量分析的转化过程，为农业生产管理决策提供了量化的科学工具。

10.3 农业信息技术的应用

10.3.1 农业信息资源的发布

1. 农业电子商务　　农业是典型的传统行业，具有地域性强、季节性强、产品的标准化程度低、生产者分散且素质较低等特点，具有较大的自然风险和市场风险。电子商务是通过电子数据传输技术开展的商务活动，能够消除传统商务活动中信息传递与交流的时空障碍。农业电子商务，是指以农业生产为中心而发生的一系列的电子交易活动，如生产管理、农产品网络营销、电子支付、物流管理和客户管理等，其平台是以信息技术和因特网系统为基础，完成对农产品从产、供、销，最后到达用户手中而进行的一系列管理过程。农业电子商务的发展将推动农业向市场化转型，最终实现农业现代化。表现形式为：提供网上搜索、在线交易或拍卖、在线支付、物流配送等。发展农业电子商务，将有效推动农业产业化的步伐，促进农村经济发展。

农业电子商务模式仍然处于探索阶段，有了一些成功的模式，特别在一些专业性较强的农业电子商务，如饲料类、园艺类等电子商务。初步归纳有以下几种发展的趋势或现实的模式。

(1) 信息联盟服务商务模式　　农业信息具有季节性、地域性和综合性的特点。季节性指的是农业生产具有较强的季节性，信息服务必须有时间观念。地域性指的是各国各地区气候、土壤等自然条件差异，农作物种植方式、品种分布均呈现地域性分布，信息服务要具有地域性。综合性指农业信息涉及许多方面、许多领域，包括政务信息（政策法规、政务通告等）、商务信息（价格信息、市场行情等）、文化生活信息、劳务信息、种子信息、化肥信息、农药信息、农机信息等，信息服务要具有全面性。

为了解决目前农业领域信息尚缺乏科学分类和标准的问题，应该依托现代信息技术的强大优势，在政府有关部门和单位支持下，科学分类、制定标准，建立农业网站信息服务联盟，构建农业领域综合信息平台，联合国内各区域、各部门的涉农网站，实现资源共享、信息互通、利益均沾、共同盈利。

(2) 农民信息服务商务模式　　这是投资建立农业电子商务网站最先想到的模式。中国有9亿农民，由于大都生活在农村等偏远地区，采用传统方法对科技信息、价格信息、农机信息、市场信息的获取具有较大的困难。农业电子商务网站的建立，在一定程度上满足了农民的信息需求，特别是像农伯网（www.nbow.net）等电子商务网站的建立，使得农民能够了解更多的市场信息，并利用网络来销售农产品，给广大农民带来的是不可预料的销售机会，增加了农民的收入，受到农民的欢迎。

(3) 企业信息服务商务模式　　在市场环境中，我国农业企业直接面向市场，对市场信息的需求比较强烈，并且对有价值的信息具有一定的支付能力。满足农业企业信息技术和信息服务的需求，是农业网站实现盈利的最好途径。为农业企业的信息服务包括多方面：一是提供商业机会。将农产品合理分类，分品种、分区域提供农产品供求信息。农业部的"一站通"，每天发布大量的供求信息，可供企业查询，农业部信息中心也可对信息进行加工处理，直接发给相关农业企业。二是产品展示。按产品分类陈列，展示网站企业会员的各类图文并茂的产品信息库。农业部主办的中国农业网上展厅提供了这样的平台。三是公司全库。公司网站地址大全，可以汇聚农业公司网页。用户可以通过搜索寻找贸易伙伴，了解公司详细资讯。企业会员也可以免费申请自己的公司加入到公司全库中。目前，农业部信息中心有农业网站地址库。在此基础上，应该发展公司库。农业网站之间是竞争关系，而企业库是服务关系，也便于创造商业机会。四是农业行业资讯。按各类行业分类发布最新动态信息，会员还可以分类订阅最新信息，直接通过电子邮件接受。五是价格行情。提供企业最新产品报价和市场价格动态信息。六是商业服务。航运、外币转换、信用调查、保险、税务、贸易代理等咨询和服务。这些项目为用户提供了充满现代商业气息、丰富实用的信息，构成农业网站商务的主体。

(4) 综合服务商务模式　　综合服务模式是以信息流为先导，结合物流的一种商务模式。任何一种商务模式，要么提供服务，要么提供产品，或者两者兼而有之。综合服务模式的核心内容是信息流和物流相结合，利用企业传统的物流系统，加上农业网站先进的信息流系统，组成商业联盟。网站会员购买联盟企业的产品实行优惠加积分制，每年根据积分多少，给予会员一定的报酬。

2. 农业信息数据库应用　　农业系统的数据库应用，多数是与管理和科研相关的。计算机农业数据库有：农业生物数据库、农业环境资源数据库和农业经济数据库等。农业生物数据库方面，农业科研单位与院校需要建立各种农作物、园艺作物、畜禽水产生物、食用菌生物的品种、品系和近缘生物的数据库，需要建立各种农业病菌、农业昆虫、农业微生物分类体系、特性特征、生态类型、生理小种的数据库。农业环境资源数据库方面，各地都需要建立尽可能完备的气候与气象数据库、土壤资源数据库、水资源数据库和农业环境数据库。农业经济数据库方面，各地都需要建立完备的人口、土地、耕地、各种作物面积和产量、各种畜禽生物的数量、农民收入、农民消费、农民就业和乡镇财政等数据库。在全球范围已经建立的几个典型数据库如下。

（1）中国农业科技文献信息数据库　这是一个大型的有关中国农业科技文献信息的数据库。始建于20世纪80年代末，并于1998年接入国际互联网，实现了全国范围内共享检索服务。系统设有数据库结构定义和修改、数据库维护、自动标引、数据查重、去重等功能。

（2）中国经济植物资源数据库　1988年，由中国科学院植物研究所建库。数据总量为15万~20万条，包含中国珍稀濒危植物数据库、中国纤维植物（棉类）数据库、中药材植物数据库、中国油脂植物数据库、中国纤维植物（芦苇）数据库、中草药植物数据库、中国高等植物形态数据库、中国木材植物物理与力学性质数据库、中国植物分类名称编码数据库、中国地理行政区划编码数据库、中国地理名称数据库、中国植物气象数据库，共12个数据子库。

（3）中国作物种质资源信息系统　中国作物种质资源信息系统（Chinese crop germplasm resources information system，CGRIS）（www.cgris.net）始建于1988年，目前已建成了拥有200种作物（隶属78科256属810种或亚种）、41万份种质信息、2400万个数据项值、4000兆字节，是目前世界上最大的植物遗传资源信息系统之一，包括国家种质库管理和动态监测、青海国家复份库管理、32个国家多年生和野生近缘植物种质圃管理、中期库管理和种子繁种分发、农作物种质基本情况和特性评价鉴定、优异资源综合评价、国内外种质交换、品种区试和审定、指纹图谱管理等9个子系统，700多个数据库，130万条记录。

（4）CAB文摘　CAB文摘是由国际农业和生物科学中心编辑的，英文全称是Centre Agriculture Bioscience International，该中心前身为英联邦农业局，是一个非营利的国际农业学组织。CABI文摘数据库是由从150多个国家和地区用50多种文字发表的11 000种期刊、书籍、报告，以及其他国际上出版的各种专著中选录的英文文摘组成的，主题包括农学、林业、园艺、畜牧、兽医、经济、植物保护、生物技术、遗传及育种、除草剂、灌溉、微生物、营养、寄生虫、环境保护、农村发展等，同时还有旅游、休养及野生动物。

（5）美国农业文献联机存取书目型数据库　美国农业文献联机存取书目型数据库（AGRICOLA），主要以美国农业部国家农业图书馆馆藏文献为基础，兼收与农业有关的美国政府出版物、会议文献、专利文献等8000多种与农业相关的文献。内容分为农业经济、土壤和肥料、食品与营养、植物科学及农业专利文献等十大类。该库目前被视为世界上报道农业文献最多的目录型数据库。该数据库近年与AGRIS分工，偏重美国和北美地区的文献,是美国实验站的数据库。自1970年至今,拥有380万条记录,季度更新,年增加11万条记录。

(6)国际农业科技情报系统数据库　国际农业科技情报系统数据库(AGRIS),是由FAO所属的国际农业科技信息系统建立的一个国际农业数据库,收录了135个国家和地区国际AGRIS中心和22个国际中心组织收集的出版物及有关文件、系列文集、书籍、科技报告、专利、会议论文等文献。内容涉及全世界所有农业及其相关领域。该库是FAO建立的国际情报交流系统,数据量大。自1975年至今,拥有320万条记录,季度更新,年增加13万条记录。

3. 多媒体技术　多媒体技术就是利用计算机技术把文字、声音、图形、图像等多种媒体综合为一体,使之建立起逻辑联系,并能进行加工处理的技术,是计算机技术、声像技术和通信技术高度结合的一个产物。多媒体技术强调的是计算机综合处理声、文、图、影像视频信息的技术。

多媒体在农业中的应用形式多样。按照多媒体服务的对象,可以划分为科研和技术推广多媒体、教学多媒体以及生产管理多媒体。

(1)生产管理

1)多媒体的农业生产管理专家(咨询)系统。利用多媒体技术开发的各种农业生产管理专家(咨询)系统,是侧重开发利用特定领域中专家知识和经验的软件,可以完成与专家水平相当的咨询工作,为用户提供建议和决策。用户通过与计算机的不断交互,制定有关施肥、灌溉、病虫害防治方案,然后告诉农民具体如何管理农业生产。这类系统人机交互界面友好,操作简单,图、文、声并茂,便于用户理解和使用。例如,多媒体玉米生产专家系统、多媒体水稻生产专家系统、油菜栽培管理多媒体专家系统、多媒体蔬菜栽培专家系统等。

2)多媒体的农作物病虫害和畜禽疾病诊断(咨询)系统。利用多媒体技术开发的各种农作物病虫害和畜禽疾病诊断(咨询)系统,将各类病害症状、虫体形态或疾病病变特征可视化,建立基本数据库。利用专家系统的推理,将复杂的辨别和诊治过程简单化、直观化,使得普通的农技人员或专业大户通过与计算机的不断交互,为农作物或畜禽进行疾病诊治。例如,蔬菜病害模拟与防治多媒体演示系统、蔬菜病虫害多媒体信息咨询系统、蔬菜害虫辅助鉴定多媒体专家系统(pest diag)、农业害虫辅助鉴定系统(bugknown)、畜禽疾病专家诊治。

(2)农业科技教学　利用多媒体技术开发的各种农业实用技术CAI课件和教学光盘,能将课程内容系统化、形象化,能大大降低知识本身的难度,使本来难以描述的内容变得生动、形象,易于学习者理解和掌握。同时,由于CAI课程本身的趣味性和交互性,可进一步激发学习者的积极性和主动性,极大地提高学习效率。例如,《果树修剪》多媒体CAI课件、《花卉栽培》多媒体教学课件、《园林树木学》多媒体CAI课件等。

(3)科研和技术推广　利用多媒体进行教学,能把相关的图片插入到演示文稿中,并用文字进行标注,使讲解更直观、生动。例如,在进行病虫害防治的培训时,可把害虫照片、农作物病理图片等插入。在推广一种新作物时,也可把它的各种图片加入,让农户了解自己种植的作物,做到心中有数,有利于推广。

10.3.2 农业生产管理的信息化应用

农业生产受自然资源和社会经济等多种因素的影响,生产管理与经营决策需要多学科知识的综合集成,通常管理决策的难度大。借助于农业专家系统,可以实现农业生产管理的智能化和科学化,提高广大农民和基层农业技术人员的科学技术水平,实现农业持续高效发展的目标。

1. 农业专家系统

(1)在植物保护中的应用

1)作物病虫预测预报。需要的基本信息是:病虫害的生物学参数、发生环境状况和气象条件资料。专家系统可根据输入的原始资料,自动选择模拟和计算方法,来预测或预报目标信息,快速得出预测预报模型,以便掌握其防治时期。

2)作物病虫杂草的分类、检索、识别、诊断鉴定、分类鉴定和检索诊断。专家系统把这些资料编制成简单的程序,来达到迅速确定目标信息的目的,从而得到最佳防治时期和方案。

(2)在作物育种中的应用 农业专家系统软件可以用计算机模拟知名水稻专家的育种思想和预测、决策过程。把专家的育种经验同作物遗传规律有机地结合在一起,增强作物育种工作的预见性,提高育种效率,加速育种进程,促进遗传育种研究理论水平的提高,推动农业生产的发展。

(3)在作物栽培中的应用

1)预测与动态调控预测。系统以"专家曲线"和一些高产栽培原则及生育指标为标准,当预测的作物生长发育偏离高产指标时,系统分析原因,推荐一个适宜的调控措施(和调控时期)。当系统预测的结果明显偏离实际曲线时,用户可以人为修正,输入作物生育状况,以提高下一阶段的预测性。系统最后输出决策的技术措施及预测的作物生育动态。

2)方案设计。作物栽培方案可根据决策地点的常年生态条件和用户的产量目标,制订一套合理的栽培方案。例如,北京示范区的小麦生产等实用专家系统,可根据产生的气象资料和当地常年土壤情况,以及品种、播期、密度、肥料运筹、理想的产量结构、茎蘖动态等,来设计一套合理的栽培方案。

3)专家咨询。专家系统可帮助用户分析和解决具体问题。根据生产水平确定合适的产量目标,考虑品种的早熟性、抗寒性、发育特性类型、抗病虫性等,进行品种选择;根据产量水平、栽培调控方式确定播种量;根据积温模式确定播期;根据茬口情况选用合适的播种技术;根据当年的苗情与往年比较,进行苗情分析;根据生产水平,确定合适的施肥量、基肥与追肥的比例及施用的时间等。

(4)在灌溉管理中的应用

1)确定灌溉用水计划。根据土壤墒情、作物蒸发蒸腾量、地下水情况、水源情况信息,专家系统可自动选择计算方法来预测或预报目标信息,快速确定灌溉用水计划,并且可以随时总结用水情况。专家系统常被用来确定作物蒸发蒸腾量、灌溉日期、灌溉水量及土壤墒情。

2）灌溉系统辅助设计。专家系统通过内部的知识库，利用丰富的知识，可以解决规划设计中的复杂问题。应用专家系统进行灌溉系统辅助设计，可以进行渠系优化布置，为灌溉管理提供各种咨询服务，对于情况复杂的灌区很有帮助。

2. 决策支持系统

（1）基于生长模型的作物管理系统　　国内外有不少基于生长模型的作物管理决策支持系统，如美国的禾谷类 DSSAT 系统、大豆管理系统（SMARTSOY），澳大利亚的棉花管理系统（SIRATAC），以及我国江苏省农业科学院的水稻栽培计算机模拟决策系统（RCSODS）、江西农业大学的水稻生产管理决策系统（RICAM/RICOS）、沈阳农业大学的玉米生产管理专家咨询系统等。其中最具代表性的是美国的 DSSAT 系统和江苏省农业科学院的 RCSODS。

1）DSSAT（a decision support system for agro-technology transfer）系统。DSSAT 是一个包含多种作物的特大决策支持系统软件包，包括数据模块、模型模块、分析模块、工具模块及安装关闭模块五大部分。数据模块由背景资料、试验资料、气象资料、品种遗传参数资料、土壤资料、害虫管理资料及经济收益资料等数据库组成，可进行数据文件的生成、编辑与存储管理。模型模块包含了禾谷类作物、豆类作物和块根块茎类作物等 10 种作物生长模拟模型，具有模型的输入、模拟、输出和作图等功能。分析模块能对模型输出的 35 个变量（各主要生育期、产量、每平方米穗数、每穗粒数、粒重、土壤水分、土壤养分等）分别进行生理生态分析和经济效益分析，并能在屏幕或打印机上输出分析结果。因此，应用本系统，用户可以借助生长模型，设计和进行品种、播期、密度、施肥量、灌水量等多因素、多水平、长周期的模拟试验，借助系统分析模块在短时间内完成作物栽培方案的优化选择，为田间栽培试验提供初步方案，或直接指导大田作物生产的管理决策。

2）水稻栽培计算机模拟决策系统（rice cultivational simulation-optimization-decision making system，RCSODS）是以"水稻钟模型"等数学模型为主体开发的"水稻栽培优化决策系统"。该系统由主程序和 8 个子系统构成，即常年栽培决策子系统、增产增收关键分析子系统、制作栽培模式图子系统、计算机栽培试验子系统、当年栽培决策子系统、病虫防治子系统、地区性决策子系统、品种参数调整子系统等。该系统与 DSSAT3 系统有些不同的地方，即 RCSODS 系统在分析了模型模拟的结果之后，能根据分析结果自动为用户提供一套优化栽培方案，使用户的决策问题转化为静态的信息查询和栽培模式。这似乎比 DSSAT3 又更进了一步，但这一进步必须以作物生长模拟的高度准确性作保证。

（2）基于知识规则的作物管理系统　　国内外有不少基于知识规则的作物管理决策支持系统（即专家系统）。其中，国内比较典型的系统有北京市农林科学院研制的小麦栽培管理计算机专家系统（ESWCM）、中国科学院合肥智能机械研究所研制的棉花栽培管理专家系统等。

1）ESWCM 系统。ESWCM 系统由数据库、知识库、推理机、模型库、知识获取系统、人机接口、系统维护等几大部分组成（图 10-2）。其中，数据库包括气象资料数据库、土壤资料数据库、农业生产条件数据库和试验资料及高产地块档案数据库。知识库包括品种选择知识库、播期密度知识库、作物营养与施肥知识库、节水灌溉知识库、小麦生长发育知识库、化学控制知识库、病虫草害与防治知识库等 7 个知识库。模型库中包括一些简单的知识表达函数和模型。整个系统的功能包括生产目标制定、气象条件预测、生长发育预测、管理决策咨询、计算机网络、系统维护和结果输出等。该系统根据北京地区几十年的小麦定点高产试验资料，建有比较全面的知识规则和知识库体系。因此，在指导本地区小麦生产管理的实际应用中，取得了比较好的效果和效益。

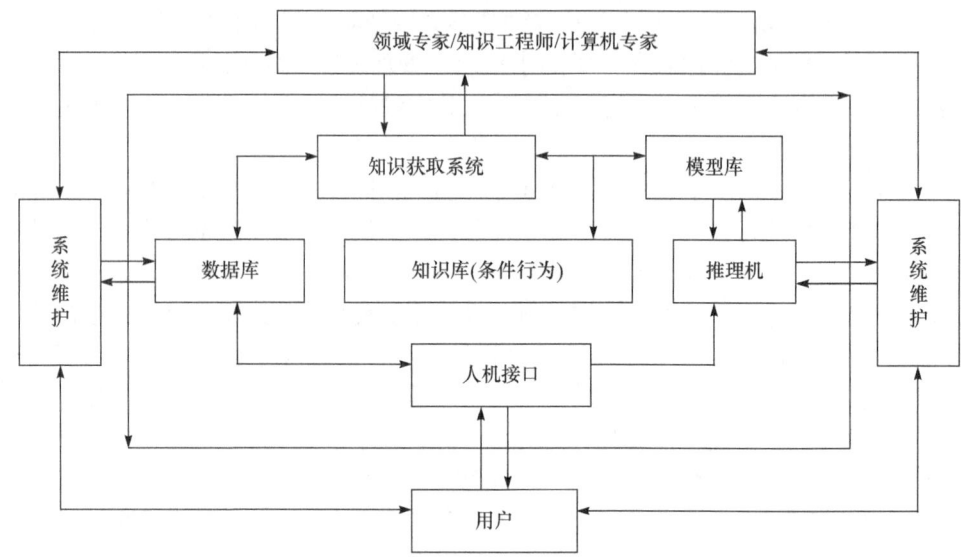

图 10-2 小麦栽培管理计算机专家系统（ESWCM）结构

2）棉花栽培管理专家系统。系统由综合推理机、综合知识库、数据库、多媒体解释器、黑板结构、解释模块、人机交互接口等部分组成（图 10-3），是一个从播前准备、播种、出苗到成熟收获整个生育过程中指导棉花生产管理的专家系统。综合知识体是一种集逻辑型、过程型、描述型、运算型，以及声、图、动画等多媒体知识于一体的、有效的知识表示机制。本系统的综合知识库由规则库、框架库以及多媒体库等组成，其中多媒体库有声音、图像、图形、音像、动画等，规则库中存放着逻辑型、规则型、运算型知识，框架库中存放着描述型知识。运用综合知识体的知识表示策略是本系统的特色。该系统实现了播前准备、育苗技术、移栽技术、蕾期管理、花铃期管理、吐絮期管理等功能。整个系统图、文、声并茂，比较适合于基层农业生产技术推广和农民应用。

视频：智慧管理

（3）专家系统与生长模型相结合的作物管理系统　一个将专家系统和生长模型相结合进行作物管理决策的成功例子，是美国科学家研制的 COMAX / GOSSYM 棉花生产管理系统。这是一个以棉花生长模型为基础，并与棉花生产专家知识相结合的棉花管理决策系统，已经成功地用于指导棉花生产管理，获得了国内外农业科学家较高的评价。

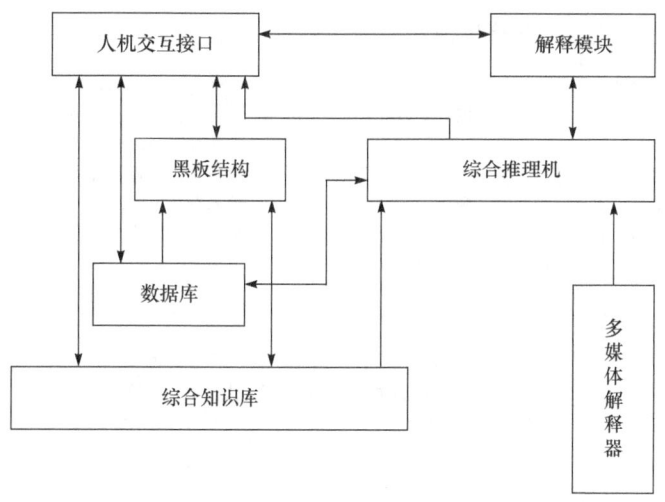

图 10-3 棉花栽培管理专家系统结构

GOSSYM（gossypium simulation model）是一个以土壤物理学性质、土壤养分和水分等为初始条件，以太阳辐射、昼夜最高和最低温度等气象要素为驱动变量，以关键农艺措施和施氮、灌水、喷脱叶剂等为控制变量的系统动力学模型。它可以模拟棉花冠层光合作用、呼吸作用、干物质积累与分配、植株的形态发生，并且能够模拟土壤水分和养分动态，以及几种主要的除草剂、杀虫剂、植物生长调节剂等化学药品对棉花生长和产量的影响。

COMAX（cotton management expert）是一个用于棉花生产管理的专家系统，1984年研制出原型，1985年投入试运行，到1989年已发展得比较完善。它解决了GOSSYM模型与棉农之间的接口，并负责GOSSYM所需数据的准备和运行结果的解释工作。

COMAX/GOSSYM 系统是一个基于知识规则的棉花生产管理计算机软件，由知识库、推理机、GOSSYM、气象站和数据文件集（包括品种参数、土壤参数、假定的天气数据和农艺措施等）组成（图10-4）。知识库是由一系列的事实和规则组成。推理机检验规则与事实，决定做什么，并根据特定的天气和设定的水和氮施用量来准备一系列数据文件，然后调用 GOSSYM，由它读取推理机准备好的数据文件，并模拟在指定条件下棉花的生长状态，模拟结果（如作物进入水分胁迫的日期）将作为事实存入知识库。COMAX/GOSSYM 系统每天都重新计算优化的管理决策，运行完毕后，向用户推荐作物管理措施方案。如有必要，还可以用模拟的中间结果来解释推荐措施的依据，并能在打印机上以图表形式输出需要的结果。

3. 农业设施环境控制技术　　农业设施环境控制技术是随自动化检测技术、过程控制技术、通信技术及计算机技术的发展而发展起来的。本技术的重要特点是可以根据温室作物的要求和特点，对温室内的诸多环境因子进行调控。例如，Stanghellini 等建立了一个基于作物蒸腾的温室内湿度环境的模拟模型，并将其运用于温室的气候控制中，进行温室温度和通风控制目标的确定。美国和荷兰还利用差温管理技术，实现对花卉、果蔬等产品的开花和成熟期进行控制，以满足生产和市场的需要。当前正朝着完全自动化和无人化方向发展，利用传感器和计算机技术，进行多因素环境远距离控制装置的开发。

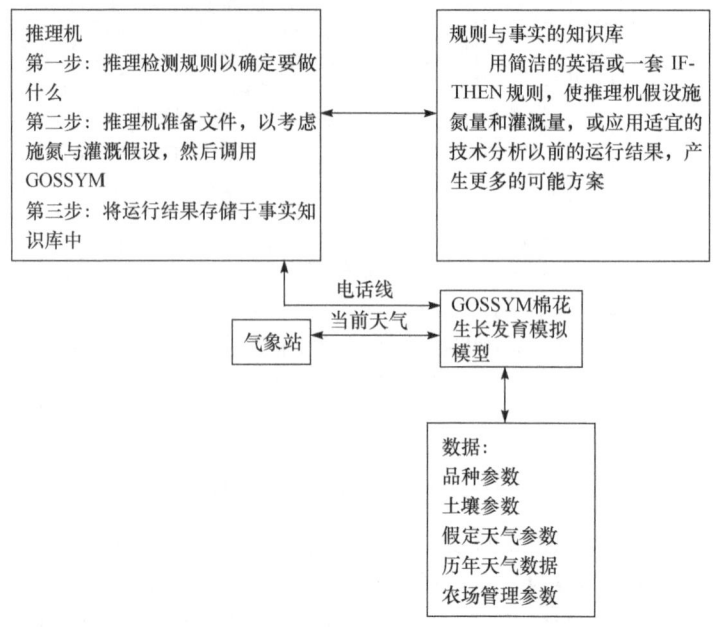

图 10-4　COMAX/GOSSYM 管理系统工作原理示意图

4. 虚拟现实在农业上的应用

（1）虚拟植物　　虚拟植物是应用计算机模拟三维空间中植物的生长发育状况。其主要特征是以植物个体为研究中心，以植物形态结构为研究重点，所建立的模型是三维的、可视化的。虚拟植物能够精确地反映现实植物的形态结构，极具真实感。利用虚拟植物技术，可以在电脑屏幕上设计农作物，然后再进行实际培育或用基因工程技术繁殖出真实的农作物，使农作物新品种具有虚拟植物的理想性状；可以非常直观地对农田、森林等复杂的生态系统进行研究，发现传统研究方法和技术手段难以观察到的规律；可以模拟农药从喷雾器中喷出后的空间运行轨迹，直观地观察农药在植物群体中的空间分布与害虫的位置关系，从而可确定农药的最佳喷施方法，还可以用于寻找一种既能对付虫害又不污染环境的方法。到目前为止，虚拟植物研究的主要工作集中在植物地上部分。

模型的建立主要有三种方法：第一是直接使用编程的方法；第二是使用现有软件如3DMAX，实地考察测量，获取资料，设计参数形成模型；第三是通过传感器、摄像机等采集数据，然后输入电脑进行整理。目前，北京市农林科学院已经初步建成PlantCAD-Maize 玉米三维形态交互式数字化设计系统，可以构造出基于特定参数的玉米器官、植株以及群体的三维形态。

（2）在教育和农技推广中的应用　　虚拟植物模型、虚拟动物模型等所具有的可视化特征，使得它们非常适宜应用于教学，如果这些模型与虚拟现实的手段结合，构建成虚拟农场，将在农业教育、农业科普等领域发挥非常重要的作用。

"虚拟果树修剪系统"是果树修剪知识和信息技术的集成和虚拟果树修剪仿真培训

系统。在这个系统中，无论采用何种修剪方法，系统都会将修剪后的效果迅速、直观地呈现于人们的眼前，即时模拟的优点使先进的果树修剪技术"现身说法"，使科技推广工作更有说服力。经过这种模拟修剪训练后，果农在实际生产中能熟练应用正确的修剪技术，最终获得良好的经济效益。

10.3.3 农业信息的获取与处理技术应用

1. 空间"3S"技术　　将全球定位系统（GPS）与遥感技术（RS）、地理信息系统（GIS）结合使用（简称"3S"技术），应用于农业生产的资源管理和田间管理等环节中，可极大地提高管理效率。

（1）农业资源调查　　农业资源调查是指农业自然资源调查，包含了土地资源、生物资源、气候资源、水资源和矿产资源遥感调查等5个方面的内容。以土地资源调查为例说明调查内容。

土地资源调查的目的是摸清楚地方或国家的土地资源的利用和变化情况，借此来更好地管理和应用有限的土地资源，保证国民经济的可持续发展，包括土壤侵蚀、土地覆盖和土地利用、城市土地利用、山地利用、荒地利用、沙漠化与防治、沼泽及其利用、盐渍土和冻土等多个方面。利用现代遥感技术，通过对不同的遥感平台获取的遥感影像和数据资料进行分析，GIS建立这些属性的空间和统计数据库，信息来源于土壤图、气候图、各种统计报表等。GIS将图形与数据库有机结合，可实现农业资源档案的计算机一体化，为农业资源自动化管理服务。利用GIS建成的信息系统，较传统的数据库管理系统查询更科学、空间数据更及时，农业资源统计表和图形的同时输出使得信息更直观。应用GPS并与RS、GIS技术相结合，对不同时段、不同类型的土地进行量测，得出不同土地利用类型在不同时间内的数量变化，生成不同时段、不同精度的土地分布现状详图，并结合当地实际分析其合理性，以便对其实行有效管理和保护。

（2）进行农业区划　　利用GIS进行农业区划，可以将现在的自然资源、社会经济数据库与GIS结合，快速形成各种农业区划统计图件。也可将遥感系统（RS）与GIS相结合，利用RS的遥感结果，借助GIS的先进功能，对不同区划方案进行动态模拟与评价，编绘出各种综合评价图、区划图等，直观定量地显示区划结果。

（3）农作物长势监测与估产　　农作物长势监测和估产对国家及时了解农作物产量，制定粮食进出口政策和价格至为重要。其内容主要包括两方面：估算作物种植面积；由单产模型、长势遥感监测来确定估产模式。科学、准确地估产，提供数字化、图像化的农情，对政府进行科学、正确的决策，具有重要意义。作物的长势可以用叶面积指数、生物量、叶绿素含量和含水量等农学及生理指标反映出来，同时，通过遥感图像的光谱数据可以得到敏感反映上述指标的植被指数（不同波段处光谱反射率的数学变换），通过一定的模型可以进行长势监测。在此基础上，结合播种面积和气象条件，得出单产和总产。目前，"3S"技术体系已被许多国家用来进行农情监测分析。我国农作物遥感估产现已发展到小麦、水稻、玉米和牧草等多种农作物。

（4）在精确农业中的应用　　精确农业是指运用遥感、遥测（如气温、土壤温度等的遥测）、GPS、计算机网络、GIS等信息技术，以及土壤快速分析技术、自动滴灌技术、自动耕作与收获技术、保存技术等定位到中、小尺度的农田，在微观尺度上直接与农业生产活动和管理相结合的高新技术系统。其理念核心是根据土壤和作物的差异性进行"变量投入"，以达到经济效益最大化和对环境的最小污染。GIS 在精确农业中的应用主要包括以下几个方面。

第一，GIS 是精确农业整个系统的承载动作平台和基础。各种农业资源数据的流入、流出以及对信息的决策、管理，都要经过 GIS 来执行。

第二，GIS 作为精确农业的核心组件，将 RS、GPS、专家系统、决策支持系统等组合起来，起到"容器"的作用。

第三，在精确农业中，GIS 还用于各种农田土地数据，如土壤、自然条件、作物苗情、产量等的管理与查询，也能采集、编辑、统计、分析不同类型的空间数据。

第四，作物产量分布图等农业专题地图的绘制和分析也都由 GIS 来完成。

（5）农业灾害监测与评估　　农业灾害是困扰制约全球农业发展的重要因素之一，对经济造成的损失巨大。卫星遥感减灾系统是抓好减灾的必不可少的重要手段，有助于提前监测灾情，快速采取有效措施，减轻灾害损失。

利用遥感、GIS 和计算机等技术对重大农业灾害进行综合测评，为政府和有关机构提供及时有效、准确可靠的决策信息，使减灾、防灾、救灾等有更充分的科学依据，为农业生产和农村经济稳定发展提供有力保证。结合陆地卫星与气象卫星所获得的资料，利用当时的卫星影像与常年卫星影像进行对比，可获得有关洪水泛滥成灾面积和灾情程度的较准确的结果。对旱灾的面积和危害程度的监测预报也通过卫星资料来进行。其他如土壤的侵蚀、沙化，草原的退化以及由某些工程引起的环境恶化等，均可通过卫星和航空遥感来进行监测。

2. 物联网　　物联网（internet of things，IOT）的概念是在1999年提出的。概括地讲，"物联网就是物物相连的互联网"即通过装置在各类物体上的射频识别（RFID）、传感器、二维码等，经过接口与无线网络相连，从而给物体赋予"智能"，可实现人与物体的沟通和对话，也可以实现物体与物体间的沟通和对话。物联网被称为继计算机、互联网之后世界信息产业发展的第三次浪潮，被视为互联网的应用拓展，是新一代信息技术的重要组成部分。业内专家认为，物联网将是下一个推动世界高速发展的"重要生产力"，是继通信网之后的另一个万亿级市场。

（1）关键技术

1）传感器技术。传感器技术也是计算机应用中的关键技术。绝大部分计算机处理的都是数字信号。自从有计算机以来，就需要传感器把模拟信号转换成数字信号，这样计算机才能处理。

2）RFID 标签。RFID 标签也是一种传感器技术。RFID 技术是融合了无线射频技术和嵌入式技术为一体的综合技术，在自动识别、物品物流管理方面有着广阔的应用前景。

3）嵌入式系统技术。嵌入式系统技术是综合了计算机软硬件、传感器技术、集成电路技术、电子应用技术为一体的复杂技术。经过几十年的演变，以嵌入式系统为特征的智能终端产品随处可见，小到人们身边的智能手机，大到航天航空的卫星系统。嵌入式系统正在改变着人们的生活，推动着工业生产以及国防工业的发展。如果把物联网用人体做一个简单比喻，传感器相当于人的眼睛、鼻子、皮肤等感官，网络就是神经系统用来传递信息，嵌入式系统则是人的大脑，在接收到信息后要进行分类处理。这个例子很形象地描述了传感器、嵌入式系统在物联网中的位置与作用。

（2）物联网在农业中的应用

1）产业链全程信息追踪与溯源体系。近年来，国内食品安全问题层出不穷，这些事件引起了社会的极大关注。之所以问题频发，主要是农产品从生产到销售缺乏监管，消费者的知情权较少。如果加大对农副产品从生产到流通整个流程的监管，则可以将食品问题概率降至最低。而物联网技术则可在这方面发挥比较重要的作用，建立从生产-加工-运输-销售全过程的监控和追踪系统，确保农产品的品质和安全。目前国内已经出现了一些应用实例。例如，在成都、青岛等地区，已经展开猪肉安全工程，给农贸市场的猪肉安装电子芯片，用来跟踪猪肉的生产、加工、批发及零售等各个环节。具体的做法是，将电子溯源秤配备给农贸市场的猪肉经营店。消费者在购买猪肉时的收银条上附带有食品安全追溯码，凭借收银条上的追溯码就能查询生猪来源、屠宰场、质量检疫等多方面信息。再如，在北京奥运会期间启用了食品安全追溯系统，通过 RFID 电子标签、GPS 等技术，将奥运场馆就餐人员所消费的食品原材料信息与身份信息进行关联，这样可以从一个运动员的菜谱就能追溯到农田。另外，对供应企业从产品加工、物流配送、供货等过程进行持续监控，包括对奥运食品运输车辆实行 GPS 定位。一旦温湿度超过规定范围，管理人员就收到报警。食品安全追溯系统既为奥运会的食品供应提供了安全保障，更是奠定了物联网在中国农业上广泛应用的基础。

2）智能化种植、养殖。众所周知，温室内部的二氧化碳浓度、土壤湿度、空气温湿度及光照等信息，对生产起着至关重要的作用。在温室中可利用物联网技术，采用不同的传感器节点来测量基质湿度、成分、温度、pH，以及光照强度、空气湿度、气压、二氧化碳浓度等，再通过数据处理，自动控制温度环境和灌溉、施肥作业，从而给植物生长提供最佳的生长环境。除了对温室环境进行监控，也可实现信息的分析与处理，将传感器节点替换成无线传感器，这样能接收无线传感器发出的数据，实现大面积数据的获取、管理和分析处理，并将处理的结果汇报给用户。在水产养殖方面，养殖户往往特别不愿意碰到又闷又湿的天气。因为这样的天气里鱼塘水中的溶氧量会不够，水中的 pH 也可能发生大的变化，水中的氨氮含有量也可能有变化，这都会影响鱼的正常生长。在水产养殖中运用物联网技术，可以对水质进行全天监测，包括对水温、pH 和溶氧量等各项基本参数进行实时监测预警，一旦发现问题，能够及时自动处理，或通过短信迅速通知养殖户。采用物联网技术后，同样也能解决投食的问题，什么时候投，投多少，会由传感器监测或处理。此外，养殖户也可以通过互联网、手机终端，随时随地查询鱼塘溶氧量、温度、水质等情况。从另一个角度来说，也降低了养殖户的工作量，解除了养殖户常年塘边值守的痛苦。应用物联网技术，可达到改善养殖、种植的产品品质，提高经济效益的目的。

3）农业信息推送。很多人认为，农业信息的推送仅仅是指天气预报的推送。但现代农业的发展需要更多的支持因素，如前面提到的养殖业使用物联网，那么农业主管部门可以汇总所有鱼塘的数据，并预测未来一段时间内的数据变化，然后通过短信平台，向所有水产养殖人员进行短信群发，通知到养殖户做好天气预警、疾病预警等情况，让水产养殖户提前采取应对措施降低损耗。再如，目前黑龙江部分地区已经实现把施肥数据、测土配方通过手机发送给农户，给农民的播种、施肥提供依据。

据 2013 年 9 月《农民日报》报道，"3G 智慧农业-移动物联网信息化应用平台"已在天津农业高新技术示范园区管理中心武清基地启用。该平台分为 3 个层次。信息采集层靠安装在大棚内的传感器采集信息，信息传输层利用无线网络将采集到的信息传输到电脑、手机等终端，信息处理层则将用户的处理指令反馈到大棚中。该平台还嵌入了农业专家数据库，如番茄适合什么温度，白菜喜欢什么湿度，等等。农民可以参考这些数据，随时调整。

我国国家农业信息化工程技术研究中心（NERCITA）在农业物联网技术领域开展的研究，涵盖了农业专用传感器和农业物联网标准、农业智能决策与农业信息处理、农业资源实时监测与管理、农业生态环境实时监测与管理、农业生产精准管理、农产品质量安全管理与溯源等多个领域。目前，该"中心"科技成果已在全国 30 个省（自治区、直辖市）得到推广应用，建立成果转化基地 100 多个，部分科技成果还推广到越南等东南亚国家。农业信息技术的发展日新月异。农业部在编制"十三五"全国农业农村信息化发展规划时提到，尽管物联网、大数据、农业农村电子商务、三农服务平台等技术已经发挥作用，但是农业农村整体信息化水平还亟待提高，还应进一步加强信息技术与农业生产融合应用，促进农业农村电子商务加快发展，推动农业政务信息化提档升级，推进农业农村信息服务便捷普及，夯实农业农村信息化发展支撑基础，重点实施农业装备智能化工程、农业物联网区域试验工程、农业电子商务示范工程、农业政务信息化深化工程和信息进村入户工程等，全面提高农业农村信息化水平，让广大农民群众在分享信息化发展成果上有更多获得感，为农业现代化取得明显进展和全面建成小康社会提供强大动力。

第11章 农产品贮藏与加工

农产品加工是指以农产品为对象，根据其组织特性、化学成分和理化性质，采用不同的加工技术和方法，制成各种粗、精加工的成品与半成品的过程。针对原料的加工程度可分为初加工和深加工。加工程度浅、层次少，产品与原料相比理化性质、营养成分变化小的加工过程称为初加工；加工程度深、层次多，经过若干道加工工序，原料的理化特性发生较大变化，营养成分分割很细，并按需要进行重新搭配，这种多层次的加工过程称为深加工。

11.1 概 述

11.1.1 农产品及农副产品贮藏与加工

农业生产的最终目的是获得优质高产的农产品，以满足国民经济各部门和城乡人民生活日益增长的需要。从广义讲，农产品是指通过种植业、养殖业等第一产业生产出来的产品，包括大田农作物产品、园艺作物产品和水产品等。从狭义讲，农产品是指栽培作物产品，其中大部分是食品的原料，即初级产品。

农产品贮藏是以采收以后的农产品的生命活动过程及其与环境条件关系的采后生理学为基础，以农产品在产后贮、运、销过程中的保鲜技术为重点，以延长其贮存和供应时间，调整产品的淡旺季，调节地区余缺，实现周年供应的农产品采后保鲜处理的过程。

农产品采收后，虽然器官失去了来自土壤或母体的水分和养分供应，但其仍是一个有生命的有机体，在产品处理、运输、贮藏过程中，继续进行着各种生理活动，成为一个利用自身已有贮藏物质进行生命活动的独立个体。农产品在贮藏过程中发生着一系列复杂的生理生化变化，其中最主要的有呼吸作用、蒸腾作用、成熟衰老生理、休眠生理等。这些生理活动影响着产品的耐贮性和抗病性，必须进行有效的调控，以最大限度地延迟产品的成熟和衰老。

农产品贮藏的任务在于延缓衰老等进程，保持产品的鲜活品质。贮藏技术是通过控制环境条件，对农产品采后的生命活动进行调节，一方面使其保持生命活力以抵抗微生物的侵染和繁殖，提高其抗病性，达到防止腐败变质的目的；另一方面使其自身品质的劣变也得以推迟，达到保鲜的目的。

11.1.2 农产品贮藏与加工在国民经济中的地位

1. 农产品贮藏加工是建设现代农业的重要环节　农产品贮藏加工水平是衡量一个国家农业现代化程度的重要标志，是提升农业整体素质和效益的关键环节。与经济发达国家相比，我国的农产品贮藏加工业总体上有较大差距。通过农产品贮藏加工业的带动，把农业产前、产中、产后的各个环节相互连接在一起，延长农业的产业链、价值链和就业链，促进农业产业化、农村工业化、农村城镇化、农民组织化。

2. 农产品贮藏加工是农业结构战略性调整的重要导向　目前，我国农产品加工已从过去的只考虑对剩余物料进行加工的被动发展，转变为以市场为导向的现代农产品加工。按照市场的需求组织生产，农产品加工成为农产品生产规模、品种结构和区域布局调整的引导力量，为农业结构的战略性调整指明方向。

3. 农产品贮藏加工是促进农民就业和增收的重要途径　世界发达国家农产品产值的构成，70%以上是通过采后商品化处理、贮藏、运输和销售环节来实现的。目前，我国大众创业、万众创新蔚然成风，农村中小企业是国民经济中最具活力的经济增长点，而农产品贮藏加工业在这些城镇中小企业中占有相当的比例。发展农产品贮藏加工可以安置大量的农村富余劳动力，催生一大批相关配套企业，形成新的就业渠道，带动农民增收，以及民营企业、县域经济的快速发展，推进农业产业化进程，实现第一、第二、第三产业的持续、有机、协调发展。

4. 农产品贮藏加工是确保农业丰产增效的重要手段　农产品的生产有比较强的地域性和季节性，要延长加工时间，调节淡旺季，开展异地贸易，就必须有原料的贮藏运输。由于许多农产品含水量高，加上虫、病、霉、鼠、鸟的危害，农副产品在贮藏和运输过程中的损失是惊人的。就全世界来讲，粮、油损失为2%～10%，我国农产品的损失情况也相当严重。因此，进行农产品的贮藏与加工，不仅是种植与加工的简单连接，还是确保农业丰产丰收丰益的关键手段之一。

5. 农产品贮藏加工是开发新的生物质能源的重要途径　利用农产品粮食、秸秆、动物粪便这些再生资源，开发新能源，是解决能源危机、开发绿色能源的新途径，也可以净化环境。是今后能源开发的重要方面。

11.1.3 发展农产品贮藏加工的意义

在我国经济进入新常态、农业进入新阶段的背景下，发展农产品贮藏加工业对于转变农业发展方式、调整优化农业农村经济结构、促进农民就业增收，推动新型工业化、信息化、城镇化、农业现代化同步发展和城乡一体化，促进我国经济持续稳定健康发展，都具有十分重要的意义。

一是有利于农业提质增效，引导农业经营主体按照加工和市场需求组织生产，促进农业向种养加销一体化调整，优化农产品区域结构布局；为农业注入资金、技术、设施等要素，提升农业专业化、标准化、规模化、集约化经营水平；构建多业态多功能现代农业产业体系，促进第一、第二、第三产业融合发展，多环节多层次增加农业效益。二是有利于农民就业增收,充分发挥其上联生产、下联市场的作用,缓解农产品卖难和价格波动的问题,促进农民分工分业,拓展农业产业链和价值链,延伸利益链和就业链,促进农民多渠道就业增收。三是有利于农村繁荣稳定,引导一村一品、一乡一业发展,将资源优势转为产业优势,提高农村资源高值化利用水平,缓解农村资源环境压力,整合农村各类资源要素,带动相关产业发展,促进人口聚集和公共设施建设,改善农村生产生活生态条件。四是有利于构建新型工农城乡关系,全方位、多途径开发食物资源,引领和满足城乡居民多元化食物需求,承接城市和工业的辐射带动,构建新型工农城乡关系,让农民参与现代化进程、共享现代化成果。

11.1.4 我国农产品贮藏加工存在的问题

一是专用原料缺乏。多年来,我国农产品生产主要以满足鲜食为主,加工专用品种的选育和原料基地建设滞后,对原料混合种养、混合收购、混合加工现象严重,农产品加工企业生产普遍面临原料品质一致性差、专用原料供应难以保障等问题,直接影响到加工制成品的质量和效益。

二是初加工水平低。我国农产品贮藏、保鲜、烘干等初加工设施简陋、方法原始、工艺落后。据有关方面测算,粮食、马铃薯、水果和蔬菜的产后损失率分别高达7%~11%、15%~20%、15%~20%和20%~25%,产后损失浪费严重。每年粮食产后损失约2700万t、马铃薯约1600万t、水果约2600万t、蔬菜约1亿t,直接经济损失超过5000亿元,相当于0.1亿hm^2耕地投入和产出被浪费,直接导致农产品有效供给减少,而且品质品相下降,环境污染和食品安全隐患突出。

三是技术装备水平落后。大部分农产品加工企业没有建立研发机构,受工资待遇、生活水平、人文环境等条件影响,多数农产品加工企业很难吸引和留住高素质的专业技术人才。精深加工和综合利用加工技术装备主要依赖进口,产业发展受制于人。

四是结构布局不够合理。目前农产品加工业依然是星罗棋布,产业的集中度不高,呈现出大群体、小规模。据不完全统计,目前我国有农产品加工企业45.5万家,规模以下企业数占总量的78%以上,年销售收入超过500亿的企业只有5家,超过100亿的有50家以上。

11.2 粮食产品的贮藏加工

我国的粮食品种繁多,主要粮食包括小麦、玉米和稻谷等。这里主要介绍小麦贮藏和加工。

1. 小麦的分类和质量标准　小麦一般可分为普通小麦、克拉伯小麦(密穗小麦)和杜伦小麦(硬粒小麦)三种,其中最重要的是普通小麦,占总量的95%以上。我国商品小麦按照小麦的皮色、粒质和播种季节可分为白色硬质、白色软质、红色硬质和红色软质的冬小麦和春小麦。我国商品小麦执行小麦质量标准GB 1351—2008,根据容重分为5个等级,具体指标见表11-1。

表 11-1 小麦质量标准

等级	容重/(g/L)	不完善粒/%	杂质/%		水分/%	色泽气味
			总量	其中：矿物质		
1	≥790	≤6.0	≤1.0	≤0.5	≤12.5	正常
2	≥770					
3	≥750	≤8.0				
4	≥730					
5	≥710	≤10.0				
等外	<710	—				

注："—"为不要求

2. 面粉生产　　小麦制粉包括小麦的清理和制粉两大部分。小麦清理包括对小麦的清理和搭配及水分调节。清理是根据杂质与小麦在形状、大小、相对密度方面的不同，经过筛理、打麦、去石、精选、磁选等工序，将大杂、小杂、异种粮、虫蚀粮、未熟粮、石子、金属等去掉，使小麦达到净麦的要求。小麦制粉包括研磨、筛理、清粉、打麸等工序。目前普遍采用等级粉生产工艺，根据生产面粉质量的不同要求，在制粉过程的不同部位提取面粉进行搭配，可以生产出不同等级的面粉。一个完整的制粉工艺都包括皮磨系统、渣磨系统、心磨系统和清粉系统。磨粉原理是根据小麦不同部位胚乳的特性，利用机械的方法将麦粒粉碎，再把粉碎后的物料分级、分类，分别研磨、筛理，提取面粉。粉路越长，物料被分得越细，出粉率和面粉加工精度就越高。

（1）配麦　　小麦搭配是现代小麦制粉的基本方法。在实际生产中，加工单一品种小麦难以满足面粉的质量要求，需要将不同品种的小麦，以一定比例搭配起来混合加工，以提高面粉的质量。

小麦搭配要考虑的主要因素有皮色、软硬程度、含杂、粒度、水分、灰分、新陈麦等。搭配就一般而言，皮色和软硬搭配是最基本的要求，面筋含量和筋力强弱是最需要保证的品质指标。小麦品种的水分差最好不超过 1.5%。含杂比较多的小麦应先分别清理后再搭配。

由于不同品种小麦的含杂、硬度、水分、皮层厚度等方面差异很大，配麦生产在清理、研磨过程中很难控制工艺参数，不能达到最佳的工艺状态。先进的面粉企业采用配粉的方式，将不同品种的小麦设定相应的工艺参数，分别清理、研磨，制成基粉，单独存仓，然后根据不同特性，将基础粉以一定比例搭配出仓，形成最终产品。这种方式不但能达到小麦品质的协同、互补作用，而且能避免配麦生产工艺上的不足，能达到很好的工艺效果，这是目前较理想的生产方式。

小麦搭配大多数采用一次搭配法，即毛麦仓下搭配或润麦仓下搭配。也有采用两次搭配的，即先进行毛麦仓下搭配，再进行润麦仓下搭配。在立筒库或毛麦仓贮存不同品质的小麦，按搭配方案，利用仓底闸门的开启程度或通过配麦器混合，这种方法在大型面粉厂使用较多。

（2）制粉　　小麦制粉就是剥开小麦籽粒，将麦皮上的胚乳剥刮下来，分出麸皮后，再将胚乳磨细成粉，生产出灰分低、粉色好、出粉率高的面粉。

选择性粉碎和多道分类研磨是小麦制粉的核心内容。小麦制粉的特点是将胚乳磨细成粉，但表皮不能过分破碎，所以要采用"选择性粉碎"方法，且必须使用具有这种性能的研磨设备辊式磨粉机，经过逐道研磨来提取面粉。① 麦皮和胚乳具有不同的粉碎特性；② 水分对麦皮和胚乳的粉碎特性有不同的影响；③ 挤压、剪切、撞击对麦皮、胚乳的破碎作用是不同的；④ 辊式磨粉机可以通过调整磨辊的工作参数调整对麦皮、胚乳的研磨作用。为了避免麦皮、麦胚的过度破碎，采用辊式磨粉机进行研磨时破碎作用不能过于强烈，只能逐步将胚乳从麦皮上剥刮下来，才能保证面粉的灰分和粉色。因此需要进行多道研磨。另外，小麦制粉过程中的研磨要分类进行，研磨不同性质的物料，选用不同的技术条件。

研磨是小麦制粉中一道十分重要的工序，占磨粉车间耗电量的 60%～70%。小麦研磨分为三个系统：皮磨系统、心磨系统和渣磨系统，每个系统都由几道研磨组成。各种粒度不同的胚乳颗粒，不可能一次研磨成粉，只能逐步将它们磨细，每道研磨出一定量的粉。未达到面粉细度要求的物料送到下一道去继续研磨，同时分出少量的麸屑和麦胚，防止它们影响后路心磨系统的粉的质量。心磨系统的道数一般为 9～10 道。

筛分是小麦制粉过程中的重要工序，磨下物料的分级、面粉的提取都是通过筛分实现的。筛分主要是按粒度分级，同时兼有质量分级的作用。经过研磨的物料经筛分分类，再按"同质合并"原则，送往相应的系统作进一步处理，同时取出已达到面粉细度的物料。通常按粒度将磨下物分成麸片、麦渣、麦心、粗粉和细粉五类。可以进一步细分，麸片分成大麸片和小麸片；麦渣分成粗麦渣、中麦渣和细麦渣；麦心分成粗麦心、中麦心和细麦心。筛分与面粉的质量和出粉率有直接关系。

（3）配粉　　面粉厂由于受小麦品种、来源、加工情况等多种因素影响，难免会对小麦粉的品质产生影响。配粉就是根据用户对小麦粉质量的要求，结合配粉仓内的基本粉品质，算出配方，再按配方比例用散存仓内的基本粉配制出符合要求的面粉。

配粉系统由基本粉收集、保质处理、基本粉散存、成品小麦粉配制、成品小麦粉打包和散装发放、面粉的输送、吸尘以及管理等环节构成。基本粉是配粉的基础，在进散存粉仓前要进行一些处理即保质处理，包括磁选、检查、计量、杀虫等。基本粉散存是配粉的前提，对散存在仓内的基本粉一定要了解一些基本数据，这样才能做出计算，实施配粉。成品小麦粉的配制方法有连续式配粉法和间歇式配粉法两种。连续式配粉法也称容积式配粉法，是散存仓和配料仓为同一仓，仓下有螺旋喂料器并通过它来按配方进行定量，用混合机或绞龙混合。这种方法配制成品小麦粉不很准确，误差比较大，但简单实用。间歇式配粉法是散存仓中的小麦粉按配方经电子秤称重后进混合机混合，配制成成品小麦粉。这种方法准确度高，但投资大。

3. 小麦和小麦粉的贮藏　　小麦的耐贮藏性比较好，在正常情况下，贮藏 3～5 年仍能保持良好的品质。由于小麦失去了外壳保护，皮层薄，组织松软，容易感染害虫，几乎所有储粮害虫都能侵蚀小麦，特别是玉米象和麦蛾的危害。因此，小麦在贮藏期间要注意防虫。小麦在储存期间有一种特殊的劣变现象即褐胚，特别是小麦含水量偏高、感染霉菌的情况下胚部会变成棕色、深棕色甚至黑色。褐胚的发生与酶促褐变、非酶褐变及霉菌的感染有关。出现褐胚的小麦对面粉的品质有一定影响，加工出的面粉粉色深、灰分高、筋力差、烘焙品质下降。小麦种皮颜色不同，耐藏性也存在差异，一般红皮小麦的耐藏性优于白皮小麦。

1）严格控制入库种子水分。小麦种子贮藏期限的长短，取决于种子的水分、温度及贮藏设备的防潮性能。小麦种子贮藏时水分控制在12%以下，种温不超过25℃，种子可进行较长时间的贮藏。

2）密闭压盖防虫贮藏。此法适用于数量较大的全仓散装种子，对于防治麦蛾有较好的效果。先将种子堆表面耙平，然后用麻袋2～3层，或篾垫2层或干燥的砻糠灰10～17cm覆盖其上，可起到防虫、防湿作用。覆盖物要求平坦而整齐，不能有缝隙，覆盖完成后上面再压一些较重的物品，使覆盖物与种子之间没有间隙，以阻止害虫活动及交尾繁殖。

3）热进仓贮藏。热进仓贮藏是利用麦种耐热特性而采用的一种贮藏方法，对于杀虫和促进种子后熟有很好的效果。选择晴朗天气，将小麦种子暴晒至含水分12%以下，使种温达到46℃以上但不超过52℃，趁热迅速将种子入库堆放，并覆盖麻袋2～3层密闭保温，将种温保持在44～46℃，经7～10天掀掉覆盖物，进行通风散热直至达到仓温为止，然后密闭贮藏即可。

与小麦相比，小麦粉的耐贮藏性差，不能长期贮藏。小麦粉的贮藏期限主要取决于水分含量和环境温度，水分含量为13%～14%，贮藏温度在25℃，通常可以贮藏3～5个月。高温、高湿会引起面粉发热、霉变、害虫和霉菌繁殖，影响面粉的品质。但新麦加工的面粉由于蛋白质中含有较多的半胱氨酸，筋力小，弹性弱，无光泽，面团吸水率低，面团发黏，结构松散，不仅加工时不易操作，而且发酵时面团的保气力下降，导致成品品质下降。面粉在贮藏一段过程后，就不会有上述现象发生。面粉的理想贮藏条件：相对湿度55%～65%，温度18～24℃。另外，面粉对味的吸附性很强，一旦吸附，很难除去，所以避免与其他带味物质一起贮藏。

1）干燥散热。新加工的面粉一般温度高，湿度大，不能立即装袋，应放置在阴凉通风处作降温、降湿处理。有条件的可在室内通风散热，使其温度降至25℃以下，水分降至15%以下，再进行贮藏。

2）密闭防潮。面粉易吸湿，防潮工作十分重要。面粉入库后宜采用塑料薄膜密封，这样既可防止面粉吸湿返潮，又可防止虫、霉感染，且能保鲜、防尘。

3）严防生虫。面粉营养物质外露，极易感染害虫，其主要的害虫是螨虫和玉米象。防虫的方法是将干燥后的面粉及时密封，可用大张的塑料布盖严，再用绳子扎紧。还可在面粉密闭前用少量的药物，即每立方米面粉放入磷化铝一片（3g），先将药片用纸包好，放入面袋缝隙里，再密封起来。食用前把药剂残留取出埋入地下，面袋通风2～3天即可。

4）合理堆放。对于新加工的面粉，可先堆小垛，在降温散湿后改成大垛实堆。在倒垛操作时，只可调换上下位置，而原来在外层的面粉还应放在外层，以免把外层水分大的面粉放入堆心，引起发热霉变。

5）翻倒防结块。存放时间较长的面粉，易出现压实结块现象，处理不及时就会发热霉变。因此在高温期间应勤检查,及时翻堆倒垛,把压实结块的面粉疏松处理,再使其变换上下左右位置,如药剂失效,可重新施入磷化铝。

4. 面制食品　　面制食品是指以小麦面粉为主要原料制作的一大类食品。它们的制作主要借助小麦面粉中面筋蛋白的特有性质,如形成的面团具有良好的黏弹性、延伸性和持气性是制作面包的基础。面制食品根据加工方式可分为焙烤食品和蒸煮食品两大类。

（1）焙烤食品　　焙烤食品是指以谷物或谷物粉为基础原料,加上油、糖、蛋、奶等一种或几种辅助原料,采用焙烤工艺定型和成熟的一大类固态方便食品。主要包括面包、饼干、糕点三大类,我国传统的烙饼、火烧、月饼也属于焙烤食品。

1）面包。面包是以小麦面粉为主要原料,与酵母和其他辅料一起加水调制成面团,再经发酵、整形、成形、醒发、烘烤等工序加工制成的组织松软的方便食品。

目前,国际上尚无统一的面包分类标准,常见的分类方法包括：按照面包的柔软度可分为硬式面包和软式面包；按质量档次可分为主食面包和点心面包；按成型难易及配料多少可分为普通面包和花色面包。

我国对面包的分类大致有两种方法：一种按面包原料及食用目的分为 8 类：风味多样的主食面包、花式各样的甜面包、口味各异的加馅面包、层次分明的嵌油面包、食疗兼备的保健面包、免用烤箱的油氽面包、快速简便的三明治、形象逼真的象形面包。另一种是常见的面包分类方法,是按质地分为 5 类：硬质面包、软质面包、脆皮面包、松质面包和杂粮面包。

小麦粉是面包生产中最重要的原料。要制作膨胀好的面包,需要满足两个基本要求：一个是通过二氧化碳的气泡使面团有良好的膨胀性,二是面包焙烤后其组织会被固定成型。这两个基本要求要靠小麦粉中的面筋蛋白质和淀粉来实现。

传统的面包制作一般都用高筋面粉,即湿面筋含量一般在 35% 以上。面粉刚磨制好后不能马上用于面包制作,必须堆放 1 个月以上方可使用,但也不宜放置时间过长。

2）饼干。饼干是以小麦粉、糖类、油脂、膨松剂等为主要原料经面团调制、辊轧、成形、烘烤等工序制成的方便食品。饼干是除面包外生产规模最大的焙烤食品。

饼干的种类繁多,分类方法各异。目前最为常用的分类方法是按原料配比不同进行分类,可将饼干分为五大类,包括粗饼干、韧性饼干、酥性饼干、甜酥饼干、发酵饼干。

面粉是饼干生产第一大配料,如何根据各类饼干的特性,正确合理地选用小麦粉,是关系到制作饼干成败的关键之一。饼干种类不同,对湿面筋含量的要求不同。

3）糕点。糕点是焙烤食品中的一大类,品种繁多,分类复杂。根据糕点的用料及产品特征,可分为蛋糕和点心两大类。

蛋糕是以鸡蛋、面粉、砂糖为主要原料制成的具有浓郁蛋香味、质地松软和酥散的焙烤方便食品。而点心配方中蛋用量少,有的甚至完全不用,点心质地酥松,主要依靠油脂、糖及化学疏松剂的作用。点心按商业习惯又分为中式点心和西式点心。中式点心多以小麦粉为主要原料,以油、糖、蛋为辅料,油脂侧重于植物油和猪油,调味料多用糖渍桂花、玫瑰花、味精、十三香等,风味以甜味和天然香味为主,成熟方式有焙烤、蒸煮和油炸。西式点心在选料上，专用面粉、油、糖、蛋、奶并重，油脂侧重于奶油，同时使用较多的巧克力、鲜水果等。风味上带有浓郁的奶香味，并常带有香精、香料形成的各种风味，成熟方式以焙烤为主。

（2）蒸煮食品　蒸煮食品是以小麦粉为主要原料，经过汽蒸或水煮方式熟制的一类食品，主要包括挂面、方便面、馒头、蒸包等。

1）挂面。我国挂面生产历史悠久，经过2000多年的发展，不仅在我国，在东南亚国家也是主食品。根据配料和产品档次可将挂面分为普通挂面、风味挂面和营养保健挂面几类。

普通挂面：以面粉为原料，加上水和少量的盐或碱，经过搅拌、压片、切条、烘干、切断等工序制成挂面。优质挂面有以下特征：煮熟后色泽白亮，结构细密；光滑、适口。软硬适中，有咬劲且富有弹性；不混汤；有典型的麦清香味。

风味挂面：在普通挂面配料基础上，添加果汁、菜汁、调味料等风味辅料制成的挂面。

营养保健挂面：在挂面配料中添加具有保健价值或辅助治疗作用的功能性成分，如麦胚挂面、黑芝麻挂面、螺旋藻挂面、治疗挂面、减肥挂面、降低胆固醇挂面等。

2）方便面。方便面又称速煮面或即食面，是适应快节奏的现代生活而开发出来的一种即食面制食品。根据加工工艺可分为油炸方便面和非油炸方便面，非油炸方便面又可分为热风干燥方便面和微波干燥方便面。

3）馒头。馒头是中国最典型的蒸煮食品，被誉为古代中华面食文化的象征。是以面粉、水、酵母为原料，经和面、发酵、成型、汽蒸而成的一种面食品。

我国各种专用小麦粉的质量标准见表11-2。

表11-2　我国各种小麦专用粉的质量标准

专用粉名称	等级	水分/%	灰分/%（干基）	湿面筋/%	粉质曲线稳定时间/min	降落数值/s	含沙量/%	磁性金属物/（g/kg）	气味口味
面包用粉	精制级	≤14.5	≤0.60	≥33.0	≥10.0	250~350	≤0.02	≤0.003	无异味
	普通级		≤0.75	≥30.0	≥7.0				
面条用粉	精制级	≤14.5	≤0.55	≥280	≥4.0	≥200	≤0.02	≤0.003	无异味
	普通级		≤0.70	≥26.0	≥3.0				
馒头用粉	精制级	≤14.0	≤0.55	25~30	≥3.0	≥250	≤0.02	≤0.003	无异味
	普通级		≤0.70	25~30	≥3.0				
饺子用粉	精制级	≤14.5	≤0.55	28~32	≥3.5	≥200	≤0.02	≤0.003	无异味
	普通级		≤0.70	28~32	≥3.5				
酥性饼干用粉	精制级	≤14.0	≤0.55	22~26	≥2.5	≥150	≤0.02	≤0.003	无异味
	普通级		≤0.70	22~26	≥3.5				
发酵饼干用粉	精制级	≤14.0	≤0.50	24~30	≤3.5	250~350	≤0.02	≤0.003	无异味
	普通级		≤0.70	24~30	≤3.5				

续表

专用粉名称	等级	水分/%	灰分/%（干基）	湿面筋/%	粉质曲线稳定时间/min	降落数值/s	含沙量/%	磁性金属物/(g/kg)	气味口味
蛋糕用粉	精制级	≤14.0	≤0.53	≤22.0	≤1.5	≥250	≤0.02	≤0.003	无异味
	普通级		≤0.65	≤24.0	≤2.0				
糕点用粉	精制级	≤14.0	≤0.55	≤22.0	≤1.5	≥160	≤0.02	≤0.003	无异味
	普通级		≤0.70	≤24.0	≤2.0				

11.3 油料纤维产品的贮藏加工

11.3.1 油料产品的贮藏加工

油脂工业通常将含油率高于10%的植物性原料称为油料。植物油料有植物的种子、果肉、块茎等，但大多数是植物的种子。油料主要来自油料作物的种子，此外还有部分来自纤维作物的种子（如棉花、亚麻等）及禾谷类作物种子的胚（如玉米、小麦等）。

1. **植物油加工**　植物油生产工艺：油料→清理→剥壳脱皮→软化→破碎→轧坯→蒸炒→制油（压榨制油或浸出制油）→油脂精炼。

（1）油料清理　油料清理的目的是减少油分损失，提高出油率，提高油脂、饼粕和副产物的质量，提高设备的处理量，减轻对设备的磨损，延长设备的使用寿命，避免生产事故，保证生产安全，减少和消除车间的尘土飞扬，改善操作环境等。采用筛选、磁选、风选、比重去石等方法和设备，将油料中杂质除去，净料中含杂质最高限额为花生仁 0.1%，大豆、棉籽、油菜籽、芝麻为 0.5%。杂质（下脚料）中含油料最高限额为大豆、棉籽、花生仁为 0.5%，油菜籽、芝麻为 1.5%。

（2）油料的剥壳及脱皮　剥壳是带壳油料在制油之前的一道重要工序，对花生、棉籽、葵花籽等一些带壳油料必须经过剥壳才能用于制油。对于大豆、菜籽等油料，当饼粕用作提取大豆蛋白或生产蛋白质含量不同的等级粕时，需要预先脱皮再制油。通过剥壳脱皮可以提高出油率，提高毛油和饼粕的质量，减轻对设备的磨损，增加设备的有效生产量，利于轧坯等后续工序的进行及皮壳的综合利用等。剥壳的要求是，去皮率高，粉末度小，利于籽仁、皮壳分离。

（3）油料软化　油料软化是通过对油料水分和温度的调节，使油料塑性增加的工序，主要应用于含油量低和含水分低的油料。软化的目的是通过对油料温度和水分的调节，使油料具有适宜的弹塑性，减少轧坯时的粉末度和黏辊现象，以保证坯片的质量；软化还可以减少轧坯时轧辊的磨损和机器的振动，以利于轧坯操作的正常进行。应根据油料的种类和所含水分的不同制定软化温度，确定软化是进行加热去水操作还是加热湿润操作。当油料含水量高时，软化温度要低一些；反之，软化温度可高一些。同时还应根据轧坯效果调整软化条件。要求软化后的料粒有适宜的弹塑性及均匀透彻等。

（4）油料的轧坯　轧坯就是利用机械的作用，将油料由粒状轧成片状的过程。轧坯的目的是利用机械外力破坏油料的细胞组织，并使油料由粒状变成片状，表面积增加，利于提高浸出或压榨时的出油率，并保证料坯蒸炒的效果。要求料坯薄而均匀，粉末度小，不露油。料坯的厚度为大豆 0.3mm 以下，棉籽 0.4mm 以下，菜籽 0.35mm 以下，花生仁 0.5mm 以下。粉末度要求控制在孔径 20 目筛下的不超过 3%。

（5）生坯的干燥和挤压膨化　生坯干燥的目的是为了满足浸出制油对入浸物料水分的要求。生坯干燥设备有平板干燥机、热风干燥输送机等。油料生坯的挤压膨化即是利用挤压膨化设备将生坯制成膨化状颗粒物料的过程。生坯经挤压膨化后可直接进行浸出制油。目前，油料生坯膨化浸出主要用于大豆、菜籽、棉籽等高油油料。

（6）制油

1）压榨法制油。借助机械外力的作用，将油脂从油料中挤压出来的制油方法称为压榨法制油。压榨法制油与其他制油方法相比，具有工艺简单、配套设备少、对油料品种适应性强、生产灵活、油品质量好、色泽浅、风味纯正等优点，但压榨后饼残油量高，动力消耗大，零件易损耗。

压榨制油之前通常要对料坯进行蒸炒，将生坯蒸炒成熟坯。压榨毛油中含有一定量的饼屑，在油脂精炼之前必须进行除渣。故典型的压榨工序包括蒸炒、压榨、毛油除渣。

2）浸出法制油。浸出法制油是应用固-液萃取的原理，选用某种能够溶解油脂的有机溶剂，经过对油料的喷淋和浸泡作用，使油料中的油脂被萃取出来的一种制油方法。其基本过程是把油料料坯、预榨饼或膨化料胚浸于选定的溶剂中，使油脂溶解在溶剂中形成混合油，然后将混合油与浸出后的固体粕分离。利用溶剂与油脂的沸点不同对混合油进行蒸发和汽提，使溶剂气化与油脂分离，从而获得浸出毛油。浸出后的固体粕含有一定量的溶剂，经脱溶烘干处理后得到成品粕。从湿粕蒸脱、混合油蒸发、汽提及其他设备排出的溶剂蒸汽和混合蒸汽经过冷凝、冷却以及溶剂与水的分离，分离出的溶剂循环使用，分出的废水经蒸煮处理进一步回收溶剂后排放。为了排除系统中积存气以保持正常的工作压力，还需不断地将不凝气体集中，并经回收溶剂后排空。

浸出法制油的特点是：粕残油低、出油效率高、粕的质量好。浸出法制油可以控制生产过程在较低温度下进行，得到蛋白质变性程度很小的粕，以用于油料蛋白的提取和利用。另外，浸出生产容易实现大规模和自动化生产。但油脂浸出所用溶剂大多易燃易爆，具有一定的毒性，生产安全性较低。如生产操作不当，有发生燃烧、爆炸和发生毒害的危险。此外，浸出毛油中非油物质含量较多，色泽较深，质量较差。然而，这些缺点可以依靠改进工艺、发展适宜的溶剂、完善生产管理来克服。因此，浸出法制油在国内外得到广泛的应用。油脂浸出工序的主要设备是浸出器。浸出器的形式很多，目前应用最多的是平转浸出器和环形浸出器，小型浸出油厂也有采用罐组式浸出器。经过浸出得到混合油。

（7）油脂精炼　经压榨法和浸出法得到的未经精炼的植物油脂一般称为粗油或毛油。毛油的主要成分是混合脂肪酸甘油三酯，俗称中性油。此外，毛油中还含有数量不等的多种非甘油三酯的成分，这些成分统称为杂质。毛油中杂质的种类和含量随原料质量和制油工艺条件的不同而不同，油脂中的杂质一般可归纳为悬浮杂质、水分、胶溶性杂质、脂溶性杂质、微量杂质五类。油脂中的杂质并非对人体都有害（如甾醇等），在油脂精炼过程中如无其他特殊的目的，一般应予保留。

油脂精炼的目的就是根据甘油三酯和各种杂质性质上的差别，利用一定的工艺和设备，除去油脂中的杂质，并尽量减少精炼过程中中性油和有益成分的损失，有时还要考虑其副产物的综合利用。

油脂精炼的方法有机械方法、物理方法、化学方法等。选择精炼方法时，应根据毛油中杂质的性质、对产品质量的要求、精炼损耗等因素选择。原则是在达到产品质量指标的前提下，尽量使工艺流程简短，精炼损耗降低。

2. 油料的贮藏　　油料为各种油料作物的果实或种子，是榨油的原料，它们具有以下共同特点：含脂肪多。油料脂肪含量一般达 40%～50%，最少也在 20% 左右，并且多是不饱和脂肪酸构成的甘油酯。在温湿度高的情况下，由于酶、氧气和光等因素的影响和作用，常使油料发生化学反应，导致油料发热、霉变、浸油和酸败变质，使油料发芽率降低，酸价增大，出油减少并产生苦味。脂肪氧化能产生较多的热量和水分。这是油料在贮藏过程中较易发热的原因之一。油料的安全水分比谷类粮食的安全水分要低得多。含油量越高，安全水分标准越低。各种油料含油量虽然不同，但如果温度在 25℃ 以下，非脂肪部分的水分含量不超过 14% 或 15%，油料的生化作用可趋稳定。由以上特点可知，贮藏油料不仅要防止其发热霉变，还要保证不浸油、不酸败变苦，所以其对贮藏条件的要求比一般粮食更高。

11.3.2　纤维产品的贮藏加工

棉花是关系国计民生的战略物资，涉及农业和纺织工业两大产业的商品，是纺织工业的主要原料，也是广大人民的生活必需品，棉纱、棉布和服装还是出口创汇的重要商品。棉花还可以用来制造轮胎等的帘线、火药以及医药用棉等。因此，棉花的生产、流通、加工和消费，与人民群众的生活和广大棉农的利益息息相关，对国民经济的发展也有着重要影响。

1. 棉花的分类、加工与检验　　根据棉花物理形态的不同，分为籽棉和皮棉。棉农从棉棵上摘下的棉花称籽棉，籽棉经过去籽加工后称皮棉。通常所说的棉花产量，一般指的是皮棉产量。

根据加工用机械的不同，棉花分为锯齿棉和皮辊棉。锯齿轧花机加工出来的皮棉称锯齿棉；皮辊轧花机加工出来的皮棉称皮辊棉。皮辊棉生产效率低，加工出的棉花杂质含量高，但对棉纤维无损伤，纤维相对较长；锯齿轧花机加工出来的皮棉杂质含量低，工作效率高，但对棉花纤维有一定的损伤。目前细绒棉基本上都是锯齿棉，长绒棉一般为皮辊棉。

2. 棉花的分级　　棉花分级是棉花收购、加工、储存、销售环节中确定棉花质量，衡量棉花使用价值和市场价格必不可少的手段。棉花等级由两部分组成：一是品级分级，二是长度分级。

（1）品级分级　　一般来说，棉花品级分级是对照实物标准（标样）进行的。这是分级的基础，同时辅助其他一些措施，如用手扯、手感来体验棉花的成熟度和强度，看色泽特征和轧工质量。依据上述各项指标的综合情况为棉花定级，国标规定，三级为品级标准级。

（2）长度分级　　长度分级用手扯尺量法进行。手扯纤维得到棉花的主体长度（一束纤维中含量最多的一组纤维的长度），用专用标尺测量棉束，得出棉花纤维的长度。各长度值均为保证长度，也就是说，25mm 表示棉花纤维长度为 25.0~25.9mm，26mm 表示棉花纤维长度为 26.0~26.9mm，以此类推。品级分级与长度分级组合，可将棉花分为 33 个等级，构成棉花的等级序列。例如，国标规定的标准品是 328，即表示品级为 3 级，长度为 28.0~28.9mm 的棉花。

3. 棉花储存及保管　　棉花一般存在专业的棉花储备库内，目前国内的棉花储备库房有砖混凝土仓和钢板仓两种。储存库要求交通便利、防火、通风、防潮、防霉变等，特别是防火，棉花储备库都是特级防火单位。

棉花库区要设立气象观测百叶箱，每栋房都要配备温湿度计。保管员应每天查库，测量温湿度，并做好记录。根据天气的变化和库内外温湿度差异，应适时采取通风散湿或关闭仓库等措施。一般库内温度应保持在 30℃以下，最高不得超过 35℃，相对湿度不得超过 70%，保管中的棉花含水率不得超过 10%。

棉花在正常的储存条件下，保质期较长。但由于棉花内含有一定的水分，在高温的情况下，尤其是温度超过 35℃时，颜色可能会发生变化，出现自然变异，进而影响到棉花的品级。据有经验的棉花仓库保管员分析，棉花的自然变异呈"S"形，即开始变异较慢，中间一段时间变异较快，过了一定时间以后，其变异速度又变缓。一般来说，符合国标规定水分的（含潮率不超过 10.5%）新棉花放置在正常保管的仓库内，夏热高温前一般不会发生自然变异。但夏天来临后，由于温度升高、湿度增大等，可能会引起棉花自然变异，使新棉花在一个棉花年度内平均下降一个等级，并且品级越高质量越稳定，品级越低质量越不稳定，越容易发生自然变异。

主要参考文献

北京农业大学农业气候教学组. 1987. 农业气候学. 北京：农业出版社.
蔡新华. 2003. 农业生态环境工程技术标准规范与现行行政政策法规实用手册. 北京：中科多媒体电子出版社.
曹林奎. 2011. 农业生态学原理. 上海：上海交通大学出版社.
曹敏建. 2002. 耕作学. 北京：中国农业出版社.
曹卫星. 2001a. 作物学通论. 北京：高等教育出版社.
曹卫星. 2001b. 作物育种学通论. 北京：高等教育出版社.
曹卫星. 2011. 作物栽培学总论. 2版. 北京：科学出版社.
曹志洪. 1998. 科学施肥与我国粮食安全保障. 土壤，（2）：57-64.
陈佩度. 2001. 作物育种生物技术. 北京：中国农业出版社.
陈文伟. 2000. 决策支持系统及其开发. 2版. 北京：清华大学出版社.
陈长青，卞新民. 2004. 浅论信息农业及我国农业信息化道路. 农业网络信息，（2）：20-22.
程超华，王学德，姚艳玲. 2005. IAA和GA3对棉花短纤维突变体纤维长度的离体诱导作用. 作物学报，31（2）：229-233.
崔增团. 2004. 测土配方施肥是确保粮食安全的战略性举措. 甘肃农业，（8）：55-56.
邓蓉，张定红，陈武，等. 2004. 施肥对黔中地区混草地牧草生长性能的影响. 畜牧与兽医，36（3）：12-15.
董树亭. 2000. 作物栽培学概论. 北京：中国农业出版社.
董钻，沈秀瑛. 2000. 作物栽培学总论. 北京：中国农业出版社.
董钻，沈秀英，王伯伦. 2010. 作物栽培学总论. 2版. 北京：中国农业出版社.
段若溪，姜会飞. 2002. 农业气象学. 北京：气象出版社.
冯彤，庞杰，于新. 2005. 采前激素处理对银杏种子的脱皮与保鲜效果的研究. 农业工程学报，21（1）：146-150.
高亮之，金之庆. 1992. 水稻栽培计算机模拟优化决策系统. 北京：中国农业出版社.
高亮之，金之庆. 1994. 作物模拟与栽培优化原理的结合——RCSODS. 作物杂志，（3）：4-7.
顾晓臣，刘祖荫. 1998. 粮食深加工及综合利用. 北京：科学出版社.
韩湘玲，曲曼丽. 1991. 作物生态. 北京：气象出版社.
黄季焜，徐志刚，胡瑞法，等. 2010. 我国种子产业：成就、问题和发展思路. 农业经济与管理，（3）：5-10.
黄梯云. 2001. 智能决策支持系统. 北京：电子工业出版社.
贾科利，常庆瑞，张俊华，等. 2003. 信息农业现状与发展趋势. 西北农林科技大学学报（社会科学版），3（6）：13-17.
贾志宽. 2010. 农学概论. 北京：中国农业出版社.
金善宝. 1991. 中国农业百科全书. 农作物卷（上、下）. 北京：农业出版社.
景士西. 2000. 园艺植物育种学. 北京：中国农业出版社.
康乐，王海洋. 2014. 我国生物技术育种现状与发展趋势. 中国农业科技导报，16（1）：16-23.
李德全，赵会杰，高辉远. 1999. 植物生理学. 北京：中国农业科学技术出版社.
李合生. 2002. 现代植物生理学. 北京：高等教育出版社.
李建民. 1997. 农学概论. 北京：中国农业科学技术出版社.

李新华，董海洲. 2002. 粮油加工学. 北京：中国农业大学出版社.
李哲敏，信丽媛. 2007. 国外生态农业发展及现状分析. 浙江农业科学，3：41-44.
林大仪，谢英荷. 2011. 土壤学. 2版. 北京：中国林业出版社.
林文雄，吴志强. 1990. 生态农业设计与评价. 福建农业科技，（6）：31-33.
刘林德，姚敦义. 2002. 植物激素的概念及其新成员. 生物学通报，37（8）：18-19.
刘晓冰，崔守富. 1995. 源库改变对小麦籽粒蛋白质、淀粉含量及产量的影响. 种子，（5）：5-7.
刘巽浩. 1994. 耕作学. 北京：中国农业出版社.
刘玉华. 1999. 大田作物轮作效果定量评价研究. 沈阳农业大学学报（自然科学版），30（1）：13-15.
刘长虹. 2005. 蒸制面食生产技术. 北京：化学工业出版社.
卢艳丽. 2002. 大豆源库关系的研究. 呼和浩特：内蒙古农业大学硕士学位论文.
陆景陵. 2003. 植物营养学. 2版. 北京：中国农业大学出版社.
骆世明，彭少麟. 1996. 农业生态系统分析. 广州：广东科技出版社.
骆世明. 2000. 农业生态学. 北京：中国农业出版社.
马富裕，严以绥. 2002. 棉花膜下滴灌技术理论与实践. 乌鲁木齐：新疆大学出版社.
梅安新，彭望禄，秦其明，等. 2001. 遥感导论. 北京：高等教育出版社.
孟军，杨广林. 2002. 农业生产宏观决策支持系统的研究. 农业系统科学与综合研究，18（4）：293-297.
牛文元. 1981. 农业自然条件分析. 北京：农业出版社.
彭崑生. 2002. 实用生态农业技术. 北京：中国农业出版社.
彭玲，杜庆根. 2006. 信息技术在农业生产中的应用. 农业装备技术，32（2）：42-43.
乔海龙，陈和，陈健，等. 2014. 盐胁迫对不同大麦品种产量及品质的影响. 江苏农业科学，2（9）：83-86.
秦文. 2014. 农产品贮藏与加工学. 北京：中国质检出版社.
桑晓靖. 2004. 论西部地区农业现代化的选择. 决策参考，（5）：51-52.
山东农业大学作物育种教研室. 1996. 作物育种学总论. 北京：中国农业出版社.
沈亨理. 1996. 农业生态学. 北京：中国农业出版社.
石江华，廖红，严小龙. 2005. 植物根系向地性感应的分子机理与养分吸收. 植物学通报，22（5）：523-531.
史纪安，杨改河. 2005. 农业信息化与中国农业现代化发展. 中国农学通报，21（6）：395-398.
宋琪玲，齐义涛，赵轶鹏，等. 2013. 自由空气中臭氧浓度升高对"武运粳21"稻米物性及食味品质的影响. 中国生态农业学报，21（5）：566-571.
宋有洪，郭焱，李保国，等. 2003. 基于植株拓扑结构的生物量分配的玉米虚拟模型. 生态学报，23（11）：2333-2341.
苏东涛，王静，李娜娜. 2014. 种植密度和品种对玉米产量及品质的影响. 山西农业科学，42（4）：343-345，375.
孙九林. 2001. 农业信息工程的理论、方法和应用. 中国工程科学，2（3）：87-91.
孙立平，何宝坤，吴学友，等. 2005. 渗透胁迫下ABA及Ca^{2+}PCaM信使系统对玉米幼苗根系6315kD热稳定蛋白的调控作用. 作物学报，31（1）：83-87.
孙耀邦. 1996. 土壤耕作技术与应用. 北京：中国农业出版社.
汤国安，赵牡丹. 2000. 地理信息系统. 北京：科学出版社.
唐永金. 2014. 作物栽培生态. 北京：中国农业出版社.
佟屏亚. 2014. 中国种业正面临发展的拐点. 种子科技，（8）：17-18，23.

王敦清. 2011. 国外生态农业发展的经验及启示. 江西师范大学学报, 44 (1): 68-73.

王洪刚, 孔凡晶, 刘树兵. 1998. 物遗传育种研究进展及发展趋向. 山东农业大学学报, 29 (3): 403-409.

王洪刚, 张建民, 刘树兵, 等. 1999. 现代植物品种改良的途径、特点及发展趋势. 山东农业大学学报, 30 (4): 471-480.

王辉. 2009. 农学概论. 徐州: 中国矿业大学出版社.

王建康, 李慧慧, 张学才, 等. 2011. 中国作物分子设计育种. 作物学报, 37 (2): 191-201.

王立祥, 李军. 2002. 农作学. 北京: 科学出版社.

王立祥, 廖允成. 2012. 中国粮食问题: 中国粮食生产能力提升及战略储备. 宁夏: 阳光出版社.

王柳, 熊伟, 温小乐, 等. 2014. 温度降水等气候因子变化对中国玉米产量的影响. 农业工程学报, 30 (21): 138-146.

王人潮, 黄敬峰. 2002. 水稻遥感估产. 北京: 中国农业出版社.

王荣栋, 尹经章. 2005. 作物栽培学. 北京: 高等教育出版社.

王树安. 1995. 作物栽培学各论 (北方本). 北京: 中国农业出版社.

王秀红, 史向远, 吴先军, 等. 2004. 内源激素对水稻不同外植体培养力的影响. 中国农业科学, 37 (12): 1819-1823.

王彦霞, 王海波. 2001. 物育种技术的发展、进步及存在的问题. 河北农业科学, 5 (2): 62-72.

王缨, 戚昌瀚, 裘昭峰, 等. 1988. 作物栽培学通论. 重庆: 科学技术文献出版社重庆分社.

王勇, 俞菊生. 2000. 上海率先基本实现农业现代化的重要途径——"信息农业"研究. 上海农业学报, 16 (3): 1-4.

王振林, 尹燕枰. 1995. 小麦源库比与产量形成期同化物分配及结实性的关系. 山东农业大学学报, 26 (2): 144-150.

魏湜. 2011. 作物逆境与调. 北京: 中国农业出版社.

吴礼树. 2011. 土壤肥料学. 2版. 北京: 中国农业出版社.

西北农学院. 1981. 作物育种学. 北京: 农业出版社.

颜启传. 2001. 种子检验原理和技术. 杭州: 浙江大学出版社.

杨国航, 孙世贤. 2011. 农作物审定品种退出机制的实施现状及必要性分析. 种子, 30 (8): 96-98.

杨恒山, 王国君, 张瑞富, 等. 2004. 氮磷钾肥配施对健宝牧草产量和效益的影响. 中国草地, 26 (2): 10-14.

杨守仁, 郑丕尧. 1989. 作物栽培学概论. 北京: 农业出版社.

杨淑芳. 2008. 遥感技术在农业上的应用与展望. 农业展望, (7): 17-21.

杨文钰. 2002. 农学概论. 北京: 中国农业出版社.

杨文钰. 2010. 农学概论. 2版. 北京: 中国农业出版社.

於维维, 赵普庆, 汪俏梅. 2005. 油菜素甾醇类与生长素的相互作用. 细胞生物学杂志, 27: 165-170.

于振文. 2003. 作物栽培学各论 (北方本). 北京: 中国农业出版社.

展志岗. 2001. 植物生长的结构-功能模型及其校准研究——以Corner型植物为例. 北京: 中国农业大学博士学位论文.

张春元. 2007. 信息农业与现代农业协调发展研究. 安徽农业科学, 35 (23): 7373-7374.

张聪, 高士平, 张荣芝. 2000. 信息农业的支撑基础与发展探讨. 地理学与国土研究, 16 (2): 85-87.

张茂军. 2001. 虚拟现实系统. 北京: 科学出版社.

张天真. 2004. 作物育种学总论. 北京: 中国农业出版社.

张卫星, 朱德峰, 赵致, 等. 2006. 虚拟现实技术与虚拟农业. 贵州农业科学, 32 (2): 115-118.
章浩, 张西良, 周士冲. 2005. 信息技术在农业中的应用. 农业装备技术, 6: 23-24.
章熙谷. 1995. 中国复合农业. 南京: 江苏科学技术出版社.
赵林峰, 熊兴耀, 高建亮. 2007. 专家系统在我国农业上的应用. 农业网络信息, (4): 38-40.
赵星. 2001. 忠实于植物学的虚拟植物生长研究. 北京: 中国科学技术大学博士学位论文.
郑文刚, 赵春江, 王纪华. 2004. 温室智能控制的研究进展. 农业网络信息, (2): 8-11.
郑祥品, 陈首光, 郭曾肯, 等. 1996. 稻萍鱼菌立体农业种养技术探讨. 中国食用菌, 15 (6): 39-41.
中国农用塑料应用技术学会. 1998. 新编地膜覆盖栽培技术大全. 北京: 中国农业出版社.
中华人民共和国农业部. 2013. 中国农业年鉴 (2013). 北京: 中国农业出版社.
周惠明, 陈正行. 2010. 小麦制粉与综合利用. 北京: 中国轻工业出版社.
周阳, 何中虎, 张改生, 等. 2004. 1BL/1RS 易位系在我国小麦育种中的应用. 作物学报, 30 (6): 531-535.
周志勇. 2003. 花生源库关系对产量及生理生化特性的影响. 泰安: 山东农业大学硕士学位论文.
祝廷成, 祝章成, 李建东. 1988. 植物生态学. 北京: 高等教育出版社.
庄卫民. 2001. 试论农业现代化的发展趋势. 上海农村经济, 6: 22-26.
Larcher W. 1997. 植物生态生理学. 翟志席等, 译. 北京: 中国农业大学出版社.
Ashikari M, Sakakibara H, Lin S, et al. 2005. Cytokinin oxidase regulates rice grain production. Science, 309: 741-745.
de Reffye P, Edelin C, Francon J, et al. 1988. Plant models faithful to botanical structure and development. Computer Graphics, 22 (4): 151-158.
Dokku P, Das KM, Rao GJN. 2013. Pyramiding of four resistance genes of bacterial blight in Tapaswini, an elite rice cultivar, through marker assisted selection. Euphytica, 192 (1): 87-96.
Jia HB, He FY, Ma M, et al. 2014. Modeling aboveground biomass accumulation of cotton. The Journal of Animal & Plant Sciences, 24 (1): 280-289.
Prusinkiewicz PW, Remphrey WR, Davidson CG, et al. 1994. Modeling the architecture of expanding *Fraxinus pennsylvanica* shoots using L-systems. Canadian Journal of Botany, 72: 701-714.
Yang LQ, Wang W, Yang WP, et al. 2013. Marker-assisted selection for pyramiding the waxy and opaque-16 genes in maize using cross and backcross schemes. Molecular Breeding, 31: 767-775.